ARM Linux 嵌入式网络控制系统

邴哲松 李 萌 邢东洋 编著

北京航空航天大学出版社

内 容 简 介

本书以嵌入式网络控制系统为设计目标,使用目前嵌入式开发中使用频率较高的 ARM9 和 ARM7 作为硬件平台的 CPU,在软件上使用了嵌入式 Linux、μC/OS-Ⅱ 操作系统,并在其基础上移植了 BOA 服务器、SQLite 数据库等软件。网络控制系统采用了基于 Web 服务器的设计方法,利用 HTML 和 Java Applet 实现网络监控界面。

本书以产品开发为线索由浅入深地详细介绍了嵌入式网络控制系统的实现过程。除了上述的软硬件平台外还对于嵌入式 Linux 的开发方法和网络编程进行了系统地讲解,并介绍了 Eclipse 软件平台的编译和调试方法。全书的各个环节都通过示例代码进行讲解,以便加深读者对知识的理解并提高实际的应用能力,进而达到学有所用、用有所成的目的。此外,全书硬件的选型都采用工业级芯片,特别适合读者在工业级产品开发中参考使用。

阅读本书的读者只需具备一定的 C 语言编程基础和了解嵌入式开发的一些基本概念即可。本书既可以作为嵌入式开发初学者的入门书籍,也可作为嵌入式开发爱好者、初学者、学生和研发工程师的参考书籍。

图书在版编目(CIP)数据

ARM Linux 嵌入式网络控制系统 / 邴哲松等编著. ——
北京:北京航空航天大学出版社,2012.9
 ISBN 978-7-5124-0863-0

Ⅰ. ①A… Ⅱ. ①邴… Ⅲ. ①微处理器—系统设计②
Linux 操作系统—系统设计   Ⅳ. ①TP332②TP316.89

中国版本图书馆 CIP 数据核字(2012)第 152927 号

版权所有,侵权必究。

ARM Linux 嵌入式网络控制系统
邴哲松 李 萌 邢东洋 编著
责任编辑 苗长江 王 彤

*

北京航空航天大学出版社出版发行

北京市海淀区学院路 37 号(邮编 100191)   http://www.buaapress.com.cn
发行部电话:(010)82317024 传真:(010)82328026
读者信箱: emsbook@gmail.com 邮购电话:(010)82316936
涿州市新华印刷有限公司印装 各地书店经销

*

开本:710×1 000 1/16 印张:31.75 字数:690 千字
2012 年 9 月第 1 版 2012 年 9 月第 1 次印刷 印数:4 000 册
ISBN 978-7-5124-0863-0 定价:69.00 元

若本书有倒页、脱页、缺页等印装质量问题,请与本社发行部联系调换。联系电话:(010)82317024

前言

学习体会

记得当初刚刚开始接触嵌入式 Linux 和 ARM 时,那个时候自己其实连单片机还没有学明白,每天就是在学校的图书馆或者上网去论坛看如何学习嵌入式 Linux 和 ARM,看有没有什么学习的捷径,慢慢地已经有 8 年的时间了,到现在我觉得,要想真正学好嵌入式 Linux 和 ARM 技术并用于产品开发,只有这两项技术是远远不够的。嵌入式开发是一门综合的技术,还涉及数字/模拟电路、数据库、各种通信协议、电路设计、系统设计、网络技术,甚至 Java 和 FPGA 技术也需要了解,要想精通嵌入式开发不是一朝一夕的事情,但只要做到坚持学习、勤于思考、找对方向并善于总结,还是能尽快走入嵌入式开发的大门并成为一名优秀研发人员的。

本书的写作初衷和计划

从小到大我们的教育和学习一直秉承着这样一种方式,就是概念、概念、还是概念、到最后仅能起到一点点应用。这样的方式让我们从一开始就不知道所要学的东西是做什么用的,能解决什么样的实际问题,在实际的开发和设计中学习的知识处在一个怎样的环节里,是一个什么样的水平和层次,这种方式的学习很难做到学以致用。本人在学习嵌入式 Linux 和 ARM 的初期,翻看了很多嵌入式 Linux 及 ARM 方面的书籍,发现这些书籍同质化严重,书中的内容和结构都非常相似,甚至书中的很多代码都是相同的。当我看完这些书后感觉大多数书中的内容都是概念的罗列,对于实际的产品开发的指导作用非常有限。书中提供的代码只适合用来让学生实验和了解基本概念,对于从事产品开发的研发人员所需要的硬件选型、程序数学模型的建立、软件优化、硬件调试、软件调试、开发中的难点和注意事项等方面很少有书籍涉及。所以我在从事实际嵌入式产品开发中,将工作中的点点滴滴,无论简单还是困难、无论成功还是失败,只要是对提高嵌入式水平、对大家有帮助的地方都记录下来,希望有一天能把这些笔记重新整理出来,以一种全新的角度编写一本书,从产品开发入手,一切的知识都围绕这个产品编写,最终让大家在学习完本书后也能自己亲自动手制作出实际的产品来,体会到成功的喜悦。

既然说到本书要以实际产品设计为导线贯穿始终,那么选择什么样的产品设计

前 言

最能体现出嵌入式 Linux 和 ARM 的优势,同时这个产品又是目前嵌入式行业的主流方向,对大家有实际的指导意义,这是个值得好好考虑的问题。

目前基于以太网的相关产品开发正在国内外如火如荼的展开。以太网在实时操作、可靠传输、标准统一、高速通信等方面的卓越性能及其便于安装、维护简单等优点,已经被国内外很多监视、控制领域的研究人员广泛关注,并在实际应用中展露出显著的优势。基于嵌入式技术的网络产品无论在工业还是民用产品上都有着广泛的应用前景。嵌入式技术和 Internet 技术的结合,更便于整个工业自动化控制网络与 Internet 的无缝连接,在现场仪表和工业设备层应用嵌入式技术是工业系统的发展趋势。Internet 技术的渗透使嵌入式设备的远程控制和管理方式均有了改变。利用嵌入式设备通过 Web 浏览器,使得无论是工业产品还是商业产品都具有更加友好的网络特性,更加方便地用于远程监视和控制。由上述可以看出,把嵌入式网络方面的产品开发作为本书贯穿始终的主线,设计出一套功能完备,具有远程 Web 浏览器访问、网络服务器、智能网络节点的嵌入式以太网控制系统是一个不错的选择。

本书包含的硬件和软件方面的内容

本书介绍如何开发一个嵌入式以太网控制系统,我们将本书分为 3 个部分,分别是嵌入式 Web 服务器平台设计、嵌入式网络智能节点设计、Web 浏览器界面设计。每一部分都涉及对应的嵌入式相关技术以及在开发过程中的硬件、软件调试经验总结。

硬件开发方面涉及以下主题:
- ➢ 器件选型;
- ➢ ATMEL 系列 ARM9 - AT91SAM9G20、ARM7 - AT91SAM7x256 硬件电路设计;
- ➢ DAVICOM 系列 DM9161BIEP、DM9000CIEP 网络芯片硬件电路设计;
- ➢ 基于 AT91SAM9G20 嵌入式网络服务器的硬件设计;
- ➢ 网络节点部分输入、输出电路设计;
- ➢ 电路调试经验总结;
- ➢ 多层 PCB 绘制技巧。

软件开发方面涉及以下主题:
- ➢ 嵌入式 Linux 系统构建(U - Boot、内核、驱动、根文件系统等方面的编译和烧写);
- ➢ 嵌入式开发环境的建立;
- ➢ Linux 下代码调试方法介绍;
- ➢ Eclipse 编译和调试 Linux 代码、Java 代码的方法;

> 嵌入式 Web 服务器选型和 BOA 服务器移植及应用实现；
> 基于 Java 技术的 Web 动态浏览器界面设计；
> 嵌入式数据库选型和 SQlite 数据库的移植和应用实现；
> 服务器程序数学模型的建立（多线程、多路并发 I/O 服务器模型）；
> TCP、UDP 服务器模型的建立和 TCP、UDP 通信程序；
> μC/OS-II 移植和应用；
> LwIP 移植和应用。

本书适合的读者

本书的写作初衷是写一本以产品开发为线索由浅入深的书，写作的目的也是以一种另外的角度去讲解嵌入式系统、Linux 及 ARM 的开发技术。希望这种编写方法让初学的读者能够尽快熟悉专业概念并将刚刚学到的知识用到本书的产品设计中来，加深知识的理解并提高实际的应用能力，以达到学有所用、用有所成的目的。

同样，本书所介绍的嵌入式 Web 服务器程序数学模型建立、Java 动态 Web 页面开发、TCP/UDP 服务器模型的建立、SQlite 数据库应用、硬件选型（特别是本书涉及的硬件均为工业级芯片、特别适合要求严格的工业产品设计）、硬件设计、软硬件调试经验等方面的内容对于实际产品的开发还是有着很强的帮助作用，适合高校研究生进行学习和研发工程师参考使用。书中的代码都是本人经过多次修改调试后最终优化确定的，在书中也会介绍代码的修改完善过程以及修改的原因，并将硬件调试过程中遇到的问题和最终的解决方法一并和大家分享。

希望本人在开发这套系统中的点滴经验能够为嵌入式爱好者、初学者、学生和研发工程师在嵌入式开发之路上提供一点帮助。

补充说明

嵌入式 Linux 和 ARM 是一门涵盖知识非常广泛的技术，每一处知识几乎都可以独立写一本书来讲解。本书并不是一本大而全的嵌入式参考书籍，一些概念和知识在本书中并没有全部展开讲解，而将内容的重点放在了具体产品，特别是嵌入式 Web 服务器硬件平台的开发实现和经验总结上。没有展开的内容以及读者需要提高的地方都在书中做了标注说明，这些知识在其他书籍和网络中很容易找到，读者可自行查阅学习。

感 谢

首先感谢所有从事嵌入式开发并无私将源代码和开发文档公开的作者和网友，是你们的不断努力支持了整个嵌入式行业的前行。

感谢本书的另两位作者李萌和邢东洋。李萌精心编写了本书的第 5 章和第 7

前 言

章;邢东洋作为中国民航大学基础实验中心电子电工教研室的一名老师,凭借多年的教学和研发经验,编写了本书的第 8 章和第 10 章,并为本书的编写和系统设计提供了很多宝贵意见和帮助。在此感谢两位的支持和通力合作。同时,感谢我的家人,是你们的支持使我坚持写完本书。最后,感谢北京航空航天大学出版社嵌入式系统事业部主任胡晓柏的信任与鼓励。

由于本人技术水平、经验有限,书中错误及不足之处在所难免,恳请广大读者和专家学者批评指正。您也可以发送电子邮件到:jackbing@sina.com,与本人做进一步的探讨和交流,也欢迎您多提宝贵意见。

邴哲松

2012 年 8 月 3 日

目 录

第 1 章 我们的目标——嵌入式网络控制系统 ·· 1
  1.1 嵌入式系统的现状和发展趋势 ··· 1
  1.2 网络技术在嵌入式 Linux 系统中的应用 ·· 2
  1.3 本书的目标——嵌入式网络控制系统 ·· 3
    1.3.1 系统的体系结构和目标功能 ··· 3
    1.3.2 系统开发涉及的硬件知识 ··· 5
    1.3.3 系统开发涉及的软件知识 ··· 5
    1.3.4 系统实现的意义及学习收获 ··· 6
  1.4 开发步骤及本书的内容安排 ··· 7

第 2 章 嵌入式 Web 服务器的硬件设计 ·· 8
  2.1 嵌入式 Web 服务器硬件功能分析及电路组成 ································· 8
  2.2 CPU 芯片选型 ··· 9
    2.2.1 CPU 性能需求 ·· 9
    2.2.2 ARM 系列 CPU 选型及性能比较 ······································· 10
    2.2.3 Atmel AT91SAM9G20 芯片简介 ·· 12
  2.3 网络芯片选型 ·· 13
    2.3.1 网络芯片功能需求及选型 ·· 13
    2.3.2 DAVICOM DM9161BIEP 芯片特点介绍 ······························· 14
    2.3.3 DAVICOM DM9000CIEP 芯片特点介绍 ······························ 15
  2.4 电源电路设计 ·· 16
  2.5 RTC 电源电路设计 ··· 18
  2.6 时钟电路设计 ·· 18
  2.7 存储电路设计 ·· 19
    2.7.1 SDRAM、Flash 简介 ·· 19
    2.7.2 存储器芯片选型 ··· 21
    2.7.3 SDRAM 电路设计 ··· 22

目 录

2.7.4　Nand Flash 电路设计 ································· 23
2.8　DM9161BIEP 网络接口电路设计 ························· 24
2.9　DM9000CIEP 网络接口电路设计 ······················· 26
2.10　USB 接口电路设计 ··································· 28
2.11　DEBUG 调试串口电路设计 ··························· 29
2.12　JTAG-ICE 仿真接口电路设计 ························· 29
2.13　复位电路设计 ·· 30
2.14　PCB 设计技巧 ······································· 31
2.15　本章小结 ·· 34

第 3 章　搭建嵌入式 Linux 开发平台 ······················· 35

3.1　嵌入式 Linux 简介 ···································· 35
3.2　嵌入式 Linux 的结构组成和启动流程 ·················· 36
　　3.2.1　嵌入式 Linux 的结构组成 ······················· 36
　　3.2.2　嵌入式 Linux 启动流程分析 ····················· 37
3.3　嵌入式 Linux 交叉编译环境的建立 ···················· 39
　　3.3.1　嵌入式系统开发的一般方法 ····················· 39
　　3.3.2　建立交叉编译工具 ····························· 39
3.4　AT91Bootstrap 移植 ··································· 43
　　3.4.1　编译 AT91Bootstrap ······························ 43
　　3.4.2　下载 AT91Bootstrap ······························ 47
3.5　U-Boot 移植及烧写 ··································· 51
　　3.5.1　U-Boot 启动过程简介 ·························· 51
　　3.5.2　U-Boot 的移植 ································ 52
　　3.5.3　U-Boot 烧写 ·································· 61
3.6　Linux 内核移植及烧写 ································ 62
　　3.6.1　Linux 内核源码结构 ··························· 62
　　3.6.2　Linux 内核配置及编译 ························· 63
　　3.6.3　Linux 内核烧写 ······························· 75
3.7　根文件系统移植及烧写 ································ 76
　　3.7.1　常见根文件系统简介 ··························· 76
　　3.7.2　构建 Yaffs2 根文件系统 ························ 77
　　3.7.3　Yaffs2 烧写 ·································· 88
3.8　NFS 配置及使用 ······································ 93
3.9　PC 宿主机开发环境的建立 ···························· 97
　　3.9.1　集成开发环境 Eclipse 简介 ······················ 97

3.9.2　获取 Eclipse ………………………………………………………… 98
3.9.3　利用 Eclipse 编译 Helloworld 工程 ……………………………… 100
3.9.4　利用 Eclipse、GDB 调试 Helloworld 工程 ……………………… 105
3.10　本章小结 ……………………………………………………………… 111

第 4 章　嵌入式 Linux 多任务编程 …………………………………………… 112

4.1　程序、进程、线程及多任务 …………………………………………… 112
  4.1.1　程序和进程 …………………………………………………… 112
  4.1.2　进程和线程 …………………………………………………… 113
  4.1.3　多任务处理 …………………………………………………… 113
4.2　进　程 …………………………………………………………………… 114
  4.2.1　Linux 进程描述符、控制块 ………………………………… 114
  4.2.2　进程创建函数 fork() ………………………………………… 115
  4.2.3　exec( )函数族 ………………………………………………… 117
  4.2.4　wait()和 waitpid()函数 ……………………………………… 119
  4.2.5　system()函数 ………………………………………………… 121
  4.2.6　进程终止函数 exit() ………………………………………… 122
4.3　线　程 …………………………………………………………………… 123
  4.3.1　线程的创建 …………………………………………………… 123
  4.3.2　线程的终止 …………………………………………………… 125
  4.3.3　线程的属性 …………………………………………………… 126
  4.3.4　修改线程属性 ………………………………………………… 127
  4.3.5　线程例程 ……………………………………………………… 129
4.4　多任务间的通信和同步 ………………………………………………… 131
  4.4.1　管　道 ………………………………………………………… 131
  4.4.2　信　号 ………………………………………………………… 135
  4.4.3　消息队列 ……………………………………………………… 141
  4.4.4　共享内存 ……………………………………………………… 146
  4.4.5　信号量 ………………………………………………………… 152
  4.4.6　互斥锁 ………………………………………………………… 158
4.5　线程池 …………………………………………………………………… 163
  4.5.1　线程池的实现原理 …………………………………………… 164
  4.5.2　线程池的数据类型和函数 …………………………………… 165
  4.5.3　线程池实现例程 ……………………………………………… 168
4.6　本章小结 ………………………………………………………………… 173

目录

第5章 基于Java技术的动态网页监控界面的设计 …… 174

- 5.1 Web界面简介 …… 174
  - 5.1.1 Web界面的优势 …… 174
  - 5.1.2 Web界面的工作原理 …… 175
- 5.2 确定产品Web界面的需求 …… 175
  - 5.2.1 Web用户界面的设计需求 …… 176
  - 5.2.2 Web用户界面的设计方案选择 …… 176
- 5.3 HTML语言 …… 178
  - 5.3.1 HTML语言概述 …… 178
  - 5.3.2 HTML的文本组织结构 …… 179
  - 5.3.3 HTML与CGI …… 181
- 5.4 Java Applet实现图形界面 …… 184
  - 5.4.1 面向对象Java程序设计基础 …… 184
  - 5.4.2 Java Applet的工作原理 …… 185
  - 5.4.3 Java开发环境的建立 …… 186
  - 5.4.4 Java Applet与HTML …… 194
  - 5.4.5 Java图形设计——AWT构件 …… 195
  - 5.4.6 Java输入/输出流 …… 217
  - 5.4.7 Java网络通信 …… 220
  - 5.4.8 Java多线程编程 …… 223
- 5.5 嵌入式网络控制系统动态监控界面的实现 …… 228
  - 5.5.1 Web监控界面功能分析 …… 228
  - 5.5.2 技术方案 …… 229
  - 5.5.3 HTML的实现 …… 229
  - 5.5.4 Java Applet程序的实现 …… 230
  - 5.5.5 CGI程序的实现 …… 250
- 5.6 本章小结 …… 251

第6章 BOA服务器的移植与应用 …… 252

- 6.1 Web服务器简介 …… 252
- 6.2 嵌入式Web服务器功能分析 …… 253
- 6.3 选择Web服务器 …… 254
  - 6.3.1 常见Web服务器软件 …… 255
  - 6.3.2 我们的选择 …… 258
- 6.4 通用网关接口CGI …… 260

6.5 嵌入式 Web 服务器 BOA 的移植及测试 …… 262
6.6 CGI 程序测试 …… 274
6.7 常见问题及解决方法 …… 276
6.8 本章小结 …… 277

第 7 章 嵌入式数据库 SQLite 的移植和应用 …… 279

7.1 数据库基础知识 …… 279
    7.1.1 数据库的含义 …… 279
    7.1.2 嵌入式数据库的含义 …… 280
7.2 嵌入式数据库选型 …… 280
    7.2.1 嵌入式数据库的选用原则 …… 281
    7.2.2 常用的嵌入式数据库简介 …… 281
    7.2.3 嵌入式数据库的性能比较 …… 283
7.3 SQLite 简介 …… 284
    7.3.1 SQLite 的发展 …… 284
    7.3.2 SQLite 应用场合 …… 285
    7.3.3 SQLite 的数据类型 …… 285
7.4 SQLite 移植 …… 287
7.5 SQLite 命令及应用测试 …… 288
    7.5.1 创建数据库 …… 288
    7.5.2 表格的基本操作 …… 290
    7.5.3 设置表格输出显示 …… 291
    7.5.4 显示系统时间 …… 294
    7.5.5 数据的导入、导出及备份 …… 294
    7.5.6 显示数据库信息 …… 296
7.6 SQLite 和 C 语言编程 …… 297
    7.6.1 SQLite 常量的定义 …… 297
    7.6.2 SQLite 数据库 API 接口函数 …… 298
    7.6.3 数据库操作实例 …… 299
7.7 SQLite 在嵌入式 Web 服务器中的应用 …… 303
7.8 本章小结 …… 303

第 8 章 嵌入式 Linux 网络编程 …… 305

8.1 OSI 网络模型 …… 305
    8.1.1 OSI 网络分层参考模型简介 …… 305
    8.1.2 OSI 模型的数据传输 …… 306

目 录

- 8.2 TCP/IP 协议栈 …… 307
  - 8.2.1 TCP/IP 协议参考模型简介 …… 308
  - 8.2.2 网络接口协议及数据规则 …… 309
  - 8.2.3 IP 协议 …… 310
  - 8.2.4 ICMP 协议 …… 312
  - 8.2.5 ARP 协议 …… 316
  - 8.2.6 TCP 协议 …… 317
  - 8.2.7 UDP 协议 …… 322
- 8.3 Linux 网络基础知识 …… 324
  - 8.3.1 套接字基础知识 …… 324
  - 8.3.2 网络字节顺序转换 …… 326
  - 8.3.3 IP 地址格式转换 …… 328
  - 8.3.4 IP 地址分类 …… 330
  - 8.3.5 子网掩码 …… 331
  - 8.3.6 端 口 …… 332
- 8.4 TCP 网络编程 …… 333
  - 8.4.1 TCP 网络编程流程 …… 333
  - 8.4.2 创建网络套接字函数 socket() …… 335
  - 8.4.3 绑定一个网络端口函数 bind() …… 337
  - 8.4.4 监听网络端口函数 listen() …… 339
  - 8.4.5 接收网络请求函数 accept() …… 340
  - 8.4.6 连接网络服务器函数 connect() …… 342
  - 8.4.7 发送网络数据函数 send() …… 344
  - 8.4.8 读取网络数据函数 recv() …… 346
  - 8.4.9 关闭网络套接字函数 close() …… 348
- 8.5 TCP 服务器/客户端实例 …… 348
  - 8.5.1 TCP 服务器端网络编程 …… 348
  - 8.5.2 TCP 客户端网络编程 …… 351
- 8.6 UDP 网络编程 …… 353
  - 8.6.1 UDP 网络编程流程 …… 354
  - 8.6.2 UDP 协议编程主要函数 …… 355
- 8.7 UDP 服务器/客户端实例 …… 359
  - 8.7.1 UDP 服务器端网络编程 …… 359
  - 8.7.2 UDP 客户端网络编程 …… 361
- 8.8 本章小结 …… 364

第 9 章 服务器模型的建立 365

9.1 循环服务器模型 365
9.1.1 TCP 协议循环服务器 365
9.1.2 UDP 协议循环服务器 371
9.2 并发服务器模型 371
9.2.1 TCP 协议并发服务器 372
9.2.2 UDP 协议并发服务器 379
9.3 I/O 多路复用并发服务器模型 382
9.4 本章小结 390

第 10 章 嵌入式网络节点设计 391

10.1 网络节点功能分析 391
10.2 网络节点硬件设计 392
10.2.1 关键器件选型 392
10.2.2 AT91SAM7x256 基本电路设计 394
10.2.3 网络部分电路设计 398
10.2.4 AT91SAM7x256 引脚接口电路 399
10.2.5 网络数据采集节点的电路设计 400
10.2.6 网络远程控制节点的电路设计 404
10.3 移植嵌入式操作系统 μC/OS-II 406
10.3.1 嵌入式操作系统的优点 406
10.3.2 μC/OS-II 简介 407
10.3.3 μC/OS-II 的特点 408
10.3.4 移植 μC/OS-II 到 AT91SAM7x256 410
10.4 移植嵌入式 TCP/IP 协议栈 LwIP 417
10.4.1 LwIP 简介 417
10.4.2 LwIP 移植浅析 418
10.5 网络节点应用程序代码 422
10.5.1 网络协议转换模块应用程序设计 422
10.5.2 模拟量电流采集节点应用程序设计 429
10.5.3 数字量输出远程控制节点应用程序设计 433
10.6 本章小结 438

第 11 章 嵌入式 Linux 系统 Web 服务器的软件实现 439

11.1 嵌入式 Web 服务器软件结构分析 439

目 录

  11.1.1 实时数据采集网络节点 ………………………………………… 439
  11.1.2 远程控制网络节点 ……………………………………………… 440
  11.1.3 Web 浏览器用户配置、动态采集与显示 ……………………… 441
  11.1.4 数据库存储 ……………………………………………………… 441
 11.2 嵌入式 Web 服务器功能模块分析 ……………………………………… 442
  11.2.1 主函数的分析与设计 …………………………………………… 442
  11.2.2 网络数据采集模块的分析与设计 ……………………………… 444
  11.2.3 服务器与 Web 界面通信模块分析与设计 …………………… 446
  11.2.4 控制远程网络节点模块分析与设计 …………………………… 447
 11.3 嵌入式 Web 服务器功能模块代码实现 ………………………………… 448
  11.3.1 主函数的实现 …………………………………………………… 449
  11.3.2 网络数据采集代码的实现 ……………………………………… 454
  11.3.3 服务器与 Web 界面通信代码的实现 ………………………… 462
  11.3.4 控制远程网络节点代码的实现 ………………………………… 466
 11.4 CGI 代码的实现 …………………………………………………………… 470
 11.5 嵌入式 Web 服务器代码的编译、调试和运行 ………………………… 473
  11.5.1 创建代码源文件 ………………………………………………… 473
  11.5.2 用 Eclipse 创建一个工程 ……………………………………… 473
  11.5.3 设置工程编译及调试环境 ……………………………………… 476
  11.5.4 server_web 代码测试运行 ……………………………………… 481
 11.6 本章小结 …………………………………………………………………… 485

第 12 章 总 结 ……………………………………………………………… 486

 12.1 嵌入式 Web 服务器平台的改进 ………………………………………… 486
 12.2 网络节点的改进 …………………………………………………………… 487

参考文献 ……………………………………………………………………………… 488

第1章
我们的目标——嵌入式网络控制系统

嵌入式系统并不是最近才出现的新技术,它只是计算机技术、现代通信技术、传感器技术、半导体技术、微电子技术、语音图像处理技术等一系列先进技术的产物。嵌入式系统的概念有很多,总的来说,嵌入式系统是以应用为中心,以计算机技术为基础,软硬件可裁剪,适于应用系统对功能、可靠性、成本、体积和功耗严格要求的专用计算机系统。

1.1 嵌入式系统的现状和发展趋势

嵌入式系统的发展为几乎所有的电子设备注入了新的活力,嵌入式产品主要分布在电信、医疗、汽车、安全、消费类电子、工业自动化系统等行业。其中在消费类电子领域,嵌入式产品占最大的市场份额,紧随其后的是安全,然后是电信、医疗及其他领域。

近十几年来,嵌入式系统得到了根本性的发展。微处理器、微控制器大量在产品中使用,CPU 也从当初 8 位的单片机发展到现在的 16 位、32 位甚至 64 位的高端微处理器;从仅具备单一内核发展到提供丰富外设及接口功能;从几兆的频率发展到现在几百兆甚至 1~2G 的处理速度。伴随着 CPU 性能的不断攀升,嵌入式系统也具备了文件系统、网络系统、图形界面系统等功能,并形成了以嵌入式操作系统为核心的嵌入式软件体系。

随着嵌入式系统应用程度的深入和应用范围的扩大,新的应用领域和产业化需求对嵌入式系统的硬件和软件提出了更高的要求。嵌入式系统不仅要具有微小性、低功耗性、高可靠性的特点,还要向高实时性、高自适应性、易于操作和模块化的方向发展。总的说来,嵌入式系统在以下几个方面将会有更大的发展:

1. 嵌入式操作系统

嵌入式系统刚刚发展的时候,软件系统还是前后台方式的系统开发,这种开发方式也被大多数人比喻为"裸奔"。前后台方式下的软件系统的实时性差、功能单一、代码不易于维护等缺点越来越不适应嵌入式系统的高速发展,为此嵌入式操作系统被引入。嵌入式操作系统的使用能够更加丰富嵌入式系统的功能,使得产品更加稳定可靠,多任务并发的处理方式也让系统的实时性要求得到满足,模块化的编程方式让产品的可定制性进一步增强。目前广泛应用的嵌入式操作系统有 μC/OS-II、Vx-Works、Linux、Windows CE 等。

在这些嵌入式操作系统中当属 Linux 具有最高的人气和应用潜力,原因是其源代码公开且具有很好的定制性和可利用性,支持硬件广泛、安全可靠、拥有众多的开发者,还有一点重要的原因就是产品制造商通常在开发基于 Linux 的产品时,无须为发布产品软件支付许可费用。目前广泛应用在手机、平板电脑等消费电子产品上的 Android(安卓)系统便是基于 Linux 内核开发出来的,由此可见嵌入式操作系统,特别是嵌入式 Liunux 系统应用潜力巨大。

2. 网络互联

网络技术已经深入到我们生活和工业生产的各个领域,由互联网引发的物联网技术正在快速发展中,网络也使得人与人、设备与设备之间的联系更加紧密,嵌入式设备为了适应网络技术的发展,必然要求在硬件上提供各种网络通信接口。传统的单片机对于网络支持不足,而新一代的嵌入式处理器已经开始内嵌网络接口,除了支持 TCP/IP 协议外,有的还支持 IEEE1394、USB、CAN、Bluetooth 或 IrDA 通信接口中的一种或者几种,并提供相应的通信组网协议软件和物理层驱动软件。

3. 易于操作的人机界面

嵌入式产品是为人们的生产生活服务的,如果目前的嵌入式设备还像以前 DOS 系统那样使用命令行操作方式的话,就不会便于人们使用和操作,那些给我们生产生活带来方便和享受的电子高科技产品也不会产生,嵌入式产品被大家使用和接受的程度也将大大降低。

嵌入式系统的普及和应用离不开亿万大众,嵌入式产品的亲和力和人机互动性起着决定性的作用。我们都希望在一套图形漂亮、直观简洁的界面下,仅仅通过手指点击就完成我们的操作。苹果产品的热卖,平板电脑、智能手机的普及就充分说明了这点。

1.2 网络技术在嵌入式 Linux 系统中的应用

传统的嵌入式设备之间通常采用 RS-232、RS-485 等方式进行组网通信,但这种网络的传输距离非常有限且传输速度较低。随着网络技术和嵌入式技术的发展,工业以及民用产品的设计迎来了深刻的技术变革,产品的网络化和系统体系的开放性是技术发展的趋势,利用以太网技术的开放性实现嵌入式系统的网络化是一个主要的发展方向。

嵌入式网络技术是指将嵌入式系统接入网络,能够在网络上通过 Web 浏览器访问设备,实现对嵌入式系统的远程监视、控制、诊断、测试和配置。

Linux 系统目前已经成为最热门和最流行的开源操作系统,基于 Linux 的网络程序设计在服务器领域、嵌入式网络设备领域有着广泛的应用,例如 Web 服务器、嵌入式网络机顶盒、手机、交换机、路由器、P2P 应用、无限设备等。嵌入式 Linux 网络设计包括网络驱动代码的开发、嵌入式 Web 服务器的选型和移植、产品 Web 服务界面的设计、通用网关 CGI 技术、SOCKET 网络通信技术、TCP 或 UDP 服务器模型建立及编程、TCP/UDP 客户端编程等多方面的内容。

当嵌入式设备具有网络功能时,人们可以在任意地方、任意时间、任意平台随时浏览设备的状态,并进行控制、诊断和测试。这正符合嵌入式系统网络化和开放性的发展趋势。

1.3 本书的目标——嵌入式网络控制系统

从以上的分析可以看出,产品的网络化是嵌入式系统的必然发展趋势,学习嵌入式网络技术也是嵌入式研发工程师和嵌入式爱好者的一个必然选择。为了实现这一学习目标,本书把嵌入式网络方面的产品开发作为本书贯穿始终的主线,设计出一套功能完备,具有远程 Web 浏览器访问、嵌入式 Web 网络服务器、智能网络节点的嵌入式以太网控制系统,让大家通过实际的产品设计,经历硬件和软件这些环节后全面提高嵌入式系统和网络开发技术。

1.3.1 系统的体系结构和目标功能

嵌入式网络控制系统是一种基于以太网、无线网建立的网络化控制研究与开发平台,实现远程控制、监控和管理,进行网络化控制的研究与系统开发工作。系统功能如图 1.1 所示。

整个嵌入式网络控制系统分为 3 层网络结构,分别是信息层、控制层和设备层。各个层之间都采用标准以太网协议进行通信。

1. 信息层

信息层是监控 PC 主机到控制层之间的部分,也就是上位部分。主要通过 Web 浏览器的方式访问控制层,主要负责一些辅助性、监控性的事务(如现场数据传输、历史数据处理、报表输出等)。在传统的工业控制系统中,对远端嵌入式控制设备进行访问和监控往往要使用专用通信协议和监控软件(如西门子的 Step7 和 WinCC),客户端和服务器的程序都是专为用户定制的,每台想访问控制器或是设备的客户端 PC 机都要安装给定版本的客户端程序,一旦有新的版本还得重新安装。这样的系统对于客户端来讲提高了系统搭建的成本(需要购买软件以及支付软件升级费用),对于控制系统的研发人员来讲因需要同时开发上位应用软件也提高了开发难度。然而,若在控制层采用嵌入式 Web 服务器的设计方式,只需要在信息层 PC 机客户端安装有任意版本的浏览器(IE、Firefox、遨游等)就可以访问控制层,这样信息层的上位软件开发就可以被忽略。

第1章 我们的目标——嵌入式网络控制系统

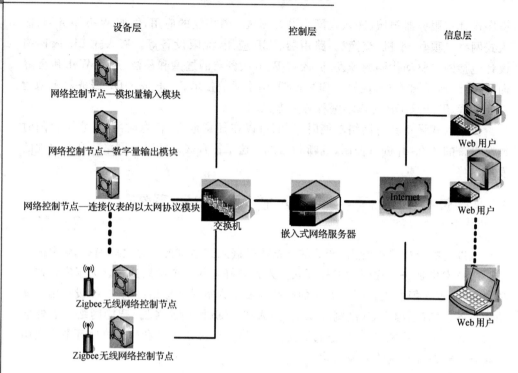

图1.1 嵌入式网络控制系统功能图

2. 控制层（嵌入式 Web 服务器功能）

控制层的主要功能在于通过访问现场设备层，把位于监控之下的所有设备层节点的数据通过交换机集中起来，利用数据库统一管理和保存，以自身的嵌入式 Web 服务器功能通过 Web 浏览器的方式向信息层发布，反之完成对设备层的控制。

控制层的开发在硬件上采用 Atmel ARM9 芯片 AT91SAM9G20 实现具有两个网络通信接口的服务器硬件平台，网络芯片采用工业级 DM9161BIEP 和 DM9000CIEP，同时适用于工业级和民用级产品的开发。软件方面移植嵌入式 Linux 内核、移植嵌入式 WEB－BOA 服务器、移植嵌入式数据库 SQLite、用 C 语言建立多路复用的 TCP 和 UDP 服务器模型，采用多线程方式实现对网络控制节点的并发采集和控制、内涵 Java 语言实现 Web 界面的设计。

3. 设备层（以太网设备节点）

设备层在整个网络中的作用为：

➢ I/O 模块提供非以太网信号向以太网信号转换的功能，将采集的信息通过以太网报文的格式发送到控制层，或将控制层以太网报文转换成 4～20 mA 等其他 AI、AO、DI、DO 形式。

➢ 以太网协议转换模块与传统仪表或设备相连，实现传统仪表或设备挂载到工业以太网系统中的功能。

采用 Atmel ARM7 芯片 AT91SAM7x256，网络接口芯片采用 DM9161BIEP，移植有 μC/OS-Ⅱ 操作系统、移植 LwIP 网络协议，实现具有模拟量采集功能的网络节点的 AI 模块、数字量输出功能的网络节点 DO 模块、与传统仪表结合的以太网通信协议转换模块，此外还可以进一步实现无线 Zigbee 通信的网络控制节点。

1.3.2　系统开发涉及的硬件知识

从 1.3.1 的系统功能图可以看出，整个系统的硬件分成两个部分，一部分是嵌入式 Web 服务器，另一部分是网络节点。下面就从这两个方面讲述嵌入式网络控制系统开发所涉及的硬件知识。

(1) 嵌入式 Web 服务器：
- 嵌入式 Web 服务器硬件功能概述。
- CPU 部分：Atmel ARM9 选型、AT91SAM9G20 芯片功能特性。
- 网络芯片选型：DM9161BIEP、DM9000CIEP 工业级芯片功能特性。
- AT91SAM9G20 与 DM9161BIEP、DM9000CIEP 双网口电路设计。
- AT91SAM9G20 电源电路设计。
- AT91SAM9G20 时钟电路设计。
- Nor Flash、Nand Flash、SDRAM、Data Flash 功能讲解和芯片选型。
- AT91SAM9G20 存储电路设计。
- AT91SAM9G20 USB 接口电路、DEBUG 调试电路、JTAG 电路、复位电路设计。
- 多层 PCB 绘制技巧及经验总结。
- BGA 封装芯片调试经验总结。
- 网络电路调试经验总结。

(2) 网络节点：
- 网络节点硬件功能概述。
- CPU 部分：Atmel ARM7 选型、AT91SAM7x256 芯片功能特性。
- AT91SAM7x256 与 DM9161BIEP 网络接口电路设计。
- AT91SAM7x256 DEBUG 调试串口电路、JTAG 电路设计。
- AT91SAM7x256 USART 串行总线接口电路设计。
- 模拟量采集电路设计。
- 数字量输出电路设计。

1.3.3　系统开发涉及的软件知识

整个系统的软件也和硬件一样，按照系统的结构组成分为嵌入式 Web 服务器和网络节点两部分。下面就从这两个方面讲述嵌入式网络控制系统开发所涉及的软件知识。

(1) 嵌入式 Web 服务器：
- 嵌入式 Web 网络服务器软件功能概述。
- 嵌入式 Linux 启动流程和结构组成分析。
- 嵌入式 Linux 交叉编译环境的建立。
- PC 宿主机开发环境的创建。
- 集成开发环境 Eclipse 的使用。
- AT91Bootstrap 的编译及烧写。
- U-Boot 移植及烧写。
- Linux 内核移植及烧写。
- 根文件系统移植及烧写。
- NFS 的安装、配置及实用。
- 嵌入式 Linux 多任务编程。
- 嵌入式 Web 服务器的移植和应用。
- 基于 Java 技术的动态监控界面设计。
- 嵌入式数据库 SQlite 的移植和应用。
- 嵌入式 Linux 网络编程。
- 多线程/多路复用并发 I/O 服务器模型。

(2) 网络节点：
- 网络节点软件功能概述。
- ADS 集成开发环境的使用。
- H-JTAG 软件烧写方法。
- $\mu C/OS-II$ 在 AT91SAM7x256 上的移植。
- 嵌入式 TCP/IP 协议栈 LwIP 在 $\mu C/OS-II$ 上的移植。
- DM9161BIEP 网络驱动编写及移植。
- AT91SAM7x256 芯片 USART、IO、A/D 采集代码编程。
- LwIP 协议栈 UDP 通信代码编程。
- LwIP 协议栈 API 应用程序编程。

1.3.4 系统实现的意义及学习收获

嵌入式系统是一门综合技术，要想真正学好、用好嵌入式系统开发不但需要丰富的软件和硬件方面知识，还需要具备微电子、传感器、数字信号处理、通信技术以及算法，甚至是系统应用方面的知识。嵌入式系统是一门实践性很强的技术，如果没有好的配套实验设备或者开发目标，单靠看书学习如同纸上谈兵、味同嚼蜡，效果不好，因此，学习嵌入式系统最好的方式是以实际产品开发为目标，在开发中边学习边提高。遇到什么困难就学习什么知识，有的放矢地学习远比漫无目的地啃书本有用得多也提高得更快。

第1章 我们的目标——嵌入式网络控制系统

网络化和开发性是嵌入式行业的发展趋势,这离不开网络技术在嵌入式行业中的大力应用。目前这一行业因为门槛起点高、技术难度大等原因存在着巨大的人才缺口,因此开发一套嵌入式网络控制系统是非常实用和具有学习价值的。不但可以在开发的过程中深入学习嵌入式软硬件设计的相关知识,还可以系统学习网络技术的开发。因为本书设计的产品是一套小型系统,这里面还包含系统架构方面的知识,涉及的知识点很多也很杂,像 Java 技术、嵌入式数据库技术、网络服务器模型建立等是很少有嵌入式书籍会涉及讲解的。可以说当读者学习完本书,经历了自己亲手制作到解决实际问题,再到最终系统运行起来整个过程后会得到一个全面而系统地提高,而不是简简单单概念的了解和基本方法的学习。这种学习方式锻炼了读者实际问题的解决能力,对于将来胜任研发工作是非常有帮助的。

1.4 开发步骤及本书的内容安排

本书的章节顺序是完全按照嵌入式网络控制系统产品开发的步骤来排列的,系统的实现分为嵌入式 Web 服务器设计和网络节点设计两个大部分。在硬件设计方面,是按照系统初期功能分析、方案确定、芯片选型、电路原理图设计再到 PCB 绘制的顺序进行的。在软件方面,从最基本的嵌入式 Linux 知识讲起,详细讲述了软件开发平台的搭建和功能代码的实现,并主要介绍了 Web 服务器移植、Java 网络界面设计、嵌入式数据库编程、网络服务器模型建立等知识,让读者随着开发要求及难度的增加逐步学习嵌入式软件和相关网络知识。

读者未来面对研发工作时也可以参考这样的开发步骤进行,希望本书带给大家的,除了技能的提升外,更多的是思路的启迪和方法的学习。

第 2 章
嵌入式 Web 服务器的硬件设计

硬件是嵌入式系统的根本，硬件平台是产品实现的基础，软件的作用是实现产品增值服务。为了实现本书的目标——嵌入式网络控制系统，我们第一步要做的就是进行嵌入式系统硬件的设计，从第 1 章的图 1.1 可以看出，整个嵌入式网络控制系统从硬件上主要分为两个部分，一个是嵌入式 Web 服务器，另外一个就是网络控制节点。本章也是按照系统硬件的划分来进行讲解的，并在本章的最后进行硬件电路的调试经验总结。

2.1 嵌入式 Web 服务器硬件功能分析及电路组成

因为嵌入式 Web 服务器所实现的功能最多也最复杂，所以它是嵌入式网络控制系统的核心，也是难点所在。为了能够充分实现嵌入式 Web 服务器的功能，有必要根据它的目标功能进行产品分析，选择适合的元器件芯片和设计出满足要求的硬件电路。

由第 1 章的图 1.1 可以看出，嵌入式 Web 服务器在整个系统中起到的是承上启下的作用。往上要和具有 Web 浏览器的 PC 机实现用户的访问和控制，往下要和数个甚至数十个网络节点通过交换机相连实现数据的实时采集和控制，因此嵌入式 Web 服务器需要具备两个网口以及高性能的嵌入式微处理器。同时要将采集的历史数据进行保存就需要涉及存储部分的电路设计以及实时时钟的设计。为了让硬件工作稳定也需要为其设计一套稳定的供电电路。CPU 芯片工作的最小系统以及烧写、调试等接口也是必不可少的。嵌入式 Web 服务器的硬件需求如下所示：

➢ 高性能嵌入式微处理器 ARM9 或更高；
➢ 稳定可靠的电源电路设计；
➢ 双网口电路，实现与上位 PC 机和下位网络节点的通信；
➢ 存储电路设计，包括 SDRAM 和 Flash 等；
➢ 时钟电路和实时时钟 RTC 电路设计；
➢ 仿真调试、烧写接口电路设计。

嵌入式 Web 服务器的硬件结构如图 2.1 所示。

第 2 章 嵌入式 Web 服务器的硬件设计

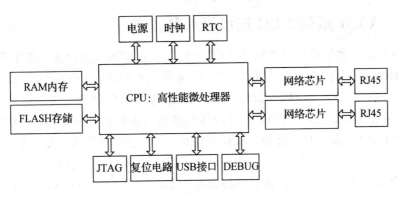

图 2.1 嵌入式 Web 服务器硬件结构

2.2 CPU 芯片选型

2.2.1 CPU 性能需求

在嵌入式系统中，CPU 根据性能的高低可以分为嵌入式微控制器和嵌入式微处理器。微控制器通常使用在一些逻辑控制、IO 控制、和简单运算处理等低端场合，这类的 CPU 多数是 8 位或者是 16 位的。而微处理器则应用在一些运算复杂、有实时性要求且处理速度快的场合里，这类的 CPU 多数是 32 位甚至是 64 位的。从 2.1 节的硬件分析上来看，嵌入式 Web 服务器要完成负担较重的通信和数据处理任务，要处理来自上位 Web 浏览器的监控指令以及完成对网络节点的控制和实时数据采集，同时还涉及数据的存储和管理等更为复杂的应用。这样就要求 CPU 具有较快的处理速度，而处理速度是由 CPU 的系统时钟决定的。低端的单片机芯片系统时钟仅为几兆赫兹或者几十兆赫兹，这样的时钟频率是根本不能满足嵌入式 Web 服务器要求的，因此在选择 CPU 时首先要考虑的就是要选一款时钟频率高，至少在 200~300 兆赫兹以上的处理速度才可以基本满足应用要求。

除了处理速度需要考虑外，CPU 也需要考虑内置多种外设控制器，比如嵌入式 Web 服务器要具备双网口功能，这样就要求选择的 CPU 具有以太网控制器功能以方便网络部分的硬件设计和代码编写。除此以外，USB 控制器、中断控制器、系统时钟控制器、I/O 控制器、DMA 控制器等也必不可少。

对于一款合适的高性能 CPU，其总线扩展能力也是应当考虑的，丰富的总线接口和强大的扩展能力可以使 CPU 扩展出更多的功能和更大的存储能力。

对于本系统的嵌入式 Web 服务器，选择一款时钟频率在 400 MHz 左右，具有丰富外设控制器和总线接口的微处理器应该是可以满足需要的。我们应当如何在种类繁多的微处理器中选择一款符合我们应用的 CPU 呢？接下来，将介绍 ARM 系列 CPU 的选型方法。

第2章 嵌入式 Web 服务器的硬件设计

2.2.2 ARM 系列 CPU 选型及性能比较

目前在嵌入式领域里，ARM 芯片以功耗低、成本低等显著优点获得了最广泛地应用。ARM 公司自 1990 年正式成立以来，在 32 位 RISC(Reduced Instruction Set Computer)CPU 开发领域不断取得突破，其结构也已经从 V3 发展到 V6。由于 ARM 公司自成立以来，一直向各大半导体制造商出售知识产权，而自己从不介入芯片的生产和销售，加上其设计的芯核具有性能强、功耗低、价格廉等显著优点，因此获得了众多半导体厂家的大力支持，在嵌入式应用领域获得了巨大的成功，目前已经占有 75% 以上的 32 位 RISC 嵌入式产品市场。现在设计、生产 ARM 芯片的国际大公司已经超过 50 家，其中比较知名的半导体公司有：德州仪器、三星、飞思卡尔、恩智浦、意法半导体、亿恒半导体、科胜讯、ADI、安捷伦、高通、Atmel、Intersil、Alcatel、Altera、Cirrus Logic、Linkup、Parthus、LSI logic、Micronas、SiliconWave、Virata、Portalplayer inc 等。

目前非常流行的 ARM 内核有：ARM7TDMI、StrongARM、ARM720T、ARM9TDMI、ARM922T、ARM940T、ARM946T、ARM966T、ARM10TDMI、ARM Cortex-19/R/M 等，此外目前还有以 ARM+DSP 为核心的芯片。当开发人员面对多达十几种内核结构，几十家芯片生产厂家，以及千变万化的内部功能组合，如何选择一款 ARM 芯片成为了一个难题。是选择 ARM7 还是 ARM9，选择 Atmel 公司的产品还是选择 Samsung 公司的产品都成为 CPU 选型时首先要面对的问题。所以，对 ARM 芯片做一些对比研究是十分必要的。

选择 ARM 芯片时，通常从以下几个角度考虑选型问题：

1. 是否使用嵌入式操作系统

如何选用的嵌入式操作系统是 μC/OS-Ⅱ 这样的轻型系统，那么对于 ARM 内核的芯片通常都是可以的。但是如果希望使用 WinCE、嵌入式 Linux 等大型系统，就需要选择 ARM720T 以上带有 MMU(内存管理单元)功能的 ARM 芯片。像 ARM720T、StrongARM、ARM920T、ARM922T、ARM946T 都带有 MMU 功能，但是考虑到系统运行速度等方面的因素还是建议大家使用 ARM920T 以上的 ARM 内核芯片以获得更好的运行速度和系统性能。对于 μCLinux 等少数几种系统，它们不需要 MMU 的支持，也可以考虑选择 ARM7TDMI 为核心的 ARM 芯片。

2. 存储器容量大小

目前市面上很多 ARM 核心 CPU 都内置了 Flash 存储功能，但其内置 Flash 容量比较有限，通常仅为 64 KB 到 2 MB 之间，这样的 CPU 可以应用在对存储空间没有较大要求、代码量较小的环境下，可以达到降低硬件设计难度、控制成本、减小板型体积的目的。这类芯片通常有 Atmel 公司的 AT91F40162、AT91FR4081、AT91SAM7x512/256/128 等，Philips 公司的 SAA7750、Micronas 公司的

PUC3030A等，开发人员可以根据自己的需求去各个厂家的网站进行选型。

对于有存储容量要求的应用场合，就要选择那些没有自带Flash存储功能，但具有外扩地址总线和数据总线的ARM内核芯片。

3. 系统时钟频率

系统时钟决定了ARM芯片的处理速度。ARM7的处理速度为0.9 MIPS/MHz，常见的ARM7芯片系统主时钟为20 MHz～133 MHz；ARM9的处理速度为1.1 MIPS/MHz，常见的ARM9的系统主时钟为100 MHz～233 MHz；ARM10的系统主时钟最高可以达到700 MHz。在芯片的使用中，通过编程进行倍频等操作通常可以实现CPU单元更高的处理速度。

不同芯片对时钟的处理不同，有的芯片因没有内置时钟控制器只有一个主时钟频率，这样的芯片不能同时为多个外设单元提供不同的时钟频率，也就难免对应用范围有一定影响。有的芯片内部时钟控制器可以分别为CPU核和USB、UART、DSP、音频等外设功能部件提供不同频率的时钟，这样就大大扩展了芯片的使用范围。

因此我们在考虑时钟频率时要同时考虑时钟频率大小和是否内置时钟控制器两点，以选择合适的ARM核心CPU芯片。

4. 内置控制器

不同ARM芯片均有其适合使用的环境，有的因内置USB控制器，可以应用在USB主站或从站产品开发中，比如S3C2410等；有的因内置以太网控制器适合应用在网络产品的开发上，比如AT91SAM9260等；有的因内置LCD控制器则适合应用在具有显示功能的GPS、PDA等产品上；有些ARM芯片内置有FPGA则适合于通讯等领域。所以作为一名研发人员，首先要清楚自己所要开发产品的特点和应用场合，然后根据需求来选择合适的ARM芯片以方便产品的设计和后期维护。

5. 不同厂家ARM芯片定位

不同厂家生产出来的ARM芯片性能和特点均不同，有的适合用于工业、有的适合用于消费电子产品。比如我们经常使用的Samsung芯片，从大家非常熟悉的S3C2410、S3C2440到目前的S3C6410，可以说Samsung厂家的ARM芯片有着更新速度快，产品周期短等特点。我们常常感叹连S3C2410还没有学明白，S3C6410都已经大量使用了，其实这和Samsung旗下ARM芯片的市场定位有关。通过查看芯片手册可以看出Samsung的ARM芯片多应用在消费电子领域，因消费电子产品更新速度快，则Samsung的ARM芯片更新快也就不足为怪了。相反的Atmel公司的ARM芯片更新换代的速度相比Samsung就慢了很多，很多芯片已经使用多年还在广泛应用，究其原因是Atmel公司生产的ARM芯片更多地针对工业领域，工业产品更新速度慢也就导致了Atmel公司的ARM芯片换代慢。

同样其他的ARM芯片厂商也有上述的特点，比如Philips的ARM芯片适合应

第 2 章 嵌入式 Web 服务器的硬件设计

用在 MP3、GSM、3G 等产品上；NetSilicon 公司的产品适合应用在 PDA、移动电话等产品上；MinSpeed 公司系列 ARM 芯片则比较适合在光纤通信上使用等等。

每一家 ARM 芯片制造厂家都根据其市场定位和目标产品进行着 ARM 芯片的定制。我们在利用 ARM 芯片进行产品设计的时候也应该注意到这个问题，选择合适厂家的特定芯片可以更有利于我们的产品设计和提高我们的产品性能。

6. 市场占有量及成本考虑

我们通过产品手册以及网站的查找，很快就能够选定一款满足我们应用的 ARM 核心 CPU 芯片，但是完成这个环节并不意味着 ARM 选型工作就结束了。通常我们最初选定的 ARM 芯片的性能是可以满足我们需求的，可是到了采购环节却出现了问题，我们所选定的芯片很难在市场上买到，即使买到了也因为该芯片市场占有量低而导致价格昂贵，这时我们只能重新选型。本人在开发过程中遇到过这个问题，也在这个环节上浪费了很多宝贵的时间，希望大家能够借鉴。所以在芯片选型的最后阶段，性能要求和市场环境需要同时考虑，两者缺一不可。

再回到本书我们要设计的系统来。从对嵌入式 Web 服务器的分析上来看，其 CPU 部分的选型应该满足以下需求：工业级应用、时钟频率在 300～500 MHz、具有网络控制器、具有总线扩展能力以便外接存储设备，还需包括复位控制器、时钟管理、高级中断控制器(AIC)、调试单元(DBGU)、看门狗定时器、实时定时器、USB 全速主机和设备接口、串行控制器等。再考虑市场情况，目前在国内比较容易买到的 ARM 芯片主要是 Atmel 公司、Samsung 公司、Philips 公司等旗下的产品，并且这几家公司因为市场出货量大，芯片价格也相对比较便宜。其中 Atmel 公司的 ARM 芯片以工业应用见长，所以决定选择 Atmel 公司的 ARM 芯片用于嵌入式 Web 服务器硬件的 CPU 部分。

Atmel 有两款 ARM9 芯片可以满足性能需求，分别是 AT91SAM9260 和 AT91SAM9G20。AT91SAM9G20 是一款与 AT91SAM9260 针脚兼容的更新换代产品，与上一代 AT91SAM9260 产品相比，可提供 4 倍容量的缓存以及片上 SRAM 存储器，并具有改进的外部 NAND Flash 纠错功能以及改善了延迟增大的以太网 FIFO。本产品时钟频率达到了 AT91SAM9260 的两倍，而功耗却只有一半。在全功率模式、外围设备全开的情况下，其功耗仅为 80 mW，且市场价格与 AT91SAM9260 也相差无几。最终，综合考虑各方面的情况，选择了 Atmel 公司的 AT91SAM9G20 作为嵌入式 Web 服务器的 CPU。

2.2.3 Atmel AT91SAM9G20 芯片简介

AT91SAM9G20 是基于 ARM926EJ-S 处理器核心，时钟频率为 400 MHz。该产品包含了 32 KB 指令以及 32 KB 数据缓存、两个 16 KB SRAM 存储块以及 64 KB ROM，在最高处理器或总线速度下可实现单周期访问，而且具备 1 个包含了许多控制器的外部总线接口，可控制 SDRAM 以及包括 NAND Flash 和 CompactFlash 在内的静态存储器。其广泛的外围设备集包括 USB 全速主机和设备接口、1 个 10/100 Base‐T 以太网 MAC、图像传感器接口、多媒体卡接口(MCI)、同步串行控制器(SSC)、USART、主/从串行外围设备接口(SPI)、2 个三通道 16 位定时计数器(TC)、1 个双线接口(TWI)以及四通道 10 位模数转换器。3 个 32 位并行输入/输出控制器,使得芯片引脚与这些外围设备可以实现多路复用,从而减少了设备的引脚数量以及外围设备 DMA 通道,将接口与片上、片外存储器之间的数据吞吐量提升到了最高水平。AT91SAM9G20 拥有可实现高效系统管理的全功能系统控制器,其中包含了 1 个复位控制器、关机控制器、时钟管理、高级中断控制器(AIC)、调试单元(DBGU)、周期间隔定时器、看门狗定时器以及实时定时器。采用符合 RoHS 标准的 217 球 LFBGA 封装的 AT91SAM9G20 具有低功耗和容易使用的特点,广泛应用于系统控制、有线和无线连接、用户接口管理,以及诸如 POS 终端、安全系统、建筑自动化、工业控制、医疗和家电等。AT91SAM9G20 芯片外观如图 2.2 所示。

图 2.2　AT91SAM9G20 芯片

2.3　网络芯片选型

网络设备的开发离不开网络控制芯片的选择,如何选择适合本书目标系统的网络芯片是硬件设计环节中的一个主要工作。本节将介绍嵌入式网络控制芯片的特点和选型过程。

2.3.1　网络芯片功能需求及选型

网络硬件、软件技术的迅速发展,使得网络设备的应用呈现大幅增长的态势。各种家电设备、PDA、仪器仪表、工业生产中的数据采集与控制等设备正在逐渐地走向网络化,以便共享 Internet 中庞大的资源。在网络产品的开发过程中,首先要解决的就是设备与以太网的通信问题,亦即如何将 CPU 的网络接口(以太网络控制器)应用于嵌入式网络的开发。目前市面上有许多以太网控制芯片,但这些芯片中很多都是耗电量高、功能复杂的,并不适合于嵌入式网络设备的开发。因此,有必要在进行开发之前熟悉一下嵌入式网络控制芯片的性能指标。

对于嵌入式网络控制芯片的大致性能要求如下所示:
- 尺寸小、引脚少、封装简单适合焊接;
- 可连接双绞线、可自动检测所连接的媒介类型;
- 全双工,收发可达到 10/100 Mbps 的速率,具有休眠模式,以降低功耗;
- 内置 SRAM,用于收发缓冲以降低对 CPU 的占用,提高 CPU 运行效率;
- 支持 8 位、16 位数据线;

第 2 章 嵌入式 Web 服务器的硬件设计

➢ 适应于 Ethernet II、IEEE 802.3、10Base-5、10Base-2、10Base-T；

本书所设计的嵌入式 Web 服务器硬件有一个突出的特点就是双网口设计，所以在硬件开发中需要使用两个网络芯片。再回到 CPU 中，通过查看 AT91SAM9G20 的芯片手册可以看出，它内置了 1 个以太网控制器，也就是说在 AT91SAM9G20 里已经内置 1 个 MAC 层控制器，如果想扩展网络功能的话只需要再选择 1 个 PHY 层的网络芯片就可以实现 1 路网口。对于第二路网口则需要选择 1 个具备完整 MAC 层和 PHY 层的网络控制芯片，通过地址总线和数据总线与 AT91SAM9G20 相连来实现。因此，嵌入式 Web 服务器硬件的网络芯片选型就需要选择 1 个 PHY 层的网络芯片和 1 个 MAC 层+PHY 层的网络芯片。

目前市面上比较常见的网络芯片有 AX88796A、LAN91C96、ENC28J60、CS8900A、DM9000、RTL8201、DP83848 等。这些网络芯片在功能上大体相同，都可以满足本设计的需要。在选择上应该尽可能选择一些开发资源丰富，芯片市场占有量较大的产品。根据多年网络学习和工作经验，对常见的网络控制芯片比较后选定 DAVICOM 公司的产品。DAVICOM 公司旗下的 DM9000、DM9161 芯片在市场上使用较多，并且很多开发板的网络部分电路也是采用的这两款芯片，因此可以参考和学习的资料比较丰富。最终 PHY 层的网络芯片采用 DM9161BIEP，MAC 层+PHY 层的网络芯片采用 DM9000CIEP。

2.3.2 DAVICOM DM9161BIEP 芯片特点介绍

DM9161 系列芯片在订货信息上共有如下型号：DM9161E、DM9161EP、DM9161AE、DM9161AEP、DM9161BEP、DM9161BIEP。其中，P 表示 Pb-Free，I 表示工业级。BEP/BIEP 的制造工艺为 0.18 μm，E/EP 为 0.35 μm，AE/AEP 是 0.25 μm，因此，它们之间的功耗区别应该也较大。DM9161AE、DM9161AEP、DM9161BEP 及 DM9161BIEP 这 4 个类型可以互换。但它们不可以与 DM9161E、DM9161EP 互换。根据嵌入式 Web 服务器硬件的设计要求，采用 DM9161BIEP 这样一款低功耗、工业级的芯片是符合设计需要的。

DM9161BIEP 是一款完全集成和符合成本效益的单芯片快速以太网 PHY 层芯片，采用较小工艺 0.18 μm 的 10/100M 自适应的以太网收发器。DM9161BIEP 通过可变电压的 MII 或 RMII 标准数字接口连接到 MAC 层，支持 HP Auto-MDI-X，是目前常见的一款物理层收发器。由于全球的 CPU 集成度不断提高，可以采用一款内置 MAC 层控制器的微处理器，通过 MII/RMII 接口与内置 PHY 层的 DM9161BIEP 连接实现网络设备的开发。

DM9161BIEP 的芯片特点如下所示：

图 2.3 DM9161BIEP 网络芯片

- 48pin LQFP 封装;
- 支持 MII 和 RMII 连接方式(推荐使用 MII);
- 支持双绞线自适应(AUTO-mix);
- 支持 TCP/IP 硬加速;
- 与全球 95% 厂家的 MCU 完全兼容,是 ATMEL 推荐使用的单口 PHY;
- 工业级 DM9161BIEP 可以在 -40℃~85℃ 的温度范围内运行。

DM9161BIEP 芯片如图 2.3 所示。

2.3.3 DAVICOM DM9000CIEP 芯片特点介绍

DM9000CIEP 是 DM9000 系列的最新产品,其引脚数量也从 DM9000E 时的 100 脚发展到目前 DM9000CIEP 的 48 个引脚,功耗也大大降低,是一款针对工业应用的完全集成和符合成本效益的单芯片以太网 MAC 层+PHY 层的网络控制芯片。

DM9000CIEP 还提供了介质无关的接口,用于连接所有提供介质无关接口功能的家用电话线网络设备或其他收发器。该 DM9000CIEP 支持 8 位、16 位和 32 位接口用于访问内部存储器,以支持不同的处理器。DM9000CIEP 物理协议层接口完全支持使用 10 Mbps 下 3 类、4 类、5 类非屏蔽双绞线和 100 Mbps 下 5 类非屏蔽双绞线,这是完全符合 IEEE 802.3u 规格的。它的自动协调功能将自动完成配置以最大限度地适合其线路带宽。还支持 IEEE 802.3x 全双工流量控制。此外用户可以容易地移植任何系统下的端口驱动程序。

DM9161BIEP 的芯片特点如下所示:

- 48 脚 CMOS LQFP 封装工艺;
- 支持处理器读写内部存储器的数据操作命令,以字节/字/双字的长度进行;
- 集成 10/100M 自适应收发器;
- 支持介质无关接口;
- 支持背压模式半双工流量控制模式;
- IEEE 802.3x 流量控制的全双工模式;
- 支持唤醒帧,链路状态改变和远程的唤醒;
- 内置 16 KB 空间 SRAM;
- 支持自动加载 EEPROM 里面生产商 ID 和产品 ID;
- 支持 4 个通用输入/输出口;
- 具有超低功耗模式、功率降低模式、电源故障模式;
- 兼容 3.3v 和 5.0v 输入输出电压。

DM9000CIEP 芯片如图 2.4 所示。

图 2.4 DM9000CIEP 网络芯片

2.4 电源电路设计

电源部分是硬件设计的基础,也关系到硬件电路的稳定性和抗干扰能力。作为硬件电路设计的第一步,设计好电源电路要清楚地知道 CPU、存储、外设、网络等各个部分的电源需求情况,需要提供多少种电源信号。

作为嵌入式 Web 服务器硬件的 CPU,AT91SAM9G20 有如下几种类型的电源引脚。

> VDDCORE 引脚:内核电源,包括处理器、内嵌存储器和外设,电压范围从 0.9 V~1.1 V。

> VDDIOM 引脚:外部总线接口 I/O 口电源,电压范围从 1.65 V~1.95 V(1.8 V 典型值),或 3.0 V~3.6 V(3.3 V 典型值),具体电压范围由软件确定。

> VDDIOP 引脚:外设 I/O 口线电源,电压范围 1.65 V~3.6 V。

> VDDBU 引脚:慢速时钟振荡器和部分系统控制器电源,电压范围从 0.9 V~1.1 V(1.0 V 典型值)。

> VDDPLL 引脚:锁相环部分电源,电压范围从 0.9 V~1.1 V。

> VDDOSC 引脚:主时钟振荡器部分电源,电压范围 1.65 V~3.6 V。

> VDDANA 引脚:模数转换器供应电源,电压范围 3.0 V~3.6 V(3.3 V 典型值)。

> VDDUSB 引脚:USB 收发器供应电源,电压范围 3.0 V~3.6 V。

除了 CPU 以外,对于 SDRAM、Flash、网络控制芯片等部分的设计,提供 3.3 V 的供电电压就可以满足电源需求。综上所述,电源电路需要提供 3.3 V 和 1.0 V 两种电压即可。电源部分电路如图 2.5 所示。

整个电源通过图中的 DC_JACK 接口引入开关电源的 5 V 供电,5 V 电压经过电源芯片 LM1086-33 后输出 3.3 V 电压。3.3 V 电压与双电压比较器 LM393 的 2 脚相连,LM393 的 3 脚经过电阻 R50 和 R52 分压后得到一个 2 V 左右的电压。因 LM393 的 2 脚电压大于 3 脚电压,LM393 会输出一个低电平到降压充电芯片 TPS60500 的 1 脚并使能 TPS60500,使其 7 脚产生一个 1.0 V 的电压。这样 LM393 的 6 脚输入 1 V 电压,5 脚经电阻 R43 和 R47 分压后有一个 0.54 V 电压输入,又因 6 脚电压大于 5 脚电压,LM393 的 7 脚又输出低电平到 P 沟道增强型场效应管 AO3415 的 1 脚。此时 AO3415 的 1 脚电压与 2 脚电压的差值为负小于 AO3415 的开启电压,使得 AO3415 导通,在其 3 脚产生一个 3.3 V 电压。经过以上电路变换,就得到了我们想要的 3.3 V 电压和 1.0 V 电压。下面简要介绍电源电路中涉及的两个主要芯片 TPS60500 和 LM393。

TPS60500 是 TI 公司推出的降压充电泵,使电池供电系统及 PC 外设更为高效、易用。该充电泵可提供范围为 0.83~3.3 V 的稳定输出电压,输出电流达 250 mA。

电路的输入电压范围在 1.8～6.5 V 之间,因此可配合各种类型的电池(如 3 只或 4 只镍镉、镍氢或碱性电池)使用,而外围电路只需要 4 只小型陶瓷电容器即可构成一个完整高效的充电泵功率转换器,大大节约了 PCB 的空间和成本。另外,仅为 40 μA 的低静态电流可允许更长的待机时间。此外 TPS60500 降压充电泵提供了可与电感式 buck 转换器相媲美的工作效率,同时具备线性稳压器特性的易用性。采用分级转换拓扑结构可以实现 90% 的峰值效能,因此功耗得以降低,且无需配备散热片。

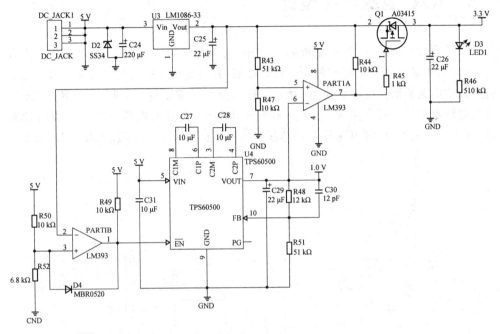

图 2.5 电源电路

其主要特性包括:
> TPS60500/501/502/503 输出电压分别为:可调、3.3 V、1.8 V、1.5 V。
> 输出电流可达 250 mA,低静态电流仅 40 μA,关闭时电流 0.05 μA。
> 在整个负载和温度范围内保证输出电压小于 3% 的误差。
> 输入电压 1.8 V～6.5 V,转换效率达 90% 以上。
> 输出电源正常指示(Power Good)。
> 电源关闭时负载与电池隔离。
> 内部电压软启动功能,过流及超温保护。
> 小型 10 引脚 MSOP 封装。

LM393 是双电压比较器芯片,该芯片的主要特点如下所示:
> 工作电源电压范围宽,单/双电源均可工作,单电源:2～36 V,双电源:±1～±18 V。
> 消耗电流小,$I_{CC}=0.8$ mA。

第 2 章　嵌入式 Web 服务器的硬件设计

- 输入失调电压小，$V_{IO}=\pm 2 \text{ mV}$。
- 共模输入电压范围宽，$V_{IC}=0\sim V_{CC}-1.5 \text{ V}$。
- 输出与 TTL、DTL、MOS、CMOS 等兼容。
- 输出可以用开路集电极连接"或"门。
- 采用双列直插 8 脚塑料封装(DIP8)和微形的双列 8 脚塑料封装(SOP8)。

2.5　RTC 电源电路设计

在所设计的嵌入式 Web 服务器软件中，将采用嵌入式数据库用于保存历史数据，因此需要硬件具备实时时钟计时和保存的功能，当硬件在断电的情况下需要有后备电源给电路板的实时时钟供电，保证时钟系统的正常运行。实时时钟(RTC)采用可充电锂电池用于后备电源，在硬件有外接电源时，由外接电源供电并给锂电池充电；当无外接电源时，锂电池放电，为实时时钟供电，RTC 部分的电路如图 2.6 所示。

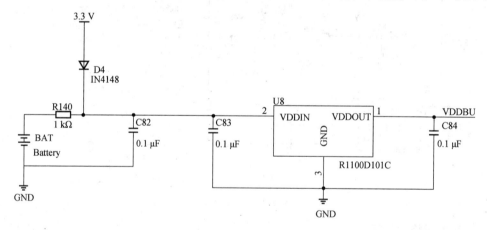

图 2.6　RTC 供电电路

在图 2.6 中，选用的可充电锂电池输出电压为 3 V，其具体型号可以使用 maxell-ML2032 型。3.3 V 电源用来给实时时钟引脚 VDDBU 供电和给锂电池充电。图中的 3 个 0.1 μF 的电容起到滤波的作用。其中 R1100D101C 是一款小型电压调节器，是高稳定型的基准电压源，在电池供电的电路中广泛使用，它可以输出标准值为 1.0 V，范围在 0.976 V～1.024 V 的电压，正适合 AT91SAM9G20 的实时时钟引脚 VDDBU 使用。

2.6　时钟电路设计

AT91SAM9G20 需要一个 18.432 MHz 的无源晶振作为系统外部时钟源，还需要一个 32.768 kHz 的无源晶振作为 RTC 时钟源。其中 18.432 MHz 无源晶振经

CPU 内部的 PLL 电路倍频后产生高频时钟,将此高频时钟作为 CPU 及总线的工作时钟和片内功能模块的工作时钟。片内的 PLL 电路兼具有频率放大和信号滤波的功能。因此,ARM 系统可以以较低的外部时钟信号获得较高的工作频率。这时 ARM 微处理器经常采用的一种手段。

采用 32.768 kHz 作为 RTC 时钟是因为 32.768 kHz 可以无误差的被 215 分频得到 1 Hz,这样分频后时钟每振荡 1 次正好对应 1 s,正适合做 RTC 时钟。

时钟部分电路入图 2.7 所示。图中的 C57、C58、C59、C62 采用的电容为 15 pF,这个电容可以选择的容值范围是 15 pF~22 pF,这个范围内的电容更容易使晶振起振。

图中的 R129、R131、R133、R135 的 22 Ω 电阻是为了避免在绘制 PCB 的时候因为走线太长带来的电磁兼容问题。将 22 Ω 电阻靠近 CPU 放置可以有效地使信号变得平滑,从而减小输出波形的高频谐波幅度。

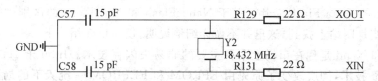

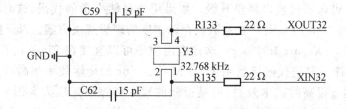

图 2.7　时钟电路

2.7　存储电路设计

2.7.1　SDRAM、Flash 简介

嵌入式系统可以认为是一台小型的、可定制的计算机系统,那么对于计算机拥有的组成部分在嵌入式系统中也是存在的。计算机内部有内存和硬盘,那么对于嵌入式系统则存在对应的 SDRAM 和 Flash。

1. SDRAM 简介

SDRAM 如同计算机系统里面的内存,不具备掉电保持数据的特性,但其读写速度大大快于 Flash。因此,SDRAM 在系统中主要用做程序运行空间、运行数据堆栈区等。为了充分利用 SDRAM 读写速度快的特点,比较常见的做法就是在完成系统

第2章 嵌入式 Web 服务器的硬件设计

的初始化后,启动代码(bootloader)一般被调用到 SDRAM 中运行,这样可以大大提高系统的启动和运行速度。另外在内核和根文件系统的烧写时,也是通常通过 tftp 将内核和根文件系统映像文件下载到 SDRAM 内,然后再烧写到 Flash 里面,这样可以大大提高烧写速度。

SDRAM 的存储单元价格低廉,单位空间存储容量大,但其在使用的过程中需要不断的刷新,使得 SDRAM 的操作较为复杂。因此,要在系统中使用 SDRAM,就要求处理器具有刷新控制逻辑或在系统中另外加入刷新控制逻辑电路。我们选用的 AT91SAM9G20 微处理器内置独立的 SDRAM 刷新控制逻辑,可以非常方便地与 SDRAM 连接。

2. Flash 简介

与计算机系统中的硬盘作用一样,Flash 芯片也是嵌入式系统中必不可少的一部分。其中 Flash 又分为 Nand Flash 和 Nor Flash 两大类,在 Atmel 的 ARM 系统中还经常存在 Data Flash 芯片。关于 Nand Flash 和 Nor Flash 的区别大家可以从很多书籍或是网站上找到,这里并不做详细地说明,仅简单介绍一下。

Nor 和 Nand 是现在市场上两种主要的非易失闪存技术。Intel 于 1988 年首先开发出 Nor 技术,彻底改变了原先由 EPROM 和 EEPROM 一统天下的局面。紧接着,1989 年,东芝公司发表了 Nand 结构,强调降低每比特的成本,更高的性能,并且象磁盘一样可以通过接口轻松升级。如果用来存储少量的代码,这时 Nor Flash 更适合一些,而 Nand Flash 则是高数据存储密度的理想解决方案。Nor 的特点是芯片内执行(XIP, eXecute In Place),这样应用程序可以直接在 Flash 闪存内运行,不必像 Nand 一样需要把代码读到系统 RAM 中。Nor 的传输效率很高,在 1~4 MB 的小容量时具有很高的成本效益,但是很低的写入和擦除速度大大影响了它的性能。Nand 结构能提供极高的单元密度,可以达到高存储密度,并且写入和擦除的速度也很快。应用 Nand 的困难在于 Flash 的管理和需要特殊的系统接口。

Flash 闪存是非易失存储器,可以对称为块的存储器单元块进行擦写和再编程。任何 Flash 器件的写入操作只能在空或已擦除的单元内进行,所以大多数情况下,在进行写入操作之前必须先执行擦除。Nand 器件执行擦除操作是十分简单的,而 Nor 则要求在进行擦除前先要将目标块内所有的位都写为 0。由于擦除 Nor 器件时是以 64~128 KB 的块进行的,执行一个写入/擦除操作的时间为 5 s,与此相反,擦除 Nand 器件是以 8~32 KB 的块进行的,执行相同的操作最多只需要 4 ms。执行擦除时块尺寸的不同进一步拉大了 Nor 和 Nand 之间的性能差距,统计表明,对于给定的一套写入操作(尤其是更新小文件时),更多的擦除操作必须在基于 Nor 的单元中进行。这样,当选择存储解决方案时,研发人员必须权衡以下的各项因素:

➤ Nor 的读取速度比 Nand 稍快一些;
➤ Nand 的写入速度比 Nor 快很多;
➤ Nand 的 4 ms 擦除速度远比 Nor 的 5 s 快;

➢ 大多数写入操作需要先进行擦除操作；
➢ Nand 的擦除单元更小，相应的擦除电路更少。

Nand Flash 的单元尺寸几乎是 Nor Flash 器件的一半，由于生产过程更为简单，Nand Flash 结构可以在给定的模具尺寸内提供更高的容量，也就相应地降低了价格。Nor Flash 占据了容量为 1～16 MB 闪存市场的大部分，而 Nand Flash 只是用在 8～128 MB 甚至更大的产品当中，这也说明 Nor Flash 主要应用在代码存储介质中，Nand Flash 适合于数据存储，Nand 在 CompactFlash、Secure Digital、PC Cards 和 MMC 存储卡市场上所占份额最大。

对于 Atmel 嵌入式系统中经常使用的 Data Flash，可以认为是一种 Nor Flash 技术的 ISP 接口封装，也是存储器材的一种。

2.7.2 存储器芯片选型

1. SDRAM 芯片

常用的 SDRAM 芯片大多采用 16 位的数据宽度，工作电压通常都是 3.3 V。目前主要的 SDRAM 芯片有 Hyundal 的 HY57VF561620、Samsung 的 K4S561632、Micron 的 MT48LC16M16A2P 等。在本书所设计的嵌入式 Web 服务器硬件中，SDRAM 芯片采用 Micron 公司的 MT48LC16M16A2P-75IT，这是一款封装形式为 TSOP-54，容量为 32 MB 的 SDRAM。其具体参数如表 2.1 所列。

表 2.1 MT48LC16M16A2P-75IT 型号标识

参　数	说　明
MT	Micron Technology
48	产品系列，48 = SDRAM
LC	制造工艺，LC = 3.3 V Vdd CMOS
16M16	基本型号，16 Meg×16
A2	写恢复时间，tWR="2 CLK"
P	封装类型，环保 TSOP
75	访问时间，7.5 ns @CL=3(PC133)
IT	温度等级，工业级
工作电压	3.3 V
容量	256 Mb
位宽	16 bits
温度等级	工业级，-40 ℃～85 ℃

2. Flash 芯片

通过查看 AT91SAM9G20 的芯片手册，注意到 AT91SAM9G20 有个 BMS 引

脚,CPU 复位后会检测这个 BMS 引脚的电平。如果检测到 BMS 为高电平,也就是 BMS=1,这个时候表示从内部 ROM 启动,也就是这个时候 CPU 会去找 DataFlash 或 NandFlash 上的有效的启动程序(Bootloader),即从 DataFlash 或 NandFlash 启动。若 Data Flash 上没有启动程序则 CPU 会自动到 Nand Flash 上寻找。如果检测到 BMS 为低电平,也就是 BMS=0,这个时候表示从外部存储器启动,也就是去找 Nor Flash 上的有效的启动程序(Bootloader)。

根据以上的分析,我们可以在设计电路的时候将 BMS 引脚接高电平,而放弃 NorFlash 的使用,并且同样放弃 Data Flash 的使用,把 Bootloader、内核映像、根文件系统、应用程序都放置在 Nand Flash 里面,这样就可以省去 DataFlash。这样的硬件设计不但可以大大简化硬件电路,同时还可以进一步降低产品成本。

综上所述,对于一个由 Atmel ARM9 构成的电路中,存储部分可以只需要有 NandFlash 和 SDRAM 即可。这样所有的代码都存放在 Nand Flash 中,而在 SDRAM 中运行。

在本书所设计的嵌入式 Web 服务器硬件中,Nand Flash 芯片采用 Samsung 公司的 K9F2G08U0M-PIB,这是一款封装形式为 TSOP-48,容量为 256 MB 的 Flash 芯片。其具体参数如表 2.2 所列。

表 2.2　K9F2G08U0M－PIB 型号标识

参　数	说　明
K	Memory
9	NAND Flash
F	SLC Normal
2G	容量:2 Gb
08	8 位
U	2.7 V～3.6 V
0	普通模式
M	第一代产品
P	TSOP1 封装
I	工业级
B	可能存在坏块

2.7.3　SDRAM 电路设计

AT91SAM9G20 内置 SDRAM 控制器,所以不需要额外增加 SDRAM 控制器就可以和 SDRAM 连接,电路如图 2.8 所示。

第 2 章 嵌入式 Web 服务器的硬件设计

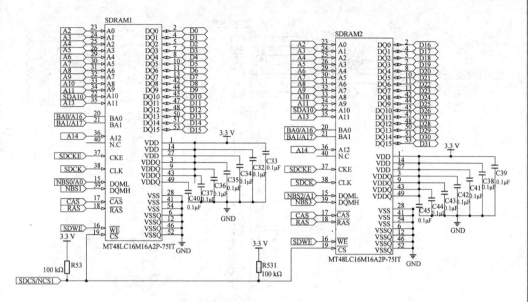

图 2.8 AT91SAM9G20 与 SDRAM 接口电路

AT91SAM9G20 是一款 32 位的微处理器，外部总线、数据总线也是 32 位的。为了最大限度地发挥 AT91SAM9G20 的 32 位性能，在 SDRAM 上最好也是选择 32 位的。但是目前市面上所销售的 SDRAM 绝大多数都是 16 位芯片，因此使用 2 片 SDRAM 配置成 32 位的总线宽度即可以满足应用需求，从图 2.8 可以看出，左面的 MT48LC16M16A2P 数据线为 D0~D15，右边的 MT48LC16M16A2P 数据线为 D16~D31，这样就构成了 32 位的 SDRAM。

因为 AT91SAM9G20 是 32 位处理器，所以它一次处理数据都是以 32 位为单位的，也就是说它读或者写数据时，地址只能为 0x0、0x04、0x08、……即 4 字节对齐，根本不会访问到 SDRAM 的 A0 和 A1 地址线上，所以 SDRAM 上的 A[12:0] 接到 AT91SAM9G20 的 A[14:2] 引脚。这里有一点需要注意，SDRAM 的 A10 脚并没有和 AT91SAM9G20 的 A12 连接，而是接到了 AT91SAM9G20 的外部总线接口 EMI 的 SDA10 引脚，这是因为 SDRAM 把 A10 引脚既作为地址线 A10 也作为给 SDRAM 预充电的控制信号来使用。但 AT91SAM9G20 的 A12 引脚并不具备这样的复用功能，AT91SAM9G20 提供了 SDRAM 专用的地址线 SDA10 用来代替通用的地址总线 A12 实现复用功能。SDRAM 其他引脚直接和 AT91SAM9G20 里 SDRAM 控制器对应引脚相连即可。

2.7.4 Nand Flash 电路设计

AT91SAM9G20 内置外部总线接口（EBI），通过外部总线接口可访问大量 NAND Flash、SDRAM、CompactFlash 和 ROM 存储芯片。AT91SAM9G20 通过 EBI 总线与 K9F2G08U0M 的连接电路如图 2.9 所示。

第 2 章 嵌入式 Web 服务器的硬件设计

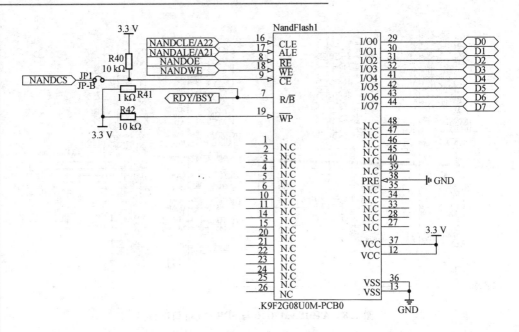

图 2.9 AT91SAM9G20 与 Nand Flash 接口电路

图中所示的 NANDCS 是 Nand Flash 的片选信号。在利用 SAM-BA 软件通过 USB 线下载映像文件前首先要拔掉 JP1 跳线，这个时候 AT91SAM9G20 进入 USB 下载模式。此时让目标板不从 NandFlash 启动，而是给开发板安装 USB 驱动。在 USB 驱动安装完成后重新插入跳线 JP1，使系统可以从 Nand Flash 启动。具体的操作过程将在 3.4.2 小节中详细介绍。

2.8 DM9161BIEP 网络接口电路设计

DM9161BIEP 是一款常用的工业级单口物理层收发器，通过可变电压的 MII 或 RMII 标准数字接口连接到 MAC 层实现网络数据传输。AT91SAM9G20 微处理器内置以太网 MAC 层控制器，且支持 MII 和 RMII 两种标准接口，因此和 DM9161BIEP 的连接也较为简单。

MII（Media Independent Interface）即介质无关接口，或称为媒体独立接口，它是 IEEE-802.3 定义的以太网行业标准。它包括 1 个数据接口，以及 1 个 MAC 和 PHY 之间的管理接口。数据接口包括分别用于发送器和接收器的两条独立信道。每条信道都有自己的数据、时钟和控制信号。MII 数据接口总共需要 16 个信号。管理接口是个双信号接口：一个是时钟信号，另一个是数据信号。通过管理接口，上层能监视和控制 PHY。

RMII（Reduced Media Independant Interface）即简化媒体独立接口，是标准的以太网接口之一，比 MII 有更少的 I/O 传输。在数据的收发上它比 MII 接口少了 1 倍的信号线，所以它的一般要求是 50 MHz 的总线时钟。RMII 一般用在多端口的交换机，它不是每个端口安排收、发两个时钟，而是所有的数据端口公用 1 个时钟用于所有端口的收发，这里就节省了不少的端口数目。RMII 的 1 个端口要求 8 根数据线，比 MII 少了 1 倍，所以交换机能够接入多 1 倍数据的端口，和 MII 一样，RMII 支持 10 Mbps 和 100 Mbps 的总线接口速度。

MII 和 RMII 引脚配置如表 2.3 所列。

表 2.3 MII 和 RMII 引脚配置对照表

引脚名称	MII	RMII
ETXCK_EREFCK	ETXCK:传输时钟	EREFCK:参考时钟
ECRS	ECRS:载波监听	
ECOL	ECOL:冲突检测	
ERXDV	ERXDV:数据有效	ECRSDV:载波监听、数据有效
ERX0~ERX3	ERX0~ERX3:4-bit 接收数据	ERX0~ERX1:2-bit 接收数据
ERXER	ERXER:接收错误	ERXER:接收错误
ERXCK	ERXCK:接收时钟	—
ETXEN	ETXEN:传输允许	ETXEN:传输允许
ETX0~ETX3	ETX0~ETX3:4-bit 传输数据	ETX0~ETX1:2-bit 传输数据
ETXER	ETXER:传输错误	—

DM9161BIEP 电路图如图 2.10 所示。

DM9161BIEP 的 42 脚外接了一个 50 MHz 的总线时钟，表示 DM9161BIEP 采用 RMII 的方式与 AT91SAM9G20 的 MAC 层进行数据交换。因此只用到了发送数据脚 TXD0 和 TXD1、发送使能脚 TXEN、接收错误脚 RXER、接收数据脚 RX0 和 RX1、数据有效 RX_DV、参考时钟脚 REF_CLK 这 8 个引脚，对其他 MII 涉及的引脚进行悬空处理即可。

另外的一些与上拉或下拉电阻相连的引脚主要是用于配置 DM9161BIEP 的运行状态。PWRDWN 脚下拉是表示 DM9161BIEP 不进入掉电状态；MDINTR 脚的上拉表示中断的输出低电平有效；COL/RMII 上拉表示 DM9161BIEP 运行在 RMII 接口模式；RXDV/TESTMODE 的下拉表示选择工作模式而不是测试模式；RXER/RXD4/RPTR 的下拉表示选择节点模式，而非中继器模式，一般中继器模式用于 HUB 等设备的应用。其中 MDIO、MDC、MDINTR 是用于管理、配置、控制 PHY 层特性的引脚，可以直接与 AT91SAM9G20 的 EMAC 控制器对应引脚相连。39 脚 DISMDIX 引脚接地产生低电平以使能双绞线自适应（Auto-mix）功能。40 脚与系统的复位电路连接实现复位操作，保证 DM9161BIEP 和 AT91SAM9G20 同步复位。在 BGRES 和 BGRESG 脚之间的 6.8 kΩ 的电阻是用于调整 DM9161BIEP 的网络

第 2 章 嵌入式 Web 服务器的硬件设计

驱动能力。RJ45 接口采用的是 HR911105A，这是一款内置网络隔离变压器和状态指示灯的网络接口，它与 DM9161BIEP 的连接电路如图 2.10 中右侧所示。

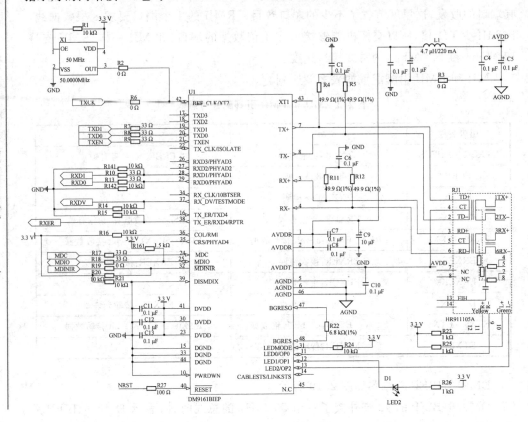

图 2.10　DM9161BIEP 电路图

2.9　DM9000CIEP 网络接口电路设计

在嵌入式系统中增加以太网接口，通常采用如下两种方法实现。第一种方法采用内置以太网控制器的嵌入式处理器。这种处理器是面向网络应用而设计的，它内置 MAC 层控制器，通过 MII 或 RMII 方法实现处理器和外部 PHY 层网络芯片之间的数据交换，AT91SAM9G20 和 DM9161BIEP 就是采用这种方法实现的。另一种方法采用嵌入式处理器外接以太网协议控制芯片的结构。这种方法对嵌入式处理器没有特殊要求，只要把以太网协议控制芯片连接到嵌入式处理器的总线上即可，其中 MAC 层和 PHY 层都在以太网协议控制芯片中实现。此方法通用性强，不受处理器的限制，处理器和网络芯片之间的数据交换通过外部总线实现。因为 AT91SAM9G20 内置的 MAC 控制器已经被 DM9161BIEP 占用，如果想再添加一路网络接口的话只能采用第二种方法，即 AT91SAM9G20 通过外部总线和内置 MAC

第 2 章 嵌入式 Web 服务器的硬件设计

层、PHY 层的以太网协议控制芯片连接。

DM9000CIEP 是 Devicom(台湾联杰国际)研发的一款 10/100M 快速以太网控制芯片，DM9000CIEP 实现以太网媒体介质访问层(MAC)和物理层(PHY)的功能。DM9000CIEP 功耗非常低，单电源 3.3 V 工作，内置 3.3 V 变 2.5 V 电源电路，I/O 端口支持 3.3 V 到 5 V 的电压范围。

AT91SAM9G20 微处理器利用片选引脚 NCS2 和地址线 A2 分别连接 DM9000CIEP 芯片的 CS 引脚和 CMD 引脚。AT91SAM9G20 的数据总线 DATA[15:0] 与 DM9000CIEP 的数据总线 SD[15:0] 连接，用来实现 DM9000CIEP 与 AT91SAM9G20 之间的数据传输；DM9000CIEP 的 IO 读信号线 IOR、写信号线 IOW 分别与 AT91SAM9G20 的读信号线 NRD、写信号线 NWR0 相连；DM9000CIEP 的 INT 引脚占用 AT91SAM9G20 的中断引脚 RI0，使得 AT91SAM9G20 能够及时响应 DM9000CIEP 的中断；DM9000CIEP 的 PWRST 引脚与系统复位电路相连，保证 DM9000CIEP 和 AT91SAM9G20 同步复位；DM9000CIEP 的 BGRES 脚通过 6.8 kΩ 的电阻接地用于调整 DM9000CIEP 的网络驱动能力；DM9000CIEP 的 X1 和 X2 引脚为时钟输入，所用时钟输入是 25 MHz；DM9000CIEP 的 TEST 引脚在正常应用时接地；DM9000CIEP 的 EECK 接高电平表示中断脚为低电平触发，EECS 为低电平表示 16 位总线宽度。

DM9000CIEP 电路图如图 2.11 所示。

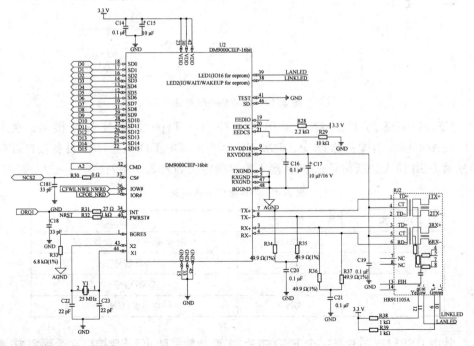

图 2.11　DM9000CIEP 电路图

2.10 USB 接口电路设计

AT91SAM9G20 具有 2 路 USB 2.0 Host 控制器和 1 路 USB 2.0 Device 控制器。分析嵌入式 Web 服务器硬件的应用，在 USB 的选择上，仅需要在前期通过 USB 烧写各种映像文件，USB 接口仅当作 USB 设备使用。嵌入式 Web 服务器本身不需要外接 U 盘或其他 USB 设备，不存在当作 USB 主机使用的情况。综合以上分析，USB 接口部分仅设计一路 USB Device 电路，配合 SAM-BA 下载程序即可。

USB Device 电路图如图 2.12 所示。

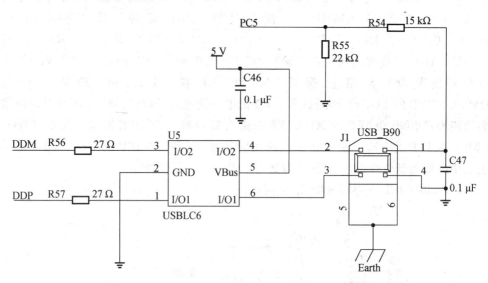

图 2.12 USB Device 电路

USB Device 的 USB 接头采用常见的 B-Type 方型接口连接器。使用 AT91SAM9G20 引脚资源 DDP、DDM、PC5，其中 DDP、DDM 是 USB 设备接口，PC5 用来做 USB 插入判断信号。USB 接头各引脚定义如表 2.4 所列。

表 2.4 USB 接口引脚定义

引脚	信号	功能
1	VBUS	供电电源(+5 V)/设备检测
2	D−	USB 信号
3	D+	USB 信号
4	GND	供电电源(GND)

其中 USBLC6 芯片是一个 ESD 芯片，主要功能是防止 USB 接口在受到雷击、静电时 CPU 等主芯片遭到毁坏，起到隔离保护的作用。

2.11　DEBUG 调试串口电路设计

AT91SAM9G20 内置专业串口调试单元 Debug Unit(DBGU)，其引脚是 DRXD 和 DTXD。DBUG 是两线的 USART 接口，可以通过 TTL 到 RS-232 的电平转换实现 RS-232 接口，目前经常使用的电平转换电路芯片为 MAX3232，关于 MAX3232 更具体的内容可以参考相关的用户手册。如图 2.13 所示为 AT91SAM9G20 与 MAX3232 的接口电路。

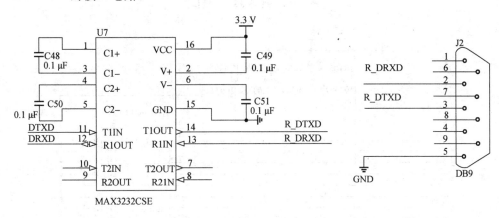

图 2.13　AT91SAM9G20 与 MAX232 接口电路

DEBUG 单元和 MAX3232 连接后将 USART 转换成 RS-232 信号，再与 9 芯 D 型插头相连，之后就可以通过串口线连接 PC 机端的 RS-232 接口实现串口信息打印、调试等功能。下一步在进行软件开发的过程中，bootloader、内核、根文件系统、应用代码的运行和调试状况都通过 DBGU 单元进行显示，这部分电路是嵌入式系统开发中必不可少的一部分。

2.12　JTAG-ICE 仿真接口电路设计

AT91SAM9G20 内置标准 JTAG 接口的 Embedded ICE 调试模块，提供对 JTAG 的支持。读者可以通过 Wiggler 等硬件设备仿真器通过 JTAG 接口对 AT91SAM9G20 进行在线实时仿真调试。目前 ARM 芯片使用的 JTAG 接口有 20 针标准 JTAG 接口和 10 针 JTAG 接口两种。如图 2.14 所示。

10 针的 JTAG 接口要比 20 针的 JTAG 接口尺寸小很多，这两种接口相同名称的引脚其作用是一样的，读者可以根据自己的板型尺寸来选择使用哪一种。对于嵌入式 Web 服务器硬件，本书选择的是 20 针的 JTAG 接口。由于是标准接口，按照电气规范进行直接连接即可，图 2.15 为 AT91SAM9G20 的 20 针 JTAG 连接电路图。

第 2 章 嵌入式 Web 服务器的硬件设计

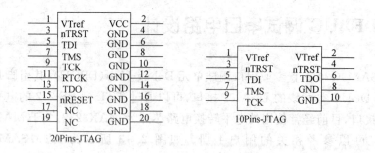

图 2.14 两种 JTAG 接口

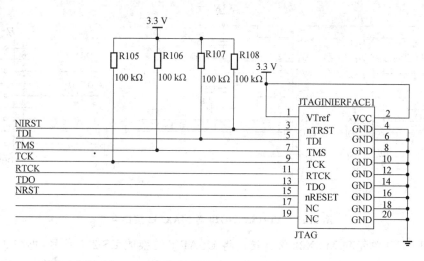

图 2.15 JTAG 调试接口电路

2.13 复位电路设计

嵌入式 Web 服务器硬件中复位电路的设计较为简单,采用了阻容复位的方式。当系统上电或复位按键按下时,将产生低电平信号传至 NRST 复位引脚,这样就使与复位电路相连的芯片进行复位操作。与复位电路相连的芯片有 AT91SAM9G20、DM9161BIEP、DM9000CIEP,当复位按键按下后保证三者可以实现同步复位。复位电路如图 2.16 所示。

若希望复位电路更加有效可靠,避免不必要的复位,可以使用专门的复位芯片,例如 MAX811T 和 MAX708S 等,读者可以根据自身硬件的需要进行选择。

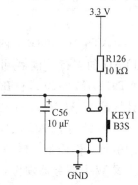

图 2.16 复位电路

2.14 PCB 设计技巧

关于如何使用 Protel 等绘制 PCB 的软件,本书不在此处做介绍,读者可以根据自己的实际状况参考相关的书籍,在此处假设读者是会使用这些相关软件的。

对于 PCB 的设计部分应该按照如下的步骤进行,分别是 PCB 电路板层数的选择、层叠结构的选择、PCB 布局、PCB 布线这 4 个主要环节,按照这样的顺序进行 PCB 设计时应该注意以下问题:

1. PCB 层数的选择

由于 AT91SAM9G20 芯片是采用 BGA 封装,则需采用 4 层或 6 层的 PCB 设计比较合适,另外在硬件设计中所采用的元器件并不十分多,且电路中绝大多数都是采用数字电路,而几乎没有模拟电路,所以也就不会涉及模拟信号和数字信号分层处理的情况出现。因此对于嵌入式 Web 服务器平台的硬件设计采用 4 层的 PCB 就足够满足需要了。

2. PCB 层叠结构的选择

对于多层板,其内含有中间层的创建,相比较普通的双层电路板有一定的不同。对于常用的 4 层板来说,有以下几种层叠方式(从顶层到底层):

(1) Siganl_1(Top),GND(Inner_1),POWER(Inner_2),Siganl_2(Bottom)。
(2) Siganl_1(Top),POWER(Inner_1),GND(Inner_2),Siganl_2(Bottom)。
(3) POWER(Top),Siganl_1(Inner_1),GND(Inner_2),Siganl_2(Bottom)。

显然,方案 3 电源层和地层缺乏有效的耦合,不应该被采用。

那么方案 1 和方案 2 应该如何进行选择呢?一般情况下,设计人员都会选择方案 1 作为 4 层板的结构。原因并非方案 2 不可被采用,而是一般的 PCB 板都只在顶层放置元器件,所以采用方案 1 较为妥当。但是当在顶层和底层都需要放置元器件,而且内部电源层和地层之间的介质厚度较大,耦合不佳时,就需要考虑哪一层布置的信号线较少。对于方案 1 而言,底层的信号线较少,可以采用大面积的铜膜来与 POWER 层耦合;反之,如果元器件主要布置在底层,则应该选用方案 2 来制板。

3. 元器件的布局

(1) 同一功能模块的元器件应该尽量靠近布置。比如电源部分、存储部分、网络部分的器件应该尽可能按照功能划分分别靠近布置。

(2) 接口元器件应该靠边放置。比如 Debug 串口、电源接头、USB 接口、以太网 RJ45 接口等,将这些部件放置在电路板的边缘并且凸出一定的距离便于将来的引线连接。

(3) 使用同一类型电源和地的网络元器件尽量布置在一起,方便在内电层完成元器件之间的电气连接。

(4) 电源变换元器件如 DC-DC、变压器等应该留有足够的散热空间或增加散热片。

(5) 电路中大量使用的 $0.1\mu F$、$10\mu F$ 等滤波电容应该靠近芯片的电源引脚和地引脚。如果在同一面放置不开可以放置在芯片的背面。

(6) BGA 封装的器件不应布置在 PCB 的中央,以防变形。

(7) 对于易产生噪声的元器件,例如时钟发生器和晶振等高频器件,在放置的时候应当尽量把它们放置在靠近 CPU 的时钟输入端。大电流电路和开关电路也容易产生噪声,在布局的时候这些元器件或模块也应该远离逻辑控制电路和存储电路等高速信号电路。

(8) 元器件的编号应该紧靠元器件的边框布置,大小统一,方向整齐,不与元器件、过孔和焊盘重叠,也不能将标识放置在元器件安装后被覆盖的区域。

4. PCB 布线

对于多层 PCB 板的布线,归纳起来就是一点:先走信号线,后走电源线。这是因为多层板的电源和地通常都通过连接内电层来实现。这样做的好处是可以简化信号层的走线,并且通过内电层这种大面积铜膜连接的方式来有效降低接地阻抗和电源等效内阻,提高电路的抗干扰能力;同时,大面积铜膜所允许通过的最大电流也加大了。

(1) CPU 与外围数据设备的信号线尽量等长处理,若信号长度相差很大,容易因为延时而造成错误逻辑。

(2) 力求最短的走线,尤其是高频信号,力求最小的局部区域,信号导线的宽度尽量一致,以便于阻抗匹配。

(3) 走线宽度是由导线流过的电流等级和抗干扰等因素决定的,流过电流越大,则走线应该越宽。一般电源线就应该比信号线宽。为了保证地电位的稳定,地线也应该较宽。

(4) 走线采用 45°拐角或圆弧拐角,不允许有尖角形式的拐角。

(5) 相邻层信号线最好呈正交方向,尽量横平竖直走线,两层信号线最好不要平行。

(6) 电路板中的一个过孔会带来大约 10 pF 的寄生电容,对于高速电路来说过孔的危害尤其明显;同时,过多的过孔也会降低电路板的机械强度。所以在布线时,应尽可能减少过孔的数量。过孔最小尺寸优选外径 40 mil,内径 28 mil。在顶层和底层之间用导线连接时,优选焊盘。

(7) 电源层设计时进行内电层分割:两组或两组以上的电源应分区布置并隔离,隔离带宽度应大于 1 mm;电源层与 PCB 边缘、安装孔、定位孔的距离应大于 2 mm。

(8) PCB 走线直接连接到焊盘的中心,与焊盘连接的导线宽度不允许超过焊盘外径的大小。

(9) 干扰源(DC/DC 变换器、晶振、变压器等)底部不要布线,以免干扰。

(10) 不允许在内电层上布置信号线。

(11) 在布线完毕后对焊盘作泪滴处理。

以上 4 点只是在进行嵌入式 Web 服务器硬件 PCB 设计时比较突出的注意事项，读者在实际的 PCB 绘制中要根据实际需要和产品应用场合来做针对性地分析，特别是当电路中添加模拟电路的时候还要进一步考虑电磁兼容性和信号完整性。其他 PCB 设计方面的内容读者可以参考更为专业书籍。

绘制完 PCB 后进行制版。这里需要特别说明的一点是选用的 AT91SAM9G20 芯片采用的是 BGA 封装，这种封装方式通常难以手工焊接，最好可以找芯片焊接商利用专业的焊接仪器焊接。通常焊接 BGA 封装的价格大概为 0.5 元/点，也就是说焊接一个 AT91SAM9G20 的价格大概在 104 元左右。手工焊接很容易出现问题，即使成功也很难保证不出现焊点虚焊的情况。

最终制作并焊接好的嵌入式 Web 服务器平台的电路板如图 2.17 所示。

图 2.17　嵌入式 Web 服务器平台

2.15 本章小结

完成产品功能定位分析后,首先要面对的就是硬件设计,这其中离不开芯片选型、原理图设计、PCB绘制等工作,这也是实际产品开发过程中的顺序。从硬件功能分析,到选择满足要求的芯片、再到设计电路原理图,最后通过绘制PCB基本上完成了硬件电路的全部工作。本章所涉及的芯片知识、基本电路设计和PCB绘制技巧等内容在其他的嵌入式开发中也会经常用到,具有一定的普遍性。读者可以根据将来的实际项目需求,参考本章内容并做必要的修改。

第3章
搭建嵌入式 Linux 开发平台

在建立嵌入式网络控制系统的硬件平台后,我们就需要开展软件方面的工作。对于嵌入式 Web 服务器的软件开发来说,我们将按照从底层到应用层的顺序来执行,也就是首先进行嵌入式 Linux 开发环境的搭建、驱动的实现,然后进行各种 Web 服务器、数据库等功能的移植,最后在以上基础上实现应用层代码,也就是服务器程序模型的建立。在这个开发顺序下,我们会穿插介绍所有涉及的技术,比如说 Linux 多任务编程、Linux 网络程序开发、Java 程序开发、动态网页制作等相关的技术,最后让读者看到完整的嵌入式 Web 服务器软件功能。

系统功能的增值最直接有效的方式是靠软件来实现的,而操作系统是软件平台的基础和核心,Web 服务器、数据库、应用程序等都要依靠操作系统去实现。所以对于嵌入式网络控制系统软件部分的开发来说,首先要做得就是嵌入式 Linux 操作系统开发平台的搭建,在此基础之上去实现系统其他的软件功能。

3.1 嵌入式 Linux 简介

1. 什么是嵌入式 Linux 操作系统

Linux 最早是由芬兰人 Linus Torvalds 在 1991 年创建,短短 20 年的发展,Linux 已经成为一个功能强大、稳定可靠的操作系统。嵌入式 Linux 是将日益流行的 Linux 操作系统进行裁剪修改,使之能在嵌入式计算机系统上运行的一种操作系统。嵌入式 Linux 既继承了 Internet 上无限的开放源代码资源,又具有嵌入式操作系统的特性,在嵌入式系统中的应用越来越广。

2. 嵌入式 Linux 系统的特点

嵌入式 Linux 与其他嵌入式操作系统相比具有以下独有的特点。
➢ 开放源代码。
Linux 最大的特点就是源代码公开并遵循 GPL 协议,嵌入式 Linux 的开发人员可以根据自己产品的需要修改内核源码以满足应用。
➢ 高效、可裁剪的微小内核。

Linux 的内核小、效率高,内核的更新速度快且可定制。其系统内核最小只有约 134 KB,如此优秀的内核设计可以使系统运行起来消耗更小的资源并稳定可靠。独特的模块机制可以将用户的驱动或者应用程序模块动态地从内核中插入或卸载。

➢ 免费。

产品制造商在开发完基于嵌入式 Linux 的产品后无需为产品发布支付许可费用。

➢ 支持众多硬件。

嵌入式 Linux 支持多种 CPU 和多种硬件平台,是一款跨平台的操作系统。

➢ 可靠、安全。

嵌入式 Linux 非常可靠,甚至可以无故障运行数年,以致被广泛应用于数据中心。同时,嵌入式 Linux 的开发人员可以使用 grsecurity 和 systrace 之类的工具包加强安全性能,这是 Windows 开发者无法想像的。

➢ 优秀的网路功能。

嵌入式 Linux 在网络方面的内核结构是非常完整的,Linux 对网络中最常用的 TCP/IP 协议有最完备的支持。提供了包括十兆、百兆、千兆的以太网络,以及无线网络,Toker ring(令牌环网)、光纤甚至卫星的支持。所以嵌入式 Linux 非常适用于网络产品的开发。

3. 嵌入式 Linux 的应用和前景

嵌入式 Linux 的应用领域非常广泛,主要的应用领域有信息家电、PDA、机顶盒、数字电话、视频通讯、数据网络、以太网交换机、网桥、Hub、远程通信、医疗电子、交通运输计算机外设、工业控制、航空航天领域等。可以说嵌入式 Linux 无论在工业领域还是民用领域都有着极其广泛的应用。目前在很多智能手机和平板电脑上适用的 Android 系统也是采用 Linux 内核。

嵌入式 Linux 系统的强大生命力和使用价值,使越来越多的企业和高校表现出极大的研发热情。它能成为 Internet 时代嵌入式操作系统中最大的赢家。

3.2 嵌入式 Linux 的结构组成和启动流程

3.2.1 嵌入式 Linux 的结构组成

对于嵌入式 Linux 系统,从软件的角度来看通常可以分为 4 个部分,依次为:引导加载程序、嵌入式 Linux 系统内核、根文件系统以及用户应用程序。

➢ 引导加载程序:由固化在 CPU 内部的芯片厂商定制 ROM 代码(可选),以及启动代码 Bootloader(U-Boot、vivi 等)组成。

➢ 嵌入式 Linux 系统内核:包括内核源代码、启动配置选项和移植的硬件系统驱动代码组成。

➢ 根文件系统:建立在Flash存储设备之上,用于对存储设备上的数据进行组织和管理,是操作系统和用户进行连接的纽带。

➢ 用户应用程序:实现特定功能的用户代码,在某些时候还包含用户与内核之间的嵌入式图形用户界面。

对于内核、根文件系统、用户应用程序等概念无需做过多地讲解,但有必要针对AT91SAM9G20讲解下引导加载程序。引导加载程序就是在操作系统内核启动之前运行的一小段程序。通过这段程序可以初始化硬件设备、建立内存空间的映射图,从而将系统的软硬件环境带到一个合适的状态,以便为最终调用操作系统内核做好准备。

对于嵌入式Web服务器所采用的AT91SAM9G20来说,其引导加载程序由3部分构成:一个是Atmel厂家固化在芯片内部的BootRom程序、一个是AT91Bootstrap,最后一个是U-Boot。

BootRom的主要作用是初始化CPU、内存控制器、串行调试单元DBUG接口和USB总线接口,最后跳转到AT91Bootstrap执行。当AT91SAM9G20一上电通过串口打印信息可以看到"ROMBOOT"输出,这就是BootRom运行的结果,BootRom是芯片自带的,不能进行人为地擦除或修改。

AT91Bootstrap由芯片上的BootRom根据一定的规则加载到内部SRAM上运行。因AT91SAM9G20内部SRAM的限制,AT91Bootstrap的代码很短。其主要作用是初始化SDRAM和相关存储器(Data Flash, Nand),然后加载U-Boot到SDRAM指定位置并开始运行U-Boot。

U-Boot从FLASH、网络、USB等设备中,根据环境变量(bootcmd)加载Linux Kernel的image映像到SDRAM中,并将控制权交给内核。加完成后跳转到Linux Kernel运行。

3.2.2 嵌入式Linux启动流程分析

在这里只根据第2章嵌入式Web服务器的硬件电路设计情况来探讨嵌入式Linux的启动流程,也就是在第2章中AT91SAM9G20的BMS引脚为高电平,从片内引导启动的情况。电路没有Data Flash连接,即此时从Nand Flash进行启动。整个启动流程如图3.1所示。

(1) AT91SAM9G20处理器启动,判断BMS引脚的电平状态。因为硬件电路设计BMS引脚为高电平,则选择从内部ROM启动,因为硬件电路中无Data Flash设计,因此嵌入式Web服务器选择从Nand Flash启动运行。

(2) BootRom开始运行,初始化CPU和内存控制器,比如DBUG、USB device port等。然后跳转到AT91Bootstrap运行。

(3) AT91Bootstrap将初始化一些设备,主要是Data Flash或Nand Flash与SDRAM。因本设计在硬件中无Data Flash,故仅需要对Nand Flash执行操作即可。

第 3 章 搭建嵌入式 Linux 开发平台

从其特定位置(在 AT91Bootstrap 源代码中指定)将 U-Boot 复制到 SDRAM 的指定位置,然后跳转到 U-Boot 开始位置运行。

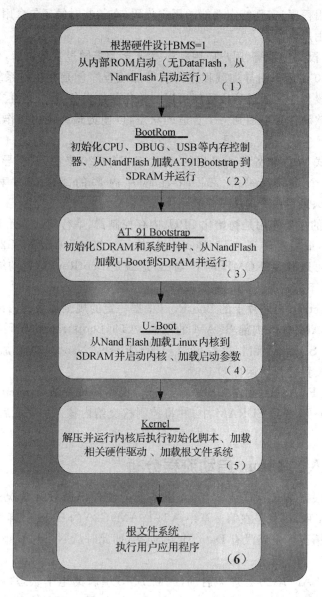

图 3.1 嵌入式 Linux 启动流程

(4) U-Boot 根据环境变量(bootcmd)加载 Linux 内核映像 image 文件。加载完成后跳转到 Linux Kernel 运行,并传递启动参数(Bootargs)。

(5) Linux 内核开始解压并运行,读取/etc/init.d/rcS 文件,执行初始化脚本和其他网络系统服务控制脚本,加载相关驱动,并加载根文件系统。

(6) 运行根文件系统、执行用户应用程序。

3.3 嵌入式 Linux 交叉编译环境的建立

3.3.1 嵌入式系统开发的一般方法

与常见的桌面软件开发不同,当嵌入式软件程序员开发一个基于嵌入式系统应用软件的时候,首先会在 PC 宿主机上选择嵌入式开发环境进行软件设计,然后在开发板上或实验板上进行代码调试,最终将 PC 宿主机编译生成正确无误的可执行文件或映像文件并烧写到最终的目标产品上,如图 3.2 所示。

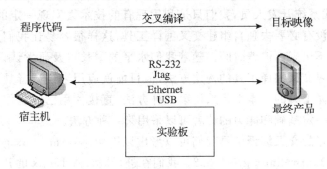

图 3.2 嵌入式系统开发的一般方法

对于嵌入式 Web 服务器平台的 Linux 软件开发步骤如下所示。

(1) PC 宿主机开发环境的选择:建议读者最好选择和书中相同的 PC 机操作系统,这样可以提高开发的效率,避免将时间浪费在解决软件兼容性的问题上。书中的宿主机选择的是 Fedora 12 系统,对于该系统的安装读者可以自行查阅。

(2) 建立交叉编译工具:Fedora 12 自带的 GCC 软件都是针对 x86 系统的,为了能够让代码在目标板和最终产品上运行须建立交叉编译工具。

(3) 开发、移植 Bootloader。

(4) 配置、移植 Linux 内核。

(5) 建立根文件系统。

(6) 开发上层应用程序。

3.3.2 建立交叉编译工具

由于一般嵌入式系统的存储空间及硬件性能有限,在进行软件开发时都是在性能优越的 PC 机上建立一个用于目标机的交叉编译工具,用交叉编译工具在 PC 机上编译出目标机上要运行的程序。因此可以看出,交叉编译就是在一种平台上编译出能够运行在另外一个体系结构上的程序,比如在以 x86 为 CPU 的 PC 宿主机上编译出能够运行在 MSP430、ARM 上的程序。如果使用的是桌面级的编译环境,编译出来的代码是不能够在ARM这样的平台上运行的。

平常我们在PC机Linux系统下利用GCC编译代码,这样的编译叫做本地编译,本地编译的代码也只能在本地执行。与之相对的就是交叉编译,用来编译这种块平台程序的编译器叫做交叉编译器。

交叉编译工具是一个由编译器、连接器和解析器组成的综合开发环境。交叉编译工具主要由3个部分组成,分别是Glibc、Gcc、Binutils。建立交叉编译工具的方法通常有两种,分别是:

(1) 分步编译和安装交叉编译所需的库文件和代码;

(2) 直接使用已经制作好的交叉编译工具。

对于第一种方法,独自建立交叉编译工具可谓是困难重重,相当复杂。本人认为,作为嵌入式系统开发人员,我们只是利用现有的技术去实现一定的功能,在学习初期和研发中没有必要去独自组建交叉编译工具,这样很容易让我们局限在开发的一个环节上跳不出来而浪费时间。随着我们水平的增长以及研发认识的提高,我们可以去深入学习交叉编译工具的构建方法,但目前就应用来说读者是没有必要去分布构建交叉编译工具的。本书是采用第二种方法,直接使用已经制作好的交叉编译工具。对于有一定基础和能力的读者可以采用第一种方法。

使用制作好的交叉编译工具我们可以考虑以下版本:arm-linux-gcc-3.3.2、arm-linux-gcc-3.4.1、arm-linux-gcc-4.3.2。我们在进行嵌入式Linux的开发中会涉及很多编译的环节,如U-Boot、内核、boa服务器、SQLite数据库、应用程序等等。通常由于版本的兼容性问题,某一个版本的交叉编译工具并不能适用于所有的编译工作,因此,可以在嵌入式Linux的开发中多加入一些交叉编译工具以便适应编译需求。

本处以arm-linux-gcc-3.4.1版本为例,介绍交叉编译工具的安装步骤。其他版本安装可以参考arm-linux-gcc-3.4.1的安装过程。具体步骤如下所示。

(1) 下载arm-linux-gcc-3.4.1.tar.bz2到任意的目录下。本人把它下载到了我的个人文件夹/home/jackbing/linux/目录中,arm-linux-gcc-3.4.1.tar.bz2的下载地址如下所示:

```
http://www.handhelds.org/download/projects/toolchain/arm-linux-gcc-3.4.1.tar.bz2
```

(2) 解压arm-linux-gcc-3.4.1.tar.bz2。

```
#tar-jxvf arm-linux-gcc-3.4.1.tar.bz2
```

解压过程需要一段时间,解压后的文件形成了usr/local/文件夹,进入该文件夹,将arm文件夹拷贝到Fedora12的根目录/usr/local/下(绝对路径)。

```
# cd usr/local/
# cp-rv arm /usr/local/
```

现在交叉编译程序集都在/usr/local/arm/3.4.1/bin下面了,如图3.3所示。

第3章 搭建嵌入式 Linux 开发平台

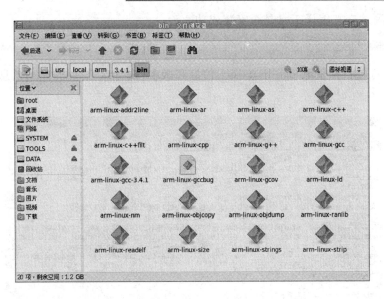

图 3.3　交叉编译工具 arm-linux-gcc-3.4.1

（3）修改环境变量，把交叉编译器的路径加入到 PATH，打开终端，键入：

```
# export PATH = /usr/local/arm/3.4.1/bin:$PATH
```

检查是否将路径加入到 PATH，键入：

```
# echo $PATH
```

显示的内容中有/usr/local/arm/3.4.1/bin，说明已经将交叉编译器的路径加入到 PATH。至此，交叉编译环境安装完成。如图 3.4 所示。

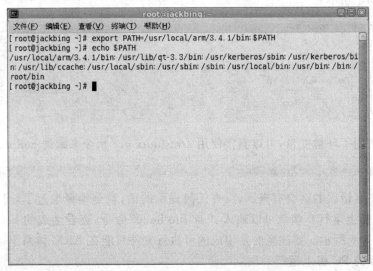

图 3.4　添加交叉编译工具环境变量

第 3 章　搭建嵌入式 Linux 开发平台

（4）测试交叉编译工具是否安装成功。

```
# arm-linux-gcc -v
```

上面的命令会显示 arm-linux-gcc 信息和版本，执行以上操作，显示信息如图 3.5 所示。

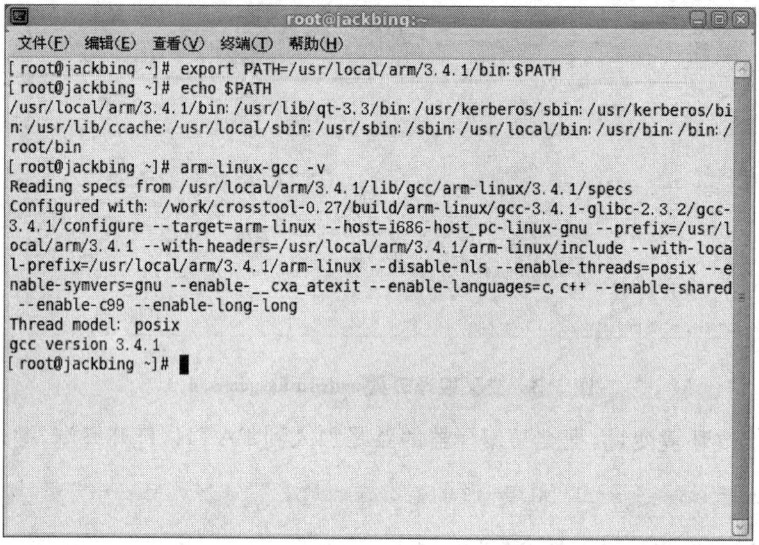

图 3.5　显示 arm-linux-gcc 信息和版本

（5）编译 Hello world 程序，测试交叉工具链。

在终端下利用 gedit 工具编写 hello.c 代码测试交叉编译工具。

代码如下所示：

```c
#include <stdio.h>
int main()
{
    printf("Hello World! \n");
    return 0;
}
```

因为使用了环境变量，可以直接使用 arm-linux-gcc 指令来编译 hello.c。

```
# arm-linux-gcc -o hello hello.c
```

源程序有错误的话会有提示，没有任何提示的话，就是编译通过了，可以下载到 ARM 目标板上运行！接着可以输入："# file hello"命令，查看生成的 hello 文件的类型，如图 3.6 所示。要注意的是生成的可执行文件只能在 ARM 体系下运行，不能在基于 x86 的 PC 机上运行。

```
[root@jackbing ~]# gedit hello.c
[root@jackbing ~]# arm-linux-gcc -o hello hello.c
[root@jackbing ~]# file hello
hello: ELF 32-bit LSB executable, ARM, version 1, dynamically linked (uses share
d libs), for GNU/Linux 2.4.3, not stripped
[root@jackbing ~]#
```

图 3.6　查看 hello 可执行文件的类型属性

3.4　AT91Bootstrap 移植

在 AT91SAM9 系列 ARM 芯片里都内含一个 BootRom 代码，也就是 SAM-BA 的启动程序。当没有烧写任何 Bootloader 和内核的情况下给芯片上电，通过调试 DEBUG 口也可以在 minicom 下看到串口是有打印信息的，显示的内容是"Rom-Boot"，这个 BootRom 代码是 Atmel 厂商定制在芯片内部的，不能人为修改。作为研发人员而言，AT91Bootstrap 是启动代码中首先要面对的环节。

AT91Bootstrap 可以看作是第一级的 Bootloader，AT91Bootstrap 的代码由芯片上的 BootRom 根据一定的规则加载到内部 SRAM 运行。对于 AT91SAM9G20 来说，其内部 SRAM 的大小为 16 KB，也就是说编译生成的 AT91Bootstrap 映像文件要小于 16 KB 才能够烧写到 SRAM 内。通常 AT91Bootstrap 映像文件大小在 4.3 KB 左右可以满足要求。对于 AT91SAM9260 而言，其内部 SRAM 的大小为 4 KB，要想烧写 AT91Bootstrap 到 AT91SAM9260 则需要对 AT91Bootstrap 进行优化编译才可以。

AT91Bootstrap 的代码很短，其主要作用就是初始化 SDRAM 和相关存储器（Data Flash、Nand Flash），然后加载 U-Boot 到 SDRAM 指定位置并开始运行 U-Boot。AT91Bootstrap 源代码由共用的硬件驱动、库文件、头文件等组成。重点关注的地方是 AT91Bootstrap 源代码中的 board 文件夹，它是不同电路板的配置文件所在。根据电路板启动配置的不同，同一个电路板的文件夹下有不同的目标配置，比如 Dataflash 与 Nand Flash。进入不同的目标配置文件就可以看到该电路板的配置文件（*.h）及 Makefile 文件。

AT91Bootstrap 代码包中，在 doc 文件夹下包含了一个 PDF 格式的说明文件。

3.4.1　编译 AT91Bootstrap

（1）AT91Bootstrap 的下载来源是 ftp://www.at91.com/pub/at91bootstrap。在这里我们选用 AT91bootstarp1.15.zip 版本，下载后放入 Fedora 12 系统内对其执行解压缩指令：

```
# unzip AT91Bootstrap1.15.zip
```

第 3 章　搭建嵌入式 Linux 开发平台

（2）解压生成 Bootstrap-v1.15 文件夹，进入 Bootstrap-v1.15/include 文件夹并打开 nand_ids.h 文件。

```
#cd Bootstrap-v1.15/include
#gedit nand_ids.h
```

找到如图 3.7 所示的内容。

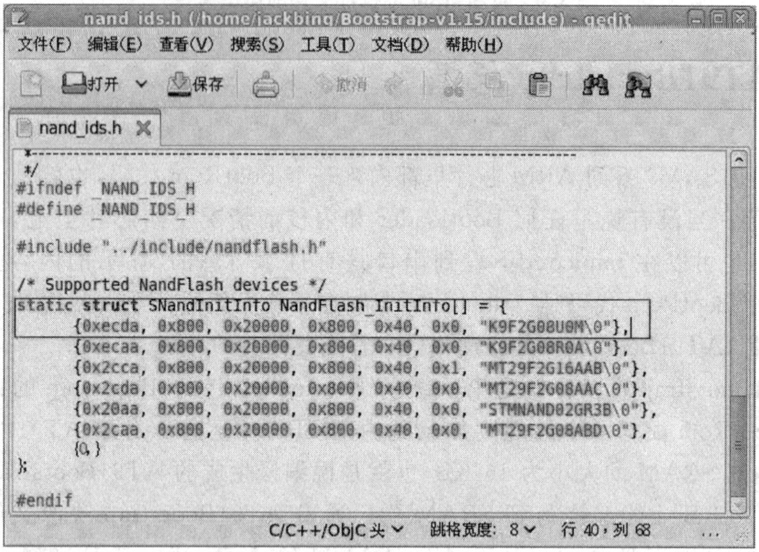

图 3.7　NandFlash 设备配置文件

因为我们用的 Nand Flash 是 K9F2G08U0M 型号，所以不需要再去修改图 3.7 中所示结构的内容。若选用的 Nand Flash 不存在，则需要根据选用 Nand Flash 的性能参数去修改图 3.7 中的内容。

面对"{0xecda，0x800，0x20000，0x800，0x40，0x0，"K9F2G08U0M\0"}"我们会产生疑问，里面的数字代表什么含义。我们可以参照 nand_ids.h 文件同目录下的 nandflash.h 文件，打开 nandflash.h 文件，我们可以看到这样一个结构：

```
typedef struct SNandInitInfo
{
    unsigned short uNandID ;            芯片 ID
    unsigned short uNandNbBlocks ;      芯片的块数
    unsigned int uNandBlockSize;        每块的有效字节数
    unsigned short uNandSectorSize;     每页的有效字节数
    unsigned char uNandSpareSize;       每页的空闲字节数
    unsigned char uNandBusWidth;        总线的宽度
    char name[16];                      芯片的名称
} SNandInitInfo, * PSNandInitInfo;
```

从上面可以看出那些数字代表的含义,如果选用其他 Nand Flash,就要根据其芯片手册去修改结构中的内容。

(3) 修改 Bootstrap-v1.15/board/at91sam9g20ek/nandflash/Makefile 文件。

```
# cd Bootstrap-v1.15/board/at91sam9g20ek/nandflash
# gedit Makefile
```

找到交叉编译路径设置的地方,这里我们选用 arm-linux-gcc-4.3.2 版本来进行编译,设置代码如图 3.8 所示。

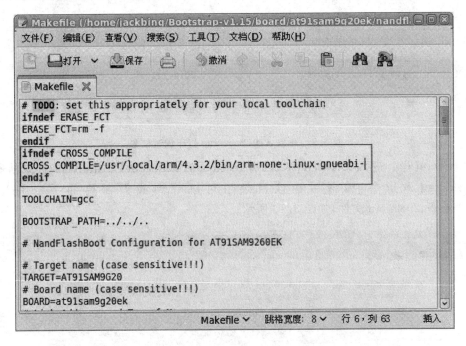

图 3.8 设置交叉编译工具路径

(4) 若此时直接编译,则生成的 AT91Bootstrap 映像文件是不包含任何打印信息的。为了让 AT91Bootstrap 在运行时能够有打印信息显示,便于我们判断 AT91Bootstrap 是否正常运行起来,则修改 Bootstrap-v1.15/board/at91sam9g20ek/nandflash/at91sam9g20ek.h 文件。

找到"#undef CFG_DEBUG",这句话表示关掉 DEBUG 的打印信息,将这句注释去掉,并添加"#define CFG_DEBUG"即可。代码修改过程如图 3.9 所示。

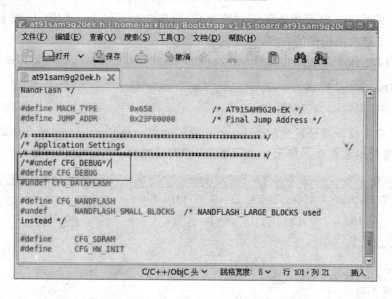

图 3.9 开启 AT91Bootstrap 打印调试信息

(5) 编译。进入 Bootstrap-v1.15/board/at91sam9g20ek/nandflash 目录执行 "make" 编译指令，编译后在该目录下可以看到我们需要的 nandflash_at91sam9g20ek.bin 文件，如图 3.10 所示。

```
# cd Bootstrap-v1.15/board/at91sam9g20ek/nandflash
# make
```

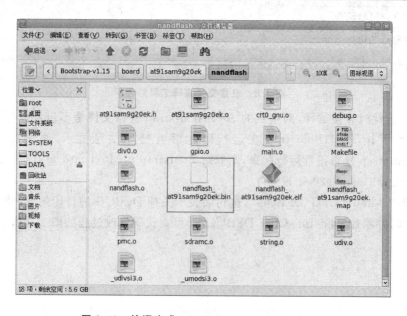

图 3.10 编译生成 nandflash_at91sam9g20ek.bin

3.4.2　下载 AT91Bootstrap

推荐使用 Windows 环境下的 SAM-BA 2.8 软件进行 AT91Bootstrap 的下载。SAM-BA 软件可以从 Atmel 公司官方网站下载得到。关于 SAM-BA2.8 的安装很简单,不在这里讲述,没有使用过的读者可以在网上搜索具体的安装过程。AT91Bootstrap 的下载步骤如下所示:

(1) 首先安装 SAM-BA 2.8 软件。(里面自带有 USB 驱动 atm6124.sys)

(2) 拔掉嵌入式 Web 服务器开发板上从 Nand Flash 启动的跳线,先让开发板不从 Nand Flash 启动,目的是先给开发板安装 USB 驱动。去掉的跳线是连接 Nand Flash 的 $\overline{CE}$(9 脚)脚上的跳线,也就是对应原理图上的跳线 JP1。

(3) 给嵌入式 Web 服务器开发板上电,接上 USB 线缆,弹出图 3.11 的提示内容。

Windows 下识别嵌入式 Web 服务器开发板

然后按照提示自动安装所需的驱动程序,如图 3.12 所示:

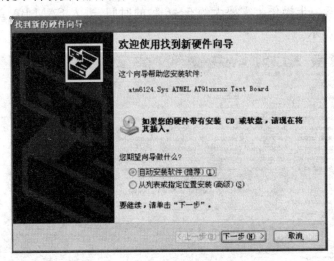

图 3.12　开发板 USB 驱动安装向导

接着会安装上 atm6124.sys 这个驱动。完成之后,可以在系统的硬件管理器上看到这个驱动,如图 3.13 所示。这样驱动就安装完成了,以上这些步骤只需要安装一次,以后就不会再提示安装了。

第3章 搭建嵌入式 Linux 开发平台

图 3.13　开发板 USB 驱动安装完成

（4）然后，启动 SAM-BA 2.8 软件，该软件启动后会自动提示找到\usb\ARM0 选项，或者读者点击"Select the connection"选项进行选择，如图 3.14 所示。

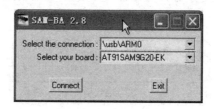

图 3.14　SAM-BA 启动 USB 连接开发板

（5）在"Select your board"中选择 AT91SAM9G20-EK 这个具体的型号，选择 Connect 进入下一步操作。需要大约 5～6 秒的时间，进入 SAM-BA 2.8 的操作界面，如图 3.15 所示。

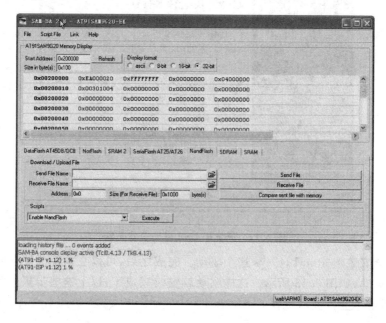

图 3.15　进入 SAM-BA 2.7 烧写界面

(6) 将嵌入式 Web 服务器开发板上的 J1 跳线通过跳线帽短接,鼠标单击选择"NandFlash"选项卡。然后在"Scripts"下拉选项中选择"Enable NandFlash",点击其右边的"Execute"的按键,输出信息如图 3.16 所示,这一步的作用是完成 Nand Flash 的初始化。

图 3.16 初始化 Nand Flash

(7) 在"Scripts"下拉选项中选择"Erase All",点击其右边的"Execute",等待一会后,就会将整个 Nand Flash 擦除掉,如图 3.17 所示。

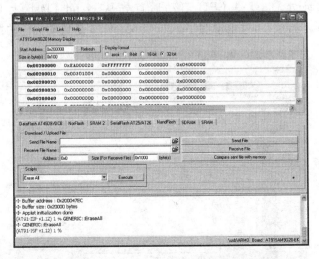

图 3.17 擦除整个 Nand Flash

第3章 搭建嵌入式 Linux 开发平台

(8) 在"Scripts"下拉选项卡中选择"Scrub NandFlash",单击右侧的"Execute"按钮,强制擦除整个 Nand Flash。通常情况下用 Erase NandFlash 不一定能清除掉 Nand Flash 上的坏块,但用 Scrub NandFlash 可以清除掉。如图 3.18 所示。

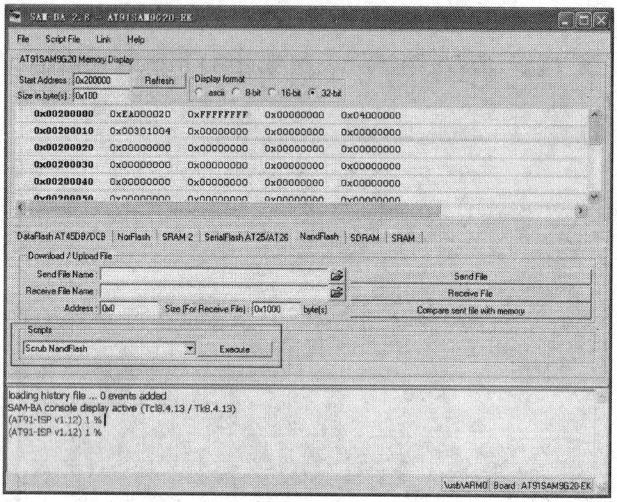

图 3.18 再一次擦除整个 Nand Flash

(9) 在"Scripts"下拉选项中选择"Send Boot File",点击其右侧的"Execute",当点击"Execute"之后,会打开一个对话框,选择下载到目标板上的镜像文件,如图 3.19 所示。在目标板的镜像文件中选择"nand_at91sam9g20ek.bin"文件,即可将该文件下载到嵌入式 Web 服务器开发板的 Nand Flash 上。此时从图 3.17 的 SAM-BA 软件 Address 中可以看到,烧写的地址是 0x0,说明将 AT91Bootstrap 烧写到了 Nand-Flash 的起始地址处,也就是 CPU 启动后首先从 Nand Flash 上 0x0 地址处的 AT91Bootstrap 开始执行,这也说明了 AT91Bootstrap 是启动代码的第一部分。

图 3.19 选择 nand_at91sam9g20ek.bin 文件

烧写完成后会在 SAM-BA 的底部显示烧写完成信息,如图 3.20 所示。

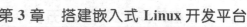

图 3.20　nand_at91sam9g20ek.bin 下载完成

（10）此时给嵌入式 Web 服务器重新上电,从串口终端软件上可以看到 AT91Bootstrap 的启动信息,证明 AT91Bootstrap 已经顺利运行,如图 3.21 所示。

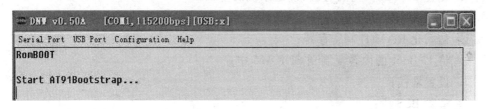

图 3.21　AT91Bootstrap 启动运行打印信息

3.5　U-Boot 移植及烧写

U-Boot 全称 Universal Boot Loader,是遵循 GPL 条款的开放源码项目。从 FADSROM、8xxROM、PPCBOOT 逐步发展演化而来。其源码目录、编译形式与 Linux 内核很相似。事实上,不少 U-Boot 源码就是相应的 Linux 内核源程序的简化,尤其是一些设备的驱动程序,这从 U-Boot 源码的注释中能体现这一点。随着 U-Boot 版本的不断更新,其所支持的硬件和系统也越来越多。目前来看,U-Boot 对 PowerPC 系列处理器支持最为丰富,对 Linux 的支持最完善。U-Boot 有着如下突出的优点：开放源码、支持多种嵌入式操作系统内核、支持多个处理器系列、较高的可靠性和稳定性、高度灵活的功能设置、丰富的设备驱动源码、较为丰富的开发调试文档与强大的网络技术支持。正是因为这些特点使得 U-Boot 正在被更多的嵌入式系统所使用,也有着更好的应用前景。

3.5.1　U-Boot 启动过程简介

U-Boot 的启动过程较为复杂,设计到汇编、C 语言、硬件等很多知识,仅仅通过本节的内容是不足以将 U-Boot 的启动过程讲述清楚的。作为嵌入式 Linux 开发人员，不建议在前期将大量的精力投入到 U-Boot 代码研究中，可以将 U-Boot 理解为一个工具，掌握如何使用即可，因此在此处只将 U-Boot 的启动过程做一个简单介绍。

U-Boot 启动并引导 Linux 内核的过程可以分为两个阶段，第一阶段是实现一些设备初始化的代码，绝大多数都是用汇编语言编写的以达到短小精悍的目的；第二阶段都是采用 C 语言编写的，可读性较强，并且可以实现较为复杂的功能。两个阶段分别实现如下功能：

（1）第一阶段功能：
- 设置异常向量和异常处理函数；
- 设置控制寄存器地址；
- 关闭看门狗和屏蔽中断；
- 配置 PLLCON 等寄存器，确定系统的主频；
- 关闭 MMU 功能；
- 初始化 RAM 控制寄存器；
- 将 U-Boot 的内容复制到 SDRAM 中；
- 设置堆栈；
- 清除 BSS 段；
- 跳转到第二阶段代码入口。

（2）第二阶段功能：
- 初始化本阶段所涉及的硬件设备；
- 设置 SDRAM 的起始地址和大小；
- 将内核从 Flash 读取到 RAM 中；
- 为内核设置启动参数；
- 调用内核。

3.5.2　U-Boot 的移植

可以从网站 ftp://ftp.denx.de/pub/u-boot/下载 U-Boot。本书 U-Boot 的版本选用 U-Boot-1.34。Atmel 官方网站上还可以下载到为 Atmel 评估板制作的针对 U-Boot 的安装补丁。这样在下载 U-Boot 解压后安装这些补丁可以省去很多修改 U-Boot 的操作，大大降低了 U-Boot 的移植难度。读者以后在进行 U-Boot 的移植时也应首先看有无特定的补丁，在此之后再进行移植修改。此处需要的两个补丁分别是 U-Boot-1.3.4-exp.5 和 U-Boot-1.3.4-exp.5.diff，这两个补丁的下载地址分别为：

```
ftp://www.at91.com/pub/uboot/u-boot-1.3.4-exp.5
ftp://www.at91.com/pub/u-boot/u-boot-1.3.4-exp.5.diff
```
。

1. 解压 U-Boot-1.3.4

将 U-Boot-1.3.4.tar.bz2 压缩包放到指定目录并进行解压，在提示符下输入：

```
# tar jxvf u-boot-1.3.4.tar.bz2
```

2. 安装补丁文件

将补丁文件 U-Boot-1.3.4-exp.diff 和 U-Boot-1.3.4-exp.5.diff 复制到 U-Boot 的根目录下。进入 U-Boot-1.3.4 目录，并安装补丁文件，指令如下：

```
# cd u-boot-1.3.4
# cat u-boot-1.3.4-exp.5.diff | patch-p1
```

执行以上指令后在中断下打印如下安装补丁的信息：

```
patching file cpu/arm926ejs/at91sam9/usb.c
patching file lib_arm/board.c
patching file doc/README.at91
patching file Makefile
patching file include/asm-arm/arch-at91sam9/at91_wdt.h
patching file include/asm-arm/arch-at91sam9/hardware.h
patching file include/asm-arm/arch-at91sam9/at91sam9g45_matrix.h
patching file include/asm-arm/arch-at91sam9/at91sam9g45.h
patching file include/asm-arm/mach-types.h
patching file include/configs/at91sam9g10ek.h
patching file include/configs/at91sam9m10g45ek.h
patching file cpu/arm926ejs/at91sam9/usb.c
patching file lib_arm/board.c
patching file doc/README.at91
patching file Makefile
patching file include/asm-arm/arch-at91sam9/at91_wdt.h
patching file include/asm-arm/arch-at91sam9/hardware.h
patching file include/asm-arm/arch-at91sam9/at91sam9g45_matrix.h
patching file include/asm-arm/arch-at91sam9/at91sam9g45.h
patching file include/asm-arm/mach-types.h
patching file include/configs/at91sam9g10ek.h
patching file include/configs/at91sam9rlek.h
patching file include/configs/at91sam9g20ek.h
patching file include/configs/at91sam9263ek.h
patching file include/configs/at91sam9260ek.h
patching file include/configs/at91sam9261ek.h
patching file net/eth.c
patching file board/atmel/at91sam9260ek/at91sam9260ek.c
patching file board/atmel/at91sam9g10ek/at91sam9g10ek.c
```

第3章 搭建嵌入式 Linux 开发平台

```
patching file board/atmel/at91sam9g10ek/nand.c
patching file board/atmel/at91sam9g10ek/led.c
patching file board/atmel/at91sam9g10ek/partition.c
patching file board/atmel/at91sam9g10ek/config.mk
patching file board/atmel/at91sam9g10ek/Makefile
patching file board/atmel/at91sam9g20ek/nand.c
patching file board/atmel/at91sam9g20ek/at91sam9g20ek.c
patching file board/atmel/at91sam9g20ek/led.c
patching file board/atmel/at91sam9g20ek/partition.c
patching file board/atmel/at91sam9g20ek/config.mk
patching file board/atmel/at91sam9g20ek/Makefile
patching file board/atmel/at91sam9263ek/at91sam9263ek.c
patching file board/atmel/at91sam9m10g45ek/nand.c
patching file board/atmel/at91sam9m10g45ek/led.c
patching file board/atmel/at91sam9m10g45ek/at91sam9m10g45ek.c
patching file board/atmel/at91sam9m10g45ek/partition.c
patching file board/atmel/at91sam9m10g45ek/config.mk
patching file board/atmel/at91sam9m10g45ek/Makefile
patching file common/main.c
patching file drivers/serial/atmel_usart.c
patching file drivers/net/macb.c
patching file drivers/watchdog/at91sam9_wdt.c
patching file drivers/watchdog/Makefile
```

3. 修改 U-Boot 源代码

（1）由于在下一步根文件系统的选择上打算采用专门为 Nand Flash 设计的 Yaffs2 文件系统，但 U-Boot 本身却并没有支持 Yaffs2 根文件系统的烧写，因此对于 U-Boot 的移植首先要做的就是增加烧写 Yaffs2 的功能代码，这需要修改 U-Boot 代码中的 4 个文件。

① 修改 U-Boot-1.3.4/common/cmd_nand.c 文件，在其 349 行添加下划线所示代码：

```
/* read write */
if (strncmp(cmd, "read", 4) = = 0 || strncmp(cmd, "write", 5) = = 0) {
  int read;
  if (argc < 4)
    goto usage;
  addr = (ulong)simple_strtoul(argv[2], NULL, 16);
  read = strncmp(cmd, "read", 4) = = 0; /* 1 = read, 0 = write */
  printf("\nNAND %s: ", read ? "read" : "write");
  if (arg_off_size(argc - 3, argv + 3, nand, &off, &size) ! = 0)
```

```c
    return 1;
s = strchr(cmd, '.');
if (s != NULL &&
    (! strcmp(s, ".jffs2") || ! strcmp(s, ".e") || ! strcmp(s, ".i"))) {
    if (read) {
        /* read */
        nand_read_options_t opts;
        memset(&opts, 0, sizeof(opts));
        opts.buffer   = (u_char *) addr;
        opts.length   = size;
        opts.offset   = off;
        opts.quiet    = quiet;
        ret = nand_read_opts(nand, &opts);
    } else {
        /* write */
        nand_write_options_t opts;
        memset(&opts, 0, sizeof(opts));
        opts.buffer   = (u_char *) addr;
        opts.length   = size;
        opts.offset   = off;
        /* opts.forcejffs2 = 1; */
        opts.pad = 1;
        opts.blockalign = 1;
        opts.quiet    = quiet;
        ret = nand_write_opts(nand, &opts);
    }
# if defined(ENABLE_CMD_NAND_YAFFS)
    } else if ( s != NULL &&
        (! strcmp(s, ".yaffs") || ! strcmp(s, ".yaffs1"))){
        if (read) {
            /* read */
            nand_read_options_t opts;
            memset(&opts, 0, sizeof(opts));
            opts.buffer = (u_char *) addr;
            opts.length = size;
            opts.offset = off;
            opts.readoob = 1;
            opts.quiet    = quiet;
            ret = nand_read_opts(nand, &opts);
        } else {
            /* write */
```

```
            nand_write_options_t opts;
            memset(&opts, 0, sizeof(opts));
            opts.buffer = (u_char *) addr;
            opts.length = size;
            opts.offset = off;
//          opts.noecc = 1;
            opts.pad = 0;
            opts.writeoob = 1;
            opts.blockalign = 1;
            opts.quiet   = quiet;
            opts.autoplace = 1;
            if (s[6] = = '1')
               opts.forceyaffs = 1;
#if defined(ENABLE_CMD_NAND_YAFFS_SKIPFB)
            opts.skipfirstblk = 1;
#endif
            ret = nand_write_opts(nand, &opts);
         }
#endif
      } else if (s ! = NULL && ! strcmp(s, ".oob")) {
        /* read out-of-band data */
        if (read)
          ret = nand->read_oob(nand, off, size, &size,
              (u_char *) addr);
        lse
          ret = nand->write_oob(nand, off, size, &size,
              (u_char *) addr);
      } else {
        if (read)
          ret = nand_read(nand, off, &size, (u_char *)addr);
        else
          ret = nand_write(nand, off, &size, (u_char *)addr);
      }
      printf(" %d bytes %s: %s\n", size,
        read ? "read" : "written", ret ? "ERROR" : "OK");
      return ret = = 0 ? 0 : 1;
}
```

在502行添加如下下划线代码：

```
U_BOOT_CMD(nand, 5, 1, do_nand,
    "nand    - NAND sub-system\n",
    "info                    - show available NAND devices\n"
```

```
"nand device [dev]       - show or set current device\n"
"nand read[.jffs2]        - addr off|partition size\n"
"nand write[.jffs2]       - addr off|partition size - read/write `size` bytes start-ing\n"
" at offset `off` to/from memory address `addr`\n"
#if defined(ENABLE_CMD_NAND_YAFFS)
"nand write[.yaffs[1]]- addr off|partition size - write `size` byte yaffs image\n"
" starting at offset `off` from memory address `addr` (.yaffs1 for 512 + 16 NAND)\n"
#endif
"nand erase [clean] [off size]- erase `size` bytes from\n"
" offset `off` (entire device if not specified)\n"
"nand bad - show bad blocks\n"
"nand dump[.oob] off - dump page\n"
"nand scrub - really clean NAND erasing bad blocks (UNSAFE)\n"
"nand markbad off - mark bad block at offset (UNSAFE)\n"
"nand biterr off - make a bit error at offset (UNSAFE)\n"
"nand lock [tight] [status]- bring nand to lock state or display locked pages\n"
"nand unlock [offset] [size]- unlock section\n");
```

② 修改 U-Boot-1.3.4/drivers/mtd/nand/nand_util.c 文件,在 356 行添加下划线代码:

```
/* force OOB layout for jffs2 or yaffs? */
if (opts->forcejffs2 || opts->forceyaffs) {
  struct nand_oobinfo * oobsel =
    opts->forcejffs2 ? &jffs2_oobinfo : &yaffs_oobinfo;
#ifdef CFG_NAND_YAFFS1_NEW_OOB_LAYOUT
    /* jffs2_oobinfo matches 2.6.18 + MTD nand_oob_16 ecclayout */
    oobsel = &jffs2_oobinfo;
#endif
    if (meminfo->oobsize == 8) {
      if (opts->forceyaffs) {
        printf("YAFSS cannot operate on "
          "256 Byte page size\n");
        goto restoreoob;
      }
      /* Adjust number of ecc bytes */
      jffs2_oobinfo.eccbytes = 3;
    }
    memcpy(&meminfo->oobinfo, oobsel, sizeof(meminfo->oobinfo));
  }
```

将 456 行如下代码:

```
if (opts->writeoob) {
    /* read OOB data from input memory block, exit
     * on failure */
    memcpy(oob_buf, buffer, meminfo->oobsize);
    buffer += meminfo->oobsize;
```

替换为:

```
if (opts->writeoob) {
    /* read OOB data from input memory block, exit
     * on failure */
    oob_buf[0] = 0xff;
    oob_buf[1] = 0xff;
    memcpy(oob_buf+2, buffer, meminfo->oobsize-2);
    buffer += meminfo->oobsize;
    if (opts->forceyaffs) {        //tekkamanninja
#ifdef CFG_NAND_YAFFS1_NEW_OOB_LAYOUT
#else
        /* set the ECC bytes to 0xff so MTD will
           calculate it */
        int i;
        for (i = 0; i < meminfo->oobinfo.eccbytes; i++)
            oob_buf[meminfo->oobinfo.eccpos[i]] = 0xff;
#endif
    }
```

③ 修改 U-Boot-1.3.4/include/nand.h, 在第 82 行添加下划线代码:

```
struct nand_write_options {
    u_char *buffer;        /* memory block containing image to write */
    ulong length;          /* number of bytes to write */
    ulong offset;          /* start address in NAND */
    int quiet;             /* don't display progress messages */
    int autoplace;         /* if true use auto oob layout */
    int forcejffs2;        /* force jffs2 oob layout */
    int forceyaffs;        /* force yaffs oob layout */
    int noecc;             /* write without ecc */
    int writeoob;          /* image contains oob data */
    int pad;               /* pad to page size */
#if defined(ENABLE_CMD_NAND_YAFFS_SKIPFB)
    int skipfirstblk;   /* if true, skip the first good block,
                         * set true when write the yaffs image,
                         */
```

```
#endif
    int blockalign;              /* 1|2|4 set multiple of eraseblocks
                                  * to align to */
};
```

④ 修改 include/configs/at91sam9g20ek.h 文件,在 129 行添加下划线代码:

```
#define CFG_LOAD_ADDR       0x22000000  /* load address */
#define CFG_MEMTEST_START   PHYS_SDRAM
#define CFG_MEMTEST_END     0x23e00000
/* YAFFS2 */
#define ENABLE_CMD_NAND_YAFFS1
#define ENABLE_CMD_NAND_YAFFS_SKIPFB1
#define CFG_NAND_YAFFS1_NEW_OOB_LAYOUT1
#ifdef CFG_USE_DATAFLASH_CS0
/* bootstrap + u-boot + env + linux in dataflash on CS0 */
```

修改第 172 行和 175 行下划线代码:

```
#else /* CFG_USE_NANDFLASH */
/* bootstrap + u-boot + env + linux in nandflash */
#define CFG_ENV_IS_IN_NAND    1
#define CFG_ENV_OFFSET        0x60000
#define CFG_ENV_OFFSET_REDUND 0x80000
#define CFG_ENV_SIZE          0x20000  /* 1 sector = 128 kB */
#define CONFIG_BOOTCOMMAND   "nand read 0x22000000 0xA0000 0x200000; bootm"
#define CONFIG_BOOTARGS      "console=ttyS0,115200 " \
           "root=/dev/mtdblock5 " \
           "mtdparts=atmel_nand:128k(bootstrap)ro," \
           "256k(uboot)ro,128k(env1)ro," \
           "128k(env2)ro,2M(linux),-(root) " \
           "rw rootfstype=yaffs2"
#endif
```

从下面的这段代码可以看出:

```
"root=/dev/mtdblock5 " \
"mtdparts=atmel_nand:128k(bootstrap)ro," \
"256k(uboot)ro,128k(env1)ro," \
"128k(env2)ro,2M(linux),-(root) " \
"rw rootfstype=yaffs2"
```

Atmel 的 U-Boot 补丁里面已经提供了一种 Nand Flash 的空间使用配置,其中为 AT91Bootstrap 预留了 128 KB 的空间,为 U-Boot 预留了 256 KB 的空间,为环境变量 Env1 预留了 128 KB 的空间,为环境变量 Env2 预留了 128 KB 的空间,为

第3章 搭建嵌入式 Linux 开发平台

Linux 内核映像预留了 2 MB 的空间,之后的全部空间供 Yaffs2 根文件系统使用。因此也可以得出这样一个 Nand Flash 空间和启动方式分布图,如图 3.22 所示。

修改并添加上述代码后,烧写 Yaffs2 文件系统的指令就为 nand write.yaffs,其中第一个参数是 Yaffs2 映像在 SDRAM 内存中的地址,第二个参数是烧写到 Nand Flash 中的地址,第二个参数是烧写映像文件的大小。

(2) 解决目标板的一个 BUG。

将 U-Boot-1.3.4/board/atmel/at91sam9g20ek/at91sam9g20ek.c 文件的 159 行屏蔽:

```
//at91_sys_write(AT91_RSTC_CR, AT91_RSTC_KEY | AT91_RSTC_EXTRST);
```

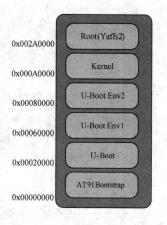

图 3.22 Nand Flash 空间分布图

不然,系统会不断重启。

(3) 修改/lib_arm/_udivsi3.S。

第 67 行:bl __div0 (PLT)

去掉(PLT)

改为:bl __div0

(4) 修改/lib_arm/_umodsi3.S。

第 79 行:bl __div0 (PLT)

去掉(PLT)

改为:bl __div0

不然用 arm-linux-gcc-3.4.1 编译时会有如下错误:

```
lib_arm/libarm.a(_udivsi3.o)(.text+0x8c):/home/limeng/setup/u-boot-1.3.4/lib_arm/_udivsi3.S:67: relocation truncated to fit: R_ARM_PLT32 __div0
lib_arm/libarm.a(_umodsi3.o)(.text+0xa8):/home/limeng/setup/u-boot-1.3.4/lib_arm/_umodsi3.S:79: relocation truncated to fit: R_ARM_PLT32 __div0
make: *** [u-boot] 错误 1
```

4. 编译 U-Boot 生成 BIN 文件

修改 U-Boot-1.3.4 顶层目录下的 Makefile 文件,于 144 行指定交叉编译器的路径:

```
ifeq ($(ARCH),arm)
CROSS_COMPILE = /usr/local/arm/3.4.1/bin/arm-linux-
```

在终端执行如下命令,按照 Atmel 提供的 AT91SAM9G20EK 评估板的配置信息进行编译:

```
# make at91sam9g20ek_nandflash_config
```

在终端显示如下信息：

```
. with environment variable in NAND FLASH
... AT91SAM9G20EK Board
Configuring for at91sam9g20ek board...
```

之后再执行编译 make 指令：

```
# make
```

编译无误后会在 U-Boot-1.3.4 顶层目录下生成 u-boot.bin 文件。

3.5.3 U-Boot 烧写

U-Boot 的烧写仍然采用之前烧写 AT91Bootstrap 的方法，也是利用 SAM-BA 软件。在烧写完 AT91Bootstrap 后再继续烧写 u-boot.bin 文件。单击"Send File Name"选项的右侧"open folder"按钮，在弹出的窗口中选择 u-boot.bin 文件，单击"打开"选项或者双击 u-boot.bin 文件。根据图 3.22 可以看出，需要把 u-boot.bin 烧写到 Nand Flash 的 0x20000 地址处，因此在"Address"中输入"0x20000"，最后将 u-boot.bin 下载到 Nand Flash 中，选择"Send File"按钮，如图 3.23 所示。

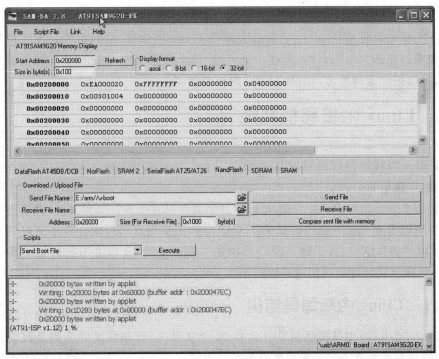

图 3.23 烧写 U-Boot 到 Nand Flash

连接上串口线并给嵌入式 Web 服务器硬件平台上电。使用 DNW.exe 串口终端软件可以看到 U-Boot 的启动信息,如图 3.24 所示。

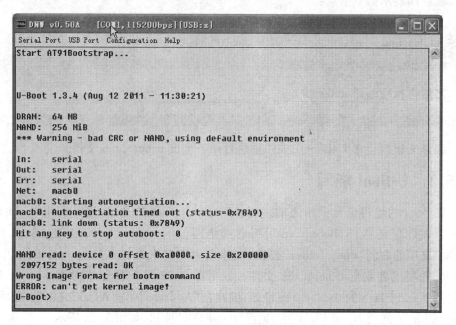

图 3.24　U-Boot 启动信息

从上图可以看出,U-Boot 启动后去寻找 Linux 的内核映像,由于还没有烧写内核映像所以提示"can't get kernel image!"。从上面看出来,u-boot.bin 移植及烧写正确,可以正常运行并自动加载 Linux 内核映像。

3.6　Linux 内核移植及烧写

Linux 内核的源代码可以从 http://www.kernel.org/pub/linux/kernel/v2.6 处下载,在这里我们选用 Linux-2.6.30 版本。

解压 Linux-2.6.30.tar.bz2,可以看到源码包内有很多目录和文件,点击查看这些文件可以看到 Linux 源代码是采用 C 语言和汇编语言实现的。为了更好的掌握 Linux 内核的移植方法,了解其源码结构是很有必要的,所以本节的内容就首先从 Linux 内核源代码的组织结构开始。

3.6.1　Linux 内核源码结构

Linux-2.6.30 内核源码包里一共有 21 个文件夹,有很多文件夹都是我们用不到的,这里只针对几个较为重要的目录进行讲解。

(1) arch 目录。

arch 子目录包括了和硬件体系相关的核心代码。它的每一个子目录都代表一种支持的硬件体系结构，例如 i386 就是关于 Intel CPU 及与之相兼容体系结构的子目录（PC 机一般都基于此目录）。其中的 arm 目录是我们需要特别关心的，里面包含的是基于 ARM 处理器的体系结构，是本书进行 Linux 移植需要用到的目录。

（2）drivers 目录。

drivers 子目录里面是 Linux 系统所支持的硬件设备驱动程序；每种驱动程序各占用一个下级子目录，如/usb 目录下为通用串行总线 USB 设备驱动程序。通过查看 drivers/block/genhd.c 中的 device_setup() 函数可以了解设备初始化的过程。

（3）fs 目录。

fs 子目录包含的是所有文件系统和各种类型的文件操作代码，它的每一个子目录支持一个文件系统，例如 fat、ext2、Scripts。此目录包含用于配置核心的脚本文件等。

（4）kenerl 目录。

kernel 子目录里面是 Linux 系统主要的核心代码，包含了进程调度、进程通信、内存管理、虚拟文件系统等在内的 Linux 系统大多数的内核函数。

（5）include 目录。

include 子目录包括编译核心所需要的大部分头文件。与平台无关的头文件在 include/linux 子目录下，与 Intel CPU 相关的头文件在 include/asm-i386 子目录下，而 include/scsi 目录则是有关 scsi 设备的头文件目录。

（6）init 目录。

这个目录包含核心的初始化代码，包含两个文件 main.c 和 Version.c，是研究核心如何工作的一个非常好的起点。

（7）lib 目录。

lib 子目录里面包含 Linux 内核库函数代码。

除了以上主要目录外，对于其他内核目录里面的内容读者可以自行查阅，这里就不再叙述。在 Linux 内核源码的根目录下还有一个文件需要特别注意，就是"Makefile 文件"。它是 Linux 内核里面的第一个 Makefile 文件，其主要用来组织内核的各种模块，记录各个模块相互之间的联系和依托关系，在进行内核编译的时候需要修改这个文件。

3.6.2　Linux 内核配置及编译

配置 Linux 内核是移植内核过程中的第一步，也是非常重要并且复杂的一步。虽然难度较大但是也存在一些小的技巧，掌握一定的方法可以大大降低配置内核的难度，也更易于初学者学习。

如果熟悉 Linux 内核就会发现，Linux 内核版本更新的速度较快，每次更新后都会有一些变化。随着内核版本的提高，Linux 所支持的硬件也更多，从内核源码的/

第3章　搭建嵌入式 Linux 开发平台

arch/arm/configs 目录里面的配置文件就可以看到 Linux 所支持的硬件都有哪些。由于嵌入式 Web 服务器硬件的设计与 Linux 内核中提供的 AT91SAM9G20EK 开发板很接近，所以就可以在配置内核的过程中直接加载 AT91SAM9G20EK 开发板的配置文件，然后在其基础上再做修改即可。这样可以大大提高内核配置的效率和准确性。

比较嵌入式 Web 服务器与 AT91SAM9G20EK 开发板的硬件和应用上的区别可以看出，由于嵌入式 Web 服务器采用的是双网口设计，所以需要在内核中需要再添加 DM9000CIEP 的驱动文件和配置选项。另外从 Linux 内核源码下 fs 目录里面可以看出 Linux 是不支持 Yaffs2 根文件系统的，所以还要在内核中添加对 Yaffs2 根文件系统的支持。

综上所述，嵌入式 Web 服务器下 Linux 内核移植的步骤就是直接利用 AT91SAM9G20EK 开发板的配置，然后在其基础上添加 DM9000CIEP 驱动和对 Yaffs2 根文件系统的支持。

1. 添加对 Yaffs2 根文件系统的支持

（1）在网络上可以很容易地下载 yaffs2.tar.gz 源代码，下载后解压到任意目录。
（2）在内核源码 fs 目录下新建 yaffs2 文件夹。

将 yaffs2 源码目录下面的 Makefile.kernel 文件复制到 Linux 内核 fs/yaffs2 文件夹下并改名为 Makefile。

将 yaffs2 源码目录的 Kconfig 文件复制到 Linux 内核 fs/yaffs2 目录下。

将 yaffs2 源码目录下的所有 *.c *.h 文件复制到 Linux 内核 fs/yaffs2 目录下。

完成以上步骤后，如图 3.25 所示。

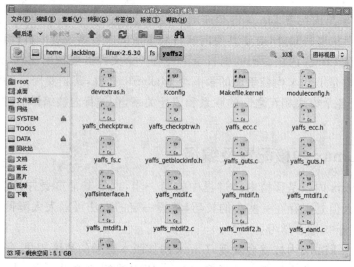

图 3.25　fs/yaffs2 目录内容

（3）修改 fs/Kconfig 脚本，于第 166 行添加如下代码：

```
source "fs/yaffs2/Kconfig"
```

修改 fs/Makefile，加入对 yaffs2 到支持，于最后一行添加如下代码：

```
obj-$(CONFIG_YAFFS_FS)      += yaffs2/
```

（4）修改内核 linux-2.6.30 的 Makefile，添加体系结构和编译器：

```
ARCH           ?= arm
CROSS_COMPILE  ?= /usr/src/crosstool/4.3.2/bin/arm-none-linux-gnueabi-
```

2. 添加 DM9000CIEP 网络芯片驱动

（1）修改内核 Linux-2.6.30/drives/net/dm9000.c，在 dm9000_open(struct net_device *dev)函数中第 1 018 行添加如下代码：

```
iow(db, DM9000_GPR, 1); /* REG_1F bit0 activate phyxcer */
udelay(300);
iow(db, DM9000_GPR, 0); /* REG_1F bit0 activate phyxcer */
```

修改后如图 3.26 所示。

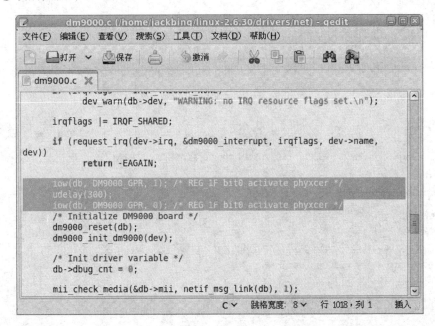

图 3.26 添加对 DM9000 系列芯片支持

（2）修改内核 Linux-2.6.30/arch/arm/mach-at91/board-sam9g20ek.c 文件，使嵌入式 Web 服务器硬件支持 DM9000CIEP 芯片。

在 board-sam9g20ek.c 包含头文件代码部分最后处添加代码支持 dm9000.h 头

文件：

```
#include <linux/dm9000.h>
```

对DM9000驱动的相关结构体进行初始化，并定义驱动函数，添加如下代码：

```c
/*
 * DM9000 ethernet device
 */
#if defined(CONFIG_DM9000)
static struct resource dm9000_resource[] = {
    [0] = {
        .start = AT91_CHIPSELECT_2,
        .end   = AT91_CHIPSELECT_2 + 3,
        .flags = IORESOURCE_MEM
    },
    [1] = {
        .start = AT91_CHIPSELECT_2 + 0x4,
        .end   = AT91_CHIPSELECT_2 + 0x7,
        .flags = IORESOURCE_MEM
    },
    [2] = {
        .start = AT91_PIN_PB25,
        .end   = AT91_PIN_PB25,
        .flags = IORESOURCE_IRQ
    }
};
static struct dm9000_plat_data dm9000_platdata = {
    .flags = DM9000_PLATF_16BITONLY|DM9000_PLATF_NO_EEPROM,
};
static struct platform_device dm9000_device = {
    .name = "dm9000",
    .id   = 0,
    .num_resources = ARRAY_SIZE(dm9000_resource),
    .resource = dm9000_resource,
    .dev = {
        .platform_data = &dm9000_platdata,
    }
};
/*
 * SMC timings for the DM9000.
 * Note: These timings were calculated for MASTER_CLOCK = 100000000 according
 to the DM9000 timings.
```

```
        */
        static struct sam9_smc_config __initdata dm9000_smc_config = {
          .ncs_read_setup    = 0,
          .nrd_setup         = 3,
          .ncs_write_setup   = 0,
          .nwe_setup         = 3,
          .ncs_read_pulse    = 11,
          .nrd_pulse         = 6,
          .ncs_write_pulse   = 11,
          .nwe_pulse         = 6,
          .read_cycle        = 22,
          .write_cycle       = 22,
          .mode              = AT91_SMC_READMODE |
AT91_SMC_WRITEMODE |
AT91_SMC_EXNWMODE_DISABLE |
AT91_SMC_BAT_WRITE |
AT91_SMC_DBW_16,
          .tdf_cycles        = 2,
        };
        static void __init ek_add_device_dm9000(void)
        {
          /* Configure chip-select 2 (DM9000) */
          sam9_smc_configure(2, &dm9000_smc_config);
          /* Configure Reset signal as output */
          at91_set_A_periph(AT91_PIN_PC11, 0);
          /* Configure Interrupt pin as input, no pull-up */
          at91_set_gpio_input(AT91_PIN_PB25, 0);
          platform_device_register(&dm9000_device);
        }
        #else
        static void __init ek_add_device_dm9000(void) {}
        #endif /* CONFIG_DM9000 */
```

在开发板初始化函数 static void __init ek_board_init(void)中添加 DM9000 的驱动：

```
        /* DM9000 ethernet */
        ek_add_device_dm9000();
```

3. 配置内核

（1）进入 Linux 内核的根目录下执行如下指令：

```
make menuconfig
```

第3章 搭建嵌入式 Linux 开发平台

Linux 内核配置界面如图 3.27 所示。

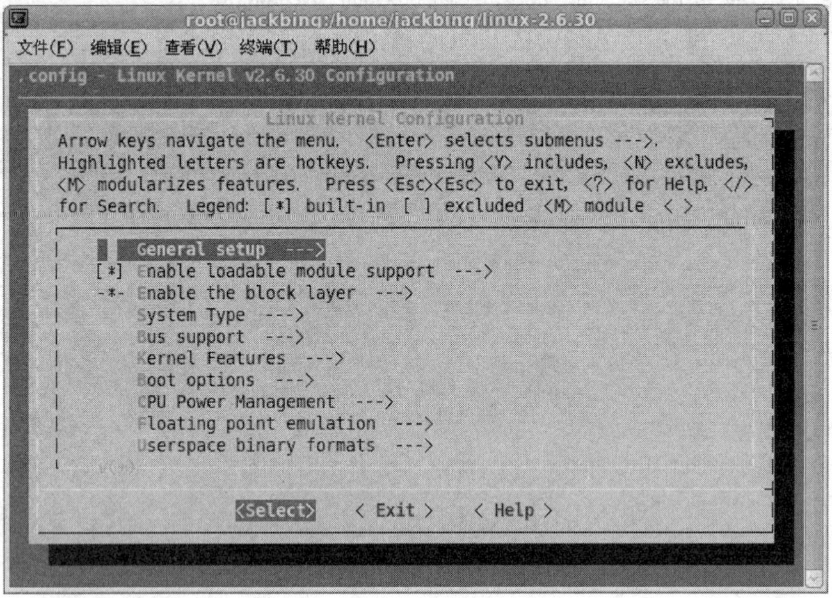

图 3.27 Linux 内核配置界面

（2）选中"Load an Alternate Configuration File"敲回车键进入，并加载 AT91SAM9G20EK 评估板的配置文件，然后回车退回主界面，如图 3.28 所示。

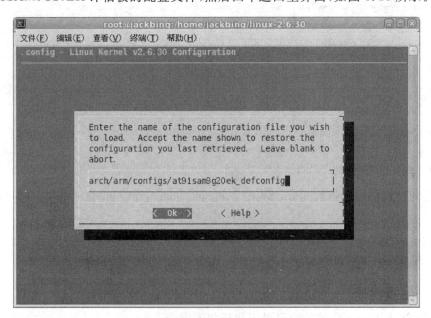

图 3.28 加载 AT91SAM9G20EK 评估板配置文件

（3）进入 File systems 文件系统选项，如图 3.29 所示。

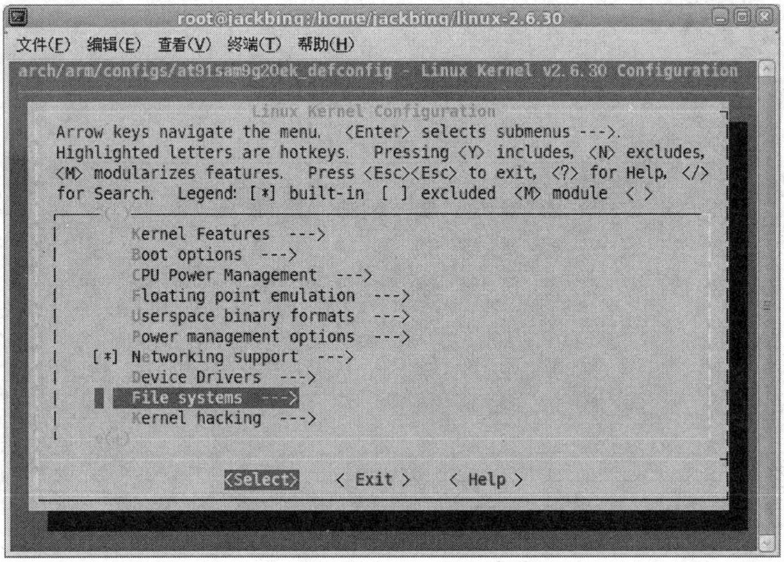

图 3.29　File systems 选项

（4）进入 Miscellaneous filesystems 选项，如图 3.30 所示。

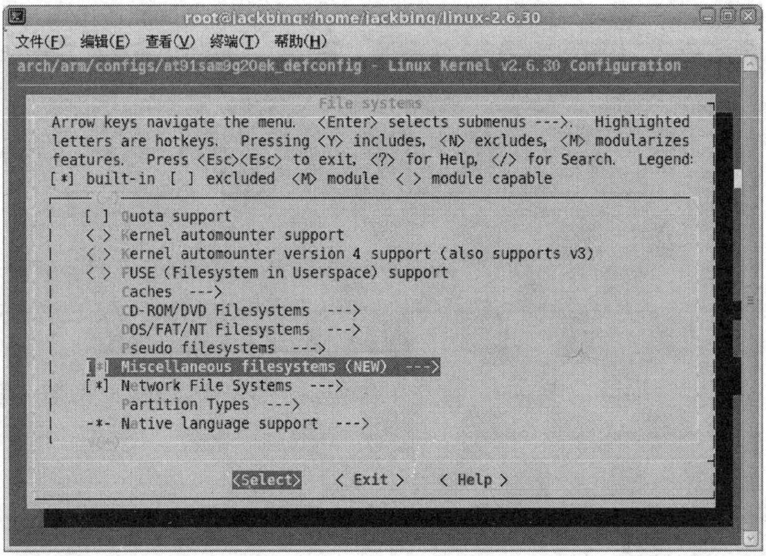

图 3.30　Miscellaneous filesystems 选项

（5）选择 YAFFS2 file system support 选项，内核中加入 YAFFS2 文件系统的驱动。删除 Journalling Flash File System v2（JFFS2）support 选项，删除 JFFS2 文件系统的驱动，如图 3.31 所示。

第3章 搭建嵌入式 Linux 开发平台

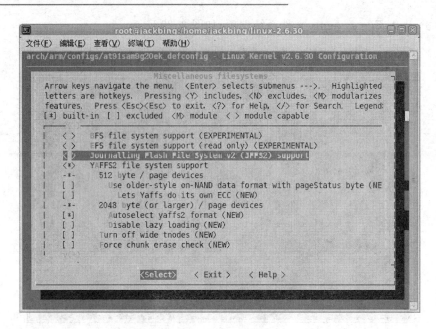

图 3.31 添加对 YAFFS2 文件系统的支持

(6) 进入 Device Drivers 选项,如图 3.32 所示。

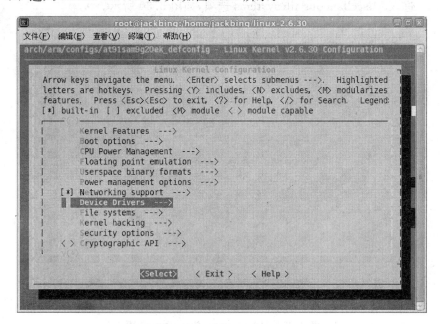

图 3.32 DeviceDrivers 选项

(7) 进入 Network device support 选项,如图 3.33 所示。

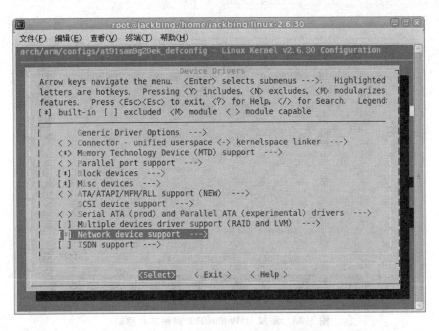

图 3.32　Network device support 选项

(8) 进入 Ethernet(10 or 100Mbit)选项,如图 3.34 所示。

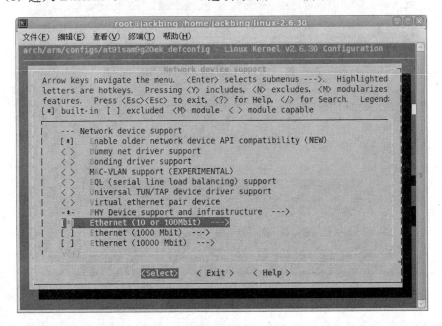

图 3.34　Ethernet(10 or 100Mbit)

(9) 选择 DM9000 support 选型,添加 DM9000CIEP 网络芯片的驱动,如图 3.35 所示。

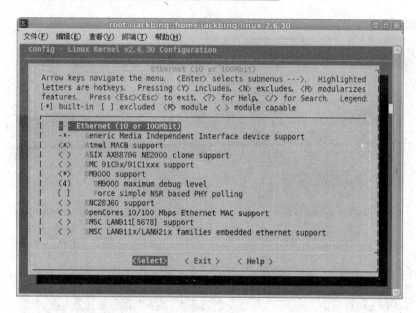

图 3.35　添加 DM9000CIEP 网络芯片驱动

（10）最后退出配置界面并保存设置，如图 3.36 所示。

图 3.36　保存内核配置

（11）在终端下进入 Linux-2.6.30 内核源码下，执行 make uImage 指令编译生成 uImage 内核映像文件。

（12）编译过程中出现如图 3.37 所示错误。

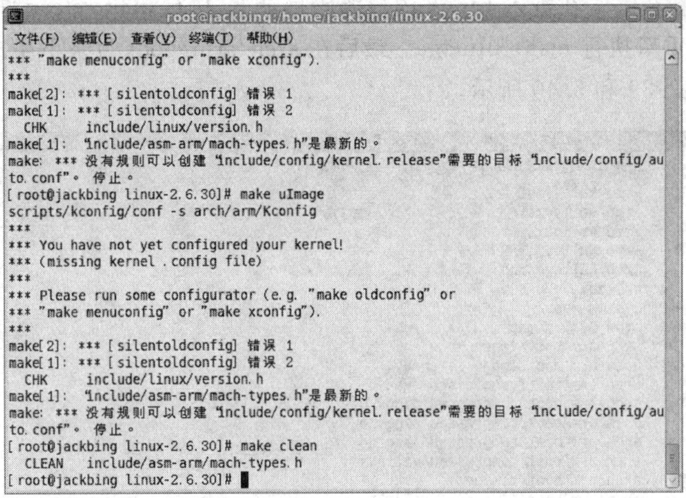

图 3.37 编译内核错误

出现错误的原因是在执行 make uImage 指令时会去找 Linux 内核源码下的 ".config" 文件,这个文件是在 make menuconfig 配置内核映像文件时产生的。之前我们的操作只是修改了 at91sam9g20ek_defconfig 配置文件,将 DM9000CIEP 驱动和 Yaffs2 根文件系统的配置添加进去并保存,但并没有以 ".config" 的形式保存在 Linux 内核源码内。解决办法只需在 make menuconfig 后保存成 ".config" 即可,如图 3.38 所示。

图 3.38 保存 config 配置文件

(13）重新在终端在进入 Linux 内核源码目录下，执行 make clean 清除之前生成的过程文件，重新执行 make uImage。最后在 arch/arm/boot 目录下生成 uImage 映像文件，如图 3.39 和 3.40 所示。

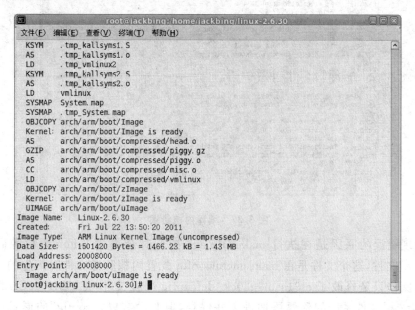

图 3.39　编译生成 uImage 映像文件

图 3.40　编译生成的内核映像文件

补充说明：若使用 make uImage 指令后并没有在 arch/arm/boot 文件夹里面生成 uImage 文件，而只有 Image 和 zImage 文件，这是因为要生成 uImage 文件时需要

mkimage 工具的支持（mkimage 工具大家可以很容易从网络上获得）。若使 make uImage 指令生效能生成 uImage 映像文件,需要将 mkimage 可执行文件放于 PC 宿主机的/usr/bin 文件夹内。这样在编译内核生成 uImage 时会根据 Makefile 文件的配置自动去 PC 宿主机的/usr/bin 文件夹内找 mkimage 工具来生成 uImage 映像文件。

3.6.3　Linux 内核烧写

Linux 内核的烧写仍然采用之前烧写 AT91Bootstrap 和 U-Boot 的方法,也是利用 SAM-BA 软件。在烧写完 AT91Bootstrap 和 U-Boot 后再继续烧写 uImage 内核。单击"Send File Name"选项的右侧"open folder"按钮,在弹出的窗口中选择 uImage 映像文件。在图中并不会显示 uImage 文件,选择"文件类型"的下拉按钮,选择"All Files（*.*）",然后再找到 uImage 文件,单击"打开"选项或者双击 uImage 文件。在"Address"中输入"0xA0000",这个地址是根据图 3.22 中 Nand Flash 空间分布图所确定的。最后将 uImage 下载到 Nandflash 中,选择"Send File"按钮,如图 3.41 所示。

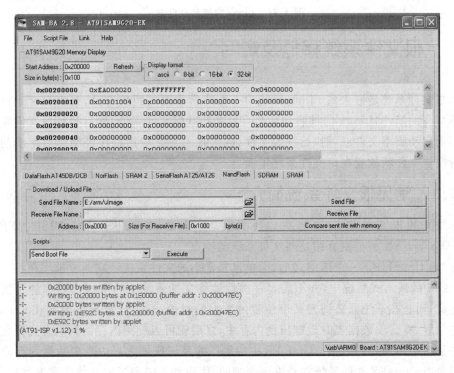

图 3.41　烧写 uImage 映像到 Nand Flash

连接串口线并给嵌入式 Web 服务器上电,使用 DNW.exe 串口终端软件可以看到 Linux 内核的启动信息,如图 3.42 所示。

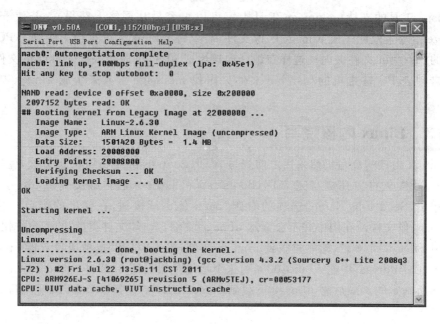

图 3.42　Linux 内核启动信息

3.7　根文件系统移植及烧写

根文件系统是嵌入式 Linux 系统中一个非常重要的组成部分，是 Linux 运行时必不可少的组件，Linux 内核启动后会寻找并挂载根文件系统，然后执行根文件系统里面的启动脚本文件或可执行映像文件，嵌入式 Linux 应用程序经编译后生成的可执行映像文件就放置在根文件系统里面。

3.7.1　常见根文件系统简介

常见的根文件系统主要有以下几种，分别是：CramFS、RAMDISK、JFFS、YAFFS 等，下面将分别介绍这些文件系统的特点。

(1) CramFS 是一个压缩式的、简单且非常小的文件系统。它通常被用在具有较小 ROM 的嵌入式系统中，并不需要一次性地将文件系统中的所有内容都解压到内存之中，而是在系统需要访问某个位置的数据的时候，马上计算出该数据在 Cramfs 中的位置，将这段数据实时地解压到内存中，之后就可以利用内存访问的方式来获取文件系统中所需要的数据。CramFS 中的解压缩及解压缩之后内存中数据的存放位置都是由 CramFS 文件系统本身进行维护的，用户并不需要了解具体的实现过程，因此这种方式增强了透明度，对开发人员来说，既方便又节省了存储空间。

(2) RAMDISK 文件系统是利用 RAM 来作为它的存储空间。RAMDISK 将一部分指定内存当作分区一样使用，把外存（如 Flash）上的映像文件解压缩到这个指定内存中,构建起 RAMDISK 环境,然后开始运行程序。RAMDISK 并不是一个实际的根文件系统,而确切的说应该是一个将实际的文件系统装入内存的机制。这种方式比较简单,将一些经常被访问而又不会被改变的文件通过 RAMDISK 存放在内存中,可以明显地提高系统的性能和运行速度。它的优点是读写速度都非常快(因为是在内存中进行),缺点是 RAMDISK 的压缩效率不高,比不上 CramFS 和 JFFS 两种文件系统,占用内存资源比较多,特别是 RAMDISK 文件系统是只读的并且系统复位后所有的数据都会丢失。

(3) JFFS 文件系统目前共有 3 个版本,分别是 JFFS1、JFFS2 和 JFFS3。JFFS3 应用并不十分广泛,它的设计目标是支持大容量闪存(>1 TB)。不可扩展性是其最大的问题,是先天设计缺陷所致的,目前它仍处在设计阶段。JFFS2 是 JFFS1 的升级版,是目前应用最广的非顺序日志结构的文件系统之一。由于 JFFS2 是基于日志结构,在意外掉电后仍然可以保持数据的完整性,而不会丢失数据。另外 JFFS2 还提供垃圾回收机制,并不需要立刻对擦写越界的块进行擦写,而只需要为其设置一个标志并标明为脏块。只有当可用的块数不够使用时才调用垃圾回收机制回收这些脏块。

(4) YAFFS(Yet Another Flash File System)文件系统是专门为 Nand Flash 设计的文件系统。YAFFS 目前有 YAFFS、YAFFS2 两个版本,一般来说,YAFFS 对小页面(512 B+16 B/页)有很好的支持,YAFFS2 对更大的页面(2 KB+64 B/页)支持更好。YAFFS 类似于 JFFS/JFFS2,是专门为 Nand Flash 设计的嵌入式文件系统,适用于大容量的存储设备。它是日志结构的文件系统,提供了损耗平衡和掉电保护,可以有效地避免意外掉电对文件系统一致性和完整性的影响。YAFFS 文件系统是按层次结构设计的,分为文件系统管理层接口、YAFFS 内部实现层和 NAND 接口层,这样就简化了它与系统的接口设计,可以方便地集成到系统中去。与 JFFS 相比,它减少了一些功能,因此速度更快,占用内存更少。YAFFS 充分考虑了 Nand Flash 的特点,根据 Nand Flash 以页面为单位存取的特点,将文件组织成固定大小的数据段。利用 Nand Flash 提供的每个页面 16 字节的备用空间来存放 ECC(Error Correction Code)和文件系统的组织信息,不仅能够实现错误检测和坏块处理,也能够提高文件系统的加载速度。YAFFS 采用一种多策略混合的垃圾回收算法,结合了贪心策略的高效性和随机选择的平均性,达到了兼顾损耗平均和系统开销的目的。

通过以上介绍并结合本书中设计的产品具体应用情况,最终选用 Yaffs2 作为嵌入式 Linux 的根文件系统。

3.7.2 构建 Yaffs2 根文件系统

1. 建立 Yaffs2 根文件系统的目录结构

进入 PC 机 Fedora12 系统里任意目录,创建一个名为 create_yaffs2 的 shell 脚本文件用于构建 Yaffs2 根文件系统的各个目录,改变其执行权限。

```
# chmod +x create_yaffs2
```
"+x"表示 create_yaffs2 具有可执行属性

在此目录下,create_yaffs2 脚本的内容如下:

```
echo "------Create rootfs directons start...------"
mkdir rootfs
cd rootfs
mkdir root dev etc tmp var sys proc lib mnt home media opt
mkdir etc/init.d
echo "make node in dev/console dev/null"
mknod -m 600 dev/console c 5 1
mknod -m 600 dev/null c 1 3
mkdir var/lib var/lock var/run var/tmp
chmod 1777 tmp
chmod 1777 var/tmp
echo "------make direction done------"
```

上述代码创建了 Yaffs2 根文件系统的各级文件目录,创建了系统控制台设备 console 和空设备 null(根文件系统挂载后内核会查找这两个设备文件)两个设备节点,并改变了 tmp 目录的使用权限,让它开启 sticky 位。为 tmp 目录的使用权开启此位,可确保 tmp 目录底下建立的文件只有建立它的用户有权删除。

创建完上述代码后运行 create_yaffs2 文件,指令如下所示:

```
# ./create_yaffs2
```

运行 create_yaffs2 脚本后,在 create_yaffs2 脚本所在文件夹下生成一个名为 rootfs 的文件夹,里面包含了 Yaffs2 根文件系统的一些目录和设备节点,如图 3.43 所示。

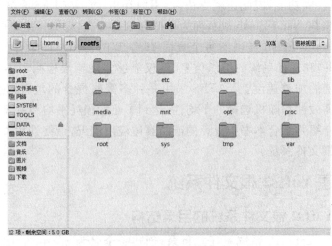

图 3.43 部分 Yaffs2 根文件系统目录结构

2. 建立动态的链接库

Yaffs2 根文件系统的 lib 目录里用来存放常用的库文件,里面的内容可以从交叉编译工具 arm-linux-gcc-3.4.1 中获得,进入 arm-linux-gcc-3.4.1/arm-linux/lib 文件夹里面。该目录里面的子目录和文件共分为 8 类,如下所述:

> 目标文件,如 crtn.o、crti.o 等,用于 GCC 链接可执行文件时使用;
> libtool 库文件(.la),仅在链接库文件时这些文件会被用到,在程序运行时则无需这些文件;
> gconv 目录,里面是各种链接脚本,在编译应用程序时,他们用于指定程序的运行地址,各段的位置等,在程序运行时则无需这些文件;
> 静态库文件(.a),例如 libm.a,libc.a;
> 动态库文件(.so、.so.[0—9]*);
> 动态链接库加载器 ld—2.3.6.so、ld-linux.so.2;
> 其他目录及文件。

库函数分为静态库和动态库两种,静态库在程序编译时会被链接到目标代码中,程序运行时将不再需要静态库;动态库在程序编译时并不会被连接到目标代码中,而是在程序运行时才被加载。对于在 Yaffs2 根文件系统里存放的交叉编译后的可执行代码,其运行是不需要静态库文件的,但是动态库文件和动态链接库加载器是必不可少的,所以只需将交叉编译工具 arm-linux-gcc-3.4.1/arm-linux/lib 文件夹里面的动态库文件和动态链接库加载器拷贝到 Yaffs2 根文件系统的 lib 目录里即可,其中 C++标准库文件 libstdc++.so、libstdc++.so.6、libstdc++.so.6.0.1 不需要拷贝。

3. 编译和安装 Busybox

Bosybox 是一个遵循 GPL v2 协议的开源项目,是很多标准 Linux 工具的单个可执行文件的集合。Busybox 包含了 70 多种 Linux 上标准的工具程序,但其空间却仅有几百 KB。这些工具在嵌入式系统中经常被用到,有人将 Busybox 称为 Linux 工具里的瑞士军刀。在制作 Yaffs2 根文件系统时使用 BusyBox 可以自动生成根文件系统所需的 bin、sbin、usr 目录和 linuxrc 文件。下载 busybox 的地址是:http://www.busybox.net/downloads/。我们在此下载的版本是 busybox-1.15.2.tar.bz2。

解压 Busybox,并进入解压后生成的文件夹 busybox-1.15.2。

```
# tar-jxvf busybox-1.15.2.tar.bz2
# cd busybox-1.15.2
```

修改该目录下的 Makefile 文件,将硬件平台修改为 arm 平台,制定编译器为交叉编译器 arm-linux-gcc-3.4.1,指令如下所示:

```
CROSS_COMPILE ? = /usr/local/arm/3.4.1/bin/arm-linux-  //164 行
ARCH ? = arm  //190 行
```

第 3 章 搭建嵌入式 Linux 开发平台

保存修改后在终端下执行配置指令进入 busybox 配置界面。

```
# make menuconfig
```

进入 Busybox Setting→build option→选项界面,只关注需要修改的地方,将 Build with Large File Support(for accessing files > 2GB)选项勾选掉,如图 3.44 所示进行配置。

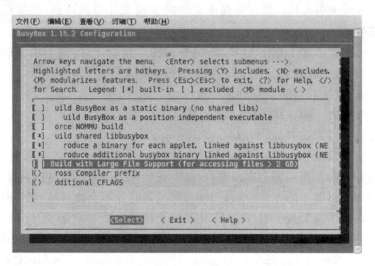

图 3.44　BusyBox 配置界面

退出配置界面后在终端执行编译安装指令:

```
# make install
```

出现如下图 3.45 所示错误:

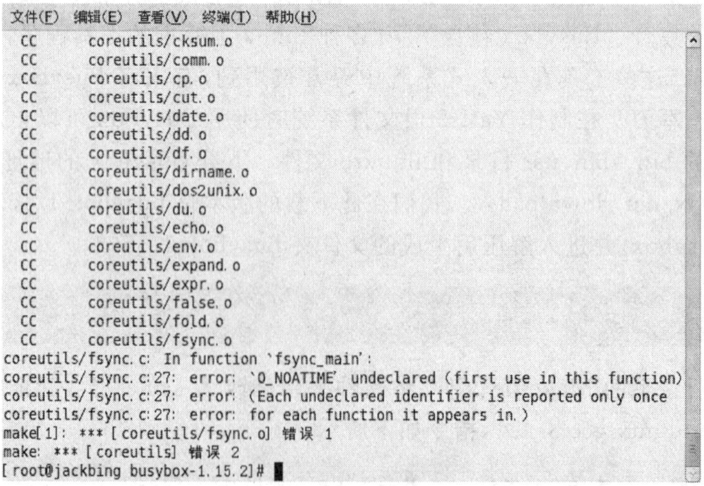

图 3.45　BusyBox 编译错误—1

执行 make clean 指令清除之前生成的过程文件,然后重新执行 make menuconfig,将 Coreutils→fsync 选项勾除掉,如图 3.46 所示。

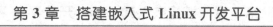

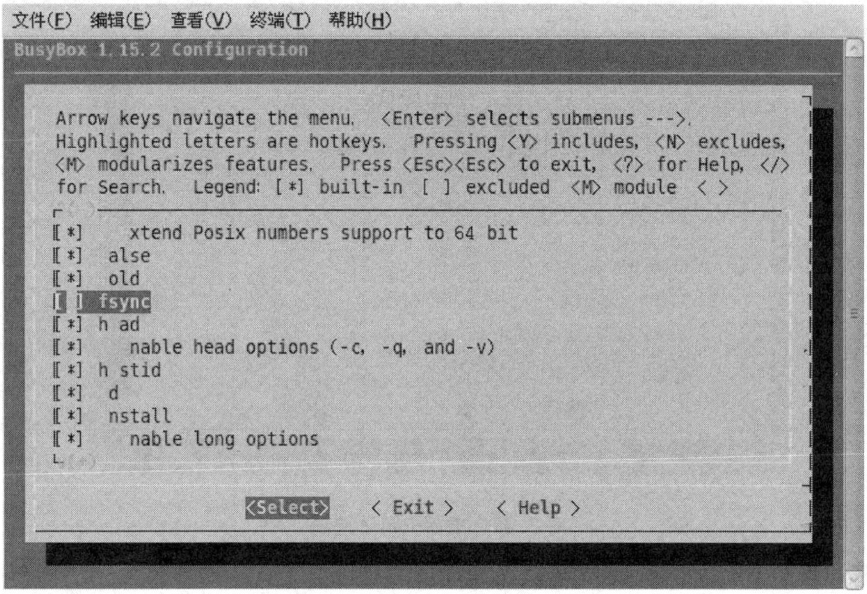

图 3.46　去除 fsync 选项

退出配置界面后再次在终端执行编译安装指令:

```
# make install
```

出现如图 3.47 所示错误:

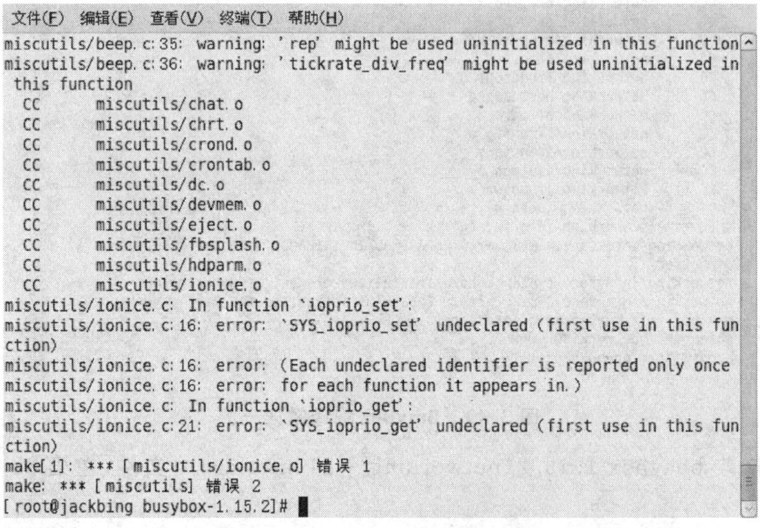

图 3.47　BusyBox 编译错误—2

执行 make clean 指令清除之前生成的过程文件,然后再重新执行 make menu-config,将 Miscellaneous Utilities→ionice 选项勾除掉,如图 3.48 所示。

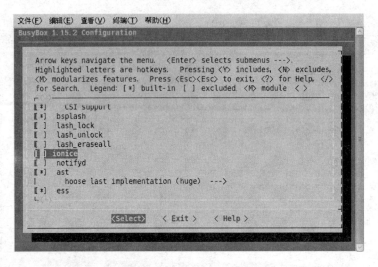

图 3.48　去除 ionice 选项

退出配置界面后再次在终端执行编译安装指令:

```
# make install
```

又出现如图 3.49 所示错误。

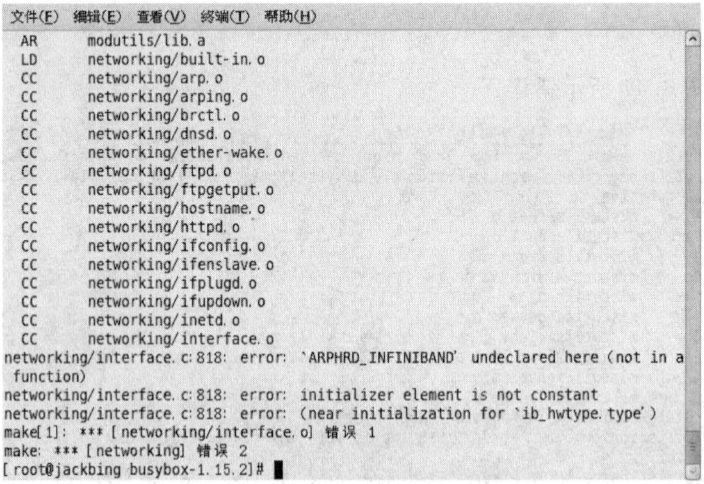

图 3.49　BusyBox 编译错误—3

这时修改 busybox-1.15.2/networking 下的 interface.c 文件,在第 39 行处添加如下语句:

```
#define ARPHRD_INFINIBAND 32
```

在终端下,再进入 busybox-1.15.2 目录并执行 make clean 指令清除之前生成的过程文件,然后再重新执行 make install 指令,出现如图 3.50 所示错误。

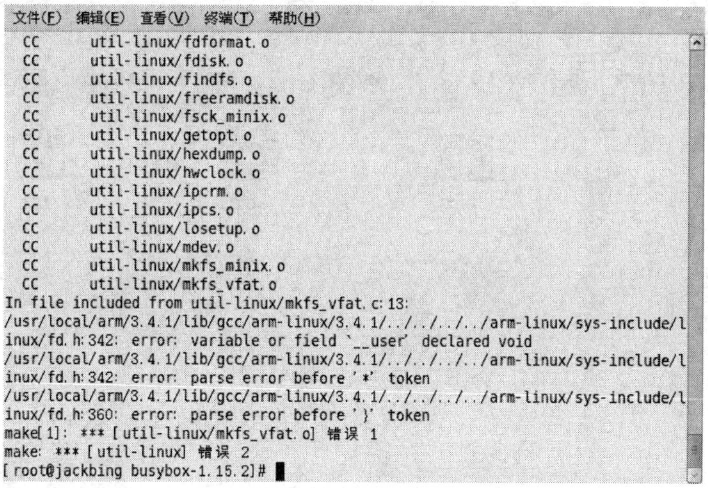

图 3.50 BusyBox 编译错误—4

这时需要修改交叉编译工具,进入 arm-linux-gcc-3.4.1/arm-linux/sys-include/linux 目录中,打开 fd.h 文件,在第三行处添加如下语句后退出:

```
#include <linux/compiler.h>
```

再进入 busybox-1.15.2 目录并执行 make clean 指令,然后再重新执行 make install 指令,最终编译成功如图 3.51 所示。

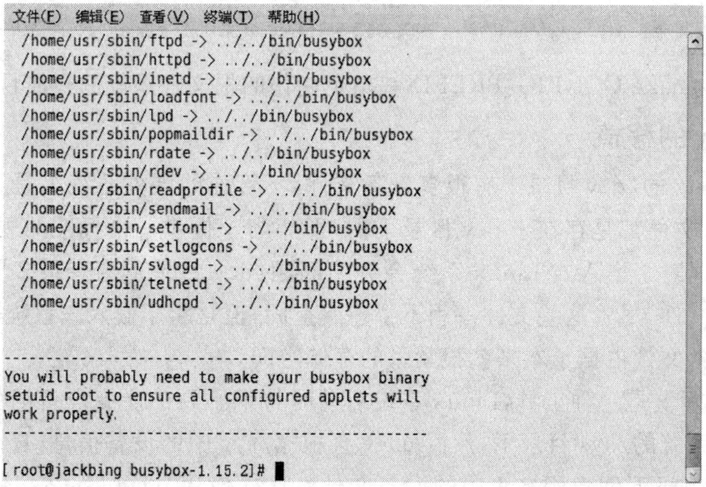

图 3.51 正确编译 Busybox

成功编译后会在 busybox-1.15.2/_install 目录下会生成目录 bin、sbin、usr 文件夹(里面包括编译生成的工具)和 linuxrc 文件,如图 3.52 所示:

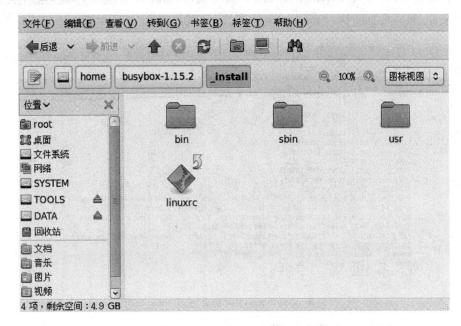

图 3.52　Busybox 编译生成的文件和文件夹

将文件夹 bin、sbin、usr 和文件 linuxrc 拷贝到之前 create_yaffs2 脚本文件创建的 rootfs 文件夹里即可。

若想在编译 busybox 时指定生成文件夹 bin、sbin、usr 和文件 linuxrc 的存放目录(或指定到制作根文件系统的目录),则执行以下指令:

```
# make CONFIG_PREFIX=/home/rfs/rootfs install
```

即:执行 make CONFIG_PREFIX=指定制作的根文件系统的存放目录。

4. udev 的移植

早期 linux 的/dev 目录下有很多设备文件,不管你的硬件系统上是否有这些设备,这些设备文件都是存在于 dev 目录下的,即相当于提供一个标准的硬件接口库。但这样的方式对于嵌入式 Linux 系统会有个问题:dev 目录下会有很多实际上并不需要的设备文件,尽管这些文件占用不了多少空间,但是对于嵌入式系统来说是根本不需要的设备文件占据了本来就很紧张的存储空间。

udev 实际上是一种工具,Linux 系统启动时将识别到的所有设备的信息自动导出到根文件系统的/sys 目录下,然后 udev 会根据/sys 中的设备信息,自动在根文件系统的/dev 目录下创建所有正确的设备文件。这样使用 udev 后,在/dev 目录下就只包含系统中真正存在的设备。udev 的制作过程如下所述:

(1) 下载 udev 源码 udev-080.tar.bz2,网址:

http://www.us.kernel.org/pub/linux/utils/kernel/hotplug/

(2) 解压,并进入源码目录 udev-080,修改 Makefile 第 117 行为如下内容:

```
CROSS = /usr/local/arm/3.4.1/bin/arm-linux-
```

(3) 对 udev 进行编译。

```
make
```

将 udev-080 目录下产生的 udevd、udevstart 拷贝到之前 create_yaffs2 脚本文件创建的 rootfs 文件夹 sbin 目录里即可。

在制作的根文件系统 etc 文件夹里创建 udev 文件夹,再在 udev 文件夹中创建 suse 文件夹,将 udev-080 文件夹下 etc/udev/suse 中的 rules 规则文件拷贝到制作的根文件系统 rootfs/etc/udev/rules.d 中,将 udev-080 文件夹下 etc/udev/中的 udev.conf.in 配置文件拷贝到文件系统 rootfs/etc/udev/中,并重命名为 udev.conf。

5. 建立 etc 目录下的配置文件

(1) 拷贝 PC 宿主机 etc 目录下的 passwd、group、shadow 这 3 个文件到制作的 Yaffs2 根文件系统的 rootfs/etc 目录下。

通常在 Linux 系统中,用户的关键信息被存放在系统的/etc/passwd 文件中,系统的每一个合法用户账号对应于该文件中的一行记录。这行记录定义了每个用户账号的属性。

Linux /etc/shadow 文件是只有系统管理员才有权利进行查看和修改的文件,Linux /etc/shadow 文件中的记录行与/etc/passwd 中的一一对应,它由 pwconv 命令根据/etc/passwd 中的数据自动产生。

/etc/group 文件含有关于小组的信息,/etc/passwd 中的每个 GID 在本文件中应当有相应的入口项,入口项中列出了小组名和小组中的用户。这样可方便地了解每个小组的用户,否则必须根据 GID 在/etc/passwd 文件中从头至尾地寻找同组用户。

(2) 建立根文件系统 rootfs 目录里 etc/inittab 文件。

Linux 内核引导完成以后,就启动系统的第一个进程 init。init 进程称为所有进程之父,进程号是 1,位于 sbin 目录下。init 进程需要读取/etc/inittab 文件作为其行为指针,其文件内容为:

```
::sysinit:/etc/init.d/rcS
::askfirst:-/bin/sh
::restart:/sbin/init
::ctrlaltdel:/sbin/reboot
::shutdown:/bin/umount-a-r
::shutdown:/sbin/swapoff-a
```

动作关键字具体含义如下：

> sysinit：系统引导期间执行此进程。
> askfirst：促使 init 在控制台上显示"Please press Enter to active this console"的信息，并在重新启动之前等待用户按下 Enter 键。
> restart：init 重新启动时执行的进程。
> ctrlaltdel：按下 Ctrl-Alt-Delete 的组合键时执行的进程。
> shutdown：系统关机时执行相应的进程。

（3）创建 etc/init.d/rcS 文件。

这是一个脚本文件，为 init 执行的初始化命令脚本。可以在里面添加自动执行的命令，以如下指令为例进行初始化脚本地讲解。

```
#!/bin/sh
echo "running /etc/init.d/rcS"
# mount the /proc file system
/bin/mount -t proc proc /proc
# echo "mount tmpfs filesystem to /tmp"
/bin/mount -t sysfs /sys /sys
/bin/mount -t tmpfs /tmpfs /dev
# echo "mount ramfs filesystem to /var"
/bin/mount -t ramfs none /var
/bin/rm -fr /media/*
echo "starting udevd..."
/sbin/udevd --daemon
/sbin/udevstart
/bin/ln -s /dev/rtc0 /dev/rtc
#/bin/mount -t yaffs2 /dev/mtdblock1 /home/
/bin/hostname SBC6020
/sbin/ifconfig lo 127.0.0.1 netmask 255.0.0.0
/sbin/ifconfig eth1 192.192.192.200 netmask 255.255.255.0
/sbin/ifconfig eth0 hw ether 00:11:22:33:44:55
/sbin/ifconfig eth0 192.168.0.1 netmask 255.255.255.0
```

上述 rcS 脚本代码主要完成以下方面的工作。

➢ 脚本指令内容首先为各目录文件挂载不同类型的文件系统，挂载内容于 etc/fstab 文件中，/proc 是用来提供内核与进程信息的虚拟文件系统，由内核自动生成目录下的内容。udev 需要内核 sysfs 和 tmpfs 的支持，操作系统启动的时候将识别到的所有设备的信息自动导出到/sys 目录，sysfs 为 udev 提供设备入口和 uevent 通道，tmpfs 为 udev 设备文件提供存放空间。由于 Nand Flash 的擦写寿命是有限的，我们将/dev、/tmp、/var 3 个目录挂载为 tmpfs、ramfs 文件系统，/tmp 用于存放临时文件，/var 用于存放服务程序和工具程序的可变资料。tmpfs 和 ramfs 是基于内存

RAM 的文件系统，文件内容目标板下次启动后不会保存，这样便可以延长 Nand Flash 使用寿命。

➢ 以上文件系统的运行需要内核支持。查看内核配置，可知配置 linux-2.6.30 内核时加载的配置文件 arch/arm/configs/at91sam9g20ek_defconfig 已经对 proc、sysfs 和 tmpfs 文件系统予以支持。即内核配置选项 File systems→Pseudo filesystems(伪文件系统)→Virtual memory file system support(即 tmpfs 文件系统)已勾选，查看内核文件目录/fs 的 Kconfig，可知 source "fs/proc/Kconfig"和 source "fs/sysfs/Kconfig"位于 menu "Pseudo filesystems"目录下，但配置界面中未显示，查看/fs/proc 和/fs/sysfs 中的 Kconfig，其菜单选项参数 defauly，即 proc 和 sysfs 菜单项已被缺省选中。

➢ 不询问删除/media 目录下的所有内容。

➢ udevd 为一个守护进程，在向 udev 提交之前重新订制热插拔事件，从而避免各种各样的竞争条件。udevstart 在/dev 目录创建设备节点以便与直接编进内核的驱动模块进行通信。它通过模拟可能被内核在调用这个程序之前丢弃的热插拔事件(比如因为根文件系统尚未挂载)来执行这个任务，并将这些综合的热插拔事件提交给 udev。

➢ 建立 rtc 设备的超链接。

➢ 由于嵌入式 Web 服务器硬件采用双网口设计，在启动脚本处对两个网络进行一些基本设置。其中 eth0 是以太网设备编号 0，也就是第一个网络设备；eth1 是以太网设备编号 1，也就是第二个网络设备，对这两个网络设备进行 IP、掩码和物理地址的设置。lo 是 Loopback 纯软件网络设备接口，如果网卡还没有配置好，那么运行：♯ifconfig，系统只会输出以 lo 为首的部分。lo 是 look-back 网络接口，从 IP 地址 127.0.0.1 就可以看出，它代表本机。无论系统是否接入网络，这个设备总是存在的，除非你在内核编译的时候禁止了网络支持。这是一个称为回送设备的特殊设备，它自动由 Linux 配置以提供网络的自身连接。IP 地址 127.0.0.1 是一个特殊的回送地址(即默认的本机地址)，可以简单地使用 ping 127.0.0.1 命令来测试回路地址是否正常；

➢ 最后，还要改变 rcS 脚本的属性，使 rcS 脚本能够运行如下程序：

```
♯chmod +x etc/init.d/rcS
```

(4) 创建 etc/fstab 文件。

fstab 文件存放的是系统中的文件系统信息，定义了需要挂载的文件系统以及挂载点的信息。当正确地设置了该文件，则可以通过"mount /directoryname"命令来加载一个文件系统。每种文件系统都对应 1 个独立的行，每 1 行都包含 6 列，其文件格式为：<device> <mount-point> <type> <option> <dump> <fsck>。

device：需要挂载的文件系统的所在设备或远程文件系统，对于 procfs 进程文件系统,使用"proc"来定义。

mount-point:设备挂载目录,需要挂载的文件系统的挂载点。

type:设备文件系统,需要挂载的文件系统类型,比如 proc、jffs2、yaffs、ext2、nfs 等,也可以是 auto,表示自动检测文件系统类型。

option:指定加载该设备的文件系统是需要使用的特定参数选项,对于大多数系统使用"defaults"就可以满足需要。

dump:该选项被"dump"命令使用米检查一个文件系统应该以多快的频率进行转储,若不需要转储就设置该字段为 0。

fsck:该字段被 fsck 命令用来决定在启动时需要被扫描的文件系统的顺序,若该文件系统无需在启动时扫描则设置该字段为 0。

在此处,将 fstab 添加如下内容即可:

```
proc    /proc   proc    defaults    0 0
sysfs   /sys    sysfs   defaults    0 0
tmpfs   /dev    tmpfs   defaults    0 0
tmpfs   /tmp    tmpfs   defaults    0 0
tmpfs   /var    tmpfs   defaults    0 0
```

(5) 创建目标机环境变量配置文件 etc/profile,代码如下所示:

```
echo "running /etc/profile"
export PATH = /bin:/sbin:/usr/bin:/usr/sbin: $ PATH
export LD_LIBRARY_PATH = /lib:/usr/lib: $ LD_LIBRARY_PATH
```

配置 linux 可执行文件搜索路径和共享库搜索路径。

6. 制作根文件系统镜像

将制作 Yaffs2 根文件系统的可执行工具 mkyaffs2image 放到 PC 宿主机/usr/bin 目录下,并使用该工具制作根文件系统镜像,并修改制作好的根文件系统映像文件的属性。

```
#cd /usr/src/rfs
#mkyaffs2image rootfs rfs.img
#chmod 777 rfs.img
```

制作完成后可以在 rootfs 文件夹旁看到生成的根文件系统映像 rfs.img。

3.7.3 Yaffs2 烧写

本书根文件系统的烧写是在 Windows 环境下进行的。因为根文件系统的映像文件较大,如果使用并口等方式下载到目标板,这种方式传输的速度会非常慢,所以通常是使用以太网的方式来烧写根文件系统到目标硬件。将 PC 宿主机的网络接口与嵌入式 Web 服务器平台硬件的 DM9161BIEP 网络接口通过网线连接起来,通过

tftp 的方式烧写根文件系统映像到硬件平台上,具体步骤如下所示:

（1）设置 PC 宿主机 tftp 服务器。tftp 服务器的功能通过 tftpd.exe 软件实现,下载该软件到桌面上,双击图 3.53 所示图标启动该软件。

图 3.53 tftp 服务器软件图标

tftpd.exe 软件启动后的界面如图 3.54 所示。

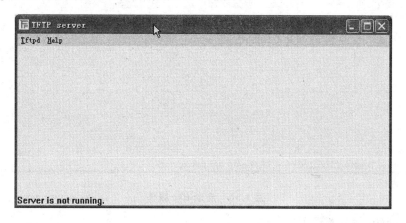

图 3.54 tftp 软件启动界面

选择"Tftpd"菜单选项,在下拉菜单下面选择"Configure"选项进入"Tftpd Setting"界面,按下键"Browse",选择 Yaffs2 根文件系统映像文件 rfs.img 所在的目录,点击"确定"按钮,再点击"OK"后退出"Tftpd Setting"界面,"Tftpd Setting"界面如图 3.55 所示。

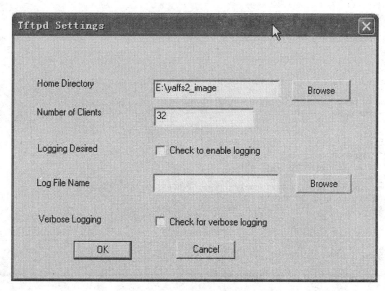

图 3.55 添加 tftp 共享目录

再选择"Tftpd"菜单选项,在下拉菜单下面选择"Start"选项启动 tftp 服务器功能。启动后 tftpd.exe 界面下边的状态栏也变为:"Server is running. 0 outof max 32 clients are connected",如图 3.56 所示。

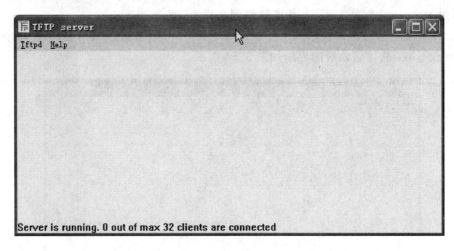

图 3.56 启动 tftp 服务

至此,tftp 服务器设置完毕。

(2) 重新上电,并启动 DNW v0.50A 串口调试终端软件,等待进入 U-Boot 的倒计时 3 秒的时候,按一下键盘的空格按键,即可进入到 U-Boot 的交互模式。如图 3.57 所示。

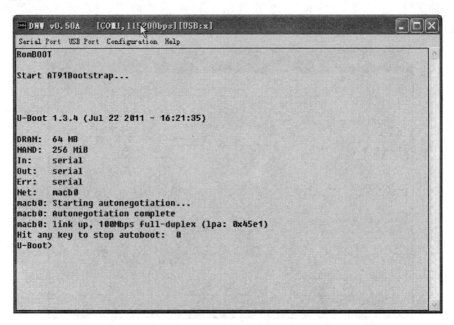

图 3.57 U-Boot 交互模式

（3）在 U-Boot 交互模式下，通过下面的 U-Boot 指令在目标板上设置 tftp 服务器（PC 宿主机）的 IP 地址，以及目标板（嵌入式 Web 服务器硬件）的 MAC 地址和 IP 地址。

```
set serverip 192.192.192.105
set ethaddr 00:04:9f:ef:01:01
set ipaddr 192.192.192.200
saveenv
```

（4）通过下面的 U-Boot 命令下载 rfs.img 根文件系统映像到目标板的内存中，从 AT91SAM9G20 芯片手册中的 Memories 一节中的 AT91SAM9G20 Memory Mapping 图可以看出外扩的 SDRAM 的起始地址是 0x20000000，烧写过程如图 3.58 所示。

```
tftp 20000000 rfs.img
```

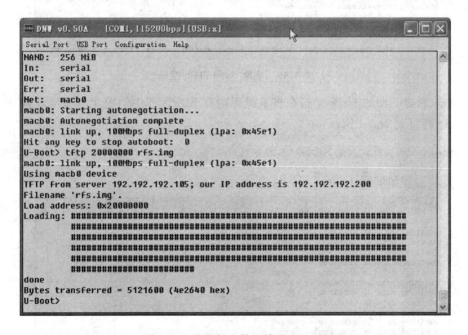

图 3.58　烧写根文件系统到 SDRAM

（5）从 U-Boot 一节中的分析得知，在 U-Boot 的 include/configs/at91sam9g20ek.h 中的第 207 行开始，Atmel 官方提供的 AT91SAM9G20 评估板所使用的 Nand Flash 空间分配是从 0x2A0000 这个地址开始用于存放根文件系统的，因此，在此处也同样参照它的使用方式将 rfs.img 烧写到 Nand Flash 的 0x2A0000 地址处。首先通过下面的命令将擦除 Nandflash 的 0x2A0000 以后地址的空间中。

```
nand erase 0x2A0000
```

第 3 章　搭建嵌入式 Linux 开发平台

擦除过程如图 3.59 所示。

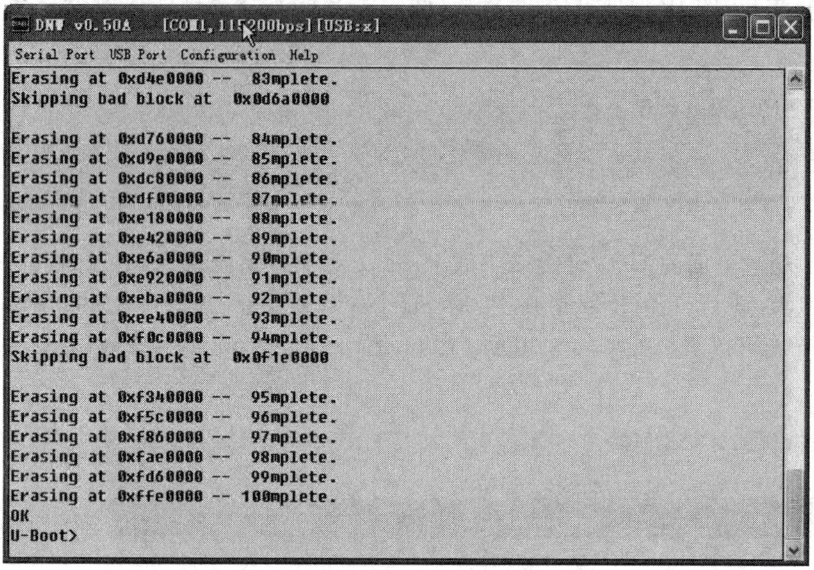

图 3.59　擦除 Nand Flash 空间

（6）通过下面的 U-Boot 指令将下载到内存 SDRAM 中的根文件系统映像文件 rfs.img 拷贝到 Nand Flash 中。

```
nand write.yaffs 20000000 0x2A0000 $(filesize)
```

复制过程如下图 3.60 所示。

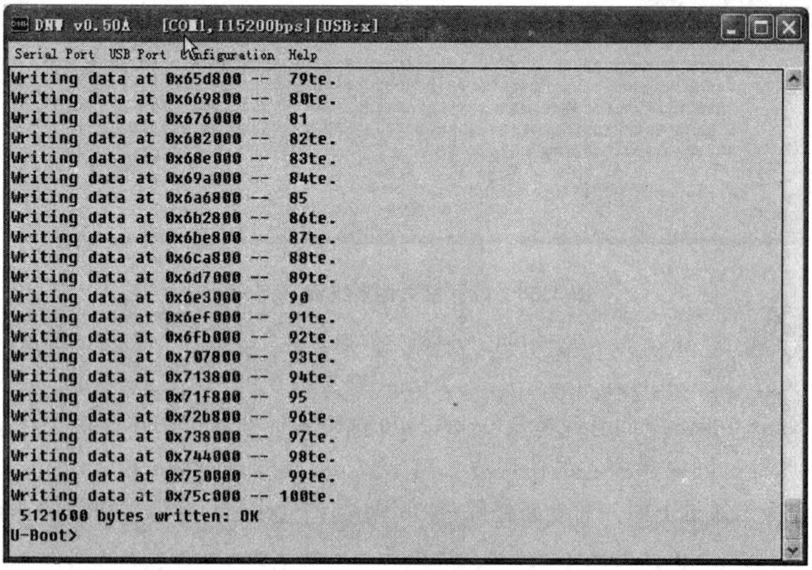

图 3.60　烧写根文件系统到 Nand Flash

(7) 烧写根文件系统后重新启动开发板,可以看到内核启动后随之挂载根文件系统,并进入根文件系统的终端控制台,如图 3.61 所示。

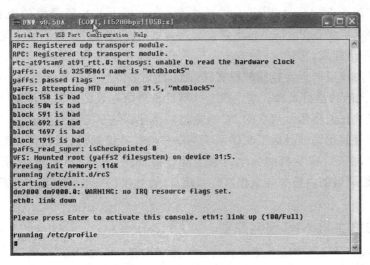

图 3.61　内核启动并挂载根文件系统

至此,验证了上述根文件系统的制作方法是正确的。

3.8　NFS 配置及使用

嵌入式 Linux 的开发过程中,研发人员需要在 PC 宿主机上进行所有软件项目的开发,经过交叉编译后将生成的可执行映像文件下载到目标嵌入式系统中运行。但是这种方法在前期开发中并不适合,因为每次下载到目标板上的代码不可能一点问题没有,如果每发现一次问题就要重新编译后再下载一次代码的话,这样的开发方式效率也太低了。同样,这样的开发方式也不可能进行代码的在线调试,不可能准确的发现代码中的问题。根据以上的分析,能否有一种既可以在嵌入式目标系统中运行,又可以在 PC 宿主机上进行调试和修改代码的方法那? 答案是肯定的,就是网络文件系统(Network File System,NFS)。

NFS 网络文件系统是一种将远程主机上的分区(目录)经网络挂载到本地系统的一种机制。通过 NFS 的支持,用户可以在本地系统上像操作本地地址分区(目录)一样来对远程主机的共享分区(目录)进行操作。

通过 NFS 方式的建立,将 PC 宿主机上存有需要调试代码的特定分区(目录)共享到嵌入式目标系统上,这样嵌入式目标系统就可以访问到 PC 宿主机上的程序,PC 宿主机端也能够在线对程序进行调试和修改。当程序确定不需要再修改时,将最终的可执行映像下载到嵌入式目标系统中运行即可。这种方法大大提高了软件开发的效率。

嵌入式目标系统通过 NFS 挂载 PC 宿主机共享目录的方法通常有两种。一种是嵌入式目标系统本身没有移植根文件系统，Linux 内核启动后不去找 Flash 上的根文件系统而是直接通过 NFS 方式挂载 PC 宿主机上共享目录里的根文件系统。这种方法要求事先在 PC 宿主机上建立起一套可以在嵌入式目标系统上运行的根文件系统，并等待挂载。另外一种方法是嵌入式目标系统本身已经在 Flash 上安装了完整的并且内核可以正常挂载的根文件系统，之后嵌入式目标系统通过 NFS 方式找到 PC 主机上的共享目录，PC 宿主机上共享目录里面存放的是需要调试的代码。这种方法和平常我们将两台独立的 PC 机通过网线互联共享资料很类似。

考虑到目前我们已经把根文件系统制作完成并验证通过，因此可以采用上述的第二种方法，在 PC 宿主机的共享目录里放置需要调试的代码并启动 NFS 服务配置，在目标板端启动内核并挂载根文件系统后，通过执行一条脚本指令挂载主机的共享目录。

1. PC 宿主机 NFS 服务配置

主机启动 NFS 共享服务需要执行以下 3 个步骤。

(1) 设置共享目录和存取权限。

在 PC 宿主机的终端下，打开/etc/exports 文件：

```
# gedit /etc/exports
```

在里面添加如下内容：

```
# /var/lib/tftpboot *(rw,sync,no_root_squash)
```

其中"/var/lib/tftpboot"是 PC 宿主机端的共享目录、"rw"表示读写权限、"sync"表示数据同步写入内存和硬盘、"no_root_squash"表示允许其他机器以 root 权限执行、存取 NFS 共享目录里的内容。

执行完上述操作后，在 PC 机端 Fedora12 中系统→服务器设置→NFS 里面可以看到 NFS 的配置方案，如图 3.62 所示。

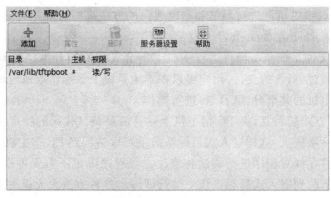

图 3.62　设置 NFS 共享目录和读写权限

(2) 关闭防火墙。

在终端下执行"setup"指令，进入"防火墙配置"选项，如图 3.63 所示。

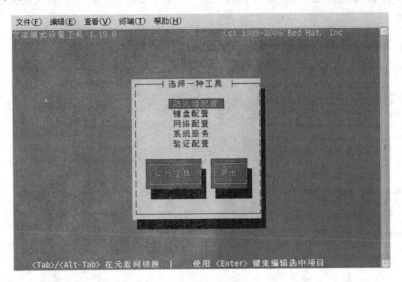

图 3.63　进入防火墙配置选项

去掉 Firewall 里面的 Enabled 勾选项，如图 3.64 所示。

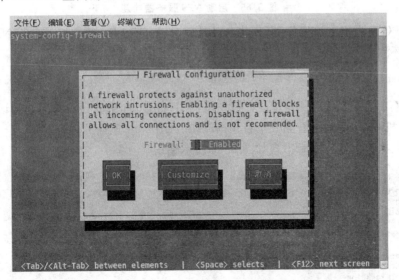

图 3.64　关闭 PC 宿主机防火墙功能

退出该界面返回终端。

(3) 打开 NFS 服务器功能。

在终端下执行以下指令打开 NFS 服务功能：

```
# /etc/rc.d/init.d/nfs start
```

通常在执行完开启 NFS 服务的操作后再进行一次 NFS 重新启动的操作,执行如下指令:

```
# /etc/rc.d/init.d/nfs restart
```

执行完 NFS 服务重启动后如图 3.65 所示。

```
文件(F) 编辑(E) 查看(V) 终端(T) 帮助(H)
[root@jackbing ~]# gedit /etc/exports
[root@jackbing ~]# setup
[root@jackbing ~]# /etc/rc.d/init.d/nfs start
[root@jackbing ~]# /etc/rc.d/init.d/nfs restart
关闭 NFS mountd :                                    [确定]
关闭 NFS 守护进程 :                                   [确定]
关闭 NFS quotas :                                    [确定]
WARNING: Deprecated config file /etc/modprobe.conf, all config files belong into
 /etc/modprobe.d/.
启动 NFS 服务 :                                      [确定]
关掉 NFS 配额 :
启动 NFS 守护进程 :                                   [确定]
启动 NFS mountd :                                    [确定]
[root@jackbing ~]#
```

图 3.65 启动 NFS 服务器功能

在 PC 宿主机上设置好 NFS 共享目录后,最好先在 PC 宿主机上进行 NFS 服务器的回环测试,验证共享目录是否能够被访问,执行如下指令:

```
/mount-t nfs 192.192.192.105:/var/lib/tftpboot /mnt -o nolock
```

这里 192.192.192.105 是 PC 宿主机的 IP 地址,如果验证没有问题的话就会在 PC 宿主机/mnt 目录下看到共享目录/var/lib/tftpboot 里面的内容。

若在执行上述指令时出现如图 3.66 所示错误。

```
文件(F) 编辑(E) 查看(V) 终端(T) 帮助(H)
[root@jackbing ~]# ./mount -t nfs 192.192.192.105:/var/lib/tftpboot /mnt -o nolock
bash: ./mount: 没有那个文件或目录
[root@jackbing ~]# ls
anaconda-ks.cfg    hello.c              minicom.log    公共的  图片  音乐
embest             install.log          rpmbuild       模板    文档  桌面
hello              install.log.syslog   workspace      视频    下载
[root@jackbing ~]# mount -t nfs 192.192.192.105:/var/lib/tftpboot /mnt -o nolock
mount.nfs: DNS resolution failed for 192.192.192.105: Name or service not known
[root@jackbing ~]#
```

图 3.66 NFS 回环测试错误

这是因为在进行 PC 宿主机回环测试的时候要保证 PC 机与目标板相连或与交换机相连，即不能让 PC 宿主机的网络显示为断开状态，保证 PC 机有网络连接即可避免图 3.66 所示的错误。

2. 嵌入式 Web 服务器平台端(目标板)NFS 配置

启动嵌入式 Web 服务器平台，进入 Yaffs2 根文件系统，然后在 Linux shell 指令下建立 PC 宿主机输出共享目录在嵌入式 Web 服务器根文件系统上的挂载点，挂载到开发板的/mnt/nfs 目录下，首先创建 Yaffs2 系统里面的挂载目录，指令如下所示：

```
mkdir /mnt/nfs
```

为了使嵌入式 Web 服务器平台上电后能自动挂载主机的共享目录，方便调试免去手动挂载，进入嵌入式 Web 服务器平台的根文件系统里，对启动脚本文件 rcS 进行修改：

```
vi /etc/init.d/rcS
```

在 rcS 文件最后添加如下代码：

```
/bin/mount-t nfs 192.192.192.105:/var/lib/tftpboot /mnt/nfs-o nolock
```

在根文件系统的启动脚本文件里添加上述代码后，当嵌入式 Web 服务器平台启动后就可以直接挂载 PC 宿主机的/var/lib/tftpboot 目录，直接调试这个共享目录里的代码。

3.9 PC 宿主机开发环境的建立

3.9.1 集成开发环境 Eclipse 简介

Eclipse 是著名的跨平台的自由集成开发环境(IDE)。最初主要用于 Java 语言开发，但是目前亦有人通过插件使其作为其他计算机语言比如 C++和 Python 的开发工具。Eclipse 本身只是一个框架平台，但是众多插件的支持使得 Eclipse 拥有其他功能相对固定的 IDE 软件很难具有的灵活性。许多软件开发商以 Eclipse 为框架开发自己的 IDE。

Eclipse 最初是由 IBM 公司开发的替代商业软件 Visual Age for Java 的下一代 IDE 开发环境，起始于 1999 年 4 月。IBM 提供了最初的 Eclipse 代码基础，包括 Platform、JDT 和 PDE。目前由 IBM 牵头，围绕着 Eclipse 项目已经发展成为了一个庞大的 Eclipse 联盟，有 150 多家软件公司参与到 Eclipse 项目中，其中包括 Borland、Rational Software、Red Hat 及 Sybase 等。Eclipse 是一个开放源码项目，它其实是 Visual Age for Java 的替代品，其界面跟先前的 Visual Age for Java 差不多，但由于其开放源码,任何人都可以免费得到,并可以在此基础上开发各自的插件,因此越来越受人们关注。近期还有包括 Oracle 在内的许多大公司也纷纷加入了该项目,并宣称 Eclipse 将来能成为可进行任何语言开发的 IDE 集大成者,使用者只需下载各种语言的插件即可。

　　Eclipse 是一个开放源代码的软件开发项目,专注于为高度集成的工具开发提供一个全功能的、具有商业品质的工业平台。它主要由 Eclipse 项目、Eclipse 工具项目和 Eclipse 技术项目,共 3 个项目组成。它具体包括 4 个部分——Eclipse Platform、JDT、CDT 和 PDE。JDT 支持 Java 开发、CDT 支持 C 开发、PDE 用来支持插件开发,Eclipse Platform 则是一个开放的可扩展 IDE,提供了一个通用的开发平台,它提供建造块和构造并运行集成软件开发工具的基础。Eclipse Platform 允许工具建造者独立开发与他人工具无缝集成的工具从而无须分辨一个工具功能在哪里结束,而另一个工具功能在哪里开始。

　　Eclipse SDK(软件开发者包)是 Eclipse Platform、JDT 和 PDE 所生产的组件合并,它们可以一并下载。这些部分在一起提供了一个具有丰富特性的开发环境,允许开发者有效地建造可以无缝集成到 Eclipse Platform 中的工具。Eclipse SDK 由 Eclipse 项目生产的工具和来自其他开放源代码的第三方软件组合而成。Eclipse 项目生产的软件以 CPL 发布,第三方组件有各自自身的许可协议。

　　以往的 ARM-Linux 代码编译及调试都是以基于终端命令行的方式进行,这对习惯于 Windows 图形界面开发方式的研发人员来讲是很不习惯的。之所以选择 Eclipse 作为 ARM-Linux 的集成开发环境就是看重 Eclipse 的图形界面开发方式以及良好的框架设计体系。用户可以通过自行添加各种插件将 Eclipse 应用到多种开发中,可以在一个熟悉的平台下实现诸如 Java、C/C++等多项目开发。

　　另外,Linux 程序的编写是离不开 Makefile 脚本文件的,越是大规模的代码其 Makefile 的编写也越复杂。对于 Linux 研发人员编写 Makefile 文件是一件较为复杂的工作,且很容易出错。但若使用 Eclipse 集成开发环境,因 Eclipse 可以自动维护所有的源代码文件,大多数情况下不必再手工编写 Makefile 文件了,编译及执行只需要点击 Eclipse 的几个按钮就可以实现,这种提升对于提高 Linux 开发效率,降低 Linux 开发难度是有很大帮助的。

3.9.2　获取 Eclipse

　　Eclipse 可以安装在各种操作系统上,由于本书在进行开发的过程中使用的是 Fedora 12 系统,且在安装 Fedora 12 的过程中选用的是全部安装,这样在 Fedora 12 启动后点击桌面左上角的应用程序→编程→Eclipse 即可直接启动集成开发环境 Eclipse,省去安装过程。因此建议读者最好选择 Fedora 12 或更高版本的 Fedora 系统,并在安装过程中选择全部安装,这样就可以把 Eclipse 的所有组件安装到系统上。Eclipse 的启动画面如图 3.67 所示。

图 3.67　Eclipse 启动画面

对于使用不含 Eclipse 的 Linux 系统或 Windows 系统的读者可以自行安装 E-clipse 软件。除了需要下载 Eclipse 软件包以外，还需要 Java 的 JDK(或 JRE)来支持 Eclipse 的运行。安装过程如下文所示：

(1) 首先安装 JDK。

从 http://www.oracle.com/technetwork/java/javase/downloads/index.html 网站可以下载到 JDK 的最新版本，针对 Linux 和 Windows 的两个版本分别是 jdk-6u22-linux-i586.bin 和 jdk-6u26-windows-i586.exe。其中 jdk-6u22-linux-i586.bin 是自解压安装文件，在终端以 root 用户登录并执行以下指令即可安装：

```
# chmod x jdk-6u22-linux-i586.bin
# ./jdk-6u22-linux-i586.bin
```

其中 chmode 指令的"x"表示可执行。

对于 jdk-6u26-windows-i586.exe 可以在 Windows 系统下双击直接安装。

安装完成后，安装程序会自动添加环境变量，所以不必担心 Eclipse 会找不到 JDK。

(2) 安装 Eclipse 和 CDT 插件。

目前 Eclipse 开发组织提供了"Eclipse IDE for C/C++Developers"版本，已经将 Eclipse 和 CDT 集成在一起了。可在 Eclipse 官方网站 http://www.eclipse.org/downloads 获得最新的"Eclipse IDE for C/C++Developers"版本。Linux 和 Windows 环境下载的文件是 eclipse-linuxtools-indigo-incubation-linux-gtk.tar.gz 和 eclipse-cpp-indigo-incubation-win32.zip。将其解压到任意目录后进入该目录并运行 eclipse 和 eclipse.exe 文件即可运行集成开发环境 Eclipse。

至此，Eclipse 安装完毕。

3.9.3 利用 Eclipse 编译 Helloworld 工程

此处再以本章 3.3.2 节中 Helloworld 工程为例,讲述利用集成开发环境 Eclipse 编辑、编译 ARM-Linux 代码的过程。其他 C 项目也可以遵循以下步骤来进行:

(1) 打开 Eclipse 软件,新建一个"C 工程",选择 Executable→Empty Project,并把工程命名为 Helloworld。然后单击下一步并完成,如图 3.68 和图 3.69 所示。

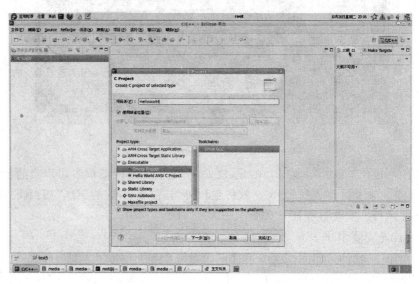

图 3.68 创建一个 C 工程

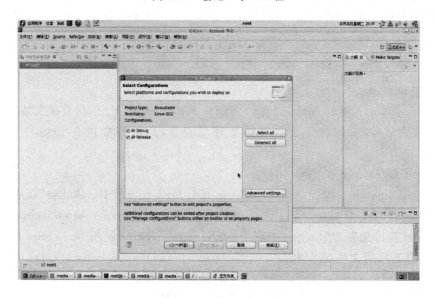

图 3.69 创建完成 C 工程

(2) 然后新建 Source File 文件,并命名为 helloworld.c,如图 3.70 所示。

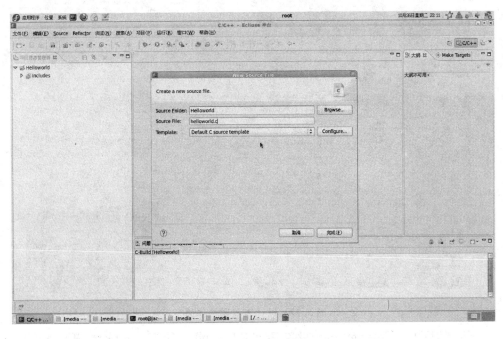

图 3.70　创建 C 源代码

(3) 编写 helloworld.c 代码,如图 3.71 所示。

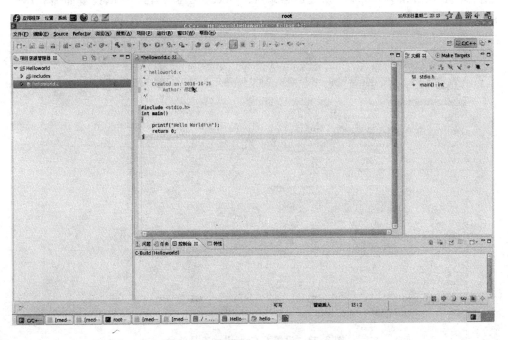

图 3.71　编辑 HelloWorld 工程 C 代码

(4) 单击项目→属性,弹出如图 3.72 所示的工程编译、链接设置界面。

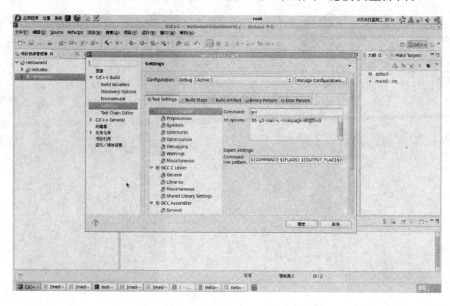

图 3.72　设计工程属性界面

(5) 然后单击 Settings,分别设置 GCC C Compiler、GCC C Linker、GCC Assembler。GCC C Compiler 采用本章之前建立的交叉编译工具 arm-linux-gcc-3.4.1,路径指向 arm-linux-gcc-3.4.1 所在的目录/usr/local/arm/3.4.1/bin,设置如图 3.73～图 3.75 所示。

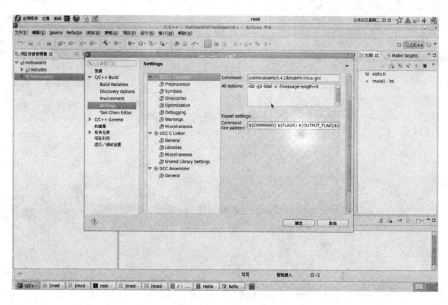

图 3.73　设置 C Compiler 工具路径

第3章 搭建嵌入式 Linux 开发平台

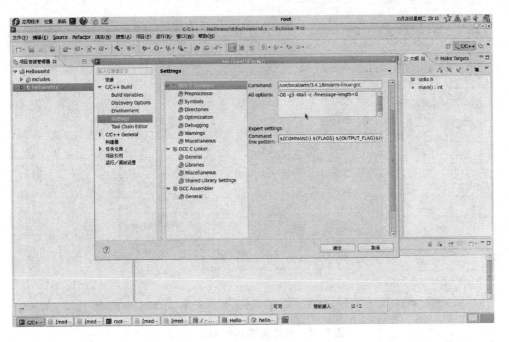

图 3.74 设置 C Linker 工具路径

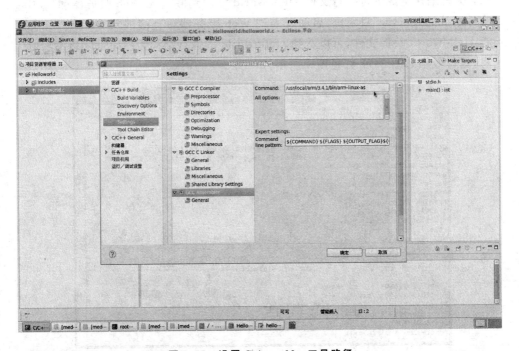

图 3.75 设置 C Assembler 工具路径

(6) 选择项目→全部构建,得到可执行程序 Helloworld,如图 3.76 所示。

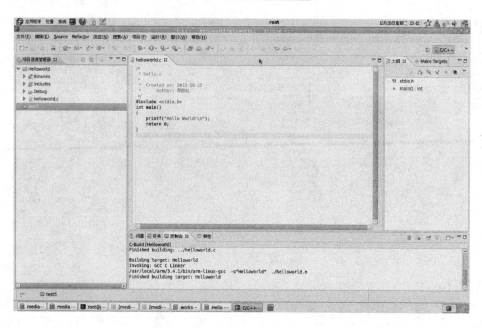

图 3.76 构建完成 Helloworld 工程

（7）将编译生成的可执行文件 Helloworld 添加到嵌入式 Web 服务器的 Yaffs2 根文件系统的"/home"目录里，启动嵌入式 Web 服务器后直接进入"/home"目录并运行 Helloworld 映像文件，可以看到 Helloworld 的运行结构为打印"Hello World!"信息，运行效果如图 3.77 红色圈中所示。

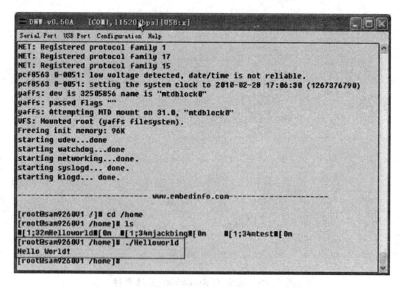

图 3.77 Helloworld 在 ARM 平台上的运行结果

3.9.4 利用 Eclipse、GDB 调试 Helloworld 工程

要想用 Eclipse 和 GDB 配合使用来调试 arm-linux 程序,需要将要调试的工程建立在 NFS 共享目录下,这样保证嵌入式 Web 服务器运行后可以挂载主机并找到共享目录里的程序,同时在 PC 宿主机上启动 Eclipse,也调试这个程序。使用 Eclipse、GDB 实现代码远程调试可以遵循以下步骤。

(1) 原理:在目标板运行 gdbserver,在宿主机运行 arm-linux-gdb,宿主机和目标板通过串口和以太网口连接后,即可对应用程序进行调试。

为了能够使用 GDB 对应用程序进行调试,需要在用 Eclipse 编译的时候,在设置工程属性中使用"-g"参数开启调试信息,如图 3.78 所示。

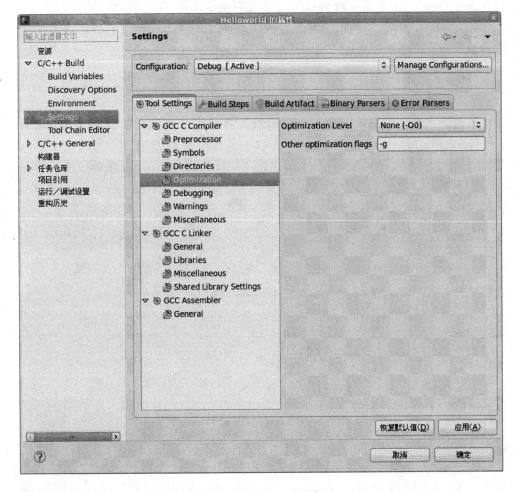

图 3.78 开启调试信息

目标板必须包括 gdbserver 程序,宿主机也必须安装 GDB 程序。一般 linux 的

发行版都有一个可以运行的 GDB,但开发人员不能够直接使用该发行版的 GDB 来做远程调试,而要获取 GDB 的源代码,针对 ARM 平台做一些简单的设置。

(2) GDB 和 gdbserver 的源代码包选用 gdb-6.4,下载的地址为 ftp://ftp.gnu.org/gnu/gdb。

(3) 将 gdb-6.4 解压缩到/usr/local/arm 目录下。

(4) 进入 gdb-6.4 目录,cd gdb-6.4,然后执行以下指令:

```
./configure --target = arm-linux --prefix = /usr/local/arm/gdb -v
```

说明:GDB 允许把编译配置和编译结果放到任意的目录,target 指明编译生成的 GDB 用于调试 arm-linux 程序,prefix 指明编译结果和安装目录。解压完成后可以在/usr/local/arm 目录下看到 GDB 工具文件夹。

(5) 编译 GDB(这里使用的编译器是 GCC,该软件为 fedora12 自带的编译器,若编译错误则手动切换版本)。

```
make
make install
```

若编译无误则在/usr/local/arm/gdb/bin 目录下找到编译生成的可执行程序 arm-linux-gdb、arm-linux-gdbtui、arm-linux-run,如图 3.79 所示。

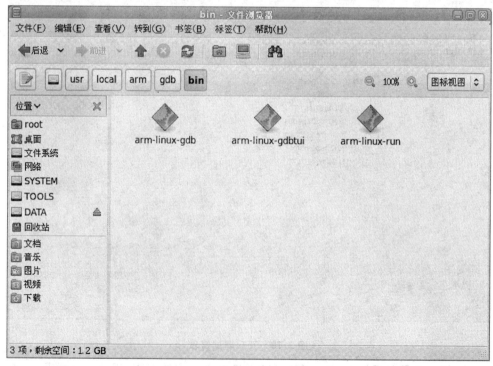

图 3.79　编译生成的 GDB 调试工具

(6) 编译 gdbserver。

进入 gdb-6.4/gdb/gdbserver 目录内,执行如下指令:

```
./configure --target = arm-linux --host = arm-linux
```

target 的含义同上;host 指明编译生成的 gdbserver 运行在 arm-linux 平台上;之前的 arm-linux-gdb 没有指定 host 是因为其在 pc-linux 上运行,可以默认不用指定。

(7) 然后再执行如下指令:

```
make CC = /usr/local/arm/3.4.1/bin/arm-linux-gcc
```

这一步表示进行编译 gdbserver 时所用的交叉编译器是 arm-linux-gcc,这时因为编译出来的 gdbserver 要在 arm 平台下运行,所以要用交叉编译器。

注意这里用的是大写的 CC 不是小写的 cc,否则编译出来的 gdbserver 是在 x86 平台上运行的(在宿主机上执行"file gdbserver"指令可以看到 gdbserver 的属性)。若用小写 cc,使用 gdbserver 时会出现如下错误:

```
./gdbserver:Line 1:syntax error:"("unexpected。
```

上述错误表明正在使用的 gdbserver 不是在 arm 平台上使用的。

(8) 执行 make CC=/usr/local/arm/3.4.1/bin/arm-linux-gcc 后会出现错误,错误为:linux-arm-low.c:61:21:sys/reg.h:No such file or directory,如图 3.80 所示。

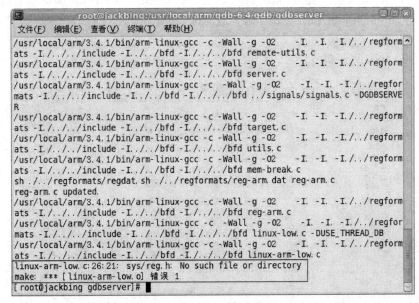

图 3.80　编译 gdbserver 时出现的错误

第3章 搭建嵌入式 Linux 开发平台

解决办法是打开 gdb-6.4/gdb/gdbserver/config.h 文件，将 # define HAVE_SYS_REG_H 1 注释掉，如图 3.81 所示。

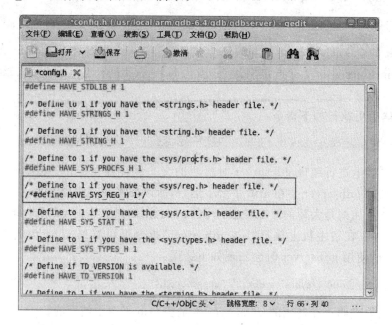

图 3.81　修改 config.h 文件

在 gdb-6.4/gdb/gdbserver/目录内执行 make clean 清理下出错前生成的文件，然后再执行 make CC=/usr/local/arm/3.4.1/bin/arm-linux-gcc。编译没有问题的话就会在 gdb-6.4/gdb/gdbserver/内生成 gdbserver 可执行文件，如图 3.82 所示。

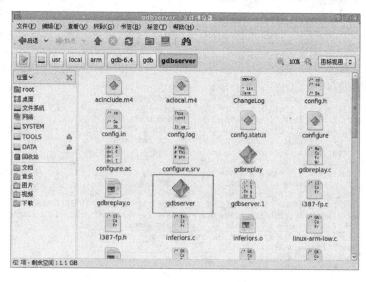

图 3.82　生成 gdbserver

(9) 然后修改生成的 gdbserver 的属性，否则可能出现无法访问的情况：

chmod 777 gdbserver

可以使用 arm-linux-strip 命令处理下 gdbserver，将多于的符号信息删除，这样可以让 elf 文件更精简，通常在应用程序的最后发布时使用。

(10) 打开 Helloworld 工程所在的目录，并进入 Helloworld/Debug 目录里，将生成的 gdbserver 放到这个文件夹中，和编译生成的可执行映像 Helloworld 在一个文件夹内。

(11) 启动嵌入式 Web 服务器，在 Yaffs2 根文件系统中进入主机的 NFS 共享目录里，找到 Helloworld 工程里的 Debug 文件夹，然后执行如下指令：

./gdbserver 192.168.0.133:1234 Helloworld

其中 192.168.0.133 是宿主机的 IP 地址，1234 是目标板的端口号，可以使用其他，但是必须和宿主机的端口号保持一致。直到等待如图 3.83 所示的信息，就开启了一个调试进程，等待主机的响应。

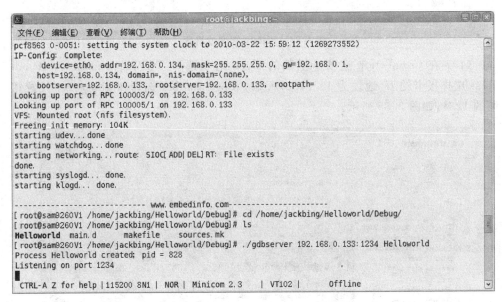

图 3.83 开发板开启调试进程

(12) 在 PC 宿主机的 Fedora12 系统中启动 Eclipse 软件，并打开工程 Helloworld，然后点击运行→调试配置→C/C++ Application→Helloworld（工程名）→Debugger，在 Debugger 选项卡里面的 Debugger 中选择 gdbserver Debugger、在 Debugger Options 选项卡 Main→GDB debugger 里面选择/usr/local/arm/gdb/bin/arm-linux-gdb，如图 3.84 所示。

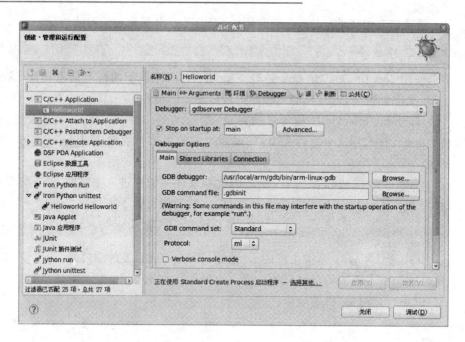

图 3.84　Eclipse 端调试设置

(13) 在 Connection 选项卡里面的 Type 选项选择 TCP,Hostname or IP address 选择板卡的 IP 地址为 192.168.0.134,Port number 选择和 gdbserver 设置相同的 1234,如图 3.85 所示。

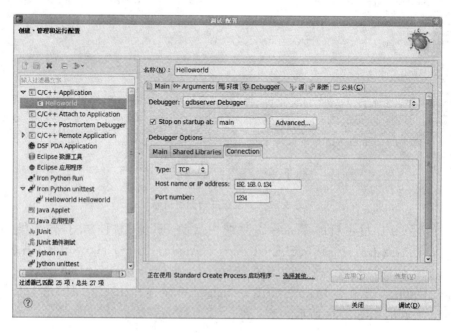

图 3.85　Eclipse 端调试设置

(14) 单击上图中右下角的调试按键，进入调试状态，如图 3.86 所示。

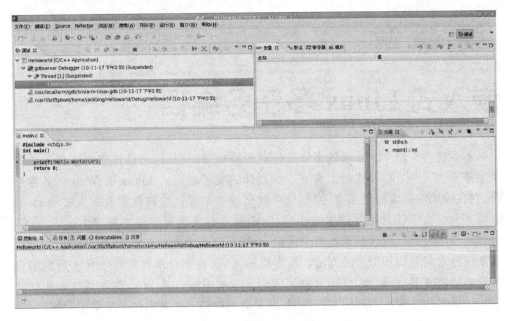

图 3.86　Eclipse 调试界面

当进入图 3.86 所示的状态后就表明嵌入式 Web 服务器与 PC 宿主机之间的调试环境已经搭建完成并进入调试状态。在这个界面下同样可以实现断点设置、单步调试、变量监测、寄存器状态监控等操作，相比传统的基于命令行的 Linux 代码调试方式有着非常大的优势。

3.10　本章小结

本章介绍了嵌入式 Linux 构建的基础知识，也是进行嵌入式 Linux 开发首先要面对的工作，具体涉及启动代码、内核、根文件系统的编译和配置、PC 宿主机开发环境的搭建以及 Eclipse 软件的应用。读者可以参考本章的开发环境和代码动手尝试下 AT91Bootstrap、U-Boot、Kernle、Yaffs2 的编译和配置。在编译过程中会出现的问题和错误本章也做了详细地说明并提出了解决办法。这部分知识具有一定的通用性，读者可以利用本章的经验和方法自己构建不同的嵌入式 Linux 系统和主机环境，其中 Eclipse 是进行嵌入式 Linux 应用程序开发和代码调试非常有效的软件平台，熟练掌握后可以很有效地进行嵌入式 linux 代码的编写和在线仿真调试。

第 4 章

嵌入式 Linux 多任务编程

本章将要介绍 Linux 系统多任务处理的基本知识,并详细讲述实现多任务的两个主要方法——进程和线程。本书中所设计的基于嵌入式 Linux 的 Web 服务器平台,它在应用中要实时地采集、控制众多网络设备节点。这样就需要嵌入式 Web 服务器平台具有多任务并发处理的功能,因此就有必要进行多任务处理方面的学习。本章从程序、进程、线程的基本概念讲起,介绍了它们之间的特点和区别,之后详细讲述多任务之间通信和同步的方法。在本章的最后,将要介绍非常有效且实用的多任务处理解决方案:线程池,并给出应用实例。本书中嵌入式 Web 服务器平台的软件设计就是采用线程池的方法实现 Web 服务器对网络节点数据的并发采集和控制。

4.1 程序、进程、线程及多任务

程序是一组有序的指令集合,按照既定的逻辑规则控制计算机的运行,是一个静态的概念。进程则是程序及其数据在计算机上的一次执行,是运行着的程序,是一个动态的集合。线程是在同一个进程内共享进程资源的程序执行单元,线程属于进程的一部分。

4.1.1 程序和进程

程序是为实现特定目标或解决特定问题而用计算机语言编写的命令序列的集合,是用汇编语言、高级语言 C、C++、Java 等开发编制出来的可以运行的文件,并提交给计算机进行运算处理以实现特定的功能。

进程是一种较高层次的资源组织概念,可以将其看做是系统中的活动实体,是操作系统进行调度和资源分配的基本单元。进程的出现最早是在 UNIX 下,用于表示多用户、多任务的操作系统环境下的基本执行单元。进程是 UNIX 操作系统资源分配的最小单元。应用程序的运行状态就是进程。

进程是应用程序的执行过程,进程掌握着操作系统运行时占用的系统资源,为正在运行的程序提供必要的运行环境。程序是一个静态的文件,它客观存储在计算机系统的硬盘、软盘、光盘等存储设备中,而进程则是处于动态的,由操作系统进行维护的系统资源管理实体。总结起来,进程和线程的最大区别在于:

➢ 进程是动态的,程序是静态的。进程是有一定生命周期的,而程序本身就是指令和指令参数的组合,无动态概念。因此程序可以长期保存,进程只能存在于一段时间。程序是永久存在的,而进程有从创建到消亡的过程。

➢ 一个程序可被多个进程调用执行,一个进程可以占有很多资源并执行多个程序。

4.1.2 进程和线程

当进程技术在广泛应用的时候,用人认为创建一个新的进程对系统的开销和代价较大。在多进程的应用中,当有一个新的任务产生时就创建一个新进程来处理,任务结束后就销毁进程,但若有大量任务同时并发产生时,那么创建进程和销毁进程所带来的系统资源消耗将特别巨大,如此频繁的操作不利于系统的稳定性和可靠性。对于这种情况若由线程来处理会好很多。

线程的概念最早在 20 世纪 60 年代提出,并在 20 世纪 80 年代得到广泛应用。线程是进程的一个执行单元,也是进程内的可调度实体,是 CPU 调度和分派的基本单位,它是比进程更小的能独立运行的最小执行单元。一个程序至少有一个进程,一个进程至少有一个线程,一个线程只能属于一个进程。线程除了占用其运行所需的程序计数器、寄存器和堆栈外基本上不占用什么系统资源,但是它可以与同属一个进程的其他线程共享进程中所拥有的全部资源,这样使用线程便可以大大降低系统资源的消耗,提高任务的处理速度和切换速度。总结起来,与进程相比,线程有着如下的优点:

➢ 在同一进程内的线程共享该进程内所有的资源,线程创建时无须复制这些资源,创建、销毁、切换速度快,内存、资源占用小。

➢ 因在同一进程内的所有线程地址空间和系统资源共享,使得像内存、变量等资源在多个线程之间可以通过简单的办法实现共享,这比多进程之间资源共享要简单方便地多。

➢ 线程的划分尺度小于进程,使得多线程程序的并发性高,在交互式程序中使用多线程能很好地改善操作的响应时间。

线程较进程除了上述优点外也存在一些不足,线程的编程、调试复杂,可靠性较差,同一进程内的线程之间因为资源共享,所以在编程的时候就要考虑到共享资源的互斥和锁问题,因此编程和调试的难度较大。而进程之间不共享数据,没有锁问题,结构简单,一个进程崩溃不像线程那样影响全局,因此比较可靠,代码调试也较为简单。

4.1.3 多任务处理

随着 IT 技术的发展,无论是桌面产品还是便携式产品,人们对产品的性能和功能要求越来越高,用户已经不能忍受产品每次只能运行一个任务。例如我们平时使用 PC 机,通常是一边听着歌,同时下载着电影,一边还聊着 QQ、看着电影,这本身就是多任务在同时工作。用户对产品的多任务并发处理能力的需求正逐渐提高。

当操作系统使用某种调度策略允许两个或更多的进程(线程)并发执行特定的任务就可以被称作多任务运行。事实上,在同一时刻一个 CPU 单元是不能同时处理多个任务的,肯定是按照一定的顺序依次执行或切换执行,但是被执行的任务之间切换速度很快,让用户察觉不到,给人一种多任务是并发执行的错觉。嵌入式 Linux 本身就是一个支持多任务的操作系统。

多任务系统中有 3 个功能单元,分别是:任务、进程和线程。任务是一个逻辑概念,是一系列共同达到某一目的的操作。通常一个任务由一个或多个独立功能的子任务组成,这个独立的子任务就是进程或者是线程。在嵌入式 Linux 系统下实现多任务的常用方式是多进程编程和多线程编程。

多任务的目的是增加系统处理工作的数量,提高系统运行效率。在编程中恰当地使用多进程和多线程技术可以显著提升产品运行的反应速度和 CPU 利用率。因此,在本章的后两节中将详细介绍进程和线程的具体实现方法。多任务程序包含诸多进程或线程,太多的子任务可能让进程和线程之间的调度、资源访问上存在问题和各种冲突,如何避免程序出现死锁、资源竞争、优先级倒置、无限延时等问题也是多任务处理时必须要考虑的事情。

4.2 进 程

进程是一个具有独立功能的、处于活动状态的计算机程序。了解进程的实质,状态,活动对于理解 Linux 操作系统有着极为重要的意义,也更有利于编写功能复杂的代码。在开发大型软件项目的时候如果采用单一进程设计,程序的执行效率是非常低的,我们可以同时创建多个进程来完成一个任务,这样程序的执行效率将大大提高,因此有必要对进程进行仔细的学习,理解进程的原理、掌握进程的编程方法。

4.2.1 Linux 进程描述符、控制块

从数据结构的角度来看,进程采用 task_struct 结构来描述,称为"进程描述符(Process Descriptor)"或者"进程控制块(Process Control Block,PCB)",它包含着一个进程的绝大部分关键信息。当新建一个进程时,系统会新建一个 task_struct 结构,结构中的一些字段值是从父进程那里复制而来的,而另一些则是新建的。

进程描述符的作用是为了管理进程,操作系统必须对每个进程所做的事情进行清楚地描述,在 Linux 系统中,这就是 task_struct 结构,在 include\linux\sched.h 文件中定义。每个进程都会被分配一个 task_struct 结构,它包含了这个进程的所有信息,在任何时候操作系统都能跟踪这个结构的信息。这个结构是 Linux 内核汇总最重要的数据结构,task_struct 中有非常多的字段,一些用于描述进程,一些用于跟踪

进程状态,一些用于进程通讯等等。由于这个结构非常庞大,下面仅列出 task_struct 结构的部分内容,有关它的详细分析读者可以参考相关的 Linux 内核书籍。

```
struct task_struct
{
  volatile long state;
  //…
  pid_t pid;
  //…
  struct task_struct * next_task, * prev_task;
  //…
}
```

task_struct 结构在逻辑上可以划分为以下几个部分,分别是:
- 进程状态及标识;
- 进程调度策略及调度信息;
- 处理机相关信息;
- 进程间的链接;
- 进程时间和定时器;
- 虚拟内存信息;
- 进程认证信息、进程有关资源限制信息;
- 文件系统信息;
- 信号处理信息。

4.2.2 进程创建函数 fork()

每一个进程都会有一个独一无二的编号,被称为进程标识码,简称 PID(Process identifier)。它是一个取值从 1 到 32 768 的正整数,其中 1 是特殊进程 init,其他的进程从 2 开始依次编号,当 32 768 用完后就从 2 重新开始。

所谓的 init 进程,是一个由内核启动的用户级进程,也是系统上运行的所有其他进程的父进程,它会观察其子进程,并在需要的时候启动、停止、重新启动它们。init 进程主要用来完成系统的各项配置。init 从根文件系统目录里的/etc/inittab 文件获取所有信息,通常在根文件系统的/sbin 或/bin 目录下,它负责在系统启动时运行一系列程序和脚本文件,同时 init 进程也是所有进程的发起者和控制者。内核启动之后,便开始调用 init 进程来进行系统各项配置,该进程对于 Linux 系统正常工作是十分重要的。

一个进程(父进程)可以通过调用 fork()函数创建一个新的进程,这个新进程称为该进程的子进程。fork()函数的原型是:

```
#include <unistd.h>
pit_t fork(void)
```

在使用fork()函数时,记得在代码中添加头文件#include <unistd.h>。

fork()函数几乎完整地复制了父进程,子进程在许多属性上与父进程相同,执行的代码也完全相同,但是子进程与父进程则有着不同的PID编号、独立的数据空间和进程描述符。

如果调用fork()函数成功,fork()函数有两个返回值,在父进程和子进程中返回的是不同的值,父进程中返回的是新产生子进程的PID,而子进程中则返回0。若fork()函数调用失败则返回—1。

下面通过一个例程来进一步理解掌握fork()函数,代码如下所示:

```
#include "stdio.h"
#include "sys/types.h"
#include "unistd.h"
int main()
{
    pid_t pid1;
    pid_t pid2;
    pid1 = fork();
    pid2 = fork();
    printf("pid1:%d, pid2:%d\n", pid1, pid2);
}
```

在终端下新建一个源代码文件fork.c,添加上述代码后保存,然后利用GCC编译器编译上述代码。

```
# gedit fork.c
# gcc -o fork fork.c
```

编译后可以在fork.c所在的目录下看到生成的可执行文件fork。运行fork可执行文件。

```
# ./fork
```

运行效果如图4.1所示。

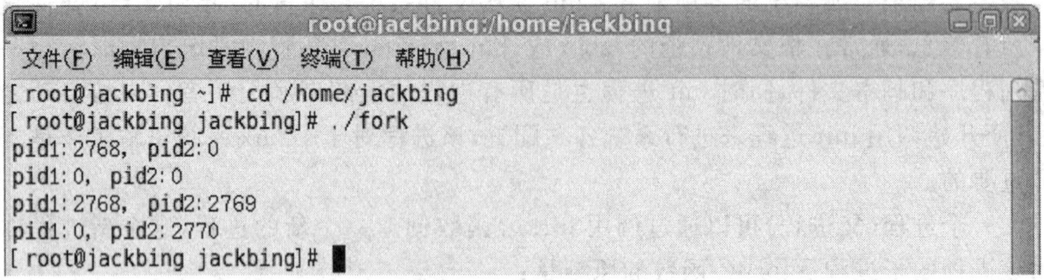

```
[root@jackbing ~]# cd /home/jackbing
[root@jackbing jackbing]# ./fork
pid1:2768, pid2:0
pid1:0, pid2:0
pid1:2768, pid2:2769
pid1:0, pid2:2770
[root@jackbing jackbing]#
```

图4.1　fork运行结果

从上图可以看出,该程序共运行了4个进程,其中父进程的PID为"0",其他3个进程的PID分别为"2 768、2 769、2 770"。4个进程的产生过程如图4.2所示。

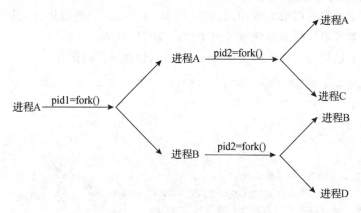

图 4.2　fork.c 进程产生过程

程序开始运行就创建了进程 A,当代码执行到 pid1=fork()处时,父进程 A 创建了子进程 B,此时就出现了两个进程,子进程 B 复制了父进程 A 的全部资源后,父进程 A 和子进程 B 都在 pid2=fork()处继续执行,之后父进程 A 又创建了子进程 C,子进程 B 也创建了子进程 D,这样便产生了全部 4 个进程。

程序中 pid1、pid2 的 PID 号打印信息是不确定的,如果程序再执行一遍后其 PID 均有所改变。另外,在执行 fork()函数后是先执行父进程还是先执行子进程也是不固定的,这是由程序运行的过程中内核所使用的调度算法来决定的。如果要求父子进程之间的执行是按照一定顺序进行就需要使用进程间同步技术。

4.2.3　exec( )函数族

如果想要当前正在执行的进程停止运行并转入另一个进程去执行,这时就要使用 exec()族函数。Linux 系统使用 exec()族函数是用来调用一个可执行文件来代替当前正在运行的进程。需要注意的是,exec()族函数与 fork()函数不同,exec()族函数会用新的进程替换原有的进程,但并没有生成新的进程,而是在原有进程的基础上,替换原有进程,调用前后是同一个进程,新的进程的 PID 值与原来进程的 PID 值相同,但执行的程序变了(执行的指令序列改变了)。exec()族函数共有 6 个,其函数原型如下所示:

```
#include <unistd.h>
extern char **environ;
int execl( const char *path, const char *arg, ...);
int execlp( const char *file, const char *arg, ...);
int execle( const char *path, const char *arg , ..., char* const envp[]);
int execv( const char *path, char *const argv[]);
```

```
int execve( const char * filename, char * const argv [], char * const envp[]);
int execvp( const char * file, char * const argv[]);
```

上述 6 个函数的用法大致相同,此处仅以 execve 为例进行讲述,其他 5 个 exec() 族函数读者可以根据实际使用过程中的需要自行查阅。

在终端下新建一个源代码文件 execve.c,添加如下代码保存。

```c
#include <stdio.h>
#include <unistd.h>
extern char ** environ;
int main(void)
{
  printf("启动 hello_x86 程序\n");
  execve("/home/jackbing/hello_x86",NULL,environ);
  printf("原有进程将不会再执行到这里!\n");
}
```

该程序当运行到 execve() 函数时,原有进程停止而转入"/home/jackbing/"目录里执行 hello_x86 可执行文件,这样原有进程的"printf("原有进程将不会再执行到这里!\n");"语句也不会得到执行,没有打印信息出现,进程将完全转入 hello_x86 执行。

这里 hello_x86 是用 Fedora 12 系统自带的 GCC 编译器编译生成的运行在 PC 机上的可执行代码,其源程序 hello_x86.c 的代码如下所示:

```c
#include <stdio.h>
int main()
{
  printf("Hello World!\n");
  return 0;
}
```

对其进行编译:

```
# gcc-o hello_x86 hello_x86.c
```

将 hello_x86 放置在 /home/jackbing 目录里。

做完以上工作后对 execve.c 进行编译,指令如下所示,编译生成 execve 文件。

```
# gcc-o execve execve.c
```

运行 execve 可执行代码:

```
# ./execve
```

运行效果如图 4.3 所示。

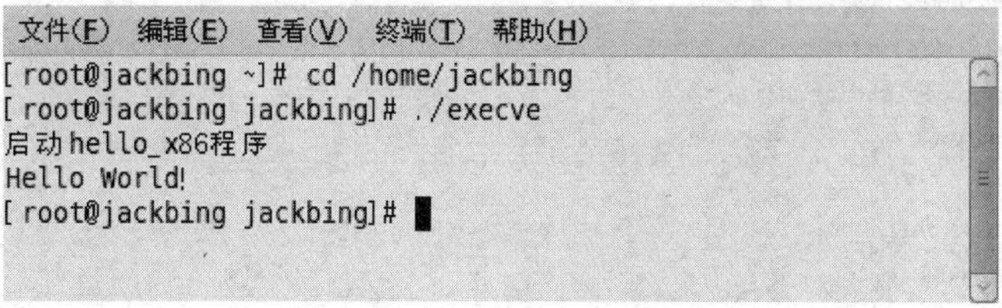

```
文件(F) 编辑(E) 查看(V) 终端(T) 帮助(H)
[root@jackbing ~]# cd /home/jackbing
[root@jackbing jackbing]# ./execve
启动hello_x86程序
Hello World!
[root@jackbing jackbing]#
```

图 4.3 execve 运行效果图

从上图中可以看出,"printf("原有进程将不会再执行到这里！\n");"语句根本没有得到执行,也可以看出 exec() 函数族会用新进程代替原有的进程,系统会从新的进程运行,原有进程则终止。

使用 exec() 函数族比较常用的方法是在代码中先使用 fork() 函数复制创建出一个新的进程,然后在新的进程中调用 exec() 函数,这样 exec() 会占用与父进程中一样的资源运行来执行新的任务,而原有父进程也得以保留并继续运行。

4.2.4　wait()和 waitpid()函数

wait()和 waitpid()函数的原型如下所示：

```
#include <sys/types.h>
#include <sys/wait.h>
pid_t wait(int * status);
pid_t waitpid(pid_t pid, int * status, int options);
```

wait()函数使父进程暂停执行,直到它的一个子进程结束为止,该函数的返回值是终止运行的子进程的 PID,它的退出状态保存在参数 status 中。

waitpid()函数可以等待一个特定的子进程退出,并返回退出进程的 PID,或在发生错误的时候返回－1。该函数的使用相比 wait()更为灵活。

wait()函数和 waitpid()函数的区别如下：

➢ 在一个子进程终止前,wait()函数使其调用者阻塞,而 waitpid()有一个选项 (WNOHANG),可使调用者不阻塞。

➢ waitpid()并不仅仅等待子进程的终止,它有若干个选项,可以控制它所等待的进程。

➢ waitpid()支持作业控制。

下面演示一个 wait()函数的例程,在终端下新建一个源代码文件 wait.c,添加如下代码并保存。代码如下所示：

```
#include<stdio.h>
#include<sys/types.h>
```

```c
#include<sys/wait.h>
#include<unistd.h>
#include<stdlib.h>
int main()
{
  pid_t child_pt;
  int number;
  child_pt = fork();
  if(child_pt < 0)
  {
    printf("创建子进程失败！\n");
    exit(1);
  }
  else if(child_pt == 0)
  {
    printf("子进程的PID是 = %d\n",getpid());
    for(number = 0;number<5;number++)
      {
       printf("子进程打印次数增加到%d！\n",number+1);
      }
    printf("子进程运行结束\n");
  }
  else
  {
    printf("父进程的PID号,ppid = %d\n",getppid());
    printf("父进程等待子进程运行结束！\n");
    wait(&child_pt);
    printf("父进程运行结束\n");
  }
}
```

上述代码中通过fork()函数建立一个子进程，当fork()函数的返回值child_pt为0时表示子进程运行的代码，当child_pt大于0时表示的是父进程运行的代码，对wait.c进行编译生成wait可执行文件后并运行：

```
# gcc-o wait wait.c
# ./wait
```

运行结果如图4.4所示。

```
文件(F)  编辑(E)  查看(V)  终端(T)  帮助(H)
[root@jackbing ~]# cd /home/jackbing
[root@jackbing jackbing]# ./wait
父进程的PID号,ppid=3624
父进程等待子进程运行结束！
子进程的PID是= 3644
子进程打印次数增加到1!
子进程打印次数增加到2!
子进程打印次数增加到3!
子进程打印次数增加到4!
子进程打印次数增加到5!
子进程运行结束
父进程运行结束
[root@jackbing jackbing]#
```

图 4.4 wait 运行结果

分析代码并观察代码的运行结果,程序创建子进程后,父进程和子进程进行并发执行,并先后打印父进程和子进程的 PID。父进程运行到"wait(&child_pt);"时,父进程进入阻塞状态,需要等待子进程运行结束后才能继续执行。此时子进程则一直运行并通过循环先后执行 5 次打印信息,之后退出子进程的运行。当子进程终止后,等待它的父进程得以继续运行并打印父进程运行结束信息。

4.2.5 system()函数

system()函数的作用是调用 shell 外部命令在当前进程中开始另外一个进程,system()函数原型如下：

```
#include <stdlib.h>
int system(const char * command);
```

system()函数调用/bin/sh-c string 来执行参数 string 字符串所代表的命令,此命令执行完后随即返回原调用的进程。system()函数其实是调用 fork()、exec()、waitpid()等函数来实现的,首先调用 fork()函数创建一个子进程,此时父进程进入阻塞状态,在子进程中调用 exec()去执行新程序,在父进程中则调用 waitpid()去等待子进程的结束。其中任意一个调用失败将导致 system()函数调用失败。

在终端下新建一个源代码文件 system.c,添加如下代码并保存,代码如下所示：

```
#include<stdio.h>
#include<stdlib.h>
int main()
{
  int ret;
  printf("系统分配的进程号是:%d\n",getpid());
  ret = system("/home/jackbing/hello_x86");
```

```
        printf("返回值为:%d\n",ret);
        return 0;
}
```

该程序的主进程首先打印进程的 PID,然后调用 system()函数使主进程阻塞,并创建一个新的子进程,在子进程中调用之前在/home/jackbing 目录里面的 hello_x86 可执行代码,当 hello_x86 执行完毕后主进程继续执行,并打印 system()函数的返回值。

对 system.c 进行编译生成 system 可执行文件后并运行:

```
# gcc -o system system.c
# ./system
```

代码的执行效果如图 4.5 所示。

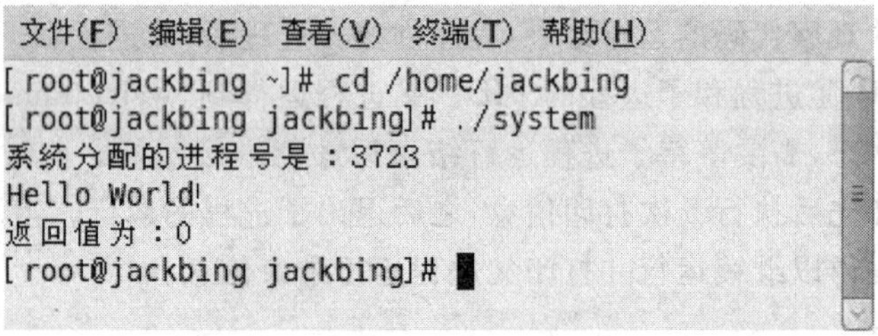

```
文件(F) 编辑(E) 查看(V) 终端(T) 帮助(H)
[root@jackbing ~]# cd /home/jackbing
[root@jackbing jackbing]# ./system
系统分配的进程号是:3723
Hello World!
返回值为:0
[root@jackbing jackbing]#
```

图 4.5　system 代码运行结果

system()函数与 exec()函数的区别为:

➢ system()和 exec()都可以执行进程外的命令,system()是在原进程上开辟一个新的子进程,主进程阻塞直到子进程运行完毕;exec()是用新的子进程覆盖原有的主进程。

➢ system()和 exec()都有能产生返回值,system()的返回值并不影响原有主进程,但是 exec()的返回值影响了原主进程。

4.2.6　进程终止函数 exit()

系统调用 exit()函数的功能是终止调用的进程。exit()的函数原型格式如下所示:

```
#include <stdlib.h>
void _exit(int status);
```

参数 status 为传递给系统用于父进程恢复。程序在执行 exit()后在退出之前,exit()调用所有以 atexit()注册的函数,清空所有打开的文件流缓冲区并关闭流,删除所有创建的临时文件。进程退出后,内核关闭所有该进程打开的文件并释放其所占用的内存空间和其他资源。

在 main()函数内执行 return 语句就相当于调用 exit()函数。执行 return 语句和 exit()函数后一个进程就正常退出了,并传递一个退出状态给系统。退出值是一个 8 位值,通常为一个整型值。退出状态 0 表示正常退出,任何非 0 的退出则表示出现了某种错误。

4.3 线 程

利用 Linux 的多进程知识可以帮助我们实现多任务处理。本书中嵌入式 Web 服务器的一个重要功能就是当有新的网络节点请求时,就要创建一个新的任务来处理这个请求,但是当网络请求越来越多时,不断增加的新任务将进一步消耗本来就很紧张的嵌入式系统资源。如果在嵌入式 Web 服务器中使用多进程的处理方式,调用 fork()函数创建新进程的代价比较大,一旦 Web 服务器接收到访问请求后就立刻创建一个新的进程,由该进程处理网络请求,当处理完毕后就退出该进程。如果在很短的时间里有大量的网络节点频繁的访问 Web 服务器,那么服务器将在进程创建、进程销毁中消耗掉大量的系统资源,也使得 Web 服务器的处理速度和实时性大大降低。因此,可以采用多线程的处理方式,线程和进程相比,具有系统资源消耗低、处理速度快、线程间数据共享比较容易的特点。

4.3.1 线程的创建

创建一个新的线程通过调用 pthread_create()函数实现,调用该函数时,传入的参数有线程属性、线程处理函数、线程处理函数变量。该函数用于生成一个特定功能的线程,其函数原型如下所示:

```
#include <pthread.h>
int pthread_create(pthread_t * thread, pthread_attr_t * attr, void * ( * start_routine)(void * ), void * arg);
```

➢ 函数的第一个参数 thread 是一个指针,用于标识一个线程,是一个指向 pthread_t 类型的变量,pthread_t 类型变量是在 pthreadtypes.h 中定义的。在创建一个线程时,向这个指针指向的变量里写入新线程的线程 ID 号。

➢ 函数的第二个参数 attr 用于设置一个线程的属性,可以将该参数设置为 NULL,用以创建一个默认属性的线程。线程的其他属性在后面的章节中会有详细介绍。

➢ 函数的第三个参数 * (* start_routine)(void *)表示线程所需要执行的线程处理函数。

➢ 函数的第四个参数 arg 表示线程处理函数运行时传入的参数,如果传递这个函数的参数只有一个,那么就可以直接通过 arg 参数传递过去,如果需要向该函数传递的参数不只一个,那么就需要把这些参数放置到一个结构中,然后把这个结构的地址作为 arg 参数传入。

当线程创建成功后函数返回 0,错误时返回非 0 的错误值。可以通过返回值获取创建线程失败的原因,常见的错误返回代码是 EAGAIN 和 EINVAL。EAGAIN 表示系统中的线程数量达到了上限,EINVAL 表示线程的属性是非法的。

在终端下新建一个源代码文件 thread.c,添加如下代码并保存,代码如下所示:

```c
#include <pthread.h>
#include <stdio.h>
#include <stdlib.h>
#include <unistd.h>
#include <sys/types.h>

void *thread_function(void *arg)
{
    printf("创建新的线程!\n");
    printf("My lucky number is :%d\n",*(int *)arg);
    printf("线程执行完毕!\n");
    return NULL;
}
int main(void)
{
    int err;
    pthread_t new_thread;
    int main_arg;
    main_arg=5;
    err = pthread_create (&new_thread, NULL, thread_function, &main_arg);
    sleep(1);
    if (err! = 0)
    {
        perror("线程创建失败!");
        exit(1);
    }
    printf("主进程执行完毕!\n");
    exit(0);
}
```

编译线程的代码需要在编译的时候加上-lpthread 选项,对 thread.c 进行编译生成 thread 可执行文件后并运行:

```
# gcc-lpthread-o thread thread.c
# ./thread
```

代码的执行效果如下图 4.6 所示：

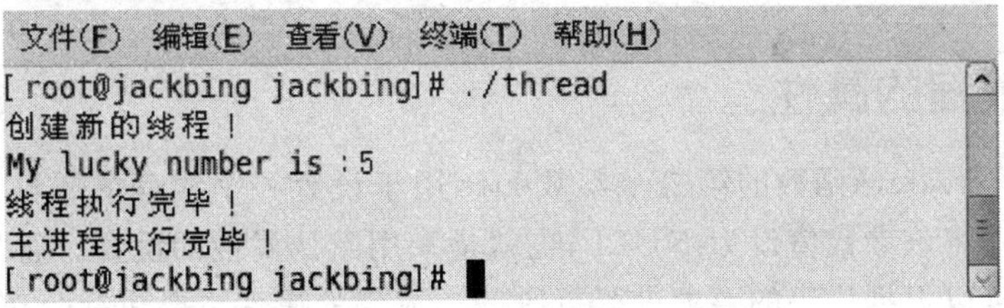

```
[root@jackbing jackbing]# ./thread
创建新的线程！
My lucky number is :5
线程执行完毕！
主进程执行完毕！
[root@jackbing jackbing]#
```

图 4.6　thread 运行结果

从上图的运行效果可以看出，主进程创建新的线程后，主进程和线程同时并发运行，并且主进程中将参数 5 传递给线程处理函数 thread_function()。为了保证参数传递正确和传递完整性，在调用 pthread_create() 函数后调用了一个延时函数 sleep()。

4.3.2　线程的终止

一般情况下，线程在其主体函数退出的时候会自动终止，但同时也可以因为接收到另一个线程发来的终止请求而强制终止。常用的线程结束函数主要有 pthread_join() 和 pthread_exit()。这两个函数的原型如下所示：

```
#include <pthread.h>
int pthread_join (pthread_t thread, void * * status);
void pthread_exit (void * status);
```

函数 pthread_join() 用来等待一个线程运行结束，这个函数是阻塞函数，它一直阻塞到被等待的线程结束，之后返回并且收回被等待线程的资源。该函数调用成功返回 0，否则返回一个为正数的错误值。

➢ 函数的第一个参数 thread 用于指定要等待的线程 ID，它是 pthread_create() 函数返回的标识符。

➢ 函数的第二个参数 * * status 是一个指针，如果不为 NULL，那么线程的返回值存储在 status 指向的空间中。

函数 pthread_exit() 用于强制线程终止，可以指定返回值，以便其他线程通过 pthread_join() 函数获取该线程的返回值。唯一的参数 * status 是一个指针，用于表示线程终止的返回值。

除了上述两个函数以外，线程还可以通过 pthread_cancel() 函数来请求取消同一进程中的其他线程，它的函数原型如下所示：

```
#include <pthread.h>
int pthread_cancel (pthread_t thread);
```

这个函数并不像 pthread_exit() 一样强迫线程的退出，而只是提出要求。被要求的线程可以根据自身线程属性的设置情况接受请求退出执行或忽略请求继续执行。

4.3.3 线程的属性

pthread_create()函数的第二个参数 attr 用于设置一个线程的属性。在 4.3.1 一节的代码中将该参数值设为 NULL,也就是采用默认属性的设置。通常线程的多项属性都是可以根据代码的要求进行更改的。线程的属性主要包括分离属性、绑定属性、堆栈大小及地址属性、调度策略属性/并发度属性。其中系统默认的属性为非绑定、非分离、缺省 1 MB 地址空间的堆栈、与父进程同样级别的优先级。下面对几种经常使用的线程属性及其基本概念进行简单介绍。

➢ 分离(Detachedstate)属性:

分离属性是用来决定一个线程以什么样的方式来终止自己。在非分离情况下,当一个线程结束时,它所占用的系统资源并没有被释放,也就是没有真正的终止。只有当 pthread_join()函数返回时,创建的线程才能释放自己占用的系统资源。而在分离属性情况下,分离线程不用其他线程等待,一个线程结束时立即释放它所占有的系统资源。默认情况下这个属性为 PTHREAD_CREATE_JOINABLE,表示的是非分离状态。也可以修改这个属性为 PTHREAD_CREATE_DETACHED,让线程处于分离状态。如果一个线程设置的是分离属性,它很可能在调用 pthread_create ()函数返回之前就终止了,而它的线程标识符和它所占用的资源很可能已经被其他线程使用。这时调用 pthread_create()的线程就得到了错误的线程号。因此对于分离属性的线程需要采取一定的同步措施,防止这种情况的出现。

➢ 绑定(Scope)属性:

Linux 中采用"一对一"的线程机制,即每一个用户自己定义的线程可以与一个内核线程相对应。绑定属性就是指一个用户线程固定地分配给一个内核线程。因为 CPU 基于时间片的调度策略是面向内核线程的,所以具有绑定属性的线程总有一个内核线程与之对应,线程的调度可以像内核线程一样及时准确。由此可以看出被绑定的线程具有较高的运行和线程切换速度,设置绑定属性的线程可以使得线程用于处理一些实时性较高的任务。而与之相对的非绑定属性就是指用户线程和内核线程的关系不是始终固定的,而是由系统来控制分配的。

➢ 堆栈属性:

堆栈属性包含两方面的属性,分别是堆栈大小(Stack size)属性和堆栈地址(Stack addr)属性。在通常情况下两个属性分别默认设置为 1 MB 和 NULL,在大多数应用中默认的属性设置就可以满足应用。

➢ 优先级(Priority)属性:

线程的优先级是经常需要设置的属性,默认情况下子线程从父线程中继承线程的优先级。

> 调度策略(Schedpolicy)属性：

这个属性控制着线程的调度策略。可以根据需要设置为默认调度策略：SCHED_OTHER。先入先出策略：SCHED_FIFO。循环策略：SCHED_RR。

4.3.4 修改线程属性

线程属性的结构为 pthread_attr_t，线程的属性大部分都是通过这个结构来描述，pthread_attr_t 结构的代码如下所示：

```
typedef struct
{
  int               detachstate;      /*线程的分离状态*/
  int               schedpolicy;      /*线程调度策略*/
  struct sched_param schedparam;       /*线程的调度参数*/
  int               inheritsched;     /*线程的继承性*/
  int               scope;            /*线程的作用范围*/
  size_t            guardsize;        /*线程栈末尾的警戒缓冲区大小*/
  int               stackaddr_set;
  void *            stackaddr;        /*线程运行栈地址*/
  size_t            stacksize;        /*线程运行栈大小*/
}pthread_attr_t;
```

线程的属性是不能够直接通过修改 pthread_attr_t 结构来实现，该结构在不同版本的系统下具体实现有差别，应尽量采用系统标准库提供的属性修改函数进行修改。

线程属性的初始化函数为 pthreas_attr_init()，使用该函数对 pthread_attr_t 结构进行初始化。执行该函数后，pthread_attr_t 结构里面的内容就采用系统的默认值，如果想要修改其中的个别属性需要调用标准库提供的属性修改函数。有一点需要注意，pthreas_attr_init() 函数必须在 pthread_create() 函数之前调用。pthreas_attr_init() 函数的原型如下所示：

```
#include <pthread.h>
int pthread_attr_init (pthread_attr_t * attr);
```

如果要去除 pthread_attr_t 结构的初始化就需要调用 pthreas_attr_destory() 函数。该函数释放 pthread_attr_t 结构所占用的内存空间，并用无效的值修改线程属性。pthreas_attr_destory() 函数的原型如下所示：

```
#include <pthread.h>
int pthread_attr_destory (pthread_attr_t * attr);
```

下面列出部分经常使用的线程属性修改函数。
(1) 获取/设置分离属性函数。

修改分离属性的函数原型如下所示：

```
#include <pthread.h>
int pthread_attr_getdetachstate (pthread_attr_t *attr,int *detachstate);
int pthread_attr_setdetachstate (pthread_attr_t *attr, int detachstate);
```

函数返回值：上述两个函数若调用成功则返回 0,否则返回错误的编号值。若参数 detachstate 设置为 PTHREAD_CREATE_DETACHED,表示以分离状态启动线程；若设置为 PTIIREAD_CREATE_JOINABLE,则表示默认正常启动线程,为非分离状态。

(2) 获取/设置绑定属性函数。

修改绑定属性的函数原型如下所示：

```
#include <pthread.h>
int pthread_attr_getscope (pthread_attr_t *attr,int *scope);
int pthread_attr_setscope (pthread_attr_t *attr, int scope);
```

函数返回值：上述两个函数若调用成功则返回 0,否则返回错误的编号值。若参数 scope 设置为 PTHREAD_SCOPE_SYSTEM,表示线程是绑定属性；若设置为 PTHREAD_SCOPE_PROCESS,则表示线程为非绑定属性。

(3) 获取/设置堆栈大小属性函数。

修改堆栈大小属性的函数原型如下所示：

```
#include <pthread.h>
int pthread_attr_getstacksize (pthread_attr_t *attr,size_t *size);
int pthread_attr_setstacksize (pthread_attr_t *attr, int size);
```

函数返回值：上述两个函数若调用成功则返回 0,否则返回错误的编号值。参数 size 表示为线程运行所设置的堆栈大小。若 size 设置为 0 表示使用默认大小的堆栈尺寸。建议读者在大多数情况下使用默认值。

(4) 获取/设置优先级属性函数。

修改优先级属性的函数原型如下所示：

```
#include <pthread.h>
#include <sched.h>
int pthread_attr_getschedparam (pthread_attr_t *attr,struct sched_param *param);
int pthread_attr_setschedparam (pthread_attr_t *attr,struct sched_param *param);
```

线程的优先级放置在 sched_param 结构中。因为 sched_param 结构在头文件 sched.h 中,所以要使用上述两个函数还要在代码中加入头文件 sched.h。

设置线程优先级的操作方式是先利用 pthread_attr_getschedparam()函数将线程的优先级读取出来,然后再利用 pthread_attr_setschedparam()函数对需要设置的参数修改后回写。这是对复杂结构进行设置的通用做法,目的是防止设置不当造成不可预料的麻烦。

(5) 获取/设置调度策略属性函数。

修改调度策略属性的函数原型如下所示：

```
#include <pthread.h>
int pthread_attr_getschedpolicy (pthread_attr_t *attr,size_t *policy);
int pthread_attr_setschedpolicy (pthread_attr_t *attr, int policy);
```

函数返回值：上述两个函数若调用成功则返回 0，否则返回错误的编号值。POSIX 标准指定了 3 种调度策略：先入先出策略（SCHED_FIFO）、循环策略（SCHED_RR）和自定义策略（SCHED_OTHER）。SCHED_FIFO 是基于队列的调度策略，对于每个优先级都会使用不同的队列。SCHED_RR 与 FIFO 相似，不同的是前者的每个线程都有一个执行时间配额。

4.3.5 线程例程

下面以通过设置线程优先级属性的例程，将前面学习的知识和函数串联起来。代码 sched.c 如下所示：

```
#include <stdio.h>
#include <stdlib.h>
#include <pthread.h>
#include <sched.h>
/* 1 号线程 */
void thread1(void)
{
  int i = 0;
  for(i = 0;i<6;i++)
  {
    printf("这是线程 1.\n");
    if(i = =2)
    pthread_exit(0);
    sleep(1);
  }
}
/* 2 号线程 */
void thread2(void)
{
  int i;
  for(i = 0;i<3;i++)
    printf("这是线程 2.\n");
  pthread_exit(0);
```

```c
}
int main(void)
{
    pthread_t id1,id2;
    pthread_attr_t attr;
    struct sched_param sch;
    int i,ret;
    pthread_attr_init(&attr);
    pthread_attr_getschedparam(&attr,&sch);
    sch.sched_priority = 256;
    pthread_attr_setschedparam(&attr,&sch);
    /*创建1号线程*/
    ret = pthread_create(&id1,NULL,(void *) thread1,NULL);
    if(ret! = 0)
    {
        printf("创建线程失败！\n");
        exit(1);
    }
    /*创建2号线程*/
    ret = pthread_create(&id2,NULL,(void *) thread2,NULL);
    if(ret! = 0)
    {
        printf("创建线程失败！\n");
        exit(1);
    }
    /*等待线程结束*/
    pthread_join(id1,NULL);
    pthread_join(id2,NULL);
    printf("两个子线程运行完毕,回到主进程！\n");
    pthread_attr_destroy(&attr);
    printf("主进程运行完毕并退出！\n");
    exit(0);
}
```

上述代码在主线程中首先初始化线程的属性,获得线程优先级后再重新修改线程的优先级。之后主线程创建了两个子线程并进入阻塞状态,1号线程在程序运行到一半的时候通过调用 pthread_exit()函数退出,2号线程则一直正常运行。当主进程的 pthread_join()函数等到两个子线程运行完毕后立即继续运行并打印相关信息,最后利用 pthread_attr_destroy()函数释放 pthread_attr_t 结构所占用的内存空间并结束主进程。

编译线程的代码需要在编译的时候加上一lpthread 选项,对 sched.c 进行编译生成 sched 可执行文件后并运行：

```
# gcc-lpthread-o sched sched.c
# ./sched
```

代码的执行效果如图 4.7 所示。

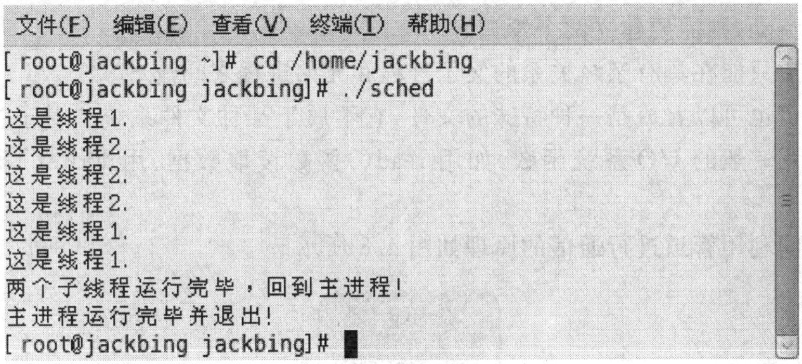

```
文件(F) 编辑(E) 查看(V) 终端(T) 帮助(H)
[root@jackbing ~]# cd /home/jackbing
[root@jackbing jackbing]# ./sched
这是线程1.
这是线程2.
这是线程2.
这是线程2.
这是线程1.
这是线程1.
两个子线程运行完毕，回到主进程！
主进程运行完毕并退出！
[root@jackbing jackbing]#
```

图 4.7 sched 运行结果

4.4 多任务间的通信和同步

前几节对进程和线程的基本概念做了简单地介绍。在实际应用中，不可避免地会涉及多任务的编程，因此就会用到进程和线程之间的通信和同步技术。应用程序中的多进程是用户态的，由于用户态的不同进程之间采用独立的内存空间，不同进程之间是彼此隔离的，不允许访问对方的内存空间，因此就需要采用某种方式来实现进程间的通信。对于共享系统资源的线程，在多线程运行的时候需要严格控制线程之间访问共享资源的顺序，保证共享资源访问的唯一性，这就要求用到某种方式的同步。

目前 Linux 中使用较多的进程间通信和同步方式主要有：管道、信号、消息队列、共享内存、信号量和套接字。在多线程中通常使用互斥锁的方式来实现线程同步。上述的各种方法中有的既可以用于通信又可以用于同步，有的进程和线程都可以使用。

在本节中主要介绍除套接字以外其他的通信和同步方式。套接字是一种在网络编程中经常使用的通信方式，将在后续章节网络技术中详细介绍。

4.4.1 管　道

管道是 Linux 系统中一种进程间的通信方式，这里所说的管道主要指无名管道，命名管道在本节中暂不做介绍。管道是一种将某个进程的输出与另一个进程的输入通过内核连接起来的通信机制。进程创建管道，每次创建两个文件描述符来管理管道,这两个文件描述符保存在一个数组中。因此数组中有两个元素,一个元素代表为了读操作而创建的管道描述符,另外一个元素代表了为写操作而创建的管道描述符。

管道具有如下特点:

> 管道中的数据只能向一个方向流动,即从一个进程的写端流动到另外一个进程的读端,具有固定的读端和写端,因此管道是半双工的。如果需要数据在两个进程之间来回流动,则需要建立两个管道。

> 管道只能在具有亲缘关系的父子进程和兄弟进程之间流动。

> 管道也可以看成是一种特殊的文件,它不属于某种文件系统。对于它的读写也可以使用一般的 I/O 系统函数,如用 read()函数读取数据、用 write()函数写入数据。

进程间利用管道进行通信的原理如图 4.8 所示。

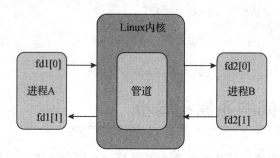

图 4.8 利用管道实现进程间通信

创建管道可以通过调用 pipe()函数实现,pipe()函数的原型为:

```
#include <unistd.h>
#int pipe(int fd[2]);
```

如果 pipe()函数调用成功,则进程将打开两个文件描述符并保存在参数 fs[2]里面,这两个文件描述符构成了管道读/写的两端。通常来讲,fd[0]用于表示管道的读端,fd[1]用于表示管道的写端。如果从管道写端读取数据,或向管道读端写入数据都将导致错误的发生。

用 pipe()函数创建的管道读/写两端是处在一个进程之中的,因为管道是用于不同进程之间通信的,读/写两端仅在一个进程中是没有意义的,因此实际应用中通常是用 pipe()函数先创建一个管道,再用 fork()函数创建一个子进程。这样父子进程之间文件描述符的对应关系就从图 4.8 变为图 4.9 所示。

此时,父子进程都分别拥有了自己的读/写通道,为了实现父子进程之间的读/写通信,只需要把暂时不用的读端或写端关闭即可。这样就可以建立一条"父进程写子进程读",或者"子进程写父进程读"的通道。

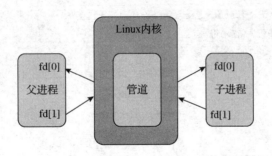

图 4.9 父子进程管道通信

有了 pipe()函数,并结合一般的 I/O 系统函数如 read()、write()、close()等就可以实现对管道的读/写等基本操作,代码 pipe.c 如下所示:

```c
#include <unistd.h>
#include <sys/types.h>
#include <errno.h>
#include <stdio.h>
#include <stdlib.h>
int main()
{
  int result;
  int pipe_fd[2];
  pid_t pid;
  char string[] = "父子进程间管道读写通信";
  char read_buffer[100];
  /*创建管道*/
  result = pipe(pipe_fd);
  if(result == -1)
  {
    printf("创建管道失败!\n");
    return -1;
  }
  /*创建进程*/
  pid = fork();
  /*子进程*/
  if(pid == 0)
  {
    /*关闭子进程读描述符*/
    close(pipe_fd[0]);
    /*通过使父进程暂停1秒确保父进程已关闭相应的写描述符*/
    sleep(1);
    /*子进程向管道中写入字符串*/
```

```
        write(pipe_fd[1],string,strlen(string));
        /*关闭子进程写描述符*/
        close(pipe_fd[1]);
        exit(0);
    }
    /*父进程*/
    else if(pid>0)
    {
        /*关闭父进程写描述符*/
        close(pipe_fd[1]);
        read(pipe_fd[0],read_buffer,sizeof(read_buffer));
        printf("父进程通过管道接收子进程写入的数据,内容为:%s\n",read_buffer);
        /*关闭父进程读描述符*/
        close(pipe_fd[0]);
        /*收集子进程退出信息*/
        waitpid(pid,NULL,0);
        exit(0);
    }
}
```

首先介绍上述代码中用到的两个函数 write()和 read()。

write()函数为向打开的文件描述符 fd 写入数据,其函数原型如下所示:

```
#include <unistd.h>
ssize_t write(int fd, const void *buf, size_t count);
```

返回值:调用成功返回写入的字节数,出错返回-1。参数 fd 为数据要写入的目标文件描述符;buf 为要写入数据的指针;写入数据的大小由参数 count 决定。

read()函数为从打开的文件描述符 fd 中读取数据,其函数原型如下所示:

```
#include <unistd.h>
ssize_t read(int fd, void *buf, size_t count);
```

返回值:调用成功返回读取的字节数,出错返回-1。参数 fd 为文件描述符;buf 为读取数据缓冲区地址的开始位置;读取数据的大小由参数 count 决定。

上述 pipe.c 代码创建了一个管道,又通过 fork()函数创建子进程,因此父进程和子进程中就都存在了管道,并且父子进程之间管道的文件描述符得到如图 4.9 所示的对应关系。然后关闭子进程读描述符和父进程写描述符这条管道,实现了"子进程写父进程读"的通道。父进程最后将子进程写入的信息打印出来。

补充说明一点,子进程一次性地向管道写入全部数据后便进入阻塞状态,只有当父进程将全部的数据从管道中读取完毕的时候,子进程才得以继续执行"write(pipe_fd[1],string,strlen(string));"语句以后的内容;也就是说明管道的操作是具有阻塞性质的，如果读进程不读取管道缓冲区中的数据，那么写进程将会一直阻塞，这点值得大家的注意。

另外父子进程在运行时它们的先后顺序是不固定的，因此为了保证父进程在关闭管道写描述符后子进程再向管道写入数据这点，可以在子进程中调用 sleep()函数延时一段时间后再向管道写入数据。

编译 pipe.c，生成 pipe 可执行文件后并运行：

```
# gcc -o pipe pipe.c
# ./pipe
```

代码的运行结果如图 4.10 所示。

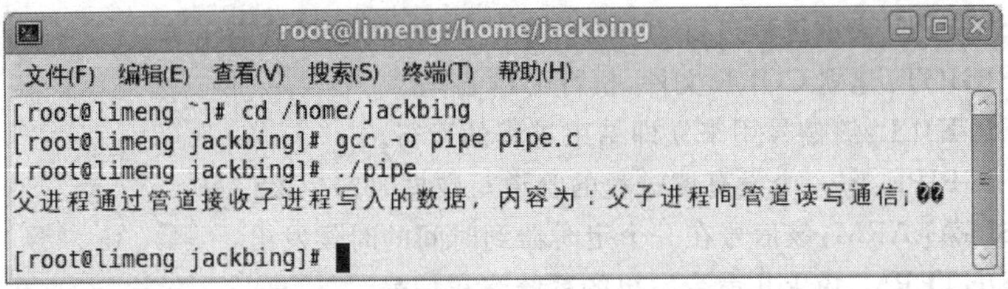

图 4.10 pipe 运行结果

4.4.2 信 号

信号是在软件层次上对中断机制的一种模拟，用于在一个或多个进程之间传递异步信号。各种异步时间都可以产生信号，例如键盘终端等。信号可以直接进行用户空间进程和内核进程之间的交互，内核进程也可以利用它来通知用户空间进程发生了哪些系统事件。它可以在任何时候发给某一进程，而无需知道该进程的状态。信号可以由内核产生，也可以由系统中的进程产生。在终端下使用"kill-l"指令可以列出所有系统支持的信号，如图 4.11 所示。

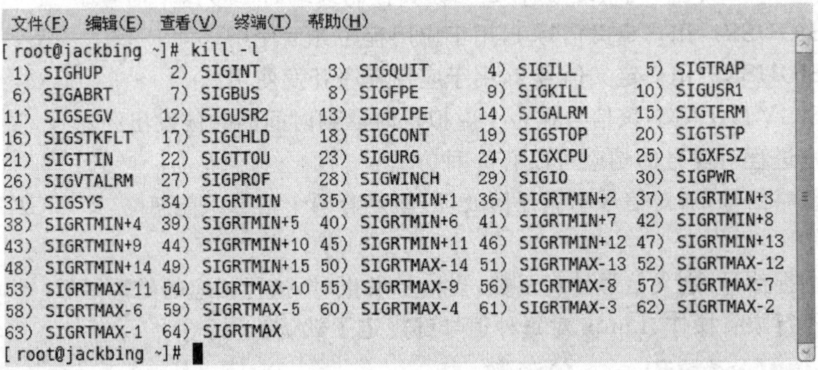

图 4.11 系统信号

常见的信号及其含义如下所示。
- SIGHUP：在用户终端检测到链接断开时，将此信号发送给与终端相关的进程。
- SIGINT：当用户按下中断键 Delete 或 Ctrl+C 时，终端将这个信号发送给前台中所有进程。
- SIGQUIT：当用户按下退出键 Ctrl+C 时，终端将这个信号发送给前台中的所有进程。
- SIGILL：此信号在一个进程企图执行一条非法指令时发出。
- SIGTRAP：指示一个定义的硬件故障出现。
- SIGSEGV：表示进程进行了一次无效的内存访问。
- SIGFPE：表示进程进行了一次算数运算异常，如浮点溢出等。
- SIGIOT：建立 CORE 文件，执行 I/O 自陷。
- SIGKILL：该信号用来立即结束进程的运行。
- SIGPIPE：向一个没有读进程的管道写数据时产生该信号。
- SIGALARM：该信号在一个定时器到时间的时候发出。
- SIGTERM：由 kill 命令发出的系统终止信号。
- SIGSTOP：该信号用于暂停一个进程。
- SIGTSTP：交互停止信号，当用户在终端上按挂起键（Ctrl+C）时产生该信号。
- SIGCONT：该信号送给需要继续运行的处于停止状态的进程。
- SIGURG：该信号通知进程发生一个紧急情况。
- SIGIO：该进程指示一个异步 IO 事件。
- SIGCHLD：当一个子进程状态改变，如终止或停止时，其父进程会接收到这个信号。
- SIGTTOU：当一个后台进程试图写其控制终端时产生这个信号。
- SIGTTIN：当一个后台进程试图读其控制终端时产生这个信号。
- SIGUSR1：用户定义信号 1，用于应用程序开发使用。
- SIGUSR2：用户定义信号 2，用于应用程序开发使用。
- SIGVTALRM：该信号在一个虚拟定时器到时间的时候发出。

用户进程对信号的响应可以有 3 种方式：
- 忽略信号，即对信号不做任何处理，但是有两个信号不能忽略，即 SIGKILL 及 SIGSTOP。
- 捕捉信号，定义信号处理函数，当信号发生时，执行相应的处理函数。
- 执行缺省操作，Linux 对每种信号都规定了默认操作。

1. kill()函数和 raise()函数

kill()函数同大家熟知的 kill 系统命令一样，可以发送信号给进程或进程组；

raise()函数在当前进程中自举一个信号,即向当前进程发送信号。这两个函数的原型如下所示:

```
#include <signal.h>
#include <sys/types.h>
int kill(pid_t pid,int sig);
int raise(int sig);
```

这里重点介绍写 kill()函数。kill()函数向进程号为 pid 的进程发送信号,待发送的信号值为 sig。当 pid 等于 0 时,信号被发送到所有和 pid 进程在同一个进程组的进程,有群发的意思;当 pid 大于 0,代表信号发送给的 ID 号为 pid 的进程;当 pid =-1,表示信号发给所有的进程表中的进程(除了进程号最大的进程外)。该函数调用成功返回 0,否则返回-1,同时设置 erro 变量。

下面演示 kill()函数的代码,代码 kill.c 如下所示:

```
#include <stdio.h>
#include <stdlib.h>
#include <signal.h>
#include <sys/types.h>
#include <sys/wait.h>
int main()
{
  pid_t pid;
  int ret;
  /*创建进程*/
  pid = fork();
  /*子进程代码*/
  if(pid == 0)
  {
    while(1)
    {
      printf("子进程正在运行\n");
      sleep(1);
    }
  }
  else
  {
    /*在父进程中打印子进程的 pid 号*/
    printf("子进程的 pid 号 = %d\n",pid);
    /*延时 5 秒钟,让子进程运行一段时间*/
    sleep(5);
    /*终止子进程的运行*/
```

```
    if((ret = kill(pid,SIGKILL)) = = 0)
        printf("终止 pid 号为%d的子进程\n",pid);
    }
}
```

上述代码创建子进程,子进程每间隔 1 秒钟则打印"子进程正在运行"的信息。调用 fork()函数在父进程中返回的是子进程的 pid 号,然后打印显示子进程的 pid,之后延时 5 秒钟让子进程运行一段时间,再通过 kill()函数终止子进程的运行并打印终止的子进程 pid 号。代码的运行结果如图 4.12 所示。

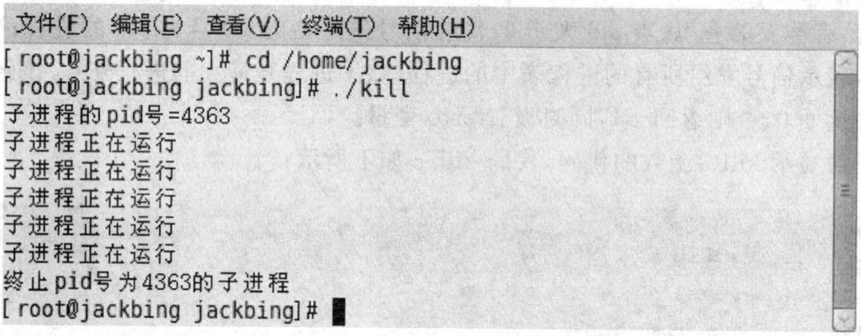

```
文件(F)  编辑(E)  查看(V)  终端(T)  帮助(H)
[root@jackbing ~]# cd /home/jackbing
[root@jackbing jackbing]# ./kill
子进程的pid号=4363
子进程正在运行
子进程正在运行
子进程正在运行
子进程正在运行
子进程正在运行
终止pid号为4363的子进程
[root@jackbing jackbing]#
```

图 4.12　kill 运行结果

从 kill 代码的运行结果可以看出,子进程如果在没有父进程终止的情况下,将一直在 while 循环内打印信息。但是父进程 5 秒后终止了子进程的运行,子进程也只循环打印了 5 次信息就退出了运行。

2. alarm()函数和 pause()函数

alarm()也称为闹钟函数,它可以在进程中设置一个定时器,当到定时器指定的时间时,它就向进程发送 SIGALARM 信号,这个函数是专门为 SIGALARM 信号设置的。要注意的是,一个进程只能有一个闹钟时间,如果在调用 alarm()函数之前已设置过闹钟时间,则任何以前的闹钟时间都被新值所代替。pause()函数是用于将调用进程挂起直至捕捉到信号为止。这个函数很常用,通常可以用于判断信号是否已经到达。两个函数的原型如下所示:

```
#include <unistd.h>
unsigned int alarm(unsigned int seconds);
int pause(void);
```

alarm()函数的参数 seconds 为指定的闹钟秒数,如果该值为 0,则进程内将不再包含任何闹钟。该函数调用成功返回 0,调用失败返回 −1。如果调用 alarm()函数前,进程中已经设置了闹钟时间,则再一次调用 alarm()函数将返回上一个闹钟时间的剩余时间。

下面以一个在很多地方都出现过的非常经典的例子讲述 alarm()函数和 pause

()函数的用法,代码 alarm_pause.c 如下所示:

```
#include <unistd.h>
#include <stdio.h>
#include <stdlib.h>
int main()
{
 /*调用 alarm 定时器函数*/
 alarm(5);
 pause();
 printf("定时结束.\n");
}
```

上述代码在编译运行后并没有执行打印"定时结束"这条语句,这是因为 alarm()函数在计时器超时的时候产生的 SIGALRM 信号被 pause()函数捕捉。pause()函数在捕捉任何信号之前当前进程是被挂起的,也就是代码一直被阻塞在 pause()函数处,当 pause()函数捕捉到 alarm()函数产生的 SIGALRM 信号后默认的是终止进程的运行,因此打印"定时结束"这条语句也就没有得到执行。

如果希望让 alarm()函数所产生的信号不被忽略、被信号捕捉函数捕捉到并进行相应的处理,就要用到信号截取函数 signal()。

3. 信号截取函数 signal()

信号处理有两种方法,一种是利用 signal()函数,另外一种是使用信号集函数。这里主要介绍 signal()函数的使用。signal()函数用于获取系统产生的各种信号,并对此信号调用用户自己定义的处理函数,函数原型如下所示:

```
#include <signal.h>
typedef void sign(int);
sign * signal(int,handler *);
```

signal()函数有两个参数,第一个参数指定信号的值;第二个参数是一个函数指针,用于指定针对信号的处理函数的函数地址。

将前面的 alarm.c 代码中引入信号处理函数 signal(),signal.c 的代码如下所示:

```
#include <unistd.h>
#include <signal.h>
#include <stdio.h>
#include <stdlib.h>
void signal_handler()
{
 printf("定时时间结束\n");
 return;
```

```
}
main()
{
  int number;
  signal(SIGALRM,signal_handler);
  alarm(5);
  for(number = 1;number< = 10;number + +)
  {
    printf("时间过去%d秒钟！\n",number);
    sleep(1);
  }
}
```

该代码依然设置一个5秒钟的定时,与之前的处理方法不同,此处加入了捕获SIGALRM信号的处理函数。当定时5秒到来时,signal()函数捕获了SIGALRM信号并交由signal_handler()函数处理,该信号处理函数打印定时时间结束的提示信息后退出。由于alarm()函数本身不是阻塞函数,其后面的for()循环依然继续运行,运行代表的含义为一个1~10的时间计时。只是在计时5秒钟后加入了一个"定时时间结束"的打印信息。

编译signal.c,生成signal可执行文件后并运行：

```
# gcc-o signal signal.c
# ./signal
```

代码运行效果如图4.13所示。

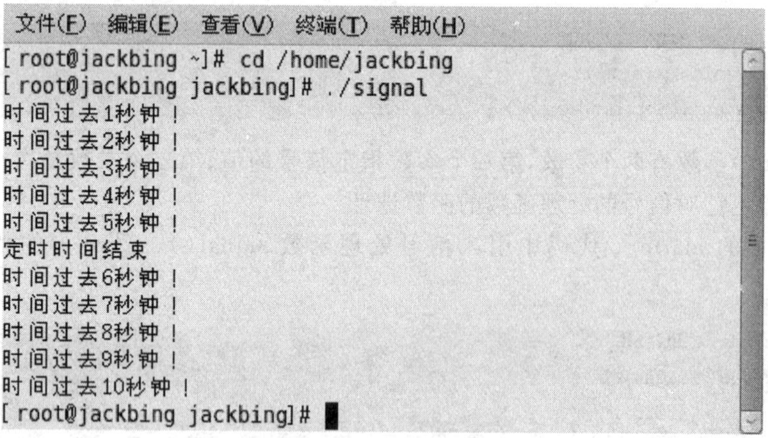

图4.13 signal运行结果

4.4.3 消息队列

消息队列就是一个消息的链表。可以把消息看作一个记录,具有特定的格式以及特定的优先级。对消息队列有写权限的进程可以按照一定的规则向消息队列添加新消息;对消息队列有读权限的进程则可以从消息队列中读走消息。消息队列是内核地址空间中的内部链表,通过 Linux 内核在各个进程之间传递内容。

消息队列的实现包括创建或打开消息队列、添加消息、读取消息和控制消息队列这 4 种操作。其中创建或打开消息队列使用的是 msgget() 函数,这里创建的消息队列的数量会受到系统消息队列数量的限制;添加消息使用的是 msgsnd() 函数,它把消息添加到已打开的消息队列末尾;读取消息使用的是 msgrcv() 函数,它把消息从消息队列中取走;控制消息队列使用的是 msgctl() 函数。在消息队列的使用中,有以下较为重要的数据结构和函数。

(1) 消息队列中有一个常用的数据结构是 msgbuf,可以以这个结构为模板定义自己的消息结构。这个结构的定义在<linux/msg.h>中,msgbuf 结构如下所示:

```
struct msgbuf
{
    long mtype;
    char mtext[x];
};
```

msgbuf 结构有两个成员,分别是 mytype 和 mtext。

➤ mytype:mtype 成员代表消息类型,从消息队列中读取消息的一个重要依据就是消息的类型。

➤ mtext:mtext 成员代表消息数据,消息数据的长度可以根据实际的情况进行设定,这个域能够存放任意形式的任意数据。

(2) 内核把 IPC 对象的许可权限信息存放在 ipc_perm 类型的结构中,定义在<linux/ipc.h>文件中,ipc_perm 结构如下所示:

```
struct ipc_perm
{
    key_t   key;
    uid_t   uid;
    gid_t   gid;
    uid_t   cuid;
    gid_t   cgid;
    unsigned short  __msg_cbytes;
    unsigned short  seq;
};
```

ipc_perm 结构成员的意义如下。

- key：key 参数用于区分不同的消息队列。
- uid：消息队列用户的 ID 号。
- gid：消息队列用户组的 ID 号。
- cuid：消息队列创建者的 ID 号。
- cgid：消息队列创建者的组 ID 号。
- mode：用户读写控制的权限，经常采用 0666，表示可以对消息进行读写操作。"0666"最左边的"0"表示后面的"666"是一个 8 进制数，后面的 3 个数都表示操作权限，其中左边第一个表示消息队列创造进程的操作权限，第二个是同组进程的操作权限，最右边的数字代表其他进程的权限。"2"表示写权限、"4"表示读权限、"6"表示可读可写权限。
- seq：序列号。

(3) 消息队列中另外一个经常用到的数据结构是 msgid_ds，可以利用该结构来保存消息队列的属性。这个结构的定义在<linux/msg.h>中，msgid_ds 结构如下所示：

```
struct msgid_ds
{
    struct ipc_perm   msg_perm;
    time_t   msg_stime;
    time_t   msg_rtime;
    time_t   msg_ctime;
    unsigned long   __msg_cbytes;
    msgqnum_t   msg_qnum;
    mslen_t   msg_qbytes;
    pid_t   msg_lspid;
    pid_t   msg_lrpid;
};
```

msgid_ds 结构成员的意义如下：
- msg_perm：是 ipc_perm 结构的实例，用于存放消息队列的许可权限信息。
- msg_stime：发送到消息队列的最后一个消息的时间戳。
- msg_rtime：从消息队列中获取最后一个消息的时间戳。
- msg_ctime：消息队列进行最后一次变动的时间戳。
- msg_cbytes：消息队列中所有消息大小的总和。
- msg_qnum：消息队列中的消息数目。
- msg_qbytes：消息队列中能容纳的最大字节数。
- msg_lspid：发送最后一个消息进程的 PID；
- msg_lrpid：接收最后一个进程的 PID。

下面介绍消息队列中一些重要的函数。

(1) 键值构建 ftok() 函数。

ftok() 函数将路径名与项目的表示符转变成一个系统 V 的 IPC 键值。其函数原型如下所示：

```
#include <sys/types.h>
#include <sys/ipc.h>
key_t ftok(char * pathname, char proj)
```

该函数返回与路径 pathname 相对应的一个键值。该函数不直接对消息队列操作，但在调用 ipc(MSGGET,…) 或 msgget() 函数得消息队列描述符前，往往要调用该函数。

(2) msgget() 函数。

函数 msgget() 用于创建一个新的消息队列或访问一个现有的消息队列，其函数原型如下所示：

```
#include <sys/types.h>
#include <sys/ipc.h>
#include <sys/msg.h>
int msgget(key_t key, int msgflg)
```

msgget() 函数的第一个参数 key 是一个键值，一般由 ftok() 函数获得，这个值被拿来与内核中其他消息队列的现有关键字值相比较，该值通常取 IPC_PRIVATE，意味着创建新的消息队列。msgget() 函数调用成功返回消息队列描述字，否则返回-1。

msgflg 参数是一些标志位。可以为：IPC_CREATE、IPC_EXCL、IPC_NOWAIT 或三者组合。如果只使用 IPC_CREATE，msgget() 函数，或返回新创建消息队列的消息队列标识符，或返回现有的具有同一关键字值的消息队列标识符。如果同时使用 IPC_CREATE 和 IPC_EXCL，或创建一个消息队列，或该队列存在。若调用出错，返回-1。

若利用 msgget() 函数创建一个新的消息队列，可以采用将 key 参数设置为 IPC_PRIVATE；或者当没有消息队列与健值 key 相对应，将 msgflg 参数设置为 IPC_CREAT。

(3) msgsnd() 函数。

创建或者获得了消息队列标识符后，就可以对消息队列执行相关的操作。向消息队列传送消息可以使用 msgsnd() 函数，其函数原型如下所示：

```
#include <sys/types.h>
#include <sys/ipc.h>
#include <sys/msg.h>
int msgsnd(int msqid, struct msgbuf * msgp, int msgsz, int msgflg)
```

msgsnd()函数的第一个参数 msqid 代表的是消息队列发送的一个消息,它是由 msgget()函数获得并返回的。第二个参数 msgp 是一个指向消息缓冲区的指针,msgsz 参数表示消息的大小,即将发送的消息存储在 msgp 指向的 msgbuf 结构中,消息的大小由 msgsz 指定。msflg 参数可以设置为 0(忽略),也可以设置为 NOWAIT,指明在消息队列没有足够空间容纳要发送的消息时,msgsnd 是否等待。如果消息队列已满,则消息将不会被写入到队列中;如果 msflg 并没有设置为 IPC_NOWAIT,且消息队列已满,此时调用进程将被阻塞,直到消息队列有剩余空间可以写消息为止。

(4) msgrcv()函数。

创建或者获得了消息队列标识符后,就可以对消息队列执行接收操作。msgrcv()函数用于接收消息队列标识符中的消息,其函数原型如下所示:

```
#include <sys/types.h>
#include <sys/ipc.h>
#include <sys/msg.h>
int msgrcv(int msqid, struct msgbuf * msgp, int msgsz, long msgtyp, int msgflg)
```

msgrcv()函数的第一个参数 msqid 为消息队列描述符,该值是由调用 msgget()函数的返回值得到的。第二个参数 msgp 用于表示消息缓冲区的地址,消息返回后存储在 msgp 指向的地址里。第三个参数 msgsz 表示消息缓冲区的大小。第四个参数 msgtyp 表示为请求读取的消息类型。第五个参数 msgflg 为读消息标识,其中 msgflg 可以为以下几个常值或它们的组合:

➢ IPC_NOWAIT:如果没有满足条件的消息,调用立即返回,此时,errno=ENOMSG。

➢ IPC_EXCEPT:与 msgtyp>0 配合使用,返回队列中第一个类型不为 msgtyp 的消息。

➢ IPC_NOERROR:如果队列中满足条件的消息内容大于所请求的 msgsz 字节,则把该消息截断,截断部分将丢失。

(5) msgctl()函数。

该函数对由 msqid 标识的消息队列执行 cmd 操作,其函数原型如下所示:

```
#include <sys/types.h>
#include <sys/ipc.h>
#include <sys/msg.h>
int msgctl(int msqid, int cmd, struct msqid_ds * buf)
```

cmd 共有如下 3 种操作:IPC_STAT、IPC_SET 、IPC_RMID。

➢ IPC_STAT:该命令用来获取消息队列信息,返回的信息存储在 buf 指向的 msqid 结构中。

➢ IPC_SET:该命令用来设置消息队列的属性,要设置的属性存储在 buf 指向的

msqid 结构中。可设置属性包括:msg_perm.uid、msg_perm.gid、msg_perm.mode 以及 msg_qbytes,同时,也影响 msg_ctime 成员。

> IPC_RMID:删除 msqid 标识的消息队列。

下面以一个消息队列读写代码 msg.c 为例,介绍消息队列的使用方法,代码如下所示:

```c
#include <stdlib.h>
#include <stdio.h>
#include <string.h>
#include <errno.h>
#include <unistd.h>
#include <sys/types.h>
#include <sys/ipc.h>
#include <sys/msg.h>
int main()
{
    /*定义消息的结构*/
    struct msgbuf
    {
        long int my_msg_type;
        char some_text[100];
    };
    struct msgbuf msg_mybuff;
    /*定义消息队列 ID*/
    int msgid;
    key_t key;
    char buffer[BUFSIZ];
    char *msgpath = "/ipc/msg/";
    key = ftok(msgpath,'a');
    /*创建消息队列*/
    msgid = msgget(key, 0666 | IPC_CREAT);
    if (msgid == -1)
    {
        printf("消息队列创建失败!\n");
        return 1;
    }
    printf("请输入字符串到消息队列:");
    /*保存键盘键入的内容*/
    fgets(buffer, BUFSIZ, stdin);
    msg_mybuff.my_msg_type = 1;
    strcpy(msg_mybuff.some_text, buffer);
```

```
/*将键盘键入的内容发送到消息队列中去*/
msgsnd(msgid, (void *)&msg_mybuff, 100, 0);
/*读取刚刚写入消息队列中的数据*/
msgrcv(msgid, (void *)&msg_mybuff, BUFSIZ, 0, 0);
printf("写入消息队列中的字符串为：%s", msg_mybuff.some_text);
return 0;
}
```

上述代码中自己重新定义了消息队列数据结构 msgbuf，利用 msgget() 函数创建了消息队列，之后通过 fgets() 函数保存键盘键入的字符串并利用 msgsnd() 函数将输入的字符串发送至消息队列中，然后再通过 msgrcv() 读取消息队列中的数据并打印。

编译 msg.c，生成 msg 可执行文件后并运行：

```
# gcc -o msg msg.c
# ./msg
```

代码运行效果如图 4.14 所示。

```
文件(F)  编辑(E)  查看(V)  终端(T)  帮助(H)
[root@jackbing ~]# cd /home/jackbing
[root@jackbing jackbing]# ./msg
请输入字符串到消息队列：Good morning!
写入消息队列中的字符串为：Good morning!
[root@jackbing jackbing]#
```

图 4.14　msg 运行结果

4.4.4　共享内存

共享内存是进程间通信最有效快捷的方式，也是最常用的方法。所谓共享内存就是同一块物理内存被映射到多个进程各自的进程地址空间中，进程间可以互相看到其他进程对共享内存的修改更新。因为共享内存的通信方式是不需要中间过程的，进程可以直接读写共享内存，并不需要进程间的数据复制，而管道、消息队列等方式则需要将数据通过中间转换机制。这样，共享内存进程间通信就有着效率高的突出特点，只对共享内存进行操作就可以实现进程间的数据共享。

Linux 的 2.2.x 版本之后的内核就开始支持多种共享内存方式，如 mmap() 系统调用，Posix 共享内存，以及 System V 共享内存。linux 发行版本如 Redhat 8.0 支持 mmap() 系统调用及 System V 共享内存，但还没实现 Posix 共享内存。本书中设计的产品嵌入式 Web 服务器的进程间通信打算采用 System V 共享内存方式，因此本节只对 System V 共享内存加以介绍。

要使用一块共享内存，进程必须首先分配它。随后需要访问这个共享内存块的每一个进程都必须将这个共享内存绑定到自己的地址空间中。当完成通信之后，解除所有进程与该共享内存的绑定关系。System V 共享内存通过 shmget() 函数创建或者获取一块共享内存，并返回共享内存的标识符，然后利用 shmat() 函数完成共享内存到各个进程地址空间的绑定，最后调用 shmdt() 函数解除共享内存区域与各个进程之间的映射绑定关系。对共享内存的操作可以利用 shmctl() 函数完成。

首先介绍共享内存中一个重要的数据结构 shmid_ds，它描述了这个共享内存的认证信息，字节大小，最后一次粘附时间、分离时间、改变时间，创建该共享区域的进程，最后一次对它操作的进程，当前有多少个进程在使用它等信息。该结构的定义如下所示：

```
struct shmid_ds
{
    struct ipc_perm shm_perm;
    int shm_segsz;
    __kernel_time_t shm_atime;
    __kernel_time_t shm_dtime;
    __kernel_time_t shm_ctime;
    __kernel_ipc_pid_t shm_cpid;
    __kernel_ipc_pid_t shm_lpid;
    unsigned short shm_nattch;
    unsigned short shm_unused;
    void * shm_unused2;
    void * shm_unused3;
};
```

➢ shm_perm 元素是 ipc_perm 结构的对象，表示所有者的权限，系统用一个 struct ipc_perm 数据结构来存放权限信息，ipc_perm 结构如下所示：

```
struct ipc_perm
{
    __kernel_key_t key;
    __kernel_uid_t uid;
    __kernel_gid_t gid;
    __kernel_uid_t cuid;
    __kernel_gid_t cgid;
    __kernel_mode_t mode;
    unsigned short seq;
};
```

➢ shm_segsz 表示段大小，以自己为单位。
➢ shm_atime 表示共享内存挂接时间。
➢ shm_dtime 表示断开共享内存连接的时间。

- shm_ctime 表示共享内存修改时间。
- shm_cpid 表示共享内存建立进程的 PID。
- shm_lpid 表示最后调用 shmat()或 shmdt()函数进程的 PID。
- shm_nattch 表示当前挂接共享内存进程的数量。

下面介绍共享内存中几个非常重要的系统函数。

1. 共享内存创建函数 shmget()

shmget()函数用于创建一个新的共享内存或者访问一个现有的共享内存，shmget()函数原型如下所示：

```
#include <sys/ipc.h>
#include <sys/shm.h>
int shmget(key_t key, size_t size, int shmflg);
```

shmget()函数的第一个参数 key 代表共享内存的键值，可以取为 0 或者 IPC_PRIVATE。当 key 的取值为 IPC_PRIVATE 时，函数 shmget()将创建一块新的共享内存；如果 key 的取值为 0，而参数 shmflg 中设置了 IPC_PRIVATE 这个标志，则同样将创建一块新的共享内存。在 IPC 的通信模式下，不管是使用消息队列还是共享内存，甚至是信号量，每个 IPC 的对象(object)都有唯一的名字，称为"键"(key)。通过"键"，进程能够识别所用的对象。"键"与 IPC 对象的关系就如同文件名称之于文件，通过文件名，进程能够读写文件内的数据，甚至多个进程能够共用一个文件。而在 IPC 的通讯模式下，通过"键"的使用也使得一个 IPC 对象能为多个进程所共用。

shmget()函数的第二个参数 size 是要建立共享内存的长度。所有的内存分配操作都是以页为单位的。所以如果一段进程只申请一块只有一个字节的内存，内存也会分配整整一页，新创建的共享内存的大小实际上是从 size 这个参数调整而来的页面大小。

shmget()函数的第三个参数 shmflg 主要和一些标志有关，其中有效的包括 IPC_CREAT 和 IPC_EXCL。IPC_CREAT：这个标志表示应创建一个新的共享内存块。通过指定这个标志，我们可以创建一个具有指定键值的新共享内存块。IPC_EXCL：这个标志只能与 IPC_CREAT 同时使用。当指定这个标志的时候，如果已有一个具有这个键值的共享内存块存在，则 shmget()函数会调用失败。也就是说，这个标志将使线程获得一个"独有"的共享内存块。如果没有指定这个标志而系统中存在一个具有相同键值的共享内存块，shmget()函数会返回这个已经建立的共享内存块，而不是重新创建一个。

该函数调用成功返回共享内存的标识符；不成功返回-1，errno 储存错误原因。

EINVAL	参数 size 小于 SHMMIN 或大于 SHMMAX。
EEXIST	预建立 key 所致的共享内存,但已经存在。
EIDRM	参数 key 所致的共享内存已经删除。
ENOSPC	超过了系统允许建立的共享内存的最大值(SHMALL)。
ENOENT	参数 key 所指的共享内存不存在,参数 shmflg 也未设 IPC_CREAT 位。
EACCES	没有权限。
ENOMEM	核心内存不足。

2. 共享内存地址获取函数 shmat()

shmat()函数用来获取共享内存的地址,成功获得共享内存的地址后,可以像操作普通内存一样对共享内存进行读写以及偏移等操作。该函数原型如下所示:

```
#include <sys/types.h>
#include <sys/shm.h>
void * shmat(int shmid, const void * shmaddr, int shmflg);
```

shmat()函数的第一个参数 shmid 是 shmget()函数返回的共享内存标识符。

shmat()函数的第二个参数 shmaddr 用来指定该共享内存被映射到调用进程的那个地址上。shmaddr 的取值共有 3 种情况,如果 shmaddr 为 0,则由内核选择可用的内存空间,通常推荐采用这个值;如果 shmaddr 非 0,且 shmflg 参数没有指定 SHM_RND,则将共享内存映射到 shmaddr 所指定的地址上;如果 shmaddr 非 0,且 shmflg 参数指定了 SHM_RND,则将共享内存映射到 shmaddr 所指定的地址(该地址为 2 的平方,否则向下取最近的 1 个 2 的平方的地址)上。

shmat()函数的第三个参数 shmflg 为选项位,通常将其设置为 SHM_RDONLY 来指定以只读的方式映射该共享内存,否则以读写的方式来映射。

3. 共享内存删除函数 shmdt()

shmdt()函数用于断开调用进程与共享内存对象之间的连接。当某一进程不再需要使用共享内存时,它必须调用这个函数来断开与共享内存的关联,该函数的原型如下所示:

```
#include <sys/types.h>
#include <sys/shm.h>
int shmdt(const void * shmaddr);
```

这个函数唯一的参数 shmaddr 是 shmat()函数返回的地址,该地址为共享内存的起始地址。

4. 共享内存控制函数 shmctl()

shmctl()函数用于对已创建的共享内存对象进行查询、设值、删除等操作。该函数的原型如下所示:

```
#include <sys/types.h>
#include <sys/shm.h>
int shmctl(int shmid,int cmd,struct shmid_ds * buf);
```

shmctl()函数的第一个参数 shmid 是一个共享内存块标识。

shmctl()函数的第二个参数 cmd 是向共享内存发送的指令,其标准的命令值是:

➢ IPC_STAT 获取共享内存的 shmid_ds 结构信息,并将其存储在参数 buf 所指定的结构中。要获取一个共享内存的相关信息,则为该函数传递 IPC_STAT 作为第二个参数,同时传递一个指向一个 struct shmid_ds 对象的指针作为第三个参数。

➢ IPC_SET 设置共享内存 shmid_ds 结构的 ipc_perm 成员的值,此命令是从参数 buf 中获得的。

➢ IPC_RMID 为标记某段共享内存以备删除使用。要删除一个共享内存块,则应将 IPC_RMID 作为第二个参数,而将 NULL 作为第三个参数。当最后一个绑定该共享内存块的进程与其脱离时,该共享内存块将被删除。

下面以一个共享内存读写代码 shm.c 为例,介绍共享内存的使用方法,代码如下所示:

```c
#include <stdio.h>
#include <sys/sem.h>
#include <sys/ipc.h>
#include <string.h>
static char msg[ ] = "ABCDEFGHIJKLMNOPQRSTUVWXYZ\n";
int main(void)
{
    key_t key;
    int shmid,number;
    char i, * shms, * shmc;
    pid_t pid;
    key = ftok("/ipc/sem",'a');
    shmid = shmget(key,1024,IPC_CREAT|0604);
    pid = fork();
    /* 父进程代码 */
    if(pid > 0)
    {
        /* 建立共享内存 */
        shms = (char *)shmat(shmid,0,0);
        printf("父进程中向共享内存写入 26 个英文字母! \n");
        /* 父进程向共享内存中写入数据 */
        memcpy(shms, msg, strlen(msg)+1);
        for(number = 1;number <= 5;number + +)
```

```
        {
            printf("时间过去%d秒钟!\n",number);
            sleep(1);
        }
    }
    /* 子进程代码 */
    else if(pid = = 0)
    {
        printf("子进程延时1秒钟等待父进程向共享内存中写入数据!\n");
        sleep(1);
        /*子进程获取共享内存中的数据*/
        shmc = (char *)shmat(shmid,0,0);
        printf("子进程读取共享内存的值为:%s",shmc);
        shmdt(shmc);
    }
    return 0;
}
```

上述代码在 main()函数中通过 shmget()函数创建了共享内存并返回共享内存标识符 shmid。接下来代码创建了两个进程,在父进程中用 shmat()函数来挂载共享内存并获取共享内存的地址,之后操作共享内存就可以像对待普通内存一样对其进行读写操作。父进程中使用 memcpy()函数将 26 个英文字母写入了共享内存,之后就通过 for 循环延时 5 秒并退出。在子进程中首先延时 1 秒钟确保父进程向共享内存写入数据完毕,之后也利用 shmat()函数来挂载共享内存,读取共享内存中的数据并打印显示。

编译 shm.c,生成 shm 可执行文件后并运行:

```
# gcc-o shm shm.c
# ./shm
```

代码运行效果如图 4.15 所示。

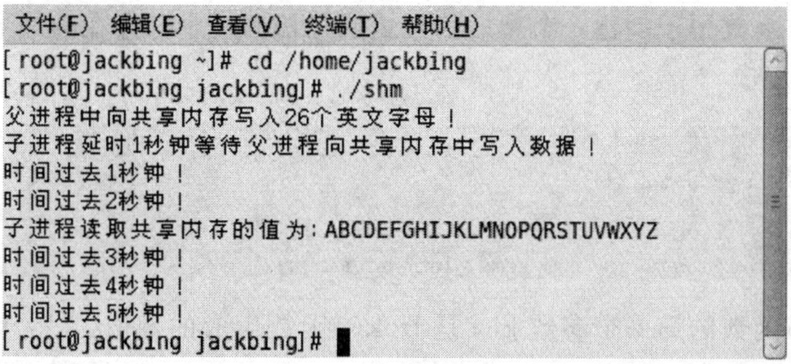

图 4.15　shm 运行结果

4.4.5 信号量

信号量是用来协调不同进程间的数据对象的。本质上,信号量是一个计数器,它用来控制多个进程/线程对共享资源的访问。当某一个进程正在对共享资源进行访问时,通过信号量锁机制可以防止另外一个进程对共享资源的操作。同样,某一个进程也可以根据信号量来判断是否可以访问共享资源。

信号量有两组系统调用函数,一种叫做 System V 信号量,常用于多进程间的同步;另外一种叫做 POSIX 信号量,来源于 POSIX 技术规范的实时扩展方案(POSIX Realtime Extension),常用于多线程编程。这两种非常相近,但它们使用的函数调用各不相同。前一种头文件为 <sys/sem.h>,函数调用为 semctl()、semget()、semop()等函数;后一种的头文件为 <semaphore.h>,函数调用为 sem_init()、sem_wait()、sem_post()、sem_destory()等等。这两种信号量都有着广泛的应用,因此在本节中将对两种信号都加以详细介绍和讲解,但重点放在 POSIX 信号量上,最后通过一个 POSIX 信号量应用实例来加深读者对这种方法的理解。

1. System V 信号量

首先介绍 System V 信号量的数据结构。由于在信号量编程设计中经常会使用到这个数据结构,为了便于将来应用,这里先对这个信号量数据结构加以说明。该结构叫做信号量操作联合结构,通常用于保存信号量的信息,其定义如下所示:

```
union semun
{
  int val;
  struct semid_ds * buf;
  unsigned short * array;
  struct seminfo * __buf;
}
```

下面介绍信号量中非常有用的几个函数。

(1) 信号量创建函数 semget()。

semget()函数用于创建一个新的信号量或是访问一个已存在的信号量。其函数原型如下所示:

```
#include <sys/types.h>
#include <sys/sem.h>
#include <sys/ipc.h>
int semget(key_t key, int num_sems, int sem_flags);
```

semget()函数的第一个参数 key 是 ftok()函数生成的键值,是一个标识信号量集的标识符。

semget()函数的第二个参数 num_sems 是创建或者打开的信号量集中包含信号

量的数目,这个值通常在应用中设置为1。

semget()函数的第三个参数 sem_flags 用于指定打开信号量的方式,其取值通常为 IPC_CREAT 和 IPC_EXCL,或者两者的逻辑或。IPC_CREAT 和 IPC_EXCL 的含义为:

➢ IPC_CREAT:如果信号量集在系统内核中不存在,则创建信号量集。如果单独使用 IPC_CREAT,则 semget()要么返回新创建的信号量集的标识符,要么返回系统中已经存在的同样关键字值的信号量标识符。

➢ IPC_EXCL:IPC_EXCL 单独使用没有意义。如果 IPC_EXCL 和 IPC_CREAT 一同使用,则要么返回新创建的信号量集的标识符,要么信号量集已经存在,调用失败返回-1。

如果调用成功,semget()函数会返回一个正数,作为信号量标识符,用于被其他信号量函数使用;如果失败,则会返回-1。

(2) 信号量操作函数 semop()。

对已经建立的信号量执行操作是通过发送命令来实现的。向信号量发送命令的函数是 semop(),其函数原型如下所示:

```
# include <sys/types.h>
# include <sys/sem.h>
# include <sys/ipc.h>
int semop(int semid, struct sembuf * sops, unsigned nsops);
```

semop()函数的第一个参数 semid 是由 semget()函数所返回的信号量标识符。

semop()函数的第二个参数 sops 是一个指向类型为 sembuf 结构数组的指针,sembuf 结构定义在 sys/sem.h 中,其中的每一个结构至少包含下列成员:

```
struct sembuf
{
    short sem_num;
    short sem_op;
    short sem_flg;
}
```

➢ sem_num:代表要处理的信号量的编号,0 对应第一个信号量。

➢ sem_op:对信号量执行的操作(正、负、零),如果 sem_op 为正,则信号量增加一个值;如果 sem_op 为负,则从信号量中减掉一个值;如果 sem_op 为 0,则将正在使用信号量的进程设置为休眠状态,直到信号量的值为 0 为止。

➢ sem_flg:信号量操作的标志,可以取 IPC_NOWAIT 或 SEM_UNDO。如果设置为 SEM_UNDO,那么在进程结束时,相应的操作将被取消掉。sem_flg 通常设置为 SEM_UNDO,这使得 Linux 内核跟踪当前进程,掌握进程对信号量做出的改变。如果进程终止而没有释放这个信号量,且该信号量为这个进程所有,这个标记可以使

Linux 内核自动释放这个信号量。

semop()函数的第三个参数 nsops 代表第二个参数 sops 指向数组的大小。

semop()函数调用成功返回 0,否则返回-1。

(3) 信号量参数控制函数 semctl()。

与共享内存 shmctl()函数类似,信号量的其他控制操作是通过函数 semctl()函数来实现的,其函数原型如下所示:

```
#include <sys/types.h>
#include <sys/sem.h>
#include <sys/ipc.h>
int semctl(int semid, int semnum, int cmd, union semun arg);
```

semctl()函数的第一个参数 semid 是由 semget()函数所返回的信号量标识符。

semctl()函数的第二个参数 semnum 是将要执行操作的信号量的编号,对于集合中的第一个信号量通常用 0 表示。在实际应用中信号量集合通常只有一个信号量,所以该值通常也取 0。

semctl()函数的第三个参数 cmd 代表将要在信号量上执行的命令,参数 cmd 中可以使用的命令如下:

➢ IPC_STAT:获取信号量的信息,并将其存储在第四个参数 arg.buf 中。

➢ IPC_SET:设置信号量的信息,将设置信息保存在第四个参数 arg.buf 中。

➢ IPC_RMID:将信号量集从内存中删除。

➢ GETALL:用于读取所有信号量的值,结果保存在第四个参数 arg.arrg 中。

➢ GETNCNT:返回当前正在等待资源的进程数目。

➢ GETPID:返回最后一个执行 semop()操作的进程的 PID。

➢ GETVAL:返回信号量集中的一个信号量的值。

➢ GETZCNT:返回在等待完全空闲资源的进程数目。

➢ SETALL:设置信号量集中的所有的信号量的值,设置为第四个参数 arg.array 所包含的值。

➢ SETVAL:设置信号量集中的一个单独的信号量的值,设置为第四个参数 arg.val 所包含的值。

semctl()函数的第四个参数 arg 用于设置或返回信号量的信息。

2. POSIX 信号量

POSIX 信号量的定义与功能与 System V 信号量基本一样,但需要注意的是 POSIX 信号量的函数名字都是以"sem_"开头的,常用的函数有 sem_init()、sem_wait()、sem_post()和 sem_destory()。

POSIX 信号量通常应用在多线程间的同步上。如果一个线程完成了某一个动作就会通过信号量告诉别的线程,别的线程再进行某些动作。在 Linux 系统中,信号量以简单整数来表示,线程等待获得许可以便继续运行。等待信号量的线程必须等到信号量的值为正才能执行,然后将信号值减 1 来表示任务已经执行一次,线程此后将继续执行直到信号量的值为 0。当信号量的值再次为正,该线程又重新执行。

POSIX 信号量中系统调用的函数主要有以下几个:

(1) 信号量初始化函数 sem_init()。

信号量用 sem_init()函数创建,其函数原型如下所示:

```
#include<semaphore.h>
int sem_init (sem_t * sem, int pshared, unsigned int value);
```

sem_init()函数的作用是对由 sem 指定的信号量进行初始化,设置好它的共享选项,并指定一个整数类型的初始值,将 sem 所指示的信号变量初始化为 value 值。该函数调用成功返回 0,否则返回 −1。

sem_init()函数的第一个参数 sem 指向一个用于线程间同步的信号量结构,该结构为一个长整型的数。

sem_init()函数的第二个参数 pshared 用于控制信号量的类型。pshared 表示是否为多进程共享而不仅仅是用于一个进程。pshared 不为"0"时此信号量在进程间共享,否则只能为当前进程的所有线程共享。

sem_init()函数的第三个参数 value 表示信号量的初始值。

(2) 信号量阻塞函数 sem_wait()。

使用 sem_wait()函数可以阻塞调用线程,直到 sem 所指示的信号量计数大于 0 为止,之后以原子递减 1 方式减小信号量计数。其函数原型如下所示:

```
#include<semaphore.h>
int sem_wait (sem_t * sem);
```

如果一个线程调用 sem_wait()函数,且当前 sem 的值是一个为正的信号量,该线程将继续执行,但是信号量的值在原有基础上减"1"。如果对一个值为"0"的信号量调用 sem_wait()函数,这个线程会等待直到其他线程增加了信号量的值使其为正。如果有两个线程都使用 sem_wait()函数等待同一个信号量变为非 0 值,当有第三个线程使信号量的值增加 1 时,等待的两个线程只能有一个线程会获得信号量的正值继续执行,另外一个线程仍将处于等待状态。两个线程哪一个会获得信号量并执行要看当前内核的任务调度规则。

sem_wait()函数调用成功返回 0,否则返回 −1。该函数唯一的参数 sem 指向一个用于同步的信号量。

(3) 信号量计数增加函数 sem_post()。

函数 sem_post()用来增加信号量的值。其函数原型如下所示:

```
#include<semaphore.h>
int sem_post (sem_t * sem);
```

如果有一些线程均基于信号量而阻塞,如果调用 sem_post()函数则会对其中一个线程解除阻塞。也就是说 sem_post()函数是给信号量的值增加"1",它是一个原子操作,即同时对同一个信号量做加"1"操作的两个线程是不会冲突的,信号量的值会正确地加一个"2"。

sem_post()函数调用成功返回 0,否则返回-1。该函数唯一的参数 sem 指向一个用于同步的信号量。

(4) 信号量释放函数 sem_destory()。

sem_destory()函数的作用是在我们用完信号量后对它进行清理。所谓用完信号量是指已没有线程在等待这个被释放的信号量。其函数原型如下所示:

```c
#include<semaphore.h>
int sem_destory (sem_t * sem);
```

在清理信号量的时候如果还有线程在等待它,用户就会收到一个错误。与其他的函数一样,sem_destory()函数在调用成功时返回 0,否则返回-1。该函数唯一的参数 sem 指向一个用于同步的信号量。

下面以一个 POSIX 信号量代码 sem.c 为例,介绍 POSIX 信号量的使用方法,代码如下所示:

```c
#include <stdio.h>
#include <unistd.h>
#include <stdlib.h>
#include <string.h>
#include <pthread.h>
#include <semaphore.h>
sem_t sem;
/*线程1处理函数*/
void * thread_id1_handle(void * arg)
{
  while (1)
  {
    printf("线程1等待信号量阻塞运行\n");
    /*等待信号量为正*/
    sem_wait(&sem);
    printf("线程1获得信号量继续运行\n");
    sleep(3);
  }
}
/*线程2处理函数*/
void * thread_id2_handle(void * arg)
{
```

```c
    while (1)
    {
        sleep(5);
        printf("线程 2 将信号量的值加 1\n");
        /*增加信号量技术*/
        sem_post(&sem);
    }
}
int main()
{
    int ret;
    pthread_t thread_id1,thread_id2;
    void * thread_result;
    /*初始化信号量*/
    ret = sem_init(&sem, 0, 0);
    if (ret ! = 0)
    {
        printf("信号量初始化失败!\n");
    }
    printf("信号量初始化成功!\n");
    /*创建线程 1*/
    ret = pthread_create(&thread_id1, NULL, thread_id1_handle, NULL);
    if (ret ! = 0)
    {
        printf("创建线程化失败!\n");
    }
    /*延时 1 秒钟等待线程 1 创建成功*/
    sleep (1);
    /*创建线程 2*/
    ret = pthread_create(&thread_id2, NULL, thread_id2_handle, NULL);
    if (ret ! = 0)
    {
        printf("信号量初始化失败!\n");
    }
    while (1)
    {
    }
}
```

该代码在主函数中初始化信号量,并创建两个线程。线程 1一开始就因等待信号量而阻塞运行,线程 2 则调用 sem_post()函数增加信号量的值,当线程 2 运行完后因信号量的值为正则使得线程 1 得以继续运行并打印相关信息,之后再次等待信

第4章 嵌入式 Linux 多任务编程

号量而阻塞。该代码的两个线程将一直进行,最后直到按下"Ctrl+C"退出代码运行。

编译 sem.c,生成 sem 可执行文件后并运行:

```
# gcc -o sem sem.c
# ./sem
```

代码运行效果如图 4.16 所示。

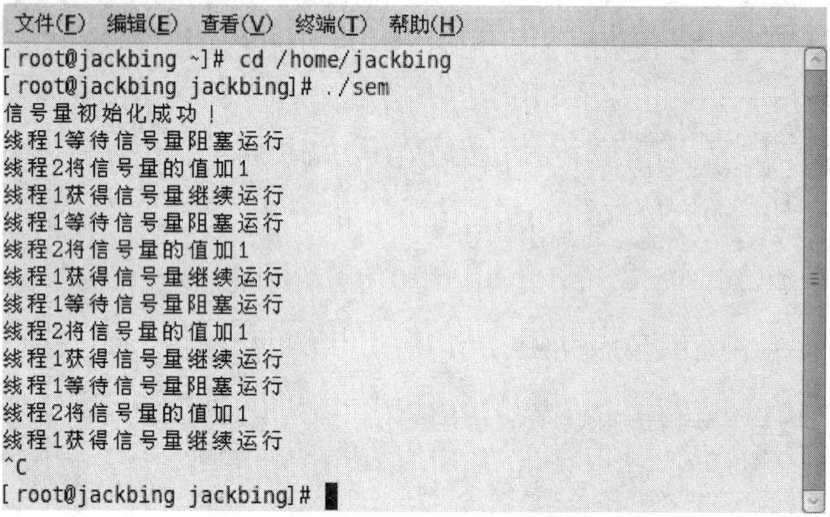

```
[root@jackbing ~]# cd /home/jackbing
[root@jackbing jackbing]# ./sem
信号量初始化成功!
线程1等待信号量阻塞运行
线程2将信号量的值加1
线程1获得信号量继续运行
线程1等待信号量阻塞运行
线程2将信号量的值加1
线程1获得信号量继续运行
线程1等待信号量阻塞运行
线程2将信号量的值加1
线程1获得信号量继续运行
线程1等待信号量阻塞运行
线程2将信号量的值加1
线程1获得信号量继续运行
^C
[root@jackbing jackbing]#
```

图 4.16　sem 运行结果

4.4.6　互斥锁

在 Linux 系统里,有很多锁的应用,包括互斥锁,文件锁,读写锁等等,上一节中的信号量其实也应该是锁的一种。使用锁的目的是为了达到进程、线程之间的同步作用,使共享资源在同一时间内,只能有一个进程或者线程对它进行操作。在此处我们主要针对互斥锁(Mutex)进行介绍,互斥锁也是多线程间同步的主要方法之一。

互斥锁是通过一种简单的加锁方法来控制对共享资源的存取。这个互斥锁只有两种状态,也就是上锁和解锁。在同一时刻只能有一个掌握拥有上锁状态的线程能够对共享资源进行操作。若有线程希望访问共享资源,则该线程首先要给共享资源上互斥锁,以防止其他线程也同时对共享资源进行操作;若当前共享资源已经处于被其他线程上锁状态的话,则该线程就会挂起,直到上锁的线程释放掉互斥锁为止。

互斥锁主要包括以下几个函数,分别是:

1. 互斥锁初始化函数 pthread_mutex_init()

该函数初始化互斥锁变量 mutex,其函数原型为:

```
#include<pthread.h>
int pthread_mutex_init(pthread_mutex_t * mutex,const pthread_mutexattr_t * mutexattr);
```

pthread_mutex_init()函数的第一个参数 mutex 是 pthread_mutex_t 互斥锁数据类型的指针。该互斥锁数据类型 pthread_mutex_t 在使用前要对其进行初始化，初始化的方法有以下两种：

➤ 静态初始化：POSIX 定义了一个宏 PTHREAD_MUTEX_INITIALIZER 结构常量来静态初始化互斥锁。只需要将互斥锁数据类型 pthread_mutex_t 定义的变量设置为 PTHREAD_MUTEX_INITIALIZER 即可。

➤ 动态初始化：在调用 malloc()函数申请内存后，通过 pthread_mutex_init()函数来动态初始化。在调用 free()函数释放内存后需要调用 pthread_mutex_destory()函数。

pthread_mutex_init()函数的第二参数 mutexattr 代表互斥锁的属性，通常采用默认的属性 NULL 即可。

pthread_mutex_init()函数调用成功返回 0,否则返回 -1。

2. 互斥锁加锁函数 pthread_mutex_lock()和 pthread_mutex_trylock()

这两个函数用来对互斥锁 mutex 执行加锁操作，其函数原型如下所示：

```
#include<pthread.h>
int pthread_mutex_lock(pthread_mutex_t * mutex);
int pthread_mutex_trylock(pthread_mutex_t * mutex);
```

pthread_mutex_lock()函数是一个阻塞型的上锁函数,若互斥锁已经上了锁,调用 pthread_mutex_lock()函数对互斥锁再次上锁的话,调用线程会阻塞,直到当前互斥锁被解锁。

pthread_mutex_trylock()函数是一个非阻塞型的上锁函数,如果互斥锁没被锁住,pthread_mutex_trylock()函数将把互斥锁加锁,并获得对共享资源的访问权限;如果互斥锁被锁住了,pthread_mutex_trylock()函数将不会阻塞等待而直接返回 EBUSY(已加锁错误),表示共享资源处于繁忙状态。

上述两个函数唯一的参数 mutex 是 pthread_mutex_t 数据类型的指针。该函数调用成功返回 0,否则返回 -1。

3. 互斥锁解锁函数 pthread_mutex_unlock()

该函数用于解除 mutex 变量所指定的互斥锁,其函数原型如下所示：

```
#include<pthread.h>
int pthread_mutex_unlock(pthread_mutex_t * mutex);
```

如果互斥锁变量 mutex 已经上锁,调用 pthread_mutex_unlock()函数将解除这个锁定,否则直接返回。该函数唯一的参数 mutex 是 pthread_mutex_t 数据类型的指针。该函数调用成功返回 0,否则返回 -1。

4. 消除互斥锁函数 pthread_mutex_destory( )

该函数用于清除 mutex 变量所指定的互斥锁,其函数原型如下所示:

```
#include<pthread.h>
int pthread_mutex_destory(pthread_mutex_t * mutex);
```

如果互斥锁变量 mutex 是采用动态初始化的话,调用 malloc() 函数申请内存后如果要释放内存则首先需要调用 pthread_mutex_destory() 函数清除 pthread_mutex_t 结构。该函数唯一的参数 mutex 是 pthread_mutex_t 数据类型的指针。该函数调用成功返回 0,否则返回 -1。

下面以一个互斥量代码 mutex.c 为例,介绍互斥量的使用方法,代码如下所示:

```c
#include <stdio.h>
#include <stdlib.h>
#include <unistd.h>
#include <pthread.h>
#include <errno.h>
#include <sys/ipc.h>
#include <sys/shm.h>
#include <string.h>
pthread_mutex_t mutex = PTHREAD_MUTEX_INITIALIZER;

key_t key;
int shmid,number;
char i, * shms, * shmc;
pid_t pid;
static char msg[] = "ABCDEFGH\n";
int ret;
void * thread_id1_handle(void * arg)
{
  int i = 0;
  while(1)
  {
    /* 互斥锁上锁 */
    if(pthread_mutex_lock(&mutex)! = 0)
    {
      perror("pthread_mutex_lock");
    }
    else
      printf("线程1:给共享内存加锁! \n");
```

```c
    /* 建立共享内存 */
    shms = (char *)shmat(shmid,0,0);
    printf("线程1:向共享内存写入数据!\n");
    /* 父进程向共享内存中写入数据 */
    memcpy(shms, msg, strlen(msg) + 1);
    sleep(5);
    /* 互斥锁解锁 */
    if(pthread_mutex_unlock(&mutex)! = 0)
    {
      perror("pthread_mutex_unlock");
    }
    else
       printf("线程1:解锁共享内存!\n");
    printf("线程1:5秒钟后重新给共享内存加锁!\n");
    for(number = 1;number< = 5;number + +)
    {
       printf("线程1:时间过去%d秒钟!\n",number);
       sleep(1);
    }
  }
}
void *thread_id2_handle(void * arg)
{
  while(1)
  {
      /* 测试互斥锁 */
      ret = pthread_mutex_trylock(&mutex);
      if(ret = = EBUSY)
         printf("线程2:共享内存被线程1加锁\n");
      else
      {
        if(ret! = 0)
        {
          perror("pthread_mutex_trylock");
          exit(1);
        }
        else
        {
           printf("线程2:探测到线程1互斥锁解锁!\n");
           shmc = (char *)shmat(shmid,0,0);
           printf("线程2:读取共享内存的值为:%s",shmc);
           pthread_mutex_unlock(&mutex);
```

```c
        }
    }
    sleep(1);
}
int main(int argc, char * argv[])
{
    pthread_t thread_id1,thread_id2;
    key = ftok("/ipc/sem",'a');
    shmid = shmget(key,1024,IPC_CREAT|0604);
    /*互斥锁初始化*/
    pthread_mutex_init(&mutex,NULL);
    /*创建两个线程*/
    pthread_create(&thread_id1,NULL,thread_id1_handle, NULL);
    pthread_create(&thread_id2,NULL,thread_id2_handle, NULL);
    pthread_join(thread_id1,NULL);
    pthread_join(thread_id2,NULL);
    exit(0);
}
```

上述代码在主函数中创建了两个线程,并设置一段共享内存。在线程1主要完成共享内存的赋值以及互斥锁上锁和解锁工作,以此达到控制其他线程访问共享资源的目的。在给共享内存赋值之前对互斥锁加锁,赋值完毕后延时5秒钟,保证在这段时间内其他线程是无法访问到共享资源的,5秒钟后将互斥锁解锁并在延时5秒钟计数以让其他线程访问共享资源。线程2将一直访问有互斥锁的共享内存,当共享内存上锁后,利用 pthread_mutex_trylock()函数将共享内存的互斥锁上锁情况打印出来,等到共享内存互斥锁解锁后将一直读取共享内存中的数据并打印。

编译 mutex.c,因为该代码涉及线程编程,因此在编译的时候还要添加编译选项"—lpthread"生成 mutex 可执行文件后并运行:

```
# gcc-lpthread-o mutex mutex.c
# ./mutex
```

代码运行效果如图4.17所示。

从代码的运行效果看出,线程1一开始就将共享内存加锁,线程2因无法访问共享内存而打印"共享内存对线程1加锁"的信息,之后线程1向共享内存中写入数据,线程2也一直无法访问共享内存,等到线程1将互斥锁解锁后,线程2才读取共享内存中的数据并打印。从图4.17线程2打印共享内存数据的次数可以看出,因线程1解锁互斥锁时间只有约5秒钟,而线程2读取共享内存的时间间隔约1秒钟,因此线程1解锁的时间里线程2只能访问5次共享内存并打印其中数据。之后上述过程再次循环直到用户强制代码停止运行。

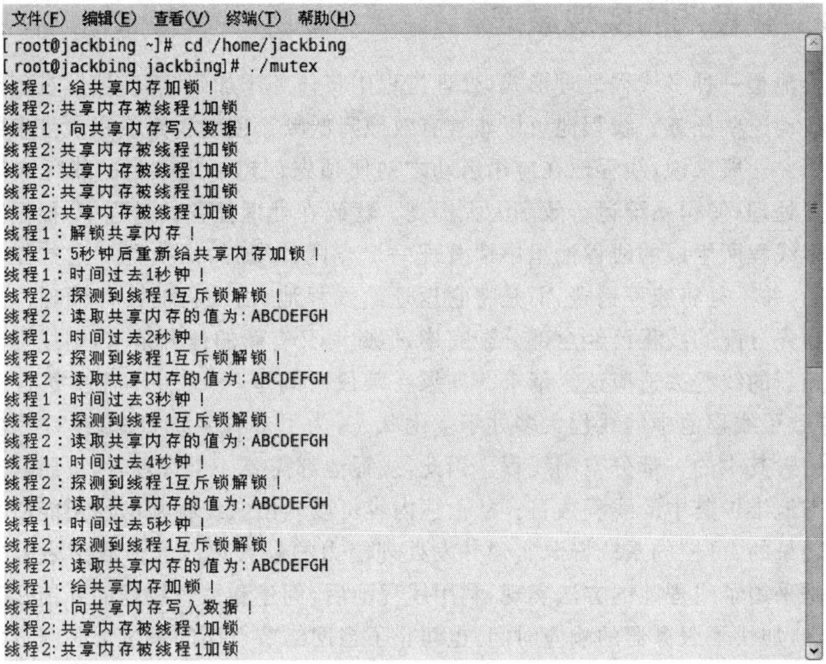

图 4.17　mutex 运行结果

4.5　线程池

  由于多线程在资源占用和调度上比多进程有很大优势，因此在系统资源有限、任务繁重复杂的嵌入式系统应用环境中，多线程成为了实现多任务处理的一个重要方式。特别是在网络服务器设计中，例如 Web 服务器、Email 服务器以及数据库服务器等，它们都需要在单位时间内处理数目巨大的连接请求并且要求处理及时、占用资源少、任务切换速度快。若采用"即时创建，即时销毁"的任务调度策略，服务器就需要在每接到一个网络节点请求后就要创建一个新的线程来处理节点的请求任务，任务完成后立即退出线程。但是这样的工作模式有着非常大的缺点，即若网络节点众多且访问服务器的次数极为频繁，那么服务器将一直进行线程的创建和销毁，线程创建和销毁带给处理器的额外负担也是很可观的，也将势必大大占用系统资源，降低服务器的性能，这个问题在嵌入式系统中尤为突出。

  由于本书所设计的产品是嵌入式 Web 服务器平台，因此就需要严格考虑系统资源占用和服务器性能的问题。为此，在嵌入式 Web 服务器平台的多任务处理上，我们优先考虑采用线程池的实现方法。

4.5.1 线程池的实现原理

线程池是一种多线程处理形式，处理过程中将任务添加到队列，然后在创建线程后自动启动这些任务。线程池可以非常有效地降低频繁创建销毁线程所带来的系统额外开销。一般来说，线程池在应用启动之初便预先创建一定数目的线程来对系统进行并发处理，使得系统运行效率大大提高。代码在处理任务的过程中，根据需要可以从众多线程所组成的线程池里申请分配一个空闲的线程，来执行一定的任务。任务完成后，并不是将线程销毁，而是将它返还给线程池，由线程池自行管理。如果线程池中预先分配的线程已经全部分配完毕，但此时又有新的任务请求，则线程池会动态地创建新的线程去适应这个请求。如果在某段时间里，代码并不需要执行很多的任务，导致了线程池中的线程大多处于空闲状态，为了节省系统资源，线程池就需要动态地销毁其中的一部分空闲线程。因此，线程池都需要一个管理者，按照一定的要求去动态地维护其中的线程数目。从上述内容可以看出，线程池的使用能使系统采用较为轻量的、可控的系统资源实现并发处理能力的最大化。大多数网络服务器模型也都是采用了线程池的方法实现，利用线程池后，创建和销毁线程的开销几乎可以忽略不计，加快了服务器的响应时间，也防止了当网络节点访问量过大时服务器出现崩溃的现象。

线程池的数学模型有多种，有 3 种较为常用，分别是：任务队列控制的线程池模型、工作线程控制的线程池模型、主线程控制的线程池模型。其中任务队列控制的线程池模型在实际应用中最为常用，其他两种线程池模型与它相似，理解了任务队列控制的线程池模型以后另外两种模型也很容易理解。为此，本节只介绍任务队列控制的线程池模型的工作原理，其他的模型读者可以根据需要自行学习。

任务队列控制的线程池模型是通过任务队列的方法来实现对线程池的并发调度，该模型的工作原理示意图如图 4.18 所示。

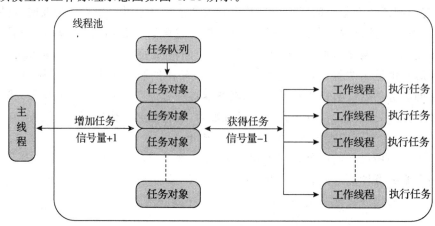

图 4.18 任务队列控制的线程池模型示意图

首先在线程池内预先创建一个任务队列和一组工作线程,其中在任务队列中存放工作任务对象。工作线程将根据信号量的值从任务队列中获取任务对象,若信号量的值为0,所有的工作线程将进入阻塞状态。当主线程将任务对象放入任务队列后,并将信号量的值增加1,则此时一个处于阻塞中的工作线程将获得这个信号量并转入运行状态,工作线程将从任务队列中获取一个任务对象并执行该任务。当任务对象执行完毕后将再次访问信号量的值,如果此时信号量的值仍然大于0,那么工作线程将继续从任务队列中获取任务对象并执行,直到信号量的值等于0,这时所有的工作线程将再次进入阻塞状态并等待信号量大于0。

操作系统能有效地通过信号量来实现工作线程的阻塞和唤醒,这样便使得多线程之间的并发调度平滑顺畅,并且该线程池模型清晰简单,所以目前大多数线程池的应用都采用这种线程池模型,下一节中线程池例程也是以这种线程池模型来实现的。

4.5.2 线程池的数据类型和函数

在线程池的实际应用中,需要定义一些重要的数据结构和函数以实现线程池的功能,例如工作线程链表结构、线程池结构、线程池初始化/清除函数、增加工作线程函数等等,下面就一一介绍这些重要数据类型和函数的实现方法。

1. 工作线程链表结构 threadpool_work

线程池里所有处于运行或是阻塞的任务都在一个任务链表中,该任务链表用于代表图 4.18 中的工作线程,其具体的定义如下所示:

```
typedef struct threadpool_work
{
    void *(* process)(void * arg);     /* 任务函数,任务运行时会调用该函数处理任务 */
    void * arg;                         /* 回调函数的参数 */
    struct threadpool_work * next;      /* 下一个任务链表 */
} threadpool_work_t;
```

2. 线程池结构 threadpool

线程池结构中包含链表结构、线程池中等待任务、活动线程数目等信息,其数据结构如下所示:

```
typedef struct threadpool
{
    pthread_mutex_t queue_lock;         /* 链表互斥量 */
    pthread_cond_t queue_ready;         /* 链表条件量——就绪 */
    threadpool_work_t * queue_head;     /* 链表头,表示线程池中所有等待任务 */
    int shutdown;                       /* 是否销毁线程池的标志量 */
    pthread_t * threadid;               /* 线程指针 */
    int max_thread_num;                 /* 线程池中允许的活动线程数目 */
```

```
  int cur_queue_size;            /*当前等待队列的任务数目*/
}threadpool_t;
```

3. 线程池初始化函数 threadpool_init()

线程池初始化函数主要用于完成线程池的初始化操作,包括内存设置、线程池属性设置以及在线程池中预创建线程等工作,其具体的定义如下所示:

```
void threadpool_init (int max_thread_num) /*参数表示线程池里最大线程个数*/
{
  int i = 0;
  static threadpool_t * pool = NULL;
  /*创建线程池结构体并分配内存空间*/
  pool = (threadpool_t *) malloc (sizeof (threadpool_t));
  /*初始化互斥量、条件变量用于线程之间的同步*/
  pthread_mutex_init (&(pool->queue_lock), NULL);
  pthread_cond_init (&(pool->queue_ready), NULL);
  /*设置线程池结构的相关属性*/
  pool->queue_head = NULL;
  pool->max_thread_num = max_thread_num;
  pool->cur_queue_size = 0;
  pool->shutdown = 0;
  /*生成线程池缓冲区*/
  pool->threadid = (pthread_t *) malloc (max_thread_num * sizeof (pthread_t));
  /*创建线程池内所有的线程*/
  for (i = 0; i < max_thread_num; i++)
  {
    pthread_create(&(pool->threadid[i]),NULL,thread_routine, NULL);
  }
}
```

4. 添加工作线程函数 threadpool_work_add()

在线程池里预先创建的线程是不能处理任何任务的,只有在分配工作线程后,才能使预先创建的线程工作起来。threadpool_work_add()函数的具体定义如下所示,其第一个参数为工作线程函数指针,第二个参数为工作线程函数参数。

```
int threadpool_work_add (void *(*process) (void *arg), void *arg)
{
  /*构造一个新的工作线程*/
  threadpool_work_t * newwork = (threadpool_work_t *)malloc(sizeof (threadpool_work_t));
  newwork->process = process;
  newwork->arg = arg;
```

```
    /*通常将结构体中指向下一个工作链的成员设置为 NULL*/
    newwork->next = NULL;
    pthread_mutex_lock(&(pool->queue_lock));
    /*将等待的任务加入到工作线程链表中*/
    threadpool_work_t *member = pool->queue_head;
    if (member! = NULL)
    {
      while (member->next! = NULL)
        member = member->next;
      member->next = newwork;
    }
    else
    {
      pool->queue_head = newwork;
    }
    assert(pool->queue_head! = NULL);
    pool->cur_queue_size++;
    /*释放对任务列表的占用*/
    pthread_mutex_unlock(&(pool->queue_lock));
    pthread_cond_signal(&(pool->queue_ready));
    return 0;
}
```

5. 线程池销毁函数 threadpool_destroy()

销毁线程池的过程要退出阻塞线程、销毁等待队列和用到的条件变量和互斥量,具体的函数定义如下所示:

```
int threadpool_destroy()
{
  int i;
  static threadpool_t *pool = NULL;
  pool->shutdown = 1;
  /*唤醒所有等待线程,线程池要销毁了*/
  pthread_cond_broadcast(&(pool->queue_ready));
  /*退出所有阻塞等待的线程*/
  for (i = 0; i < pool->max_thread_num; i++)
    pthread_join(pool->threadid[i], NULL);
  free(pool->threadid);
  /*销毁等待队列*/
  threadpool_work_t *head = NULL;
  while (pool->queue_head! = NULL)
  {
```

```c
    head = pool->queue_head;
    pool->queue_head = pool->queue_head->next;
    free(head);
}
/*销毁条件变量和互斥量*/
pthread_mutex_destroy(&(pool->queue_lock));
pthread_cond_destroy(&(pool->queue_ready));
free(pool);
/*销毁后将指针置空*/
pool = NULL;
return 0;
}
```

4.5.3 线程池实现例程

下面以一个例程来说明线程池的使用方法,代码 threadpool.c 如下所示:

```c
#include <stdio.h>
#include <stdlib.h>
#include <unistd.h>
#include <sys/types.h>
#include <pthread.h>

typedef struct threadpool_work
{
    void *(*process)(void *arg);
    void *arg;
    struct threadpool_work *next;
}threadpool_work_t;

typedef struct threadpool
{
     pthread_mutex_t queue_lock;
    pthread_cond_t queue_ready;
    threadpool_work_t *queue_head;
    int shutdown;
    pthread_t *threadid;
    int max_thread_num;
    int cur_queue_size;
}threadpool_t;


/*声明线程池的工作线程函数*/
```

```c
void * work_thread (void * arg);
/* 声明等待需要处理的任务 */
void * task_handle (void * arg);


static threadpool_t * pool = NULL;
/* 线程池初始化函数 */
void threadpool_init (int max_thread_num)
{
  int i = 0;
  pool = (threadpool_t *) malloc (sizeof (threadpool_t));
  pthread_mutex_init (&(pool->queue_lock), NULL);
  pthread_cond_init (&(pool->queue_ready), NULL);
  pool->queue_head = NULL;
  pool->max_thread_num = max_thread_num;
  pool->cur_queue_size = 0;
  pool->shutdown = 0;
  pool->threadid =
    (pthread_t *) malloc (max_thread_num * sizeof (pthread_t));
  for (i = 0; i < max_thread_num; i++)
  {
    pthread_create (&(pool->threadid[i]), NULL, work_thread,
        NULL);
  }
}
/* 增加处理任务的工作线程函数 */
int threadpool_work_add (void * (* process) (void * arg), void * arg)
{
  /* 构造一个新任务 */
  threadpool_work_t * newwork =
    (threadpool_work_t *) malloc (sizeof (threadpool_work_t));
  newwork->process = process;
  newwork->arg = arg;
  newwork->next = NULL;
  pthread_mutex_lock (&(pool->queue_lock));
  /* 将任务加入到等待队列中 */
  threadpool_work_t * member = pool->queue_head;
  if (member != NULL)
  {
    while (member->next != NULL)
      member = member->next;
    member->next = newwork;
  }
```

```c
    else
    {
      pool->queue_head = newwork;
    }
    assert(pool->queue_head != NULL);
    pool->cur_queue_size++;
    pthread_mutex_unlock(&(pool->queue_lock));
    pthread_cond_signal(&(pool->queue_ready));
    return 0;
}
/*线程池销毁函数*/
int threadpool_destroy()
{
    int i;
    pool->shutdown = 1;
    pthread_cond_broadcast(&(pool->queue_ready));
    /*将阻塞等待的线程退出*/
    for(i = 0; i < pool->max_thread_num; i++)
      pthread_join(pool->threadid[i], NULL);
    free(pool->threadid);
    /*销毁等待队列*/
    threadpool_work_t *head = NULL;
    while(pool->queue_head != NULL)
    {
      head = pool->queue_head;
      pool->queue_head = pool->queue_head->next;
      free(head);
    }
    /*销毁条件变量和互斥量*/
    pthread_mutex_destroy(&(pool->queue_lock));
    pthread_cond_destroy(&(pool->queue_ready));
    free(pool);
    pool = NULL;
    return 0;
}
/*用于处理任务的线程池工作线程函数*/
void *work_thread(void *arg)
{
    printf("启动序号为0x%x的工作线程!\n", pthread_self());
    while(1)
    {
      pthread_mutex_lock(&(pool->queue_lock));
```

```c
    /*如果等待队列为0并且不销毁线程池,则处于阻塞状态*/
    while (pool->cur_queue_size == 0 && !pool->shutdown)
    {
       printf("序号为0x%x的工作线程正在等待分配任务!\n", pthread_self());
         pthread_cond_wait (&(pool->queue_ready), &(pool->queue_lock));
    }
    /*将要销毁线程池*/
    if (pool->shutdown)
    {
      pthread_mutex_unlock (&(pool->queue_lock));
      printf("序号为0x%x将要退出!\n", pthread_self());
      pthread_exit (NULL);
    }
    printf("序号为%x的工作线程开始处理任务!\n", pthread_self());
    /*等待队列长度减去1,并取出链表中的头元素*/
    pool->cur_queue_size--;
    threadpool_work_t * worker = pool->queue_head;
    pool->queue_head = worker->next;
    pthread_mutex_unlock (&(pool->queue_lock));
    /*调用工作线程,执行任务*/
    (*(worker->process)) (worker->arg);
    free (worker);
    worker = NULL;
  }
}
/*线程池中需要处理的任务*/
void * task_handle (void * arg)
{
   printf("序号为0x%x的工作线程正在处理任务%d\n", pthread_self(), *(int *)arg);
   sleep (1);
   return NULL;
}
int main (int argc, char * * argv)
{
   int i;
   /*线程池中最多两个活动工作线程用于处理任务*/
   threadpool_init (2);
   /*向线程池中加入5个需要处理的任务*/
   int * task = (int *) malloc (sizeof (int) * 5);
   for (i = 0; i < 5; i++)
   {
```

```
        task[i] = i;
        threadpool_work_add (task_handle, &task[i]);
    }
    /*等待所有任务完成*/
    sleep (10);
    /*销毁线程池*/
    threadpool_destroy ();
    free (task);
    return 0;
}
```

上述代码中涉及的有关线程池的数据结构和线程池创建、销毁等函数参考4.5.2小节。代码在main()主函数中初始化线程池时只添加了两个应用线程，即意味着线程池里面只有两个工作线程用于处理任务队列中的任务对象(参看图4.18)，并在threadpool_init()函数中指定了工作线程处理函数为work_thread()。之后定义了任务队列中有5个需要处理的任务，并将这5个任务利用threadpool_work_add()函数分配给工作线程等待处理，这5个任务都完成同样的工作，任务函数为task_handle()。由于线程池仅仅有两个工作线程，但系统却有5个任务需要处理，这就说明两个工作线程创建好后就等待任务的分配，当5个任务分配完毕后工作线程就开始依次处理这几个任务，最后当所有任务都处理完毕后工作线程退出。

malloc()和free()函数通常成对出现，前者用于在申请内存空间，后者用于释放malloc()函数申请的内存空间。此外pthread_self()函数用于获得当前线程自身的ID。

编译threadpool.c，因为该代码涉及线程编程，因此在编译的时候还要添加编译选项"－lpthread"生成pthreadpool可执行文件后并运行：

```
# gcc-lpthread-o pthreadpool pthreadpool.c
# ./pthreadpool
```

代码运行效果如图4.19所示。

从代码的运行情况来看，两个工作线程创建后就开始等待任务分配，且两个工作线程是交替完成5个分配任务的，任务完成后工作线程退出。工作线程的ID是由Linux系统产生的，每次运行threadpool执行的效果都不同。此外，哪个工作线程执行哪个任务、哪个工作线程先运行都是由Linux内核根据线程调度策略产生的，属于内核调度层的内容，每次运行结果也不尽相同。编写应用程序时不必对调度策略做处理，线程调度交由内核完成即可。

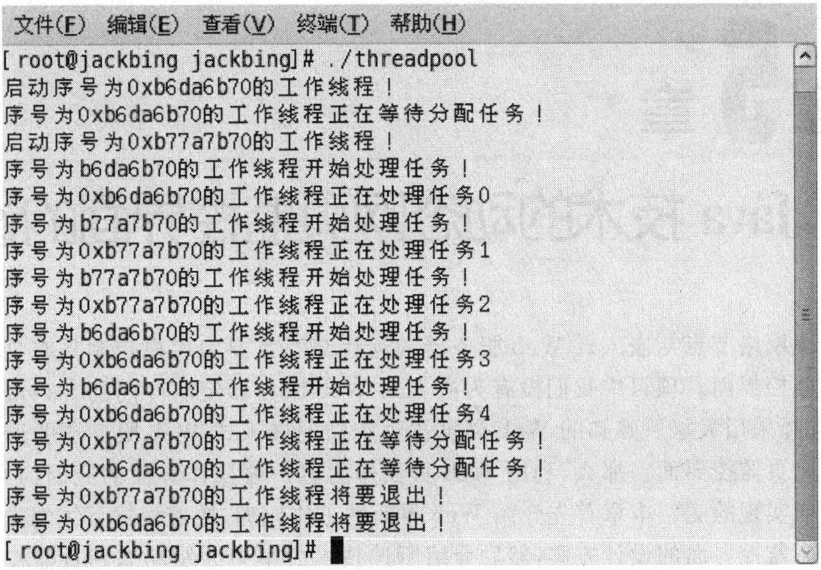

```
文件(F)  编辑(E)  查看(V)  终端(T)  帮助(H)
[root@jackbing jackbing]# ./threadpool
启动序号为0xb6da6b70的工作线程！
序号为0xb6da6b70的工作线程正在等待分配任务！
启动序号为0xb77a7b70的工作线程！
序号为b6da6b70的工作线程开始处理任务！
序号为0xb6da6b70的工作线程正在处理任务0
序号为b77a7b70的工作线程开始处理任务！
序号为0xb77a7b70的工作线程正在处理任务1
序号为b77a7b70的工作线程开始处理任务！
序号为0xb77a7b70的工作线程正在处理任务2
序号为b6da6b70的工作线程开始处理任务！
序号为0xb6da6b70的工作线程正在处理任务3
序号为b6da6b70的工作线程开始处理任务！
序号为0xb6da6b70的工作线程正在处理任务4
序号为0xb77a7b70的工作线程正在等待分配任务！
序号为0xb6da6b70的工作线程正在等待分配任务！
序号为0xb77a7b70的工作线程将要退出！
序号为0xb6da6b70的工作线程将要退出！
[root@jackbing jackbing]#
```

图 4.19　threadpool 运行结果

4.6　本章小结

　　本章主要介绍了 Linux 下多任务开发时,任务间通信和同步的方法,这些方法也同样适用于嵌入式 Linux 系统中。本章首先介绍了进程和线程的概念及相关函数,以及两者的实现方法,在此基础上进一步引入了多任务间通信和同步的常用方法,包括管道、信号、消息队列、共享内存和互斥量。这些内容都是编写多任务处理代码时所必需的知识,而且不同的方法也适用于不同的应用场合。建议读者在实际项目开发中根据需要选择多任务的通信和同步方法,并比较其执行效果以达到加深理解的目的。对于没有介绍的多任务通信同步方法读者可以自行查阅学习。本章最后介绍了在 Web 服务器、Email 服务器等有着广泛应用的多任务处理方法——线程池,本书中设计的产品嵌入式 Web 服务器模型就是采用线程池方法实现的。

　　为了方便本节中所有的代码都是使用 GCC 编译器来编译完成的,编译出来的代码直接在 PC 机上运行,然后观察运行结果。若读者打算将代码运行在 arm 平台上,需要将编译工具从 GCC 替换为 arm-linux-gcc,并设置好交叉编译工具路径的环境变量(参考第 3 章,搭建嵌入式 Linux 开发平台)。因为本章中的例程代码都比较简单,仅需一个文件即可,也不需要编写 Makefile 文件,所以没有使用 Eclipse 开发环境。读者也可以利用前面 Eclispe 编写和调试代码的方法来学习本章代码,并充分利用 Eclispe 的调试功能来深入理解这些代码。

第 5 章
基于 Java 技术的动态网页监控界面的设计

实现网络节点与嵌入式 Web 服务器的远程交互需要为用户定制具有良好可视效果的监控界面。项目中我们没有为嵌入式 Web 服务器定制专门的客户端监控软件，而选择采用大家所熟知的 Web 浏览器远程访问嵌入式 Web 服务器的形式来实现动态网页监控界面。那么，利用 Web 页面作为客户端操作界面的原因何在，我们又是如何实现的呢？本章首先介绍 Web 界面的工作原理，接着根据系统的需求选择实现动态监控界面的设计方案，然后介绍所选技术方案中涉及动态网页监控界面的核心知识，最后详细描述了监控界面代码的实现过程，并解析了代码的具体含义。

5.1 Web 界面简介

实现嵌入式系统的远程监控，必须为客户端定制良好的用户界面。我们选择了 Web 浏览器界面作为客户端操作软件，Web 界面的优势有哪些？Web 界面又是如何工作的？本节将对此进行简单地介绍。

5.1.1 Web 界面的优势

本书所设计的嵌入式网络化控制系统分为多层控制结构，而最上层直接与用户进行交互的信息层是管理好下层设备正确运行的关键，需要方便、可靠地监控界面以实现嵌入式 Web 服务器对挂载的网络节点进行远程监控。选择良好的操作、运行模式可以使用户方便、有效地监视下层设备，准确无误地实现信息层的功能。

信息层与嵌入式 Web 服务器之间的交互操作可以采用多种模式，根据监控层不同的实现载体可将其划分为 C/S（客户端/服务器）模式和 B/S（浏览器/服务器）模式。

C/S 模式的用户界面由特定软件生成，针对控制系统设计专门的软件实现对底层设备的远程操作。这种模式可以充分发挥客户端 PC 机的处理能力，很多工作可以在客户端处理后再提交给服务器。但由于其程序接口的唯一性，客户端需要特定软件的支持，与其他版本的应用程序兼容性差，其跨平台的即时应用性差，针对不同的操作系统需要开发不同的应用软件，对于分散的客户，其日后维护的工作量很大。

B/S 模式的用户界面是由 Web 浏览器实现的，即 Web 界面。在 Web 服务器上保存针对控制系统的用户页面,而在用户端的 PC 机上仅需要安装有 Web 浏览器即可。当用户在 PC 机上的浏览器发起访问请求时,Web 服务器将用户页面发送给用户 PC 机上的浏览器,监控人员可以使用 Web 浏览器中运行的界面程序对底层网络设备进行监控。其优点如下:

➢ B/S 模型构成的远程控制系统具有很高的实时性,通信速率高。

➢ 信息层用户端只要安装 Web 浏览器即可,无需安装第三方软件,软件更新方便,维护成本低,降低了实施和安装的费用。

➢ 资源共享能力强,如今,WWW(World Wide Web)技术已经遍布于世界每个角落,Web 客户端可以轻松地使用 Web 浏览器访问指定页面,与 Web 服务器发起通信。

➢ 能有效地保护数据平台和管理访问权限,服务器数据库具有较高的安全性,特别是在 Java 这样的跨平台语言出现之后,使 B/S 模式更加方便、快捷、高效。

经过分析确定嵌入式网络控制系统的控制模型采用 B/S 模式。

5.1.2 Web 界面的工作原理

网络化控制系统,离不开网络通信协议的实现。B/S 模式的结构由 Web 浏览器和 Web 服务器构成,为保证两者之间可靠地通信,采用的是标准的 TCP/IP 协议,应用层使用超文本传输协议(HTTP)进行数据包的发送,这两种协议具有开放性和可移植性方面的突出优势。

完整的 HTTP 通信需要多个步骤,需要沟通、确认后,再进行信息交换。其通信过程大致可分为如下 4 个步骤:

(1) 连接:Web 监控页面首先存放于 Web 服务器指定目录下,Web 浏览器使用特定的统一资源定位符(URL)向 Web 服务器发起页面请求,Web 服务器接收到连接请求后,会检查请求的网页是否有效,如果有效,将请求页面发送给 Web 浏览器。

(2) 请求:Web 浏览器向 Web 服务器发送请求命令。

(3) 应答:Web 服务器根据请求命令对数据进行处理,发送响应数据。

(4) 关闭:Web 浏览器读取响应数据,数据传送完毕,Web 服务器关闭连接。

通过以上步骤,Web 浏览器从 Web 服务器中获得了指定的 Web 页面,并通过发送请求命令获得了期望的数据信息,完成了与 Web 服务器的交互。

5.2 确定产品 Web 界面的需求

上一节我们介绍了 Web 界面的优点和基本运行方法,确认了使用 Web 界面作为用户界面实现方式,并指出了 Web 浏览器与 Web 服务器之间沟通交互的步骤。而保存于 Web 服务器上的用户界面是怎样构成的,又是怎样实现的呢?

Web 界面有多种设计方法,在实际开发中需要根据用户界面的需求合理地选择设计方案。

5.2.1 Web用户界面的设计需求

Web界面是用户访问嵌入式Web服务器的通道，通过Web界面来读取Web服务器端存储的网络节点运行状态并传递控制指令。Web界面需要具有以下特点：

➢ Web界面应该易于使用，能够比拟C/S模式，具有较强的交互能力；
➢ Web界面需要图形显示和远程操控，便于实现交互界面；
➢ 当节点信息发生变化时，应在Web界面上即时显示出来，所以网页应该具有局部刷新和动态显示的功能；
➢ Web界面应该支持众多浏览器；
➢ Web界面应该具有平台兼容性；
➢ Web界面应该具有较高的安全性。

5.2.2 Web用户界面的设计方案选择

1. 超文本标记语言(HTML)

嵌入式Web服务器的信息需要以一定的形式显示于浏览器上，并被用户所接受。HTML语言是一种运行于Web浏览器上的描述性语言，通过为普通文件的特定字句加上标签使文件达到预期的显示效果。HTML文件被用户端PC机浏览器下载，在Web浏览器上运行，可以将各种不同的信息统一地显示在Web浏览器上。

如今，HTML已经成为全球通用的规范标识语言，它使网页结构化，可视性更强。其语言结构简单，内容形式丰富，可以将其他语言形式的文件包含于网页当中，具有很强的可塑性，而且具有平台兼容性，是网页设计的基础性语言。

传统的Web服务器在接收到Web浏览器发送过来的URL时，Web服务器查找相应的文件，将数据传送给Web浏览器，但这样发送过来的文本为静态文本，而要实现对现场设备的远程监控，单纯的静态文本不能满足实际监控的需求。实际应用中，嵌入式Web服务器需要与Web浏览器进行实时地交互，动态地显示现场设备的运行状况，调用数据库查看历史数据，所以需要在HTML文件中引入其他类型语言的程序，使Web页面动态化。

2. 通用网关接口(CGI)

嵌入式Web服务器与Web浏览器建立连接后，浏览器可能需要服务器内的更多信息，而且服务器中的内容并不一定都需要显示在浏览器上，用户可能需要根据关键字来搜索服务器数据库中的内容。

要实现这种需求，Web浏览器发送给嵌入式Web服务器的关键字需要被服务器所识别，服务器根据此关键字对数据库内容进行查询，并将查询结果显示于浏览器上。要实现这种交互，浏览器与服务器间的通讯接口是关键。

第 5 章 基于 Java 技术的动态网页监控界面的设计

CGI(Common Gateway Interface：通用网关接口)即为 Web 服务器与 Web 浏览器进行交互的接口。CGI 程序存放于 Web 服务器上，它接受 Web 浏览器发送给 Web 服务器的信息，对 Web 服务器上的数据进行处理，并将响应结果回送给 Web 浏览器。

CGI 程序成为了浏览器与服务器沟通的桥梁，当浏览器向服务器发送数据请求时，服务器调用指定的 CGI 程序，CGI 程序对浏览器发送的信息进行分离和解析，根据浏览器请求的内容对服务器上相关数据库进行查找，将查找的结果以网页的形式发送给浏览器，完成一次请求的操作。

CGI 程序可以使用多种语言编写，并且执行速度快，编译执行不可被修改，具有较高的安全性。此外，CGI 程序可以通过超链接来直接调用，若需要关键字查询，则可以通过 HTML 语言中的＜FORM＞表单调用，将 CGI 程序嵌入到网页当中。

3. Java 应用程序(Java Applet)

为了使用户界面便捷、直观、可视性更强，形象地显示现场仪表的运行状态，需要让用户界面活动起来，以图形的方式动态显示网络节点中仪表的信息。Web 浏览器上显示的图形界面就需要与嵌入式 Web 服务器进行实时通讯，让动态的图形界面也可以获得现场仪表的数据信息，并将所得的数据通过动态图表的方式显示出来。此外，Web 界面还应具有可操作性，能够将控制信息发送给现场设备，并显示现场设备的控制状态。

可见，制作的动态图形界面应用程序应该具有以下特点：
➢ 能够嵌入到 HTML 文件当中；
➢ 具有绘图的功能和操作控件；
➢ 能够与嵌入式 Web 服务器进行实时通讯。

针对以上分析，我们最终选用 Java Applet 技术实现上述应用。Java Applet 正是一种运行于 Web 浏览器上的 Java 程序，针对 Web 浏览器的运行环境，Java Applet 具有自己的生命周期。它的运行方式由浏览器所控制，可以通过 HTML 的＜APPLET＞标签嵌入到 HTML 文件当中，在浏览一个包含 Java Applet 的 Web 页面时，该 Java Applet 就被下载到浏览器中，并被支持 Java 的浏览器所执行。

选择 Java Applet 实现动态图形界面是由于它具备如下特点：
➢ Java Applet 可以应用 Java 这种面向对象语言的库函数，实现用户界面的动态效果。设计者可以应用 Java 的图形设计开发工具包轻松地完成动态图表的设计，实现类似动态曲线、指针表盘等，形象显示现场仪表运行特性的动画效果，并进行局部刷新。
➢ Java Applet 具有事件处理功能。即能够及时捕捉鼠标、键盘的操作并根据不同的事件操作做出相应的处理，这样就实现了在用户界面上与用户的交互。
➢ Java Applet 具有网络通信的功能。可以与其他程序建立标准的 TCP/IP 通信，只要服务器端开启 TCP/IP 通信，Java Applet 可以实时地与服务器进行数据交换,Web 界面将用户发送的控制指令交送给服务器,服务器将采集的设备数据发送给 Web 界面进行显示。

➢ Java Applet 支持多种浏览器。只要用户使用的是支持 Java 的浏览器,Java Applet 就可以在用户浏览器中在线运行。

➢ Java Applet 程序具有平台无关性。无论用户使用的是何种硬件环境(如:Intel、SamSung 或 AMD 等)、何种软件操作系统(如:Vista、Windows 或 Linux 等),Java 程序只要编译一次,就可以在任何架构的平台上运行。

➢ Java Applet 具有较高的安全性。网络上传播的应用程序的安全性十分重要,Java Applet 除了与所在的服务器通信之外,无法操作客户机上的本地文件,无法获取客户机上与本程序无关的信息。这样就有效地保护了客户机,阻断了网络病毒的传播。

5.3 HTML 语言

超文本标记语言(HTML)是网页设计的基础性语言,是形成丰富多彩、具有较强可视性页面的基本构架。了解并充分运用 HTML 语言的语法特点,可以使我们的页面简洁、大方、富有生气。下面就让我们来认识 HTML 语言,探究其中的奥妙。

5.3.1 HTML 语言概述

Web 客户机与嵌入式 Web 服务器建立通讯后,要在嵌入式 Web 服务器上下载相应的网页文件以获得服务信息。所谓网页就是传输于 WWW 上的超媒体文档,网页需要以一定的形式展现于 Web 浏览器的 PC 上。

HTML 语言就是一种用于描述网页文档的标记性语言,通过为普通文件的特定字句加上标签使文件达到预期的显示效果。网页中不仅能显示文字,也能添加声音、图像以及动态效果,而网页中所有可视形式的添加都是在 HTML 语言的基础上实现的,成为包装任何形式信息的工具。

HTML 是一种标记性语言,它不同于 C++ 或 Java 这种程式性语言,HTML 是网页设计的一种规范和标准,通过标签标识网页中的各个部分,告诉浏览器如何显示网页中的内容。

浏览器是指可以显示 Web 服务器或者文件系统的 HTML 文件内容,并让用户与这些文件交互的一种软件。Web 浏览器主要通过 HTTP 协议与 Web 服务器交互并获取网页,对 HTML 的标签内容进行解释,并按 HTML 文件中标签所期望的形式将页面中的内容显示于浏览器的指定位置。

20 世纪 90 年代以后,Internet 迅速发展,促使 HTML 进入了崭新的时代。HTML 出现了许多不同的版本,而个人电脑上的浏览器也存在众多版本,这导致不同的浏览器对 HTML 标记的内容可能有不同的解释,显示出不同的效果。随后,HTML

逐渐发展，由最初的 HTML 1.0 发展为如今的 HTML 5，已经成为全球通用的规范化、标准化的标记语言。HTML 在发展过程中不断融入新的特征，兼容更多交互媒体的嵌入，极大地丰富了 HTML 的功能。

HTML 的盛行归结于其自身的有利特点：

➢ 简易性。HTML 语言不像程式性语言具有语法规则和极强的逻辑性，它本身没有固定的语法，只是一些语义定义的规则。HTML 的格式非常简单，只是由文字及标记组合而成，任何文字编辑器都可以对其进行编辑。

➢ 可塑性。HTML 语言是一种包容性很强的语言，可以通过增加标识符加强 HTML 语言的功能，可调用链接或其他类型的语言完成更复杂的功能，使页面所显示的内容更加丰富多彩。

➢ 平台兼容性。HTML 可以使用在广泛的平台上，无论使用什么硬件平台，无论使用什么软件系统，只要我们使用通用的浏览器，就可以对 HTML 语言描述的网页进行显示。

5.3.2 HTML 的文本组织结构

1. 标签

HTML 是标签所定义的语言，标签是 HTML 的骨架，网页中的所有内容及规则都是以标签的形式所定义的。下面来认识一下标签：

任何标签由"< >"所包含，如<BODY>。内部添加代表不同内容的标记关键字，不同关键字声明 HTML 文件的不同内容，<BODY>就是用来指定 HTML 文档的主体。标签可能成对出现，在起始标签名之前加上符号"/"就成为终止标签，如<BODY>和</BODY>就构成了一对标签组合。

2. HTML 基本构架

HTML 基本构架如下面这段代码所示：

```
<HTML>
<HEAD>
  <TITLE> 网页的标题 </TITLE>
</HEAD>
<BODY>
  网页的内容
</BODY>
</HTML>
```

注解：

➢ 整个文件处于<HTML>和</HTML>之间，<HTML>标签使浏览器确认此文件为 HTML 文件；

➢ <HEAD>至</HEAD>标记文件的开头，提供文件的整体信息，<TITLE

>至</TITLE>定义网页的标题,标题内容将显示于浏览器窗口标题上;

➢ <BODY>至</BODY>标记网页的内容,HTML中多种标签的运用可以在网页内容中得到施展和发挥,网页中整个内容的呈现就是在此处定义生成的。

下面看一个网页的例子:

```html
<HTML>
<HEAD>
<TITLE>学生信息</TITLE>
</HEAD>
<BODY>
<CENTER>
<H1>学生信息</H1>
<HR>
<H3>学生信息表格:</H3>
<table width = "292" height = "165" border = "1">
  <tr>
    <td width = "90" align = "CENTER">学号</td>
    <td width = "90" align = "CENTER">姓名</td>
    <td width = "90" align = "CENTER">性别</td>
  </tr>
  <tr>
    <td align = "CENTER">2008203072</td>
    <td align = "CENTER">小明</td>
    <td align = "CENTER">男</td>
  </tr>
  <tr>
    <td align = "CENTER">2008203073</td>
    <td align = "CENTER">小红</td>
    <td align = "CENTER">女</td>
  </tr>
  <tr>
    <td align = "CENTER">2008203074</td>
    <td align = "CENTER">小强</td>
    <td align = "CENTER">男</td>
  </tr>
</table>
</CENTER>
</BODY>
</HTML>
```

注解:

➢ <CENTER>为居中标签,代表<CENTER>至</CENTER>之间的内容

显示于网页的中间;
> <H1>、<H3>为标题标签,<H1>至</H1>之间插入标题,标题标签从<H1>至<H6>共 6 个,其标题字体随标签数字的增大而逐渐减小;
> <HR>为水平线标签,使页面中插入一行水平线;
> <TABLE>为表格标签,其中参数 width 代表表格总宽度为 292 个像素,参数 height 代表表格总高度为 165 个像素,参数 border 代表表格边框宽 1 个像素;
> <tr>标签定义表格的一行,<td>标签定义单元格,参数 width 代表单元格的宽度为 90 个像素,参数 align 代表单元格的内容居中,最后呈现一个 4 行 3 列的表格。

新建一个文本文档,将上述代码拷贝到该文档内,并修改文档的扩展名为".html",然后双击打开该文件"example.html",该文件在浏览器中呈现的效果如图 5.1 所示。

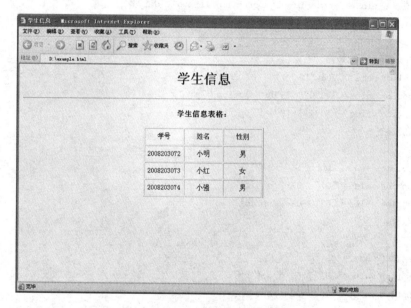

图 5.1 表格网页

5.3.3 HTML 与 CGI

CGI 程序是 Web 浏览器与嵌入式 Web 服务器交互的枢纽,而浏览器是如何与服务器上的 CGI 程序建立连接的呢? 浏览器上的信息又是如何将信息交付给服务器的呢? 这归功于 IITML 具有强大交互功能的标签——FORM 标签。

FORM 标签是由一组相关联的标签所组成的,这些标签为用户提供了多种输入资料的工具。表单有 3 个基本组成部分:
> 表单标签<FORM>:FORM 标签的自身属性定义了处理表单数据所用 CGI

第5章 基于 Java 技术的动态网页监控界面的设计

程序的统一资源定位符(URL)，数据向服务器提交的方法及一些其他功能。

➢ 表单域：包括单行文本框、单选框、复选框、多行文本框、下拉选择框等，用于输入用户提交服务器的信息。

➢ 表单按钮：包括提交按钮、复位按钮和一般按钮，可以用于将数据传送给服务器上的 CGI 程序或取消数据输入，还可以用表单按钮控制其他脚本的处理工作。

下面来看一个表单提交的例子：

```
<HTML>
<HEAD>
<TITLE>表单提交</TITLE>
</HEAD>
<BODY>
<CENTER>
<FORM action = "/cgi-bin/cgi_program" method = "get">
Time>
<p>
year-month-day:
<select name = "year">
<option value = "1970">1970</option>
<option value = "1971">1971</option>
</select>
-
<select name = "month">
<option value = "01">01</option>
<option value = "02">02</option>
</select>
-
<select name = "day">
<option value = "01">01</option>
<option value = "02">02</option>
</select>
<p>
<input type = "submit" value = "submit!">
</FORM>
</CENTER>
</BODY>
</HTML>
```

注解：

➢ FORM 标签的 action 属性指定了服务器中 CGI 程序的位置及名称。method 属性指定了提交表单数据的方法，分为 GET 方法和 POST 方法。GET 方法通过环境变量 QUERY-STRING 传递用户提交的数据,传输数据的内容小于 1 KB;POST 方法则通过标准输入传递提交数据,可以传输大量的数据,本例中使用 GET 方法。

> <p>为段落标签,用于在网页中留一行空白行。
> <select>标签定义下拉选择框,<option>标签中 value 属性定义了这个选项将传递给 CGI 程序的数值,如 value="01",而<option>标签与结束标签</option>之间的数值为网页下拉选择框中显示的数值。
> <input>标签的 type="submit"属性定义了提交按钮,value="submit!"定义了网页中按钮上显示的名字。

将上述代码保存为"select.html"文件,双击该表单文件后在浏览器中显示的效果如图 5.2 所示。

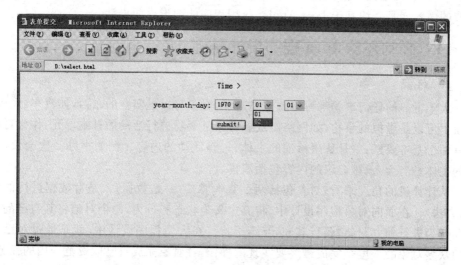

图 5.2 表单网页

当点击提交按钮"submit!"后,表单填写的数据将传送给服务器。服务器查找到<FORM>标签中 action 属性指定的 cgi-bin 文件夹下的 cgi_program 程序,调用此程序处理表单传递的数据,并将处理结果回传给浏览器。

FORM 表单提交给 CGI 程序的数据具有一定的编码规则:不同变量之间用"&"分开,变量与数值之间用"="连接。上例中提交数据的编码如下:year=1970&month=01&day=01。表单提交的数据以这种格式传递给 CGI 程序后,CGI 程序需要对数据进行解码,提取相应数据的内容,对服务器端的嵌入式数据库内容进行操作,将处理结果显示于 Web 浏览器上,完成嵌入式 Web 服务器与 Web 浏览器之间的连接交互工作。

5.4　Java Applet 实现图形界面

HTML 只能实现静态页面,HTML 与 CGI 配合所完成的动态交互也只能调用历史数据或实现数据的定时更替,而现场设备的运行状态需要实时地呈现于用户端的 PC 机上,并且还要追求其更高的可视效果,以动态图表的形式实时显示现场数据。

Java Applet 是用 Java 语言编写的、含有可视化内容并被嵌入到 Web 网页中用来产生特殊页面效果的小程序。Java Applet 具有基本的绘图功能,能实现动态页面的效果,具有网络交互的能力,非常适合在 Web 浏览器上实现动态图形界面显示。本节的内容就是介绍基于 Java Applet 应用程序的图形界面设计。

5.4.1　面向对象 Java 程序设计基础

1. 对象

大千世界的任何事物都可以看成是对象,对象可以是实在的东西,如汽车、飞机,对象也可以是虚拟的事物,如网络游戏。对象是事物进行活动的基本单元,作为对象要有两个基本要素:一是从事活动的主体;二是活动的内容。例如举办一次会议,会议的主体是与会人员,会议的内容包括演讲、讨论等。

从计算机的角度来看,对象包括两个基本要素:一是数据;二是对数据进行的操作(方法)。在面向对象程序设计中,将其定义为状态和行为,每个对象将其自己的状态和行为进行独立封装,各行其职,互不干扰。在大型程序设计中,就是通过对已封装的众多对象的调度来完成最终要实现的操作,各对象完成自己职责范围内的任务,程序思路清晰,不容易出错。

2. 类

类是对同一类对象的抽象和总结,代表了同一类对象的共性和特征,是实际对象的模板。所以,类是对象的抽象,对象是类的具体实例。例如,轿车车型具有不同的品牌,如桑塔纳、红旗等,但不同品牌的轿车都具有轿车的共同特征。

类还可以有自己的子类,子类除了具有类所有的状态和特征外,还具有自己特有的状态和特征。例如,轿车、货车、客车可以看成汽车的子类,它们除了具有汽车的共同特征外,还具有自身独有的特点。

3. 继承

继承是指一个类可以具有另一个类所有的状态和特征,编程人员可以在已有类定义的基础上做进一步的引申。子类就继承了父类所有的数据定义和操作方法,并可以在父类的基础上进行进一步的衍生。例如,白龙马继承了马的基本特性,同时也练就了腾云驾雾的功力。

程序设计具备了继承的特性,就可以在原有类的基础上,添加新的功能,成为派生类,或者在多个现有类的基础上抽取一定的特征而形成一个新类。这两种方式都可以减少重复的工作量,大大方便程序的设计。

5.4.2 Java Applet 的工作原理

1. Applet 的基本工作原理

Java 程序可分为 Application(应用程序)和 Applet(小程序),它们主要的区别在于它们的执行方式不同。Application 与其他高级语言编写的程序类似,从 main()方法开始执行,而 Applet 是在浏览器上执行的,需要嵌入到 HTML 网页当中。

Applet 的基本工作原理:对 Applet 的源代码进行编译将生成 Applet 的字节码文件(.class),保存于特定的服务器上,将 class 文件名嵌入到服务器上的 HTML 文件中,并保证 HTML 文件能查找到此 class 文件。当浏览器通过 URL 请求服务器上嵌入 Applet 的 HTML 文件时,HTML 文件和嵌入的 Applet 文件将下载到客户端。当此页面成为浏览器的当前页面时,用户 PC 机上的浏览器对 HTML 文件中的标签进行解释,运行 Applet 小程序,并将 HTML 文件中的内容按照一定的规则显示在 PC 机上。

2. Applet 的 4 种基本方法

Applet 是 Java 库中的一个子类,其代码由浏览器控制,不由 Applet 自身的代码控制,当浏览器载入包含 Applet 的 Web 页面时,浏览器将生成一个 Applet 类的对象,根据此对象中的 4 个基本方法控制 Applet 的运行。

(1) init()方法。

init()方法在 Applet 程序第一次被执行时调用,并且只被调用一次。

init()方法主要完成一些必要的初始化工作,如创建和初始化程序运行所需要的对象实例,设置各种参数,加载声音、图形等。

(2) start()方法。

浏览器在调用 init()方法初始化 Applet 的对象实例后,将自动调用 start()方法来启动该 Applet 程序的主线程,此方法可以被多次调用。

start()方法也可以在 Applet 重新启动时被浏览器自动调用;在用户从其他页面切回到本 Applet 页面时被调用;在浏览器从图标状态恢复为窗口时被调用;也可以在点击浏览器的刷新操作时被调用。start()方法需要用户的重定义,在其内创建并启动线程以实现特定的功能。

(3) stop()方法。

stop()方法是与 start()方法交替运行的,也可以被多次调用。它的调用时机为:退出浏览器;离开当前的 Applet 页面;浏览器由窗口状态变为图标状态。用户可以在 stop()方法中停止一些耗用资源的工作以免影响系统运行的速度。

第5章 基于 Java 技术的动态网页监控界面的设计

(4) destroy()方法。

destroy()方法在关闭浏览器时被自动调用,以清除 Applet 所占用的所有资源。由于 Java 本身考虑了"垃圾"处理和内存管理,所以通常不需要用户重新定义 destroy()方法。

Applet 所包含的 init()、start()、stop()、destroy()这4个方法分别对应着 Applet 的初始化、运行、停止、消亡的生命周期的4个阶段。浏览器会根据自身的工作状态来执行相应的方法,控制 Applet 的运行。

Applet 的生命周期如图 5.3 所示。

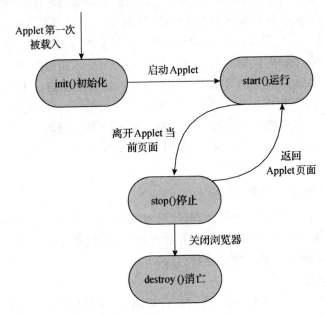

图 5.3 Applet 的生命周期

5.4.3 Java 开发环境的建立

1. JDK 的安装

J2SE(TM) Development Kit 简称 JDK,是 Sun 公司发布的免费的 Java 开发工具,其中包含了 Java 的运行环境、Java 开发中必需的工具和 Java 基础的类库。JDK 安装文件的下载地址为:http://www.oracle.com/technetwork/java/javase/downloads/index.html。JDK 的安装文件对应3种操作系统版本,此处选用 Window 版本的 JDK,文件名为 jdk-6u22-windows-i586.exe。

下面对 JDK 的安装过程进行详细说明。

(1) 双击 jdk-6u22-windows-i586.exe 文件,进入如图 5.4 所示的 JDK 的安装界面。

第 5 章　基于 Java 技术的动态网页监控界面的设计

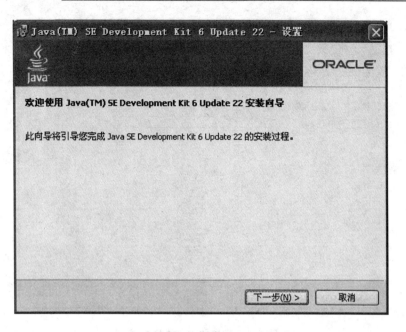

图 5.4　JDK 安装界面

(2) 点击"下一步",进入如图 5.5 所示的安装功能选择界面。

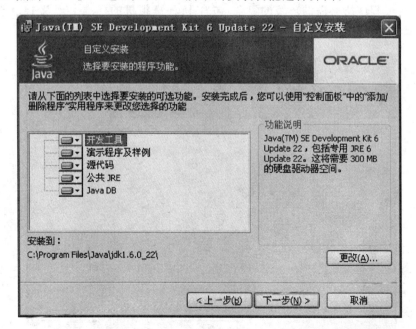

图 5.5　JDK 的安装功能选择界面

(3) 选择默认的配置环境即可,点击"下一步"进入如图 5.6 所示的 JDK 安装进度界面。

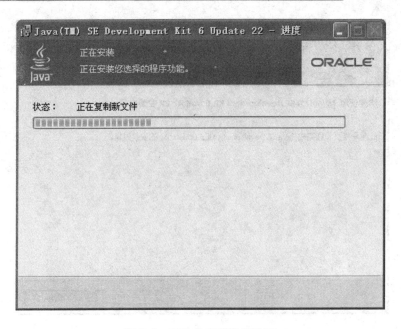

图 5.6　JDK 的安装进度界面

(4) JDK 安装完成后,进入如图 5.7 所示的 JRE(Java Runtime Kit)安装界面,JRE 是 Java 程序所必需的环境的集合,包含 Java 虚拟机的标准实现及 Java 核心类库。默认路径即可,点击"下一步"进入如图 5.8 所示的 JRE 安装进度界面。

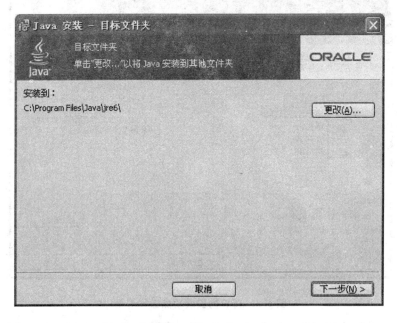

图 5.7　JRE 安装界面

第 5 章　基于 Java 技术的动态网页监控界面的设计

图 5.8　JRE 安装进度界面

（5）JRE 安装结束后，将自动进入如图 5.9 所示的 JDK 安装结束界面。

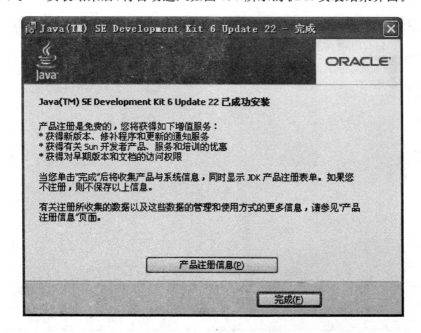

图 5.9　JDK 安装结束界面

第 5 章 基于 Java 技术的动态网页监控界面的设计

2. Eclipse 的使用

Java 项目开发中我们也同样选择集成开发环境 Eclipse 作为开发工具，它是目前主流的 Java 开发环境，可以通过插件和组件的构建为程序开发提供强大的编辑、编译和调试功能。下载 Eclipse 安装文件，解压后单击 eclipse.exe 就可以启动 Eclipse。

使用 Eclipse 用于 Java 开发之前需要提前安装 JDK，Eclipse 启动后自动从系统环境中查找 JRE 路径。如果使用 Eclipse 时出现如图 5.10 所示的界面，说明 JDK 没有安装，检查 JDK 是否安装成功。安装成功后运行 eclipse.exe，即可看到如图 5.11 所示的 Eclipse 开发界面。

图 5.10 Eclipse 错误界面

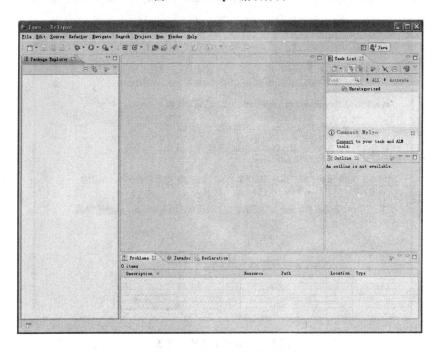

图 5.11 Eclipse 开发界面

3. Java 程序的开发

我们使用最简单的 Applet 实例来介绍如何使用 Eclipse 创建并运行一个简单的 Java 工程。

(1) Eclipse 开发时首先要创建一个工程,选择菜单栏中的"File"→"New"→"Java Project",弹出如图 5.12 所示的工程设置界面。在工程设置界面中填写工程名、工程存放位置及 JRE 版本等信息,设置完毕后点击"Finish",即可完成对工程的设置。

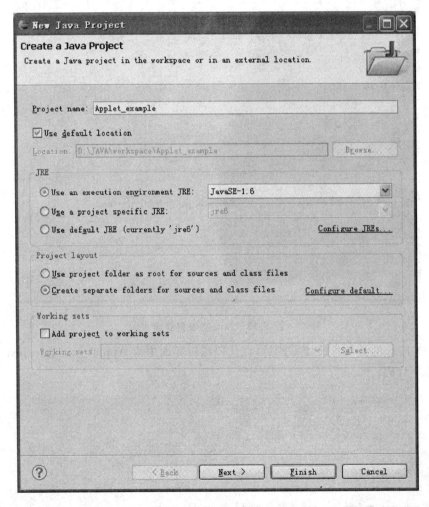

图 5.12　工程设置界面

(2) 创建 Java 的类信息,在菜单栏中选择"File"→"New"→"Class",弹出如图 5.13 所示的创建 Java 类界面。填写 Java 类文件名,默认类文件存放在工程的根目录下,点击"Finish"完成对类信息的设置,生成扩展名为.java 的源文件。

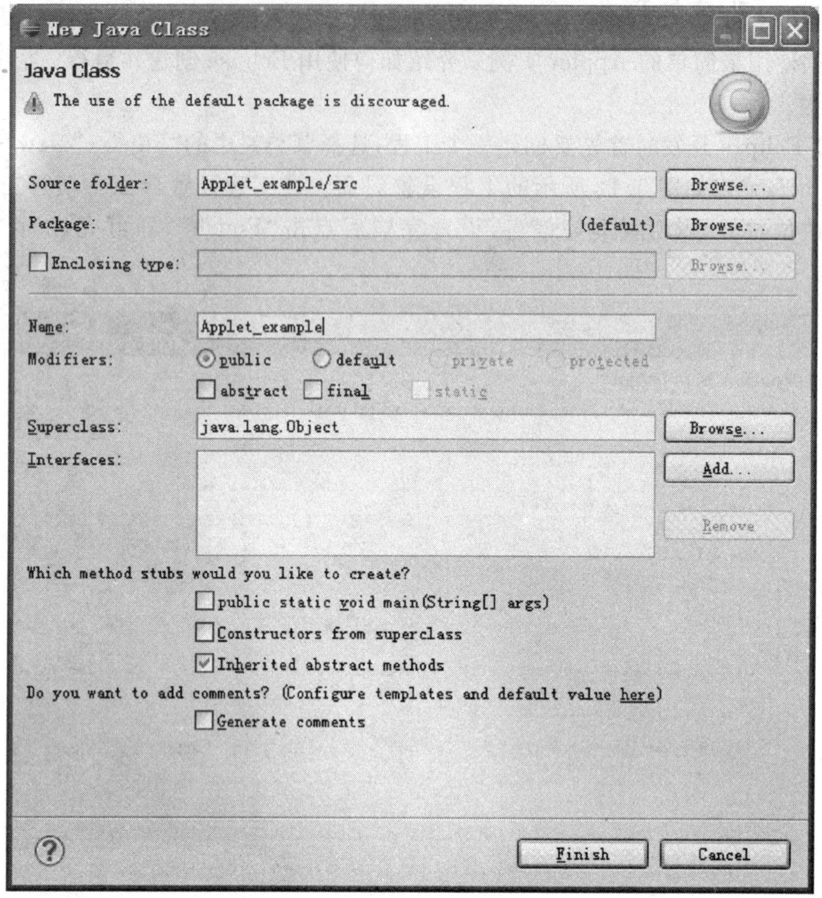

第 5 章　基于 Java 技术的动态网页监控界面的设计

图 5.13　Java 类设置界面

（3）Java 的类信息设置完成后，在代码编辑界面中为 Applet_example.java 文件添加如下代码：

```java
import java.awt.*;
import java.applet.*;
public class Applet_example extends Applet
{
    public void paint(Graphics g)
    {
        g.drawString("Applet 的简单实例",100,50);
    }
}
```

注解：
> Applet 程序中最前面两条 import 语句用于引入 java.awt 和 java.applet 内的

所有程序包,使该程序可以使用这两个程序包中的子类;

➢ public class 声明定义一个公共的类,此类的名字为 Applet_example,extends Applet 表明它为 Applet 的子类;

➢ public void paint 定义此类的 paint 方法,参数 g 为 Graphics 类型,Graphics 类型提供了许多绘图方法;

➢ g.drawString("Applet 的简单实例",100,50);语句表示在屏幕上显示双引号中的文字,100 和 50 分别代表文字显示起始位置的 x 轴坐标和 y 轴坐标。

代码编辑界面如图 5.14 所示。

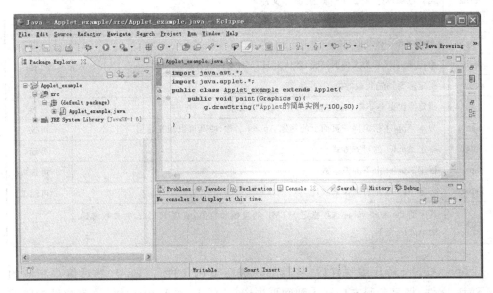

图 5.14 代码编辑界面

(4) 代码编辑完成后,在菜单栏中选择"Run"→"Run As"→"Java Applet",执行 Java 的编译命令,编译完成后,Eclipse 自动调用小程序查看器(AppletViewer)来查看 Applet 的运行效果。AppletViewer 是 Java 开发包 JDK 的工具,位于其安装路径/bin 中,默认路径为 C:\Program Files\Java\jdk1.6.0_22\bin,利用 AppletViewer 可以脱离浏览器运行 Applet。Applet_example 实例的运行效果如图 5.15所示。

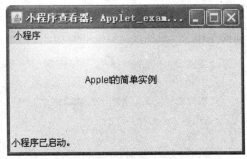

图 5.15 Applet_example 实例的运行效果

类文件编译完成之后,会在工程存放路径的/bin 文件夹中找到扩展名为.class 的字节码文件。这也是制作 *.class 文件的方法。下面介绍的代码如果有涉及

*.class 文件都参照此方法实现。

5.4.4 Java Applet 与 HTML

Java Applet 程序是使用 HTML 的 Applet 标签嵌入到网页当中的,其标签的属性如表 5.1 所列。

表 5.1 Applet 标签属性一览表

选 项	解 释	必需性
code	给定已编译好 Applet 子类的 .class 文件名	必需
width	Applet 显示区域的初始宽度	必需
height	Applet 显示区域的初始高度	必需
codebase	给定 Applet 子类文件的路径,默认为 HTML 文件的目录	可选
archive	指定需要预先装载的类	可选
alt	指定当浏览器不能执行 Applet 时要显示的文本	可选
name	为本 Applet 指定同一页面上的其他 Applet 名称,使其可以相互通信	可选
align	指定 Applet 的对齐方式	可选
vspace	指定 Applet 上下的像素数目	可选
hspace	指定 Applet 左右的像素数目	可选
param	其中的 name 和 value 选项指定 HTML 的参数和数值,实现 HTML 的参数传递给 Applet 处理	可选

Java Applet 程序编写好后,将其编译成字节码文件(.class),然后编写相应的 HTML 文件,将字节码文件嵌入到网页当中,这样 Java Applet 才能在客户端浏览器中正常运行。

编写如下的 HTML 文件,将上一节举例的 Appleb.example.class 类文件嵌入到网页中。

```
<HTML>
<HEAD>
<TITLE>Applet 实例</TITLE>
</HEAD>
<BODY>
<H1>Applet 实例</H1>
<HR>
<applet code=Applet_example.class width=200 height=100>
</applet>
<HR>
</BODY>
</HTML>
```

HTML 文件与 Applet_example.class 文件放在同一目录下，HTML 利用 Applet 标签来运行.class 文件。Applet 窗口的宽度为 200 个像素，高度为 100 个像素。双击此 HTML 文件，通过 IE 浏览器运行 Applet 程序，效果如图 5.16 所示。

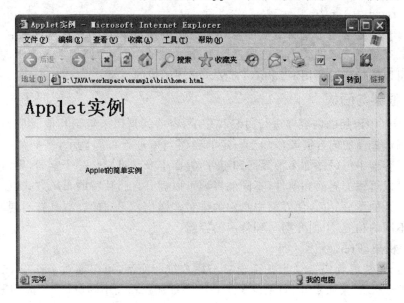

图 5.16　Applet 实例运行效果

从图 5.16 中效果可知，Applet 窗口被嵌入到两条水平分隔线之间，"Applet 的简单实例"文字的起始坐标位于 Applet 窗口的(100,50)处。

5.4.5　Java 图形设计——AWT 构件

在开发 Applet 作为用户图形界面时，一般都会用到 Java 的基本类 AWT——抽象窗口工具集。它是 Java 软件开发包所提供的应用程序接口(API)，为用户提供基本的界面构件，如标签、按钮等，可以绘制和填充形状，操作图像，监听事件等，以此来建立用户图形界面的独立平台。

1. 基本绘图方法

AWT 的绘图机制涉及 3 个方法：paint()方法、update()方法和 repaint()方法。这几种绘图方法由 java.awt.Component 类提供，用于完成对整个图形的绘制。

（1）paint()方法。

paint()方法用于绘图的具体操作。Component 类所提供的 paint()方法并未实现任何操作，实际应用中必须重新定义 paint()方法以绘制自己所需的内容。

（2）update()方法。

update()方法用于更新图像。此方法首先清除背景，即使用背景色填充整个画面，再利用前景颜色调用 paint()方法绘制整个画面。

paint()方法和update()方法的参数都是Graphics类的对象g,该对象不是用户自己定义的,而是由系统或其他方式直接生成的Graphics对象,动画的制作就是通过多次重载它来进行绘制的。

(3) repaint()方法。

repaint()方法用于重新绘制图像。它通过调用update()方法来实现图形的重新绘制。当绘制区域的大小及位置发生变化时,系统会自动调用repaint()方法,程序中也可以通过定时调用repaint()方法来实现图像的更新。

2. 框架与面板

Applet中添加的内容要进行封装和显示,容器就是用来组织其他成员和元素的单元。图形界面的内容需要添加于一定的容器当中进行布局显示,例如窗口就是一个容器。容器中可以添加多种界面和组件,界面本身又可以是一个容器,界面所构成的容器可以再添加界面和组件,不同的界面可以拥有自己独特的布局方式,如此便可以形成复杂的图形界面,使界面中组件的排布多样化。不同的容器具有不同的特点,应用于不同的功能,下面介绍两种常用的容器:

(1) 框架(Frame)。

有时,用户界面需要弹出一个窗口与用户进行交互,可以通过java.awt.Frame类构造Frame对象来实现,向用户显示一个带有标题和大小的窗口。构造Frame对象之后,必须调用java.awt.Window类的setSize()方法来设置Frame的大小。默认情况下,Frame是不可见的,因而必须调用setVisible(true)方法来设置窗口为可见。Frame中可以添加多种组件,是与用户进行交互的良好方式。

➤ Frame()。

功能:创建一个窗口。

➤ void setSize(int w,int h)。

功能:指定窗口的固定大小。

参数:w——窗口的宽度;h——窗口的高度。

➤ void setVisible(boolean Flag)。

功能:设置窗口的可视性。

参数:Flag——窗口是否可见,true为可见,false为不可见。

➤ void setTitle(String Title)。

功能:设置窗口的标题。

参数:Title——窗口标题的名称。

(2) 面板(Panel)。

如果要设计比较复杂的界面,单一的布局方式就不足以满足界面设计的要求,可以向Applet窗口中添加Panel来实现复杂的界面。Panel可以布局于窗口中,Panel中又可以设定自己的布局方式,添加各种组件,这样便可以实现多种布局方式的综合,实现界面的复杂化,本节之后的实例当中会介绍Frame和Panel的具体使用。

➢ Panel()。

参考 Java API 库类:java.awt.Panel。

功能:创建一个面板。

3. 绘制图形

java.awt.Graphics 类中提供了一些基本图形的绘制方法,如直线、矩形、弧形等,并可以对封闭图形进行填充。

Java 图形绘制的坐标系中,其原点位于绘制区域的左上角,横坐标向右方向增长,纵坐标向下方向增长,如图 5.17 所示。

(1) 绘制直线。

➢ void drawLine(int x1,int y1,int x2,int y2)。

功能:绘制从点(x1,y1)到点(x2,y2)的直线段,线性为实线,线宽为 1 个像素。

参数:x1——起点的横坐标;y1——起点的纵坐标;x2——终点的横坐标;y2——终点的纵坐标。

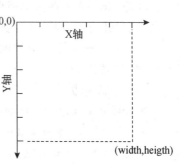

图 5.17 图形绘制坐标系

(2) 绘制矩形。

➢ void drawRect(int x,int y,int w,int h)。

➢ void fillRect(int x,int y,int w,int h)。

功能:drawRect 在指定区域内绘制矩形;fillRect 绘制填充矩形。

参数:x——矩形左上角的横坐标;y——矩形左上角的纵坐标;w——矩形的宽度;h——矩形的宽度。

➢ void drawRoundRect(int x,int y,int w,int h,int arcWidth,arcHeight)。

➢ void fillRoundRect(int x,int y,int w,int h,int arcWidth,arcHeight)。

功能:drawRoundRect 绘制圆角矩形;fillRoundRect 绘制填充的圆角矩形。

参数:x——矩形左上角的横坐标;y——矩形左上角的纵坐标;w——矩形的宽度;h——矩形的宽度;arcWidth——圆角的水平直径;arcHeight——圆角的竖直直径。

➢ void draw3DRect(int x,int y,int w,int h,boolean raise)。

➢ void fill3DRect(int x,int y,int w,int h,boolean raise)。

功能:draw3DRect 绘制 3D 矩形;fill3DRect 绘制填充的 3D 矩形。

参数:x——矩形左上角的横坐标;y——矩形左上角的纵坐标;w——矩形的宽度;h——矩形的宽度;raise——指定 3D 效果是凹的还是凸的,值为 false 时 3D 效果是凹的,值为 ture 时 3D 效果是凸的。

(3) 绘制椭圆。

➢ void drawOval(int x,int y,int w,int h)。

➢ void fillOval(int x,int y,int w,int h)。

功能：drawOval 在指定区域内绘制椭圆；fillOval 绘制填充椭圆。

参数：x——椭圆左上角的横坐标；y——椭圆左上角的纵坐标；w——椭圆的宽度；h——椭圆的宽度。

(4) 绘制弧形。

- void drawArc(int x,int y,int w,int h,int startAngle,int endAngle)。
- void fillArc(int x,int y,int w,int h,int startAngle,int endAngle)。

功能：drawArc 在指定矩形的边界内从起始角度到结束角度画弧。0度为 x 轴正向,逆时针为正,顺时针为负；fillArc 画填充弧。

参数：x——矩形左上角的横坐标；y——矩形左上角的纵坐标；w——弧的宽度；h——弧的宽度；startAngle——弧的起始角度；endAngle——弧所跨的角度。

(5) 绘制多边形。

- void drawPloygon(Polygon p)。
- void fillPloygon(Polygon p)。

功能：drawPloygon 绘制由特定点指定的多边形,当初始点和结束点不是同一个点时,多边形将自动闭合；fillPloygon 绘制填充多边形。

参数：Polygon 为多边形类,绘制时先建立 Polygon 类的对象,再依次调用其中的 addPoint() 方法添加多边形各顶点的坐标,再以 Polygon 类的对象为参数调用 drawPloygon() 或 fillPloygon() 方法绘制多边形。

(6) 绘制文本。

- void drawString(String s,int x,int y)。

功能：在固定位置绘制字符串。

参数：s——要绘制的字符串；x——字符串起始位置横坐标；y——字符串起始位置纵坐标。

(7) 绘制图像。

- Image getImage(URL url,String name)。

功能：将指定图像文件的内容加载到内存的 Image 对象中。

参数：url——图像文件所在的 URL 地址,可以为一个网络地址,当图像文件与 HTML 文件保持在同一个路径下时,可以使用 Applet 类的 getCodeBase() 方法来获取图像文件的 URL 地址；name——图像文件的文件名。

- boolean drawImage(Image img,int x,int y,ImageObserver observer)。

功能：将图像文件显示于指定位置。

参数：img——保存图像的 Image 对象；x——图像左上角横坐标；y——图像左上角纵坐标；observer——图像加载跟踪器,通常指定为 this,由 Applet 负责跟踪图像的加载。

4. 颜色和字体

(1) 颜色。

第 5 章 基于 Java 技术的动态网页监控界面的设计

在绘制图形和文本之前需要预先设定显示的颜色。颜色由 java.awt.Color 类的对象控制,每一个对象代表一种颜色。可以使用 Color 类中定义好的 13 种颜色常量:黑(Color.black)、蓝(Color.blue)、青(Color.cyan)、深灰(Color.darkGray)、灰(Color.gray)、绿(Color.green)、浅灰(Color.lightGray)、洋红(Color.magenta)、橙(Color.orange)、粉红(Color.pink)、红(Color.red)、白(Color.white)、黄(Color.yellow),或用户通过红、绿、蓝三原色调配比建立 Color 对象创建自己的颜色。

利用 java.awt.Graphics 类中提供的 setColor()方法来设置颜色。

➢ void setColor(Color arg0)。

功能:设置当前默认的颜色。

参数:arg0——设置的 Color 对象。

Color 对象的构造方法:

➢ Color(int r,int g,int b)。

参数:r、g、b 指定了三原色的整数值,每个参数的取值范围为 0~288。

例如:要设定当前默认的颜色为黄色。

直接使用颜色常量设置:

```
g.setColor(Color.yellow);
```

创建 Color 对象:

```
Color c = new Color(288,288,0);
g.setColor(c);
```

注解:g 为 java.awt.Graphics 类的对象,为 paint()方法的参数。可以利用三原色的不同配比来设置自己喜欢的颜色对象。设定默认颜色之后,接下来绘制的图形便是当前设置的颜色了。

(2) 字体。

Java 中利用 java.awt.Font 类来设置字体的属性,利用 java.awt.Graphics 类的 setFont()方法来设置当前字体。

➢ void setFont(Font ft)。

功能:设置当前默认的字体。

参数:ft——设置的 Font 对象。

Font 对象的构造方法:

➢ Font(String name,int style,int size)。

参数:name——字体的名称;style——字体的风格:黑体(Font.BOLD)、斜体(Font.ITALIC)、正常字体(Font.PLAIN);size——字体的大小,单位是 point,一个 point 代表 1/72 英寸。

例如:设置当前字体为 TimesRoman 类型 12 号黑体字。

```
 Font f = new Font("TimesRoman",Font.BOLD,12);
 g.setFont(f);
```

下面看一个图形绘制实例：

```
import java.awt.*;
import java.applet.*;
public class drawexample extends Applet
{
    public void paint(Graphics g)
    {
        Polygon p = new Polygon();
        Font f = new Font("TimesRoman",Font.BOLD,12);
        g.drawLine(10,10,80,80);/*绘制直线*/
        g.drawRect(100,20,70,50);/*绘制矩形*/
        g.fillRoundRect(200,25,60,40,20,20);/*绘制填充的圆角矩形*/
        g.setColor(Color.blue);/*设置默认颜色*/
        g.drawOval(280,20,70,50);/*绘制椭圆*/
        g.fillArc(370,25,80,70,30,120);/*绘制填充弧形*/
        p.addPoint(490, 25);/*添加多边形顶点坐标*/
        p.addPoint(460, 50);
        p.addPoint(475, 75);
        p.addPoint(505, 75);
        p.addPoint(520, 50);
        g.fillPolygon(p);/*绘制多边形*/
        g.setFont(f);/*设置默认字体*/
        g.drawString("public class drawexample extends Applet", 150, 100);/*绘制文本*/
    }
}
```

以上图形绘制实例的运行效果如图 5.18 所示。

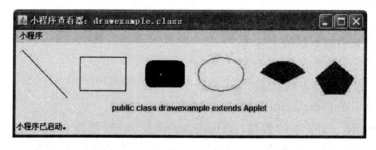

图 5.18　Java Applet 图形绘制实例

注解：
➤ 程序中首先建立多边形对象和字体对象，依次绘制直线、矩形、圆角填充矩形、椭圆形、填充弧形、多边形，最后绘制文本；
➤ 绘制期间对颜色进行了设置，所以之后绘制的图形和文本颜色由默认的黑色变换为蓝色。

5. 基本组件

（1）画布（Canvas）。

一般我们不将绘制的文本和图形直接显示在窗口上，而是将其绘制在画布上。画布是我们绘图的区域。使用画布进行绘制可以将绘制的文本和图形进行精确定位，并将文本和图形与组件分开，使绘制的区域并不影响其他组件的布局。

java.awt.Canvas 是 Java 所提供的画布类，Canvas 类本身并没有绘制任何事物，使用 Canvas 类的对象时，需要先定义 Canvas 类的子类，并对子类中继承的 paint()方法进行重新定义，生成子类的对象进行文本和图形的绘制。

下面看一个画布的实例：

```java
import java.awt.*;
import java.applet.*;
class Mycanvas extends Canvas
{
    public void paint(Graphics g)
    {
        Polygon p = new Polygon();
        p.addPoint(100, 10);
        p.addPoint(75, 90);
        p.addPoint(140, 40);
        p.addPoint(60, 40);
        p.addPoint(125, 90);
        g.drawPolygon(p);/*绘制五角星*/
    }
}
public class Canvasexample extends Applet
{
    Mycanvas can = new Mycanvas();
    public void init()
    {
        can.setBounds(0, 0, 200, 100);/*设置画布大小*/
        can.setBackground(Color.yellow);/*设置画布背景*/
        this.add(can);
    }
```

```
public void start()
{
    can.paint(getGraphics());/*绘制图形*/
}
```

其运行效果如图 5.19 所示。

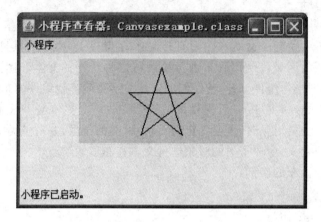

图 5.19　画布实例

注解：
➢ 程序中定义了 Canvas 的子类 Mycanvas，重新定义了 Mycanvas 类的 paint() 方法，paint() 方法中利用多边形绘制方法绘制了一个五角星；
➢ 在 Applet 的子类 Canvasexample 中首先定义了 Mycanvas 类的对象 can；
➢ init() 方法中第一行语句首先定义了画布左上角的位置为(0,0)，画布宽为 200 个像素，高为 100 个像素；第二行语句设置画布的背景为黄色；第三行语句将画布加入到窗口当中，默认的布局方式为从左到右依次排列，一行满之后转到下一行，每行组件都居中排列，所以画布被放置于窗口的第一行，并居中显示；
➢ start() 方法中调用 can 画布的 paint() 方法，参数利用 java.awt.Component 类的 getGraphics() 方法获得图形对象。

(2) 按钮(Button)。

按钮通常用来触发某个事件，一般对应一个事先定义好的功能，当用户点击时，自动执行按钮预先指定的功能。

➢ Button(String text)。

参考 Java API 库类：java.awt.Button。

功能：使用指定的标签创建一个按钮。

参数：text——按钮的标签。

(3) 标签(Label)。

标签用于显示一行静态文本，往往用于文字提示，不带有特殊的边框和修饰。
➢ Label(String label)。
参考 Java API 库类：java.awt.Label。
功能：使用指定的字符串文本创建新的标签。
参数：label——标签显示的文本。
(4) 文本框(TextField)。
文本框用于接收用户通过键盘输入的单行文本。
➢ TextField(int cols)。
参考 Java API 库类：java.awt.TextField。
功能：创建一个文本框，同时指定文本框的宽度。
参数：cols——文本框的列数。
(5) 文本区(TextArea)。
文本区用于接收用户输入的多行文本。
➢ TextArea(int rows,int cols)。
参考 Java API 库类：java.awt.TextArea。
功能：创建指定行数和列数的文本区。
参数：rows——文本区的行数；cols——文本框的列数。
(6) 复选框(Checkbox)。
复选框是让用户做出多项选择的组件，选项具有选中(true)和未选中(false)两种状态，选中的个数任意。
➢ Checkbox(String label)。
参考 Java API 库类：java.awt.Checkbox。
功能：使用指定的标签创建一个复选框。
参数：label——复选框上显示的文本。
(7) 单选按钮(CheckboxGroup)。
单选按钮由一组复选框组成，让用户在多项选项中必须选择且只选一项。
➢ CheckboxGroup()。
参考 Java API 库类：java.awt.CheckboxGroup。
功能：创建单选按钮。
➢ Checkbox(String label,CheckboxGroup group,boolean state)。
参考 Java API 库类：java.awt.Checkbox。
功能：使用指定的标签创建一个复选框，并指定它从属的单选按钮和它的初始状态。
参数：label——复选框上显示的文本；group——复选框所从属的单选按钮；state——复选框的初始状态。
(8) 下拉列表(Choice)。

第 5 章 基于 Java 技术的动态网页监控界面的设计

下拉列表允许用户通过下拉菜单中选择一个选项,可看作是单选按钮的扩展,当选项过多时适用于选择下拉列表以节省组件在窗口中所占的面积。

➢ Choice()。

参考 Java API 库类:java.awt.Choice。

功能:创建下拉列表。

➢ void add(String text)。

功能:向下拉列表中添加一个列表项目。

参数:text——列表项目的名称。

6. 事件处理

(1) 事件处理的基本概念。

事件:图形用户界面通过事件机制实现用户与程序的交互。当用户在界面上执行了一个动作,如用户按下鼠标或键盘输入时,系统会根据不同的用户操作来产生相应的反应,对应一个事件的发生。

事件源:事件的产生者称为事件源,是事件动作的接受者。例如,在按钮上点击鼠标会产生相应的事件,这个按钮组件就是本事件的事件源。

事件类型:Java 中所有的事件都封装成一个类,位于 java.awt.event 程序包当中,所有事件都继承了一个方法 getSource(),可以使用该方法返回触发该事件的事件源。

事件方法:触发事件源后,所调用的事件处理程序。通常需要重新编写事件方法以对用户的操作进行处理。

事件监听器:当用户触发事件源之后,需要根据事件类型调用相应的事件方法,事件监听器就是事件源与事件方法建立联系的桥梁。事件源产生了一个事件以后,事件源就会发出通知给相应的事件监听器,监听器接收事件并调用相应的事件处理方法,决定如何响应这个事件。

事件触发的过程如图 5.20 所示。

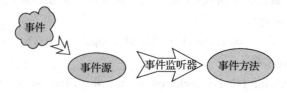

图 5.20 事件触发流程图

(2) 实现事件处理的步骤。

① 对 java.awt 组建实现事件处理必须加入 java.awt.event 包:
import java.awt.event.*;

② 为事件源注册事件监听器:

第 5 章 基于 Java 技术的动态网页监控界面的设计

事件源.addXXListener；
XXListener 代表某事件监听器。
③ 实现监听事件的相应方法。
（3）常用的 Java 事件。

Java 语言中将所有组件可能发生的事件进行了分类,具有共同特征的事件被抽象为一个事件类,下面重点介绍一下 ActionEvent 类（动作事件）和 MouseEvent 类（鼠标事件）的处理方法。

① 动作事件。
➢ 事件：ActionEvent；
➢ 监听器：ActionListener；
➢ 方法：

actionPerformed(ActionEvent e) —— 单击按钮、选择菜单项或在文本框中按回车时调用此方法。

② 鼠标事件。
➢ 事件：MouseEvent；
➢ 监听器：MouseLister；
➢ 方法：

mouseClicked(MouseEvent e)——点击鼠标时调用此方法。
mouseEntered(MouseEvent e)——鼠标进入控件时调用此方法。
mouseExited(MouseEvent e)——鼠标离开控件时调用此方法。
mousePressed(MouseEvent e)——鼠标键按下时调用此方法。
mouseReleased(MouseEvent e) —— 鼠标键释放时调用此方法。
下面看一个鼠标事件的简单示例：

```java
import java.awt.*;
import java.awt.event.*;
import java.applet.*;
public class mouse_example extends Applet implements MouseListener
{
    Button display;
    Font bold,normal;
    Label label;
    public void init()
    {
        display = new Button("Button");
        bold = new Font("TimesRoman",Font.BOLD,12);/*加粗字体*/
        normal = new Font("TimesRoman",Font.PLAIN,12);/*普通字体*/
        display.setBackground(Color.white);
        label = new Label("The button isn't clicked !");
```

```java
            add(display);
            add(label);
            display.addMouseListener(this);/*为按钮注册监听器*/
    }
    public void mouseEntered(MouseEvent e)
    {
        if(e.getSource() == display)
         display.setBackground(Color.lightGray);/*鼠标进入按钮时按钮背景为浅灰色*/
    }
    public void mouseExited(MouseEvent e)
    {
        if(e.getSource() == display)
         display.setBackground(Color.white); /*鼠标进入按钮时按钮背景为白色*/
    }
    public void mousePressed(MouseEvent e)
    {
        if(e.getSource() == display)
         display.setFont(bold); /*鼠标按下按钮时按钮字体加粗*/
    }
    public void mouseReleased(MouseEvent e)
    {
        if(e.getSource() == display)
         display.setFont(normal); /*鼠标释放按钮时按钮为普通字体*/
    }
    public void mouseClicked(MouseEvent e)
    {
        if(e.getSource() == display)
        {
          label.setText("The button is clicked !"); /*鼠标点击按钮时文本内容改变*/
          repaint();
        }
    }
}
```

注解：

➢ 此程序为鼠标事件的实例，窗口中显示一个按钮和一行文本，当按钮未被鼠标按下时，文本显示"The button isn't clicked !"，当按钮被鼠标点击后，文本显示"The button is clicked !"；

➢ 当鼠标进入按钮时，按钮显示为浅灰色；当鼠标离开按钮时，按钮显示为白色；

➢ 当鼠标按下时，按钮的标签"Button"字体加粗；当鼠标释放时，按钮的标签字体恢复正常。

图 5.21 为鼠标事件程序的运行效果。

(a) 无鼠标事件

(b) 鼠标进入按钮

(c) 鼠标按下按钮

(d) 鼠标点击按钮

图 5.21　鼠标事件运行实例

7. 布局管理

界面中的组件需要以一定的方式布局于容器当中，java.awt 包中提供了几种布局管理类，以自动设定组件的大小及位置。

(1) FlowLayout。

这种布局方式下组件按从左到右的顺序依次排列，一行布满之后转到下一行布局，每行组件都居中排列。

➢ public FlowLayout()。

参考 Java API 库类：java.awt.FlowLayout。

功能：创建 FlowLayout 布局对象。

➢ public void setLayout(LayoutManager mgr)。

参考 Java API 库类：java.awt.Container。

功能：设定布局方式。

参数：mgr——指定布局方式。

下面看一个 FlowLayout 布局的实例：

```java
import java.awt.*;
import java.applet.*;
public class Flow_example extends Applet
{
    Button b1,b2,b3,b4,b5;
    public void init()
    {
        b1 = new Button("按钮 1");
        b2 = new Button("按钮 2");
        b3 = new Button("按钮 3");
        b4 = new Button("按钮 4");
        b5 = new Button("按钮 5");
        setLayout(new FlowLayout());/*设置布局方式*/
        add(b1);
        add(b2);
        add(b3);
        add(b4);
        add(b5);
    }
}
```

其运行效果如图 5.22 所示。

(2) BorderLayout。

这种布局方式应用地图的表示方法将容器划分为 5 个区域：东(East)、西(West)、南(South)、北(North)、中(Center)。东占据于容器的左侧，西占据于容器的右侧，南占据于容器的下方，北占据于容器的上方，中为东、西、南、北填充后剩下的区域。并不是每一个区域都必须具备对应的组件，当某个区域未分配组件时，这部分区域由其他组件占据。

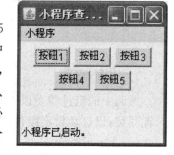

图 5.22 FlowLayout 布局实例

➤ public BorderLayout()。

参考 Java API 库类：java.awt.BorderLayout。

功能：创建 BorderLayout 布局对象。

➤ public synchronized Component add(String name,Component comp)。

参考 Java API 库类：java.awt.Container。

功能：将指定的组件加入到 name 制定的区域当中。

参数：name——区域的名称，如"North"；comp——组件的名称。

下面看一个 BorderLayout 布局的实例：

```
import java.awt.*;
import java.applet.*;
public class Border_example extends Applet
{
    Button b1,b2,b3,b4,b5;
    public void init()
    {
        b1 = new Button("东");
        b2 = new Button("西");
        b3 = new Button("南");
        b4 = new Button("北");
        b5 = new Button("中");
        setLayout(new BorderLayout());
        add("East",b1);
        add("West",b2);
        add("South",b3);
        add("North",b4);
        add("Center",b5);
    }
}
```

其运行效果如图 5.23 所示。

(3) GridLayout。

这种方式允许组件呈网格方式布局,每个组件占用一格,各组件按从左到右,从上到下的方式排列,各网格的大小相同,当容器大小发生变化后,网格大小也发生变化。

➤ public GridLayout(int rows,int cols)。

参考 Java API 库类:java.awt.GridLayout。

功能:根据指定的行数和列数创建 GridLayout 布局对象。

参数:rows——行数;cols——列数。

下面看一个 GridLayout 布局的实例:

```
import java.awt.*;
import java.applet.*;
public class Grid_example extends Applet
{
    public void init()
    {
        setLayout(new GridLayout(4,3));
        add(new Button("7"));
        add(new Button("8"));
```

第5章 基于 Java 技术的动态网页监控界面的设计

```
        add(new Button("9"));
        add(new Button("4"));
        add(new Button("5"));
        add(new Button("6"));
        add(new Button("1"));
        add(new Button("2"));
        add(new Button("3"));
        add(new Button("0"));
        add(new Button(" + / - "));
        add(new Button("."));
    }
}
```

其运行效果如图 5.24 所示。

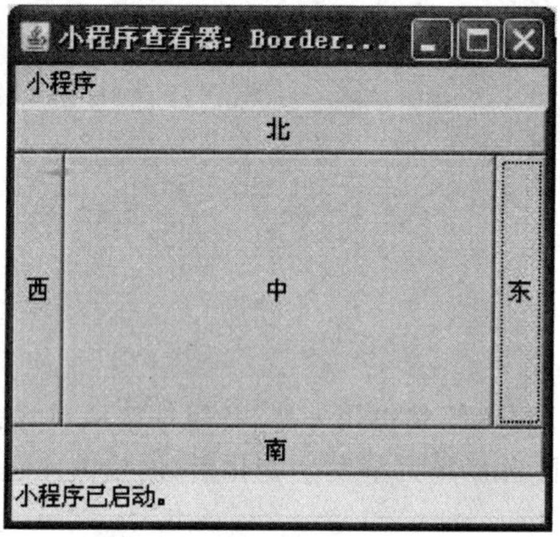

图 5.23　BorderLayout 布局实例 　　　　图 5.24　GridLayout 布局实例

（4）CardLayout。

CardLayout 布局允许容器所构成的界面在多页面间切换，每一页中只显示部分组件，可以通过事件触发的方式实现页面的切换。

➢ public CardLayout()。

参考 Java API 库类：java.awt.CardLayout。

功能：创建 CardLayout 布局对象。

➢ public void show(Container parent, String name)。

功能：在指定的容器中切换到字符串 name 所指定的页面。

参数：parent——容器的名称；name——页面的名称。

下面看一个 CardLayout 布局的实例：

```java
import java.awt.*;
import java.awt.event.*;
import java.applet.*;
public class Card_example extends Applet implements ActionListener
{
    Button page1,page2;
    Panel card,card1,card2;
    Label label1,label2;
    CardLayout cardlayout;
    public void init()
    {
        page1 = new Button("Page1");
        page2 = new Button("Page2");
        add(page1);
        add(page2);
        cardlayout = new CardLayout();
        card = new Panel();
        card.setLayout(cardlayout);/*设置顶层面板的布局方式*/
        label1 = new Label("This is page 1 !");
        label2 = new Label("This is page 2 !");
        Panel card1 = new Panel();
        card1.add(label1);
        Panel card2 = new Panel();
        card2.add(label2);
        card.add("Page1",card1);/*加入底层页面,并建立按钮与页面的联系*/
        card.add("Page2",card2);
        add(card);
        page1.addActionListener(this);/*为按钮注册监听器*/
        page2.addActionListener(this);
    }
    public void actionPerformed(ActionEvent e)
    {
        if(e.getSource() == page1)
            cardlayout.show(card,"Page1");/*显示页面1*/
        else
            cardlayout.show(card,"Page2");/*显示页面2*/
    }
}
```

其两个页面的运行效果如图 5.25 所示。

第 5 章　基于 Java 技术的动态网页监控界面的设计

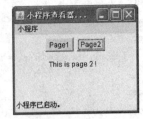

(a) 单击按钮"Page1"　　　　(b) 单击按钮"Page2"

图 5.25　CardLayout 布局实例

注解：

➤ 程序中首先向窗口中添加两个按钮，再依次建立 3 个面板，顶层的面板 card 设置属性为 CardLayout，底层的面板 card1 和 card2 实现页面间的切换，第一个页面显示"This is page 1！"，第二个页面显示"This is page 2！"，利用 card.add()方法向顶层面板中加入底层页面，并实现按键与底层页面的联系；

➤ actionPerformed()方法实现按键的响应，方法中根据所点击的按键的名称实现底层页面的切换。

(5) 不使用布局方式。

实际编程过程中，也可以不使用以上的几种布局方式。将布局方式设置为 null，这样可以直接对控件的大小及位置进行具体设置。

下面看一个布局实例：

```java
import java.awt.*;
import java.applet.*;
public class null_example extends Applet
{
    Label label1;
    TextArea textarea;
    Button submit,rewrite;
    public void init()
    {
        label1 = new Label("您的留言：");
        textarea = new TextArea();
        submit = new Button("提交");
        rewrite = new Button("重填");
        setLayout(null);
        label1.setBounds(120, 10, 60, 20);//设置控件的位置及大小
        textarea.setBounds(10, 40, 300, 150);
        submit.setBounds(350,130,80,20);
        rewrite.setBounds(350, 165, 80, 20);
        this.add(label1);
```

```
        this.add(textarea);
        this.add(submit);
        this.add(rewrite);
    }
}
```

其运行效果如图 5.26 所示。

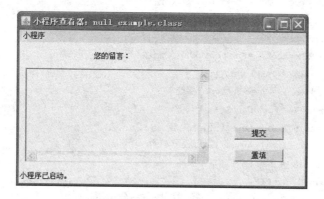

图 5.26 不使用布局方式实例

注解：
➢ 控件的 setBounds 方法用于设置控件的位置及大小,参数 1、参数 2 用于设置控件的坐标,参数 3、参数 4 用于设置控件的宽度和高度。

下面看一个填写用户信息的实例,其中用到了框架、多种组件、网格布局及动作事件的内容：

```
import java.awt.*;
import java.awt.event.*;
import java.applet.*;
public class Componentexample extends Applet implements ActionListener{
    Frame Frame1 = new Frame();
    GridLayout GridLayout1 = new GridLayout(9,1);
    Panel panel1 = new Panel();
    Label label1 = new Label("填写用户信息");
    Panel panel2 = new Panel();
    Label label2 = new Label("姓名:");
    TextField TextField1 = new TextField(20);
    Panel panel3 = new Panel();
    Label label3 = new Label("性别:");
    CheckboxGroup CheckboxGroup1 = new CheckboxGroup();
    Checkbox Checkbox1 = new Checkbox("男",CheckboxGroup1,true);
    Checkbox Checkbox2 = new Checkbox("女",CheckboxGroup1,false);
```

第 5 章 基于 Java 技术的动态网页监控界面的设计

```java
        Panel panel4 = new Panel();
        Label label4 = new Label("教育程度:");
        Choice Choice1 = new Choice();
        Panel panel5 = new Panel();
        Label label5 = new Label("爱好:");
        Checkbox Checkbox3 = new Checkbox("音乐");
        Checkbox Checkbox4 = new Checkbox("绘画");
        Checkbox Checkbox5 = new Checkbox("文学");
        Checkbox Checkbox6 = new Checkbox("体育");
        Checkbox Checkbox7 = new Checkbox("旅游");
        Panel panel6 = new Panel();
        Button Button1 = new Button("提交");
        Panel panel7 = new Panel();
        Label label6 = new Label("信息内容:");
        TextArea TextArea1 = new TextArea(4,40);
        Panel panel8 = new Panel();
        public void init(){
            Frame1.setSize(400, 400);/*设置框架的大小*/
            Frame1.setVisible(true);/*设置框架的可视性*/
            Frame1.setTitle("用户信息");/*设置框架标题*/
            Frame1.setLayout(GridLayout1);/*设置网格布局*/
/*于框架的网格中添加面板,面板中添加各种组件*/
/*标题*/
            Frame1.add(panel1);
            panel1.add(label1);
/*姓名*/
            Frame1.add(panel2);
            panel2.add(label2);
            panel2.add(TextField1);
            /*性别*/
Frame1.add(panel3);
            panel3.add(label3);
            panel3.add(Checkbox1);
            panel3.add(Checkbox2);
            /*教育程度*/
            Frame1.add(panel4);
            panel4.add(label4);
            panel4.add(Choice1);
            Choice1.add("初中");
            Choice1.add("高中");
            Choice1.add("大学本科");
            Choice1.add("硕士研究生");
```

```
        Choice1.add("博士研究生");
    /*爱好*/
    Frame1.add(panel5);
    panel5.add(label5);
    panel5.add(Checkbox3);
    panel5.add(Checkbox4);
    panel5.add(Checkbox5);
    panel5.add(Checkbox6);
    panel5.add(Checkbox7);
    /*提交按钮*/
    Frame1.add(panel6);
    panel6.add(Button1);
    /*信息内容*/
    Frame1.add(panel7);
    panel7.add(label6);
    Frame1.add(panel8);
    panel8.add(TextArea1);
    Button1.addActionListener(this);/*为按钮注册监听器*/
}
public void actionPerformed(ActionEvent e) {
    String s,s_sex,s_taste = null;
    if(Checkbox1.getState() = = true)/*获取单选框的内容*/
      s_sex = Checkbox1.getLabel();
    else
      s_sex = Checkbox2.getLabel();
    if(Checkbox3.getState() = = true)/*获取复选框的内容*/
      s_taste = Checkbox3.getLabel() + " ";
    if(Checkbox4.getState() = = true)
      s_taste = s_taste + Checkbox4.getLabel() + " ";
    if(Checkbox5.getState() = = true)
      s_taste = s_taste + Checkbox5.getLabel() + " ";
    if(Checkbox6.getState() = = true)
      s_taste = s_taste + Checkbox6.getLabel() + " ";
    if(Checkbox7.getState() = = true)
      s_taste = s_taste + Checkbox7.getLabel();
    /*将组件中填写的内容连接成字符串*/
    s = label2.getText() + TextField1.getText() + "   " + label3.getText
() +
    s_sex + "   " + label4.getText() + Choice1.getSelectedItem() + "\n" +
    label5.getText() + s_taste;
    if(e.getSource() = = Button1)
      TextArea1.setText(s);/*将填写的内容显示于文本区当中*/
```

```
        }
    }
```

填写信息前的运行效果如图 5.27 所示。

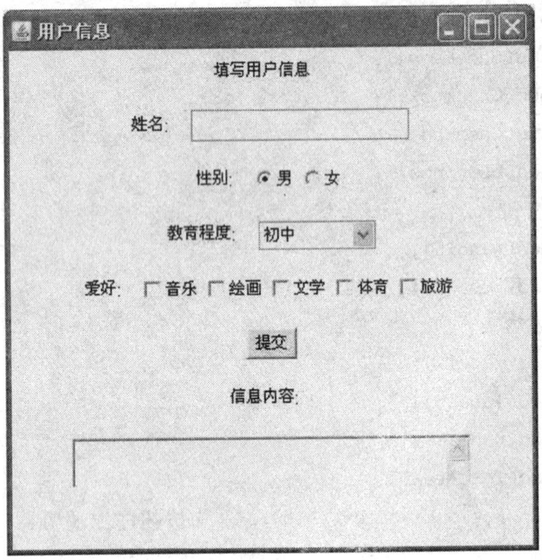

图 5.27　填写信息前运行效果图

填写信息后的运行效果如图 5.28 所示。

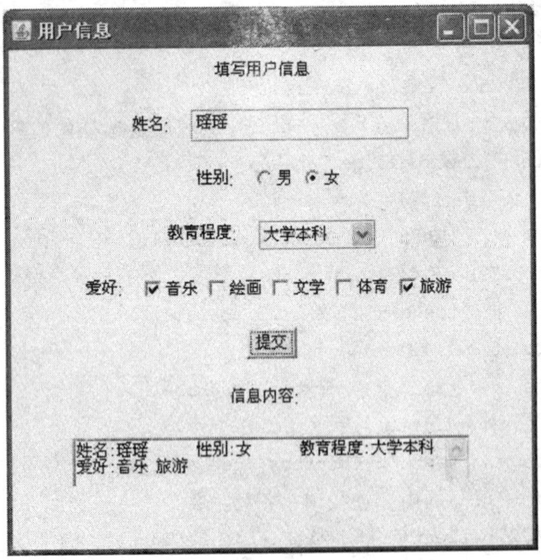

图 5.28　填写信息后运行效果图

注解：
➢ 程序建立框架，设置框架的大小及可视性，运行后会弹出指定大小的用户信息填写窗口；

➢ 框架设置成网格布局的形式，向网格中添加面板，向面板中添加相应组件，这样保证单元格内各行内容居中对齐，每行组件顺序布局；

➢ 填写内容点击"提交"按钮会调用 actionPerformed()方法作为按钮响应，将用户填写的最终信息显示于下面的文本区中。

8. 双缓冲技术

动画效果是利用人眼的视觉残留现象将屏幕上具有一定联系的多幅图像进行顺序切换的结果。多幅图像进行切换需要先擦除原有屏幕上图像的内容，再将下一幅图像绘制于屏幕上，以实现屏幕图像的更新。但屏幕预先擦除再绘制的过程会造成屏幕的闪烁，不能实现光滑的动画效果，影响动态画面的呈现。

如果在动画过程中首先将下一幅图像的内容绘制于屏幕以外的缓冲区，当屏幕上需要此图像时，将图像整体复制于屏幕上，这样便避免了图像在屏幕上的擦除操作，消除了屏幕的闪烁现象，这便是双缓冲技术。

实现方法：

(1) 在 Applet 动画制作当中，在 paint()方法中首先利用 java.awt.Component 类中的 createImage()方法创建一个后台图像缓冲区，并将下一幅图像绘制于此缓冲区当中，在需要时利用 drawImage()方法将图像一次性绘制于屏幕上。

(2) 重新定义 update()方法。Java 中定义的 update()方法首先清除屏幕背景，再利用 paint()方法绘制整个图像，利用双缓冲技术消除屏幕闪烁需要将 update()方法中清除屏幕的操作删除。update()方法定义如下：

```
public void update(Graphics g)
{
    paint(g);
}
```

通过图形用户界面的介绍，我们可以构建自己的交互界面，利用多种组件实现信息的交互，可以采用动画方式增强数据显示的可视性。

5.4.6 Java 输入/输出流

Java 程序在运行当中通常需要与外界沟通，外部数据可能需要将数据传送给 Java 程序，Java 程序自身的数据也可能需要传送给外界，这就是所谓的输入/输出。Java 与外界沟通的对象可能是另一个程序、文件、设备或网络等，Java 自身与外界传送的数据可能是文字、图像、声音等。

Java 程序与外界进行数据交换之前需要与分配一定的缓冲区，并关联到具体的沟通设备，不同的设备具有不同的读/写操作，沟通完毕之后需要将对应的缓冲区释放。如果应用程序设计当中经常使用这种底层的系统调用接口会使程序变得复杂繁

第 5 章 基于 Java 技术的动态网页监控界面的设计

琐、不易理解。Java 这种高级程序设计语言针对不同的沟通设备将输入/输出操作使用统一的接口来表示,从而简化了程序的编写过程,使程序变得简单明了。

1. 流的概念

Java 程序与外部设备进行数据沟通需要建立一个数据通道,在这个通道上流动的数据序列被抽象为流。Java 语言的输入/输出系统由 Java API 提供的程序包 java.io 来完成,流就是通过输入/输出系统与外部设备建立连接的。数据输入时,程序只需在输入流中读取相应的数据,数据输出时,程序只需向输出流中写入相应的数据,而程序与外界沟通的具体对象由输入/输出流来负责。这样针对不同的设备、文件或程序,代码可以采用统一的输入/输出操作,使程序编写过程简单化。

Java API 提供了两种输入/输出流的处理方法:面向字节的流和面向字符的流。面向字节的流以 8 位的字节作为数据处理的基本单元,用于字节流的处理,可以处理任何格式的数据;而面向字符的流以 16 位的字符作为数据处理的基本单元,解释基于 Unicode 统一编码的字符文件。

2. 字节流类

字节流类顶层由两个抽象的类构成:InputStream 和 OutputStream。两种抽象类当中会包含许多具体的子类,这些子类根据不同的外设对字节流进行相应的处理,各子类的功能如表 5.2 所列。

表 5.2 字节流类及其功能

字节流类			最终子类含义
InputStream	ByteArrayInputStream		从字节数组读取输入流
	FileInputStream		读取文件的字节流
	PipedInputStream		读取管道中的字节流
	FilterInputStream	BufferedInputStream	缓冲输入字节流
		DataInputStream	将输入流转换为标准数据类型
	SequenceInputStream		将多个输入流顺序连接成一个输入流
	objectInputStream		从输入流读取串行化的对象
OutputStream	ByteArrayOutputStream		向字节数组写入输入流
	FileOutputStream		向文件写入字节流
	PipedOutputStream		向管道中写入字节流
	FilterOutputStream	BufferedOutputStream	缓冲输出字节流
		DataOutputStream	将标准数据类型写入到输出流
		PrintStream	打印输入字节流
	objectOutputStream		将对象串行化写入到输出流

第5章 基于Java技术的动态网页监控界面的设计

表格中右侧类为左侧类的子类,具体的方法并没有在父类中实现,字节流的功能由最终的子类来完成。类ByteArray＊＊＊Stream、File＊＊＊Stream、Piped＊＊＊Stream分别关联的对象为内存、文件和管道;类Buffered＊＊＊Stream为字节流提供缓冲区,以提高数据的传输效率;类Data＊＊＊Stream将字节流转换为Java的标准数据类型,以支持直接读写各种基本类型的数据;类PrintStream为字节流提供打印各种数据的能力,使数据能够在屏幕上显示或在打印机上输出;类object＊＊＊Stream可以实现读写串行化的对象;类SequenceInputStream可以将多个输入流顺序连接成一个输入流。

3. 字符流

字符流类顶层由两个抽象的类构成:Reader和Writer,其子类对统一编码的字符流进行具体地处理,其子类的功能如表5.3所列。

表5.3 字符流类及其功能

	字符流类	含 义
Reader	CharArrayReader	从字符数组中读取数据
	BufferedReader	缓冲输入字符流
	LineNumberReader	计算输入流的行数
	InputStreamReader	将字节输入流转换为字符输入流
	FileReader	读取文件的字符流
	PipedReader	读取管道中的字符流
	StringReader	读取字符串
	FilterReader	为输入流提供附加的处理功能
	PushbackReader	提供字符返回到输入流的功能
Writer	CharArrayWriter	向字符数组中写入数据
	BufferedWriter	缓冲输出字符流
	OutputStreamReader	将字符输出流转换为字节输出流
	FileWriter	向文件中写入字符流
	PipedWriter	向管道中写入字符流
	StringWriter	写字符串
	FilterWriter	为输出流提供附加的处理功能
	PrintWriter	打印字符输出流

Java输入/输出库类中包含的类都很多,下面针对网络中关于TCP的通讯所涉及的几个重点类进行简要地介绍。

(1) java.io.BufferedReader。

定义:public class BufferedReader extends Reader。

功能:类 BufferedReader 用于一次性读取字符输入流,并将读取内容存入缓冲区当中,读取的大小由缓冲区设定或使用默认的大小。由于已将数据读取到缓冲区当中,如果有数据请求,就可以直接到缓冲区中进行读取,节省了再一次与外界进行 IO 操作所需要的时间,提高了数据读取的效率。

方法:

➢ BufferedReader(Reader in)。

功能:为字符输入流创建使用缺省尺寸大小(8 KB)的输入缓冲区。

参数:in——字符输入流。

➢ String readLine()。

功能:用于读取一行文本,每行以换行('\n')、回车('\r')或紧跟着回车的换行('\r\n')表示一行的结束,并将此行文本以字符串形式返回,返回结果不包含结束标志。

(2) java.io.InputStreamReader。

定义:public class InputStreamReader extends Reader。

功能:读入字节流,并根据指定的编码方式将字节流转换为字符流。

方法:

➢ InputStreamReader(InputStream in)。

功能:用缺省的字符编码方式(底层操作系统的默认编码方式),创建一个 Input-StreamReader。

参数:in——字节输入流。

(3) java.io.PrintWriter。

定义:public class PrintWriter extends Writer。

功能:将格式化对象打印到字符输出流。

方法:

➢ PrintWriter (Writer out, boolean autoFlush)。

功能:创建一个新的打印字符输出流。

参数:out——字符输出流;autoFlush——指定此方法是否具有自动刷新功能,true 代表具有自动刷新功能,false 则不具有。

5.4.7　Java 网络通信

Internet 使用如此广泛的今天,网络通信显得更加重要,网络编程日益成为众多产品不可或缺的设计部分。利用 Java 语言为应用程序提供的 I/O 接口可以轻松地实现网络通信,编写高性能的服务端程序和客户端程序。

在 Web 浏览器端运行的 Java 程序需要与嵌入式 Web 服务器进行数据的交换,这就涉及了 Java 的网络通信技术。为了能够让 Java 程序与嵌入式 Web 服务器之间建立起稳定可靠的网络通信,在此我们选用 TCP 通信协议。下面有关 Java 网络通信技术的介绍也是主要针对 TCP 协议进行的。

1. 通信协议

网络中相互通信的双方要遵循一定的约定才能实现安全、可靠地通信,这些约定的集合就是通信协议。Java 支持 Internet 采用的标准协议 TCP/IP 协议集,其中包括网络层的 IP 协议,传输层的 TCP、UDP 协议,应用层的 URL 协议等。

2. 通信端口

网络通信的双方是如何找到需要通信的对方主机和应用程序呢?利用 IP 地址(或主机名)和端口号组合的方式。IP 地址(或主机名)使数据传送到正确的计算机上,端口号负责将数据投递给正确的应用程序。

端口号用 16 位的整数来表达,其范围是 0～65 535。每个端口提供一种特定的服务,其中 0～1 023 为系统所保留,例如,HTTP 所使用的是 80 端口。我们在选择端口号时,最好选择大于 1 023 的端口以防止与系统端口发生冲突。

3. 基于 TCP 的通信

TCP 协议是一种面向连接的保证可靠传输的协议。应用程序在交换数据之前必须先建立一个连接,以便在 TCP 的基础上建立通信,连接建立后双方便可以进行双向数据传输,进行数据的发送和接收操作,待通信结束后须关闭该连接。

网络通信的应用程序普遍采用客户机/服务器模式,客户程序作为通信的发起者,向服务程序提出信息和服务请求;服务程序负责提供所需的信息和服务。

TCP 通信使用 socket(套接字)作为网络通信的底层编程接口,用于实现客户端与服务器的连接。双向通信的流程:服务程序选定一个固定的端口对外发布服务,客户程序使用服务程序的 IP 地址(或主机名)和端口号向服务程序发送连接请求。应用程序可将一个输入流或输出流绑定到某个 socket,读写这个输入流或输出流便可以实现基于 TCP 的通信。

(1) Java 提供的 TCP 通信类。

参考 Java API 库类:java.net.Socket。

➢ 客户端 Socket 构造方法:

Socket(InetAddress address,int port)

Socket(InetAddress address,int port,boolean stream)

Socket(InetAddress address,int port,InetAddress localAddr,int localPort)

Socket(String host,int port)

Socket(String host,int port,boolean stream)

Socket(String host,int port,InetAddress localAddr,int localPort)

其中,参数 address、host 和 port 分别指定服务器程序的 IP 地址、主机名和端口号;参数 stream 为 true 表示创建一个面向连接的 socket(即 TCP socket),为 false 表示创建一个面向数据报的 socket(即 UDP socket),不提供该参数时默认值为 true;

第 5 章　基于 Java 技术的动态网页监控界面的设计

参数 localAddr 和 localPort 分别指定本地的主机名和端口号。

> 服务器端 ServerSocket 构造方法：

ServerSocket(int port)

ServerSocket(int port,int backlog)

ServerSocket(int port,int backlog,InetAddress bindAddr)

其中，参数 port 指定服务器程序将要监听的本地主机端口号；参数 backlog 指定接入连接请求的最大队列长度；参数 bindAddr 指定绑定到本地主机的地址。

> 客户连接监听方法：

Socket accept()。

该方法返回一个已与客户程序连接的 Socket 对象，服务器便可以利用这个 Socket 对象与客户进行通信。

> Socket 输入/输出流：

InputStream getInputStream()。

获得该 Socket 对象的输入流，此输入流就是从连接对方发回的数据流。

OutputStream getOutputStream()。

获得该 Socket 对象的输出流，此输出流就是发送给连接对方的数据流。

(2) 服务器端代码。

服务器端程序负责监听对外发布的端口号，此端口专门处理客户端程序的连接请求。首先，利用指定的端口号创建一个服务器对象。例如创建一个监听 1 234 端口的服务器对象，当客户端建立一个端口号为 1234 的 Socket 连接时，服务器对象 server 便响应这个连接：

```
Server Socket server = new ServerSocket(1234);
```

其次，利用 accept()方法创建一个 Socket 对象，以便与客户端 Socket 进行通信：

```
Socket socket = server.accept();
```

然后，使用刚才建立的 Socket 对象生成输入流和输出流，并利用输入/输出流函数对信息进行封装：

```
BufferedReader in
            = new BufferedReader(new InputStreamReader(socket.getInputStream()));
PrintWriter out
            = new PrintWriter(socket.getOutputStream(),true);
```

之后，便可以利用 in.readLine()方法得到客户端程序发生给服务器的信息，也可以利用 out.println()方法向客户端发送数据。

最后，通信完毕后，将 Socket 所占用的全部资源进行释放，首先关闭与 Socket 相关的输入/输出流，然后关闭 Socket：

```
in.close();
out.close();
socket.close();
server.close();
```

（3）客户端代码。

客户端程序通过指定主机和端口号构造一个 Socket，然后通过调用 Socket 对象的输入/输出流获得与服务器程序交互的数据信息：

```
Socket socket = new Socket("192.192.192.1",1234);
BufferedReader in
            = new BufferedReader(new InputStreamReader(socket.getInputStream()));
PrintWriter out
            = new PrintWriter(socket.getOutputStream(),true);
```

同样利用 in.readLine()方法和 out.println()方法进行信息的读取，最后释放 Socket 所占用的资源：

```
in.close();
out.close();
socket.close();
```

其实，无论是客户端代码还是服务器程序，编程的复杂度主要体现在双方如何按约定读/写并处理这些数据。

5.4.8 Java 多线程编程

传统的程序设计中，程序在某一时刻只能执行单个任务，执行效率非常低，而程序设计中常常需要多项工作同时进行，需要程序并发地对多个事件进行处理，Java 的多线程编程为程序处理并发事件提供了强有力的工具。

1. 线程的定义

Java 线程的概念与第 4 章里面介绍的线程是同一意义，都是程序中一段完成某个特定功能的代码，是程序中单个顺序的控制流，是程序使用 CPU 的基本单元。线程是针对程序而言的，一个程序内部可以同时执行多个线程。同类的多个线程共享一段内存空间和系统资源，所以系统产生一个线程或在各线程间切换，对系统的开销较少且比较简单。线程机制的引入，提高了程序对并发性的需求，并可以充分利用处理器的系统资源，提高应用程序的性能。

2. Java 线程的创建

每个 Java 程序都有一个缺省的主线程，当 Java 程序启动后，主线程被自动地创建并运行，由应用程序产生所有其他的线程。对于 Application 程序，主线程引导 main()方法执行，对于 Applet 而言，主线程指挥浏览器加载并执行 Java 小程序。

Java 语言实现多线程有两种方法：创建 Thread 类的子类和使用 Runnable 接口。

创建 Thread 类的子类，即创建 Thread 类或其子类的实例对象，再利用 start() 方法启动线程，启动方法如下所示：

```
Thread thread = new Thread();
Thread.start();
```

启动线程就是启动了线程的 run() 方法，本身 Thread 类的 run() 方法并没有任何操作，所以编程时需要定义自己的 run() 方法以实现预定的功能。

Java 语言具有单继承的特性，即子类只能有一个父类，而 Applet 应用程序必须继承 java.applet.Applet 类，所以 Applet 程序实现多线程编程需要利用另一种方法：使用 Runnable 接口。

Runnable 接口只有一个 run() 方法，用户需要重新定义 run() 方法以实现具体的操作。可以用以下方法实现 Applet 的线程：

```
public class myApplet extends Applet implements Runnable
{
    Thread thread;
    public void init()
    {
        thread = new Thread(this);
        thread.start();
    }
    public void run()
    {
        //定义线程体
        {……}
    }
}
```

3. Java 线程的状态

创建的线程在整个生命周期中通常需要经历 5 种不同的状态：

(1) 新建。

当创建 Thread 类或其子类的实例对象后，新生的线程便处于新建状态。此时的线程具有了自身的内存空间和其他资源，并进行了初始化。

(2) 就绪。

新建的线程利用 start() 方法启动后，便进入了线程队列中排队等候 CPU 的处理，在获得 CPU 处理之前，此线程就处于就绪状态；原来运行状态的线程在运行过程中被暂时中断执行，则此线程进入就绪状态；原来阻塞状态的线程在解除阻塞后也将进入就绪状态。

（3）运行。

就绪状态的线程在获得 CPU 资源之后便进入运行状态，线程运行之后，将自动调用线程的 run() 方法，执行本线程的功能。

（4）阻塞。

正在执行的线程在某些特殊的情况下，如等待某件事情的发生或线程处于睡眠状态，此线程会暂时放弃 CPU 的资源，中止自己的运行，进入阻塞状态。阻塞状态的线程并不能进入线程队列中排队等候 CPU 资源，只有当引起阻塞的原因消除后，线程才会进入就绪状态，等待从刚才线程的中止处继续运行。

（5）结束。

正常运行的线程在执行完 run() 方法退出后或线程被提前强制终止后，该线程进入结束状态，结束状态的线程不再具有继续运行的能力。可以通过执行 stop() 方法或 destroy() 方法使线程提前强制终止。

线程的状态转换图如图 5.29 所示。

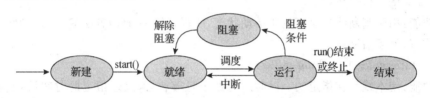

图 5.29 线程的状态转换图

4. Java 线程的调度

进入就绪状态的线程会排队等候 CPU 的资源，等待被调度以进入运行状态。Java 利用线程调度器来管理进入就绪状态的所有线程，按照线程优先级来决定线程的调度。

线程的优先级按从低到高用非负数表示，数字越大，优先级越高。最高优先级由常数 MAX_PRIORITY 表示，在 Thread 类中定义为 10；最低优先级由常数 MIN_PRIORITY 表示，在 Thread 类中定义为 0；默认优先级由 NORM_PRIORITY 表示，值为 5。每一个线程都会赋予一个优先级，此优先级不会因为状态的转换或运行的时间而改变。线程在创建时，便继承了父线程的优先级。线程创建之后，可以利用 getPriority() 方法得到线程的优先级，可以通过 setPriority() 方法改变线程的优先级。

Java 实现的是抢占式的、基于优先级的调度程序。线程的具体调度机制为：Java 在当前处于就绪状态的线程中选择优先级最高的线程来执行，同时如果线程执行过程中，出现一个更高优先级的线程进入了就绪状态，则中止现在运行的线程，立即运行这个更高优先级的线程。

Java 在处理具有相同优先级的线程时采用的是循环执行的策略,但这还取决于宿主机操作系统的线程机制,只有运行在支持时间分片的操作系统平台时,相同优先级的两个线程才会有分时执行的效果。为了提高平台兼容性,使具有相同优先级的线程能够平均地分配 CPU 时间,Java 的 Thread 类提供了 yield()方法,使程序员可以显式地参与线程的调度,提高应用程序的可移植性。

➢ static void yield()。

功能:将当前正在执行的线程暂停,从运行状态转换为就绪状态,让出 CPU 控制权,将权力移交给具有同样优先级的另外一个线程。

5. Java 线程的控制

多线程运行时,只依靠 Java 本身对线程的调度是不够的,同时需要程序员对线程的控制方法进行了解,使多个线程间能够合理的分配 CPU 资源,应用程序能够按照预先设计的运行方式正确执行。

下面介绍几个 Thread 类的线程控制方法:

➢ boolean isAlive()。

功能:用于判断线程是否处于活动状态,线程在用 start()方法启动后,到线程结束之前,都处于活动状态。

➢ static void sleep(long millis)。

功能:使本线程在指定的一段时间内处于阻塞状态,经过指定的时间后,线程自动恢复就绪状态。

参数:millis——睡眠时间微秒数。

➢ void suspend()。

功能:将一个特定的线程从可运行状态转换为阻塞状态。

➢ void resume()。

功能:将线程从阻塞状态转换为就绪状态。

➢ void join()。

功能:当前线程等待调用该方法的线程结束后,再恢复执行。

6. Java 线程的同步与通信

(1) Java 线程间的同步。

很多情况下,线程间需要配合运行。例如,两个线程对同一块内存进行读/写操作,要实现数据的正确处理,需要两个线程交替配合,不能同时对这块内存进行操作。

Java 语言可以利用同步方法使共享资源在同一时刻只能被一个线程独占。Java 用关键字 synchronized 声明同步的方法、对象或类数据。一旦某个线程使用了声明同步的方法,其他线程就不能再占用此方法。每个拥有此方法的对象都含有一个独立的监视器,建立一个等待执行同步方法的线程队列。只有当前线程完成了同步对象的操作后,队列中具有最高优先级的线程才开始调用此同步方法,使同步的内容在任何时刻只能被一个线程使用。

例如,对同一块内存的读/写操作应同步进行,在定义方法时,可以参考以下格式:

```
public class data
{
    public synchronized void data_read()
        //定义读数据的方法
        {……}
    public synchronized void data_write()
        //定义写数据的方法
        {……}
}
```

(2) Java 线程间的通信。

多线程间,除了要实现同步之外,还应使线程之间能够进行通信,通过线程间的消息发送使多个线程实现联系互动。

Java 语言可以通过 wait()方法与 notify()/notifyAll()的配合使用,控制一个线程进入阻塞后恢复为就绪状态。

参考 Java API 类库:java.lang.Object。

➢ void wait()。

功能:使线程处于阻塞状态,等待其他的线程唤醒。

➢ void notify()。

功能:唤醒另一个线程,使此线程从阻塞状态转换为就绪状态。

➢ void notifyAll()。

功能:唤醒其他所有线程,是线程都处于就绪状态。

例如,同一对象的两个同步的方法可以实现相互间的通信,如果一个线程检测到条件不成立,则调用 wait()方法进行等候;如果条件成立,则调用 notify()/notifyAll()方法使等候线程投入使用。

```
public class thread
{
    public synchronized void thread_one()
    {
        ……
        //执行的操作使条件成立,唤醒另一个线程
        while(条件成立)
        this.notify();
    }
    public synchronized void thread_two()
    {
```

```
//条件不成立,线程阻塞
while(条件不成立)
try
{
    this.wait();
}catch(InterruptedException e)
……
}
}
```

5.5 嵌入式网络控制系统动态监控界面的实现

前面几节对 Web 界面的实现原理及相关技术方法做了简要的介绍,基本上具备了制作动态 Web 监控界面的能力。本节针对项目中 Web 浏览器功能的具体要求,介绍监控界面的实施方案和具体代码的实现过程。通过对本节的学习,读者可以动手设计出属于自己的 Web 界面。

5.5.1 Web 监控界面功能分析

本书设计的嵌入式网络控制系统是采用 B/S(浏览器/服务器)模式。PC 主机上的浏览器访问嵌入式 Web 服务器,用于实现对现场网络节点的实时数据采集和远程控制,监控界面存放于嵌入式 Web 服务器中供 PC 机 Web 浏览器访问。

上位 Web 监控界面需要实时与嵌入式 Web 服务器进行 TCP 通信,获得现场设备的运行数据,以实现对多个现场设备运行情况的跟踪、显示,同时 Web 界面还要将控制数据发送给服务器,以实现对现场设备的远程控制。由于服务器挂载多个节点,监控界面与服务器之间需要自定义通信协议,用以区分不同的节点,保证数据通信的安全和正确。

Web 界面除了与嵌入式 Web 服务器进行 TCP 通信外,还要利用动态图像的绘制方法对挂载的压力采集仪表、模拟量电流采集模块等多个网络现场设备进行实时信息显示。为了实现较为人性化的界面,增强界面的可视效果,需要对不同设备进行区域绘制,将压力采集仪表的运行数据以表盘的方式显示,将模拟量电流采集模块的近期数据以曲线的形式绘制出来。

此外,Web 界面中还需要添加远程控制按钮,操作按钮时将相应的控制信息发送给嵌入式 Web 服务器,实现数字量输出功能,以达到对远程网络节点的控制操作。

最后,还要在 Web 界面中加入嵌入式数据库的访问功能,方便用户对网络节点历史数据的观察和记录。

5.5.2 技术方案

经过前面对 Web 监控界面的分析,要实现上述功能需要利用 HTML、Java Applet、CGI 3 项关键技术。这 3 项技术分别负责完成以下主要工作:

(1) 利用 HTML 语言实现网页监控界面的基本构架;实现网页内容的正确布局;保证文本的格式化显示;并可将 Java Applet 嵌入到网页的一定位置,与嵌入式 Web 服务器进行交互;还可以调用 CGI 程序以查看嵌入式数据库中存放的历史数据。

(2) Java Applet 用于实现与嵌入式 Web 服务器通信的交互界面,利用 Java 网络通信方法实现与服务器的 TCP 协议数据交换;利用 Java 的图形设计方法显示现场网络节点的运行情况;利用事件管理器实现按钮操作,控制现场网络节点的运行。

(3) CGI 程序用于接收用户端 Web 浏览器的访问请求,查询服务器上嵌入式数据库中网络节点的历史数据,并将查询结果返回给 Web 浏览器端供用户读取。

Web 监控界面的实现原理以及 3 项技术之间的关系如图 5.30 所示。

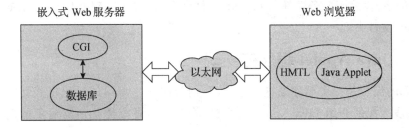

图 5.30 用户界面实现原理图

5.5.3 HTML 的实现

想要制作出布局合理、风格独特、美观实用的网页,只用 HTML 标签格式化文本内容是不够的,还需要插入优美的图片、创建超链接、利用 CSS 实现层叠布局、利用 JavaScript 脚本语言为 HTML 添加动态功能等。利用网页制作软件 Dreamweaver 可以轻松地实现具有表现力和动感效果的网页,用户仅需要在 Dreamweaver 软件中插入图片素材和调用的 Java Applet 程序、CGI 程序就能够在 Dreamweaver 中自动生成对应的 HTML 代码。该软件的使用方法请参考相应书籍,此处不做过多的讲解,Web 界面中涉及的图片等资源读者可以从本书附带光盘中本章内容里获得。在本节只介绍项目生成的调用 Java Applet 和 CGI 程序相关的 HTML 代码。这两部分的代码如下所示:

```
<applet code = "line_dial.class" width = "1100" height = "788">
</applet>
```

注解:

第5章　基于 Java 技术的动态网页监控界面的设计

利用 Applet 标签向 HTML 文件插入.class 文件，line_dial.class 为事先编译好的字节码文件，用于实现交互界面。Applet 窗口的宽度为 1 100 个像素，高度为 788 个像素。

```
<a href = "/cgi - bin/cgi_select">历史数据</a>
```

注解：
➢ 这段语句为调用 CGI 程序的超链接语句。超链接的触发对象为文字"历史数据"，当点击 Web 监控界面中的"历史数据"图标后，BOA 服务器会调用名为 cgi_select 的 CGI 程序用于查询数据库中的历史数据，有关 BOA 服务器和 CGI 程序 cgi_select 将在后面的章节里介绍。

<a>标签与结束标签</a>之间的语句为超链接的内容，超链接指向的 BOA 服务器所制定的 CGI 程序路径，有关 BOA 服务器的内容将在后续章节里详细介绍；

➢ href 参数用于指定链接文件的名称，"/cgi-bin/cgi_select"代表查找 cgi-bin 文件夹下的 cgi_select 文件，此文件为嵌入式 Web 服务器端 BOA 服务器软件所指定的 CGI 程序，存放于服务器端的 cgi-bin 文件夹下，由服务器配置 CGI，指定如何查找到 cgi-bin 文件夹。

5.5.4　Java Applet 程序的实现

代码的编写是一个循序渐进的过程，我们依照代码编写的过程将其划分为几个阶段，由浅入深的介绍 Java Applet 代码的实现过程，逐渐添加所需对象的定义及对象方法的实现。

1. 第一阶段——编写 TCP 通信代码、采集压力仪表数据、完成简单的界面显示

该阶段我们实现编程的基本框架，用户界面须完成两个重要任务：与嵌入式 Web 服务器进行 TCP 协议通信；以简单图形方式将实时数据显示在 Web 浏览器界面中。

Web 浏览器中的 Java Applet 程序与嵌入式 Web 服务器建立起 TCP 通信，需要利用 socket 套接字接口进行编程，通过 Java 的输入/输出流进行收发数据，为了精确定位 Web 界面绘制的图像，我们将图形内容绘制于画布上。通信和绘图是两个需要同时运行的任务，因此在 Java 程序设计中运用多线程编程保证两个工作任务的正常运行。

首先引入 Java 程序中 applet 类库、用户图形界面 AWT 类库、TCP 通信类库、Java 输入/输出类库，代码如下所示：

```
import java.awt.*;
import java.applet.*;
```

第 5 章 基于 Java 技术的动态网页监控界面的设计

```
import java.net.*;
import java.io.*;
```

定义 Applet 子类。此类中利用保留字 implements 声明 Runnable 接口来实现多线程编程。此类中的 init()方法用于对所需对象进行初始化；start()方法与嵌入式 Web 服务器1 235号端口服务程序进行 TCP 通信并启动该线程；run()方法用于实现线程的具体操作。线程 1 用于画布屏幕的刷新，线程 2 用于与嵌入式 Web 服务器进行 TCP 通信。其代码如下：

```java
public class line_dial extends Applet implements Runnable
{
    Mycanvas can; //定义一个画布对象
    Socket sock = null; //定义客户端 socket
    public static BufferedReader in = null; //socket 输入流
    public static PrintWriter out = null; //socket 输出流
    Thread thr1; //线程 1,用于屏幕刷新
    Thread thr2; //线程 2,用于 TCP 通信
    public static int dial_NUM_new; //与服务器通信获得的数据
public void init()
{
    this.setLayout(null); //布局方式设置为 null
    this.setBackground(Color.white); //背景为白色
    can = new Mycanvas();
    /*设置画布的位置和大小*/
    can.setBounds(0, 0, Mycanvas.CanvasWidth, Mycanvas.CanvasHeight);
    this.add(can);
    thr1 = new Thread(this);
    thr2 = new Thread(this);
}
/*
    建立 TCP 通信,启动线程
*/
public void start()
{
    try
    {
    /*
    Socket 函数用于客户端与服务器的固定端口号服务程序建立连接,端口号为 1 235。服务器主机名获取:getCodeBase()返回服务器的 URL,getHost()获得该 URL 的主机名。
    */
        sock = new Socket(this.getCodeBase().getHost(),1235);
        /*字符输入流*/
```

```java
        in = new BufferedReader(new InputStreamReader(sock.getInputStream()));
        /*字符输出流*/
        out = new PrintWriter(sock.getOutputStream(),true);
    }
    catch(IOException e){}              //IO 操作异常
    thr1.start();                       //启动线程
    thr2.start();
}
/*
    定义线程的具体操作
*/
public void run()
{
    String s = null;
    while(true)
    {
      try
      {
        if(Thread.currentThread() = = thr2)//线程 2 为当前运行的线程
        {
            out.println("x");//打印字符串"x"
            thr2.sleep(100); //线程 2 阻塞 100ms
            s = in.readLine();//读取输入缓冲区的一行
            int count = s.length();//获得输入字符串的长度
            /*将输入字符串转化为整型数*/
            int num = Short.parseShort(s.substring(0,count - 1));
            dial_NUM_new = num;
        }
        else if(Thread.currentThread() = = thr1)//线程 1 为当前运行的线程
        {
            thr1.sleep(100);//线程 1 阻塞 100 ms
            can.repaint();//重新绘制图像
        }
      }
      catch(IOException e)//IO 操作异常时跳出循环
      {
        break;
      }
      catch(InterruptedException e){}//中断操作异常
    }
}
```

第5章 基于Java技术的动态网页监控界面的设计

定义画布子类。利用paint()方法实现绘制的内容,即取得line_dial类中TCP通信所获得的数据,并将数据显示在屏幕上。要实现连续的动画效果,需要首先将动画内容绘制于缓冲区offImg中,再利用drawImage方法将缓冲区内容绘制在屏幕上,还要重新定义update()方法,去掉其中的清屏操作,以消除屏幕闪烁。具体代码如下所示:

```java
class Mycanvas extends Canvas
{
    public static int CanvasWidth = 300;//画布的宽度
    public static int CanvasHeight = 150;//画布的高度
    private Image offImg = null;//图像缓冲区
    Graphics offG = null;
    private Font large = new Font("TimesRoman",Font.BOLD + Font.ITALIC,20);//构造字体
    public static int vshPixels_dial;//指针压力值
    double kpa_value;//压力值
    String kpa_string;//字符串压力值

    Mycanvas()
    {
        setSize(CanvasWidth,CanvasHeight);//设置画布的大小
        setBackground(Color.lightGray);//设置背景颜色为浅灰色
    }
    /*
        利用paint()方法定义绘制的内容
    */
    public void paint(Graphics g)
    {
        offImg = createImage(getSize().width , getSize().height);//创建图像缓冲区
        offG = offImg.getGraphics();//获得闭屏图形所需的显示图形环境
        offG.setFont(large);//设置字体
        vshPixels_dial = line_dial.dial_NUM_new;//获取通信数据
        kpa_value = (double)(((double)vshPixels_dial - 200)/100);//整数转化为小数
        kpa_string = String.valueOf(kpa_value);//转化为字符串
        offG.drawString(kpa_string, 50,50);//显示与服务器通信所获得的数据
        offG.drawString("kPa", 100,50);//显示单位
        g.drawImage(offImg, 0, 0, null);//绘制图像缓冲区
    }
    /*
        重新定义update()方法,以消除屏幕闪烁
    */
    public void update(Graphics g)
```

第5章 基于 Java 技术的动态网页监控界面的设计

```
        {
            paint(g);
        }
    }
```

将上述代码制作成"*.class"文件后,如果运行起来便会与嵌入式 Web 服务器进行 TCP 通信。当有压力检测设备时,该程序会在 Web 浏览器界面中显示如图 5.31 所示的图形。该图形较为简单,仅显示压力检测设备所采集到的压力值。接下来将进一步完善这个界面。

2. 第二阶段——实现压力变送器的表盘显示

第一阶段已经实现了 Java 程序与嵌入式 Web 服务器之间的数据通信和界面显示,但显示的效果并不形象。我们希望以表盘的形式显示压力检测设备采集的数值,在第二阶段中将进一步完善界面的显示效果。

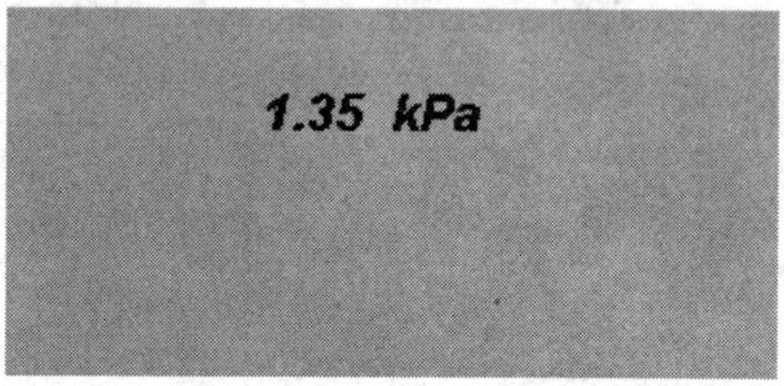

第二阶段的代码在第一阶段基础上进行添加,在 Mycanvas 类中添加 dial()方法实现表盘的绘制,此方法利用 Java 的图形绘制方法构造表盘,使表盘的指针随采集的压力值摆动。

图 5.31 第一阶段代码运行效果图

首先要构造表盘的盘面,画表盘刻度值;然后利用通信数据绘制表盘指针,通过双缓冲技术实现指针的摆动;最后将压力值显示于表盘的下方。

编程的难点是如何将从嵌入式 Web 服务器采集到的压力数据转化为指针指向的位置。其思路为将表盘中心点作为指针原点,将压力变送器的实时数据转化为表盘指针指向的相应角度,根据转化的角度利用三角函数计算指针头的坐标,利用原点坐标和指针头坐标就可以轻松地实现指针的绘制。

Java Applet 的通信线程每 100 ms 与嵌入式 Web 服务器进行一次通信。若前后压力值变化较大,指针会出现突变,而指针的变化应该是一个渐进过程,所以程序中限定了指针的最大步进角度,通过多次刷新屏幕使指针步进的指向最终位置。由于需要多次刷新屏幕,将屏幕刷新线程 1 的阻塞时间缩短为 1 ms。

在 line_dial 类的开始添加如下对象定义:

```
public static int dial_NUM_new=200,dial_NUM_old;    //压力采集的新值与旧值
```

通信线程需要对压力变送器的新旧压力值进行赋值,将旧的压力值传送给画布类,其代码修改为:

```
if(Thread.currentThread() = = thr2)
    {
        out.println("x");
```

```
        thr2.sleep(100);
        s = in.readLine();
        int count = s.length();
        int num = Short.parseShort(s.substring(0,count-1));
        dial_NUM_old = dial_NUM_new;//上次采集的压力值
/*上次采集的压力值作为指针的初始位置*/
        Mycanvas.vshPixels_dial = dial_NUM_old;
        dial_NUM_new = num;
    }
```

在 Mycanvas 类的开始添加对以下对象的定义:

```
public static int vshPixels_dial = 0 ;//指针压力值
public static int iAppletWidth_dial = 400;//表盘图像宽
public static int iAppletHeight_dial = 400;//表盘图形高
public static int iupWidth_dial = 50;//表盘图像左边
public static int iupHeight_dial = 40;//表盘图像上沿
int xHour,yHour,xMinute,yMinute;//表盘刻度线
int xCenter = 150;//表盘中心坐标
int yCenter = 150;
int radius = 135;//刻度半径
int radius_num = 100;//刻度值半径
int ArcWidth = 60;//表盘直径与指针弧直径差
int xnum,ynum;//压力值显示坐标
double kpa_value;//压力值
String kpa_string;//字符串压力值
String scale;//表盘数字
public static int CanvasWidth = iAppletWidth_dial + iupWidth_dial * 8;
public static int CanvasHeight = iupHeight_dial * 10/3 + 300;
```

dial()方法代码实现:

```
public void dial(Graphics g)
{
    Polygon p = new Polygon();
    offG.setColor(Color.black);
    offG.drawOval(iupWidth_dial,iupHeight_dial,xCenter*2,yCenter*2);
    /*画指针范围弧形*/
    offG.setColor(new Color(150,200,250));
    offG.fillArc(iupWidth_dial + ArcWidth/2,iupHeight_dial + ArcWidth/2,
                    xCenter*2 - ArcWidth,yCentr*2 - ArcWidth,-54,288);
    /*画大刻度*/
    offG.setColor(Color.darkGray);
```

```java
for (int i = 0;i<13;i++)
{
    xHour = (int)(Math.cos((i*24)*3.14f/180 + 3.14f/2 +
                        3.14f*36/180)*radius + xCenter + iupWidth_dial);
    yHour = (int)(Math.sin((i*24)*3.14f/180 + 3.14f/2 +
                        3.14f*36/180)*radius + yCenter + iupHeight_dial);
    offG.draw3DRect(xHour - 2,yHour - 2,4,4,true);
}
/*画小刻度*/
offG.setColor(Color.gray);
for (int j = 0;j<61;j++){
    xMinute = (int)(Math.cos(4.8*j*3.14f/180 + 3.14f/2 +
                        3.14f*36/180)*radius + xCenter + iupWidth_dial);
    yMinute = (int)(Math.sin(4.8*j*3.14f/180 + 3.14f/2 +
                        3.14f*36/180)*radius + yCenter + iupHeight_dial);
    offG.draw3DRect(xMinute-1,yMinute-1,2,2,true);
}
//画刻度值
offG.setColor(Color.black);
offG.setFont(small);
for (int k = 0;k<13;k++)
{
    xnum = (int)(Math.cos((k*24)*3.14f/180 + 3.14f/2 +
                        3.14f*36/180)*radius_num + xCenter + iupWidth_dial - 4);
    ynum = (int)(Math.sin((k*24)*3.14f/180 + 3.14f/2 +
                        3.14f*36/180)*radius_num + yCenter + iupHeight_dial + 8);
    scale = String.valueOf(k - 2);
    offG.drawString(scale,xnum,ynum);
}
offG.setColor(Color.black);
/*画指针中心圆*/
offG.fillOval(iupWidth_dial + xCenter - 8,iupHeight_dial + yCenter - 8,16,16);
/*实现指针的渐进变动*/
if(line_dial.dial_NUM_new >= vshPixels_dial + 60)
    vshPixels_dial += 60;
else if(line_dial.dial_NUM_new <= vshPixels_dial - 60)
    vshPixels_dial -= 60;
else
    vshPixels_dial = line_dial.dial_NUM_new;
/*画指针,前两点为指针尾的两点,半径25,最后一点为指针头,半径radius*/
```

```
        p.addPoint((int)(iupWidth_dial + xCenter + Math.cos(vshPixels_dial * 288/1200 *
3.14f/180 + 3.14f * 36/180) * 4 - Math.cos(vshPixels_dial * 288/1200 * 3.14f/180 + 3.14f *
36/180 + 3.14f/2) * 25),(int)(iupHeight_dial + yCenter + Math.sin(vshPixels_dial * 288/
1200 * 3.14f/180 + 3.14f * 36/180) * 4 - Math.sin(vshPixels_dial * 288/1200 * 3.14f/180 +
3.14f * 36/180 + 3.14f/2) * 25));

        p.addPoint((int)(iupWidth_dial + xCenter + Math.cos(vshPixels_dial * 288/1200 * 3.
14f/180 +
        3.14f * 36/180 + 3.14f) * 4 - Math.cos(vshPixels_dial * 288/1200 * 3.14f/180 + 3.14f *
36/180 + 3.14f/2) * 25),(int)(iupHeight_dial + yCenter + Math.sin(vshPixels_dial * 288/
1200 * 3.14f/180 + 3.14f * 36/180 + 3.14f) * 4 - Math.sin(vshPixels_dial * 288/1200 * 3.14f/
180 + 3.14f * 36/180 + 3.14f/2) * 25));

        p.addPoint((int)(iupWidth_dial + xCenter + Math.cos(vshPixels_dial * 288/1200 * 3.
14f/180 + 3.14f * 36/180 + 3.14f/2) * radius),(int)(iupHeight_dial + yCenter + Math.sin
(vshPixels_dial * 288/1200 * 3.14f/180 + 3.14f * 36/180 + 3.14f/2) * radius));
        offG.fillPolygon(p);
        //写压力值
        offG.setFont(large);
        offG.setColor(Color.red);
        kpa_value = (double)(((double)vshPixels_dial - 200)/100);
        kpa_string = String.valueOf(kpa_value);
        offG.drawString(kpa_string,
            iupWidth_dial + xCenter - 60,iupHeight_dial + yCenter + 100);
        offG.drawString("kPa",iupWidth_dial + xCenter + 10,iupHeight_dial + yCenter + 100);
}
```

添加 dial()方法后，只要在 Mycanvas 类中的 paint()方法中调用 dial()方法就可以实现表盘的显示。

```
public void paint(Graphics g)
{
    offImg = createImage(getSize().width , getSize().height);
    offG = offImg.getGraphics();
    Color oldColor = offG.getColor();
    dial(g);//绘制表盘
    offG.setColor(oldColor);
    g.drawImage(offImg, 0, 0, null);
}
```

其运行效果如图 5.32 所示。

第 5 章　基于 Java 技术的动态网页监控界面的设计

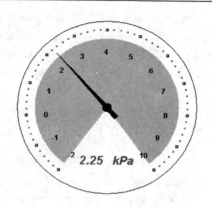

图 5.32　第二阶段代码运行效果图

3. 第三阶段——增加模拟量电流采集动态曲线显示。

通常,服务器不会只挂载一个节点,当网络控制系统中存在多个网络节点时,在 Web 界面上要对这些节点进行区分。服务器与 Java Applet 之间需要定义自己的通信协议以实现对不同节点通信信息的区分。除了上一部分的压力采集设备外,我们再挂载一个模拟量电流采集节点,并要求两个节点采集的数据信息同时显示于界面上。其中模拟量电流采集节点的数据以动态曲线的形式显示出来,横坐标显示数据采集的时间,纵坐标显示采集的数值。

由于程序运行中会采集 Java Applet 客户机的系统时间,并进行格式转换,所以添加如下程序包:

```
import java.text.DateFormat;
import java.util.Date;
```

在 line_dial 类的开始添加对如下对象的定义:

```
Date date;                                    //系统时间
public static short NUM,PORT;                 //服务器传送的数值和板卡 ip
/*传送数据长度,AI 采集旧值,压力采集的新值与旧值*/
public static int count,line_NUM_old,dial_NUM_new = 200,dial_NUM_old;
String s_sub;                                 //字符串数据
static int dial_add = 0,line_add = 0;         //压力与 AI 停止通信计数
```

添加模拟量电流采集节点后,我们需要对通信线程的内容进行修改。由于服务器挂载了多个模块,通信信息不能只是单纯的数据,还要为采集的数据区分不同的数据来源,所以在通信数据之前还需要添加数据所属网络节点的 IP 地址。在此处暂且将 IP 地址尾号为 135 的节点定义为压力检测设备,将 IP 地址尾号为 136 的节点定义为模拟量电流采集节点。知道数据的来源后,我们便可以根据不同的 IP 值将所得数据传送给相应的绘制方法。如果网络中的节点断开连接,服务器将不会再采集到

对应节点的数据,因此也不会和 Web 浏览器端的 Java Applet 进行该节点的数据交换。若 5 s 后 Java Applet 还没有接收该节点的任何数据,则认为节点和网络已经确实断开连接,此时将其数据清零,保证采集表盘或曲线实时数据归零。通信线程的代码如下:

```java
if(Thread.currentThread() = = thr2)
{
    out.println("x");
    thr2.sleep(100);
    s = in.readLine();
    int count = s.length();
    if(count>1)
    {
        PORT = Short.parseShort(s.substring(0,3));//板卡 ip
        s_sub = s.substring(3,count-1);//数据部分
        if(s_sub.charAt(0) = = '+')//去掉"+"号
          s_sub = s.substring(4,count-1);
        NUM = Short.parseShort(s_sub);//将字符串转换为 short 类型
        abc = NUM + abb;
        if(PORT = = 135)//135 为压力检测设备节点
        {
          dial_NUM_old = dial_NUM_new;//上次指针位置
          Mycanvas.vshPixels_dial = dial_NUM_old;
          dial_NUM_new = abc;//新指针位置
          dial_add = 0;//表盘通信时,表盘标志置 0
          line_add + + ;//曲线标志加 1
          if(line_add> = 50)//大于 50 * 100ms 没有数据过来,就置零
            line_NUM_old = 0;
          can.setPixel(line_NUM_old);
        }
        else if(PORT = = 136)//136 为模拟量电流采集节点
        {
          line_NUM_old = NUM;
          can.setPixel(NUM);
          line_add = 0;//曲线通信时,曲线标志置 0
          dial_add + + ;//表盘标志加 1
        }
        else
        {
          line_add + + ;//曲线、表盘都没通信,标志都加 1
          dial_add + + ;
```

第 5 章　基于 Java 技术的动态网页监控界面的设计

```
            if(line_add >= 50)//大于 50*100 ms 没有数据过来,就置零
              line_NUM_old = 0;
            can.setPixel(line_NUM_old);
        }
        if(dial_add >= 50)//大于 50*100 ms 没有数据过来,就置零
        {
            dial_NUM_old = dial_NUM_new;
            Mycanvas.vshPixels_dial = dial_NUM_old;//指针变换的起始位置
            dial_NUM_new = 200;//指针的最终位置
        }
    }
}
```

屏幕刷新线程中需要获取曲线绘制方法所需的横坐标时间,以 4 s 作为时间间隔,为最近 20 s 内获得的数据标注采集时间。实现方法为 Java Applet 程序采集 PC 机系统的当前时间,利用时间数组记录横坐标时间标度,曲线绘制时最新采集的数据位于图像的最右端,所以最近采集的时间就标注于坐标最右侧,横坐标的其他时间以 4 s 为时间间隔依次向左标注。程序中需要对屏幕刷新线程的内容进行修改,其中 time()方法的内容由 Mycanvas 类定义:

```
if(Thread.currentThread() == thr1)
{
    thr1.sleep(1);
    date = new Date();
    can.time(date);
    can.repaint();
}
```

在 Mycanvas 类的开始添加对如下对象的定义:

```
public static int iAppletWidth = 400;//曲线图像宽
public static int iAppletHeight = 250;//曲线图形高
public static int iupWidth = 550;//曲线图像左边
public static int iupHeight = 50;//曲线图像上沿
public static int CanvasWidth = iAppletWidth + iAppletWidth_dial + iupWidth_dial * 8;
public static int CanvasHeight = iAppletHeight + iupHeight_dial * 10/3 + 300;
static int[] vshPixels = new int[200];//保存采集的历史数据
private int iPixelsCount = vshPixels.length; //长度为 200
String y_s;//纵坐标刻度值
/*初始化时间字符串*/
static String time_string[] = {"0:0:0","0:0:0","0:0:0","0:0:0","0:0:0","0:0:0"};
```

向 Mycanvas 类中添加 time()方法。time()方法用于给显示曲线横坐标时间的字符串数组赋值。其思路为首先获取系统时间,依照数组的下标计算对应的时间标注,使相邻时间标注间的间隔为 4 s,然后将时间标注格式化为字符串,依次赋值给字符串数组 time_string,最后标注于曲线下方。其代码如下:

```java
public void time(Date last)
{
    long date = last.getTime();//获取系统时间
    for(int i = 0;i<6;i++)
    {
        long mydate = (date/1000) - 20 + 4 * i;//时间数组依次减少 4 s
        last.setTime(mydate * 1000);
        DateFormat d2 = DateFormat.getTimeInstance();//格式化时间为时分秒
        String time_hour = d2.format(last);
        time_string[i] = time_hour;
    }
}
```

向 Mycanvas 类中添加 setPixel()方法和 line()方法。曲线绘制方法用于绘制模拟量电流采集节点的近期采集数据。以曲线的方式显示采集的数据可以更直观地表现数据的变化趋势,加强可视性。绘制的难点是如何表现出曲线绘制的动态效果,只显示最近 20 s 内采集的数据。数据通信线程 100 ms 与服务器进行一次数据通信,那么 20 s 内可以采集 200 个数据,我们将这 200 个数据用数组 vshPixels 保存。当通信线程采集到了最新的数据,数组 vshPixels 将舍弃第一个元素保存的数值,将数组下一个元素保存的数值赋值给相邻的前一个元素,使数组保存的数据整体前移,空出的最后一个元素保存最新获得的数据。将数组 vshPixels 保存的数据转化为曲线绘图区域的相应坐标,前后数据点连接成线,这样曲线就会根据数组 vshPixels 保存的数据的更新而动态变化。方法 line()用于实现曲线的绘制,方法 setPixel()实现数组元素的前移,其具体代码如下:

```java
public void setPixel(int vsh)
{
    for(int i = 0; i<199; i++)
    {
        vshPixels[i] = vshPixels[i+1];
    }
    this.vshPixels[199] = vsh;
}
void line(Graphics g)
{
    //蓝色背景
```

第5章　基于 Java 技术的动态网页监控界面的设计

```java
        offG.setColor(new Color(150,200,250));
        offG.fillRoundRect(iupWidth-80, iupHeight-50, iAppletWidth+160,
                                    iAppletHeight+iupHeight+50,60,60);
        //曲线绘制区域
        offG.setFont(small);
        offG.setColor(Color.white);
        offG.fillRect(iupWidth, iupHeight, iAppletWidth-1, iAppletHeight-1);
        //画横向虚线,1~9
        offG.setColor(Color.LIGHT_GRAY);
        for (int iLineY = 1; iLineY < 10; iLineY++)
        {
            for( int Xadd = iupWidth; Xadd < iAppletWidth + iupWidth; Xadd+=10)
              offG.drawLine (Xadd, iLineY * iAppletHeight/10 + iupHeight,
                  Xadd+5, iLineY * iAppletHeight/10 + iupHeight);
        }
        //画纵向虚线,1~9
        for (int iLineX = 1; iLineX < 10; iLineX++)
        {
            for( int Yadd = iupHeight; Yadd < iAppletHeight + iupHeight; Yadd+=10)
              offG.drawLine (iLineX * iAppletWidth/10 + iupWidth, Yadd,
                  iLineX * iAppletWidth/10 + iupWidth, Yadd+5);
        }
        //画纵坐标
        offG.setColor(Color.black);
        for (int y_point = 0; y_point < 11; y_point++)
        {
            y_s = String.valueOf(20-2*y_point);
            offG.drawString(y_s, iupWidth-20, y_point * iAppletHeight/10 + 4 + iupHeight);
        }
        //纵坐标单位
        offG.drawString("I/mA",iupWidth-60,iupHeight+iAppletHeight/2+4);
        //横坐标时间
        for(int i=0;i<6;i++)
            offG.drawString(time_string[i],iupWidth+iAppletWidth/5*i-20,
                                    iAppletHeight+iupHeight+20);
        //横坐标单位
        offG.drawString("h:m:s",iupWidth+iAppletWidth/2-30,iAppletHeight+iupHeight+40);
        //曲线绘制区域外边框
        offG.setColor(Color.black);
        offG.drawRect(iupWidth, iupHeight, iAppletWidth-1, iAppletHeight-1);
```

第5章 基于Java技术的动态网页监控界面的设计

```
//画实时曲线,红色
offG.setColor(Color.red);
for (int iPixel = 0; iPixel < iPixelsCount - 1; iPixel++)
{
    offG.drawLine (iAppletWidth/iPixelsCount * iPixel + iupWidth, iAppletHeight-
                    vshPixels[iPixel] * iAppletHeight/2000 + iupHeight,
        iAppletWidth/iPixelsCount * (iPixel + 1) + iupWidth, iAppletHeight-
                    vshPixels[iPixel + 1] * iAppletHeight/2000 + iupHeight);
}
```

最后在 paint() 方法中添加 line() 方法的调用,便可以实现曲线的绘制。

```
public void paint(Graphics g)
{
    offImg = createImage(getSize().width, getSize().height);
    offG = offImg.getGraphics();
    Color oldColor = offG.getColor();
    dial(g);
    line(g);//绘制曲线
    offG.setColor(oldColor);
    g.drawImage(offImg, 0, 0, null);
}
```

其运行效果如图 5.33 所示。

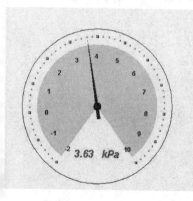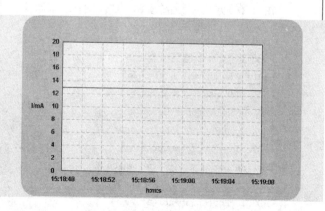

图 5.33 第三阶段代码运行效果图

4. 第四阶段——添加数字量输出节点,实现远程控制

第四阶段的代码我们要为网络控制系统添加新的节点。数字量输出远程控制节点,需要在 Web 浏览器端的界面中发送远程控制指令,嵌入式 Web 服务器端接收到 Web 浏览器发送的控制指令后再去操作对应的网络节点。

第5章 基于 Java 技术的动态网页监控界面的设计

响应 Web 浏览器的控制操作需要利用 Java 的事件处理方式，项目中我们选择应用鼠标事件来完成与 Web 浏览器的交互。当用户点击不同的按键，会发送相应的控制信息给嵌入式 Web 服务器，不同的按键操作也将产生 Web 界面不同图片的被控效果。

由于要应用 Java 的鼠标事件，所以在程序开始引入如下程序包：

```java
import java.awt.event.*;
```

我们定义的 Java Applet 子类需要继承鼠标监听事件的内容，所以还要为其引入 MouseListener 接口：

```java
public class line_dial extends Applet implements Runnable,MouseListener
```

在 line_dial 类的开始添加对如下对象的定义：

```java
Button LED1,LED2,LED3,LED4,LED5;
public static boolean LED1_status = false;//按钮初始状态设置为false
public static boolean LED2_status = false;
public static boolean LED3_status = false;
public static boolean LED4_status = false;
public static boolean LED5_status = false;
public static Image picture,picture_buzzer0,picture_buzzer1,picture_light,picture_red,
                                                                    picture_green;
```

在 init() 方法中设置按钮、加载图像，图像文件与 HTML 文件保持在同一个路径下：

```java
/*创建按钮,添加鼠标监听事件,设置为白色背景*/
LED1 = new Button("LED1-on/off");
LED1.addMouseListener(this);
LED1.setBackground(Color.white);
LED2 = new Button("LED2 - on/off");
LED2.addMouseListener(this);
LED2.setBackground(Color.white);
LED3 = new Button("LED3 - on/off");
LED3.addMouseListener(this);
LED3.setBackground(Color.white);
LED4 = new Button("LED4 - on/off");
LED4.addMouseListener(this);
LED4.setBackground(Color.white);
LED5 = new Button("buzzer - on/off");
LED5.addMouseListener(this);
LED5.setBackground(Color.white);
```

第5章 基于Java技术的动态网页监控界面的设计

```
/*设置按钮位置和大小*/
LED1.setBounds(Mycanvas.CanvasWidth/12 - 15,Mycanvas.CanvasHeight + 60, 80, 20);
LED2.setBounds(Mycanvas.CanvasWidth/6 - 15,Mycanvas.CanvasHeight + 60, 80, 20);
LED3.setBounds(Mycanvas.CanvasWidth/4 - 15,Mycanvas.CanvasHeight + 60, 80, 20);
LED4.setBounds(Mycanvas.CanvasWidth/3 - 15,Mycanvas.CanvasHeight + 60, 80, 20);
LED5.setBounds(Mycanvas.CanvasWidth/3 * 2 + 10,Mycanvas.CanvasHeight + 60, 80, 20);
/*在窗口上添加按钮*/
this.add(LED1);
this.add(LED2);
this.add(LED3);
this.add(LED4);
this.add(LED5);
/*加载图像*/
picture = getImage(getCodeBase(),"biaoti.jpg");
picture_buzzer0 = getImage(getCodeBase(),"buzzer0.jpg");
picture_buzzer1 = getImage(getCodeBase(),"buzzer1.jpg");
picture_light = getImage(getCodeBase(),"light.jpg");
picture_red = getImage(getCodeBase(),"light_red.JPG");
picture_green = getImage(getCodeBase(),"light_green.JPG");
```

在line_dial类中添加鼠标监听事件所需定义的方法,监听鼠标的相应操作。当鼠标进入按钮时,鼠标背景显示为蓝色;当鼠标离开按钮后,鼠标背景恢复为白色;当点击按钮时,发送相应的数据给嵌入式Web服务器。代码如下所示:

```
/*
    鼠标进入按钮时,按钮背景为蓝色
*/
public void mouseEntered(MouseEvent event)
{
    Object source = event.getSource();
    if(source = = LED1)
      LED1.setBackground(new Color(150,200,250));
    else if(source = = LED2)
      LED2.setBackground(new Color(150,200,250));
    else if(source = = LED3)
      LED3.setBackground(new Color(150,200,250));
    else if(source = = LED4)
      LED4.setBackground(new Color(150,200,250));
    else if(source = = LED5)
      LED5.setBackground(new Color(150,200,250));
}
/*
```

鼠标离开按钮后,按钮背景为白色
*/
```java
public void mouseExited(MouseEvent event)
{
    Object source = event.getSource();
    if(source = = LED1)
      LED1.setBackground(Color.white);
    else if(source = = LED2)
      LED2.setBackground(Color.white);
    else if(source = = LED3)
      LED3.setBackground(Color.white);
    else if(source = = LED4)
      LED4.setBackground(Color.white);
    else if(source = = LED5)
      LED5.setBackground(Color.white);
}
public void mousePressed(MouseEvent event) { }
```
/*
鼠标单击控件时,控制灯亮,发送相应的大写字母;控制灯灭,发送相应的小写字母
*/
```java
public void mouseClicked(MouseEvent event)
{
    Object source = event.getSource();
    if(source = = LED1)
    {
      if(LED1_status = = false)//按钮状态由 false 转为 true,即控制灯亮,发送"A"
      {
        LED1_status = true;
        out.println("A");
      }
      else//按钮状态由 true 转为 false,即控制灯灭,发送"a"
      {
        LED1_status = false;
        out.println("a");
      }
    }
    else if(source = = LED2)
    {
      if(LED2_status = = false)
      {
        LED2_status = true;
```

```java
            out.println("B");
        }
        else
        {
            LED2_status = false;
            out.println("b");
        }
    }
    else if(source = = LED3)
    {
        if(LED3_status = = false)
        {
            LED3_status = true;
            out.println("C");
        }
        else
        {
            LED3_status = false;
            out.println("c");
        }
    }
    else if(source = = LED4)
    {
        if(LED4_status = = false)
        {
            LED4_status = true;
            out.println("D");
        }
        else
        {
            LED4_status = false;
            out.println("d");
        }
    }
    else if(source = = LED5)
    {
        if(LED5_status = = false)//控制蜂鸣器发声,发声"R"
        {
            LED5_status = true;
            out.println("R");
        }
```

```
            else//控制蜂鸣器不发声,发声"r"
            {
                LED5_status = false;
                out.println("r");
            }
        }
    }
    public void mouseReleased(MouseEvent event) { }
```

我们需要在画布上用图像来展现节点的被控状态,在定义的 Mycanvas 类中根据按钮被单击的状态显示相应的图像。按钮为 false 状态,显示为黑白图像;按钮为 true 状态,显示为彩色图像。paint()方法修改如下:

```
    public void paint(Graphics g)
    {
        offImg = createImage(getSize().width , getSize().height);
        offG = offImg.getGraphics();
        Color oldColor = offG.getColor();
        dial(g);
        line(g);
        //下部标题图像
        offG.drawImage(line_dial.picture,0,iAppletHeight_dial-35,this);
        //LED 灯状态,交换图像
        offG.setFont(large);
        offG.setColor(Color.BLACK);
        //DO 控制灯 1
        offG.drawString("LED1", CanvasWidth/12, CanvasHeight-80);//绘制文本
        if(line_dial.LED1_status = = false)//按钮未点击时显示黑白图像
            offG.drawImage(line_dial.picture_light, CanvasWidth/12-20, CanvasHeight-45-5,
this);
        else if(line_dial.LED1_status = = true)//按钮点击后显示彩色图像
            offG.drawImage(line_dial.picture_green, CanvasWidth/12-20, CanvasHeight-45-5,
this);
        //DO 控制灯 2
        offG.drawString("LED2", CanvasWidth/6, CanvasHeight-80);
        if(line_dial.LED2_status = = false)
            offG.drawImage(line_dial.picture_light, CanvasWidth/6-20, CanvasHeight-45-5,
this);
        else if(line_dial.LED2_status = = true)
            offG.drawImage(line_dial.picture_red,CanvasWidth/6-20,CanvasHeight-45-5,this);
        //DO 控制灯 3
        offG.drawString("LED3", CanvasWidth/4, CanvasHeight-80);
```

```
    if(line_dial.LED3_status = = false)
        offG.drawImage(line_dial.picture_light,CanvasWidth/4-20,CanvasHeight-45-5,
this);
    else if(line_dial.LED3_status = = true)
        offG.drawImage(line_dial.picture_green,CanvasWidth/4-20,CanvasHeight-45-5,
this);
    //DO 控制灯 4
    offG.drawString("LED4", CanvasWidth/3, CanvasHeight-80);
    if(line_dial.LED4_status = = false)
        offG.drawImage(line_dial.picture_light,CanvasWidth/3-20,CanvasHeight-45-5,
this);
    else if(line_dial.LED4_status = = true)
        offG.drawImage(line_dial.picture_red,CanvasWidth/3-20,CanvasHeight-45-5,this);
    //蜂鸣器控制按钮
    offG.drawString("buzzer", CanvasWidth/3 * 2 + 10, CanvasHeight-80);
    if(line_dial.LED5_status = = false)
        offG.drawImage(line_dial.picture_buzzer0,CanvasWidth/3 * 2,CanvasHeight-45-20,
this);
    else if(line_dial.LED5_status = = true)
        offG.drawImage(line_dial.picture_buzzer1,CanvasWidth/3 * 2,CanvasHeight-45-20,
this);
    offG.setColor(oldColor);
    g.drawImage(offImg, 0, 0, null);
}
```

第四阶段的代码运行效果如图 5.34 所示。

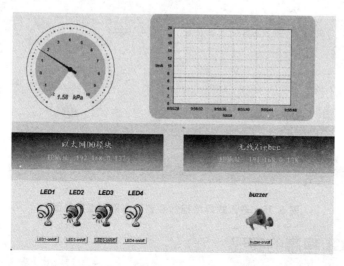

图 5.34　第四阶段代码运行效果图

第 5 章 基于 Java 技术的动态网页监控界面的设计

通过以上 4 步的代码编写,我们完成了 Java Applet 代码的初步构建和最终完善。用户在 PC 机利用浏览器便可以查看嵌入式 Web 服务器所连接的网络节点的工作状态、获得实时数据、并对节点进行远程操控。

将编写完成的 Java Applet 代码编译成 .class 文件后,便可以通过<applet>标签嵌入到 HTML 文件当中进行调用。我们将 HTML 文件展现的用户界面的内容进行了美化,最终页面的显示效果如图 5.35 所示,可以实时获得压力检测设备和模拟量电流采集模块这两个网络节点的数据,同时点击 Web 界面中的操作按钮可以对数字量输出节点的 LED 灯和蜂鸣器进行远程操控。

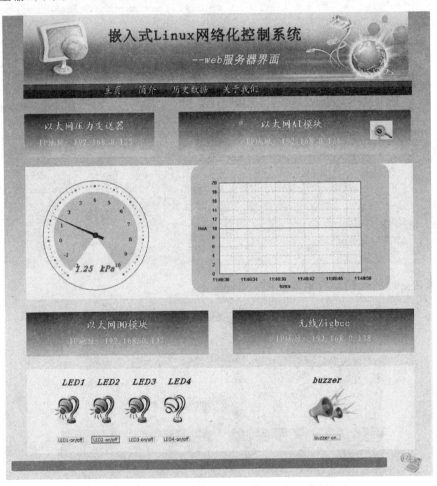

图 5.35　嵌入式网络控制系统动态网页监控界面

5.5.5　CGI 程序的实现

CGI 程序在本设计中主要用于访问嵌入式数据库,这里面将会涉及嵌入式 Web

服务器软件和嵌入式数据库的相关知识。如果在本节提前介绍CGI程序，读者可能会对一些概念和实现步骤不理解，本书将在第6章《BOA服务器的移植和应用》中详细介绍CGI程序的基本概念和开发方式，调用数据库的CGI程序具体实现代码将在本书第11章《基于嵌入式Linux系统Web服务器的软件实现》中做详细地讲解。

5.6 本章小结

本章介绍了在Web浏览器上显示动态网页监控界面的实现方法，综合采用了HTML、Java Applet、CGI等技术，以HTML语言实现了网页的基本构架；利用Java Applet实现了Web浏览器与嵌入式Web服务器之间TCP通信和动态交互界面的显示；CGI程序用于访问嵌入式数据库。本章对制作监控界面的HTML和Java Applet核心知识进行了介绍，明确了相关概念，对所需应用进行了程序的举例说明；在介绍了必要的基础知识之后，针对项目的具体要求，讲述了监控界面的实施方案和具体代码的实现过程。

第 6 章

BOA 服务器的移植与应用

目前,越来越多的网络产品(例如家用路由器等)开始使用 Web 浏览器作为产品的用户界面。产品上具有以太网接口,通过 1 根网线与 PC 机链接,在 PC 机上打开浏览器输入产品的 IP 地址就会访问到该产品的 Web 界面,以此来实现产品的设置和操作。此时网络产品就相当于一个 Web 服务器的功能,PC 机为客户端。这种 Web 界面配置产品的方法正在更多的产品上得到普及,究其原因是此方法易于使用且不需要定制专门的客户端软件。

本章首先简单介绍了 Web 服务器的知识,然后提出嵌入式 Web 服务器平台的功能要求,随后把目前应用广泛的几种 Web 服务器进行比较并选择了其中一种。在讲解完通用网管接口 CGI 后详细描述了嵌入式 Web 服务器-BOA 的移植和使用方法并加以测试,最后将 BOA 服务器移植和使用中的常见问题加以总结。

6.1 Web 服务器简介

随着通信技术的飞速发展和 Internet 的普及,网络技术特别是 Web 技术得到了广泛的应用。在 TCP/IP 协议基础上建立的 HTTP 超文本传输协议、FTP 文件传输协议、Telnet 远程登陆协议以及 SMTP 邮件协议等协议族构成了 Web 技术的核心。

Web 服务器是 Web 应用中的一个主要方向。Web 服务器也称为 WWW (World Wide Web)服务器,主要功能是提供网上信息浏览服务。Web 服务器可以理解为一个提供网页服务的主机程序或者一台负责提供网页的计算机。Web 服务器通过 HTTP 协议将网页信息传递给客户端计算机,客户端利用网页 Web 浏览器,如常用的 IE,Firefox 等来浏览 Web 服务器的页面信息。Web 技术的独特之处是采用超链接和多媒体信息。Web 服务器使用超文本标记语言描述网络的资源、创建网页,以供客户端计算机 Web 浏览器阅读,通俗地讲,Web 服务器传送页面使浏览器可以浏览。

Web 服务器的主要任务是接收用户的请求,然后执行相应的应用程序。Web 服务器可以解析 HTTP 协议,当 Web 服务器接收到一个 HTTP 请求后,会返回一个 HTTP 响应。为了处理接收到的请求,Web 服务器可以响应诸如图片显示、页面跳转等操作请求,或者把动态响应的产生委托给一些其他的程序,例如 CGI 脚本、JSP

脚本、ASP(Active Server Pages)脚本、JavaScript 或一些其他的服务器端程序。最终这些服务器端的程序都会产生一个 HTML 的响应发送给客户端来让浏览器可以浏览。Web 服务器的工作示意图如图 6.1 所示。

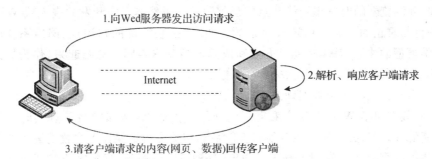

图 6.1　Web 服务器工作示意图

在传统的 Web 服务器应用中，Web 服务器通常与数据库共同存在于一台计算机中，数据库是 Web 服务器的信息来源，Web 服务器则是信息发布中心，它接收来自客户端浏览器的请求，并根据请求将网络页面发送给客户端的 Web 浏览器，完成数据库中的信息在网络范围内的传输。

随着嵌入式系统技术的发展，越来越多的基于嵌入式微处理器的产品正在逐渐担当起 Web 服务器的功能。嵌入式 Web 服务器是当今嵌入式领域的应用热点之一。例如嵌入式 Web 服务器在远程监控系统中就有着非常广泛地应用，基于 Web 的远程控制系统是以嵌入式 Web 服务器为中心，通过 Internet 网络远程访问嵌入式 Web 服务器，嵌入式 WEB 服务器通过现场总线控制各个网络结点，以达到远程监控的目的。任何一台装有浏览器的 PC 机或终端设备都可通过 Intemet 网访问嵌入式 Web 服务器。基于 Web 的远程控制对远程终端要求低（装有浏览器即可），再加上现在 Intemet 和宽带的普及，基于嵌入式 Web 服务器的远程控制方式广泛应用在工业设备远程监控、自动化农业、网络化信息家电、智能楼宇、远程安防监控系统等。

本书所设计的嵌入式 Web 服务器平台就是属于远程监控系统。嵌入式 Web 服务器实时采集网络节点数据、监视网络节点运行状况并将采集数据保存在嵌入式数据库中，客户端通过 Internet 网络用浏览器访问嵌入式 Web 服务器平台并获得 Web 监控界面，以此实现数据采集和远程控制。

6.2　嵌入式 Web 服务器功能分析

嵌入式 Web 服务器以 8 位、16 位或 32 位的微控制器/微处理器为硬件工作平台，以嵌入式多任务操作系统为软件工作平台，其上运行小型精简的服务器程序。已有嵌入式 Web 服务器的成功开发案例主要集中于通信领域中的路由器、交换机、网络视频监控和工业以太网控制系统等产品中。本书的设计目标——嵌入式 Web 服务器平台,从应用范围上应该属于网络控制系统范畴。它需要通过工业网络实时采集网络节点中仪表的数据、实时对网络节点进行远程控制、内置嵌入式数据库实现对网络节点的历史数据进行保存,此外还需要内置 Web 访问界面以方便现场工作人员通过 Web 浏览器随时掌握网络节点的运行状况。虽然本书中开发的嵌入式 Web 服务器平台与真正的工业应用还有一定的差距,但是它涉及的知识点、网络系统的架构、数学模型的建立、基本功能等方面和成熟产品基本相同。总结起来,作为嵌入式 Web 服务器需要包括以下几个方面的功能需求。

(1)实时数据与历史数据动态发布功能。

实时数据包括 Web 服务器采集到的网络节点数据,例如网络节点实时的压力值、电流值等。嵌入式 Web 服务器将实时数据和历史数据保存到内置的嵌入式数据库中,并以网页形式发布到 Internet 网上,且动态实时刷新,远方客户端通过接入以太网,利用 Web 浏览器向该嵌入式 Web 服务器发出请求并获得动态实时曲线显示。

(2)远程实时控制功能。

远程客户端在 Web 界面上向嵌入式 Web 服务器提交控制操作请求,服务器将响应客户端的请求并将控制指令直接传送到网络节点中实现控制功能。

(3)嵌入式数据库功能。

网络节点中的数据除了需要在页面中以动态曲线的方式显示出来外,还需要在嵌入式 Web 服务器中内置嵌入式数据库将网络节点的历史数据保存起来用于将来调取分析、故障诊断等操作。

(4)Web 访问界面功能。

在传统的工业控制系统中,对远端嵌入式控制设备进行访问和监控往往通过专用的监控软件。客户端访问服务器的界面都是专门定制的,每台想访问控制器或是设备的客户端 PC 机都要安装给定版本的客户端程序。这对客户端来讲提高了系统搭建的成本(需要购买软件以及支付软件升级费用),对于系统研发人员也因需要开发上位应用监控软件和界面增加了研发难度和周期。因此此时采用 Web 界面的访问方式的优点就凸显出来。作为嵌入式 Web 服务器与远程客户端的交互通道,Web 访问界面需要具备以下功能:

➢ Web 界面易于适用和操作;
➢ Web 界面应该支持多种浏览器访问;
➢ Web 界面可以与不同版本的 Web 服务器协同工作,以方便产品更换 Web 服务器;
➢ Web 界面支持数据的动态显示。

6.3 选择 Web 服务器

明确嵌入式 Web 服务器的功能需求后,就面对这样一个问题,是选择自己开发

Web 服务器软件还是选择直接使用已有的 Web 服务器软件产品？在此并不建议大家开发自己的 Web 服务器软件，最好是选择一个现有的软件产品并以和服务器无关的方式去设计网页页面。因为目前很多的 Web 服务器软件都是免费且源代码公开的，直接使用它们可以降低研发成本并缩短研发周期，而且也不需要花费资源来维护 Web 服务器，如果有更好的 Web 服务器软件出现的话，可以直接替换现有的软件。那么在实际的产品开发中应该选择哪种 Web 服务器软件呢？本节首先介绍几种常用的 Web 服务器软件，并对它们的特点加以比较，最终选择一种来满足本书设计产品的使用要求。

6.3.1 常见 Web 服务器软件

不同的 Web 服务器软件都有各自的特点，目前比较常见的软件有：lighttpd、thttpd、BOA、GoAhead、Apache、AppWeb 等。下面就针对这些 Web 服务器软件加以简单介绍。

1. lighttpd 服务器

lighttpd 是由德国人 Jan Kneschke 领导的、基于 BSD 许可的开源 WEB 服务器软件，开发过程历时只有 3 年。其根本的目的是提供一个专门针对高性能网站，安全、快速、兼容性好并且灵活的 Web 服务器软件环境。它具有内存开销低、CPU 占用率小、效能好、以及模块丰富的特点。lighttpd 是众多 OpenSource 轻量级的 Web 服务器软件中较为优秀的一个。支持 FastCGI、CGI、Auth、输出压缩（output compress）、URL 重写、Alias 等重要功能。lighttpd 采用了 Multiplex 技术，代码经过优化，体积非常小，资源占用很低，而且反应速度相当快。利用 Apache 的 rewrite 技术，将繁重的 CGI/FastCGI 任务交给 lighttpd 来完成，充分利用两者的优点，服务器的负载下降了 1 个数量级，而且反应速度也提高了 1 个甚至是 2 个数量级。lighttpd 适合静态资源类的服务，比如图片、资源文件、静态 HTML 等等的应用，性能较好，同时也适合简单的 CGI 应用场合，lighttpd 可以很方便地通过 FastCGI 支持 PHP。

lighttpd 支持的操作系统有 Unix、linux、Solaris、FreeBSD。它的缺点就是 bug 比较多，软件并不稳定，而且文档太简略。lighttpd 虽然功能较强、在 Web 服务器中算是轻量级的，但它毕竟不是专为嵌入式设备开发的，它使用内存比其他小型嵌入式 Web 服务器要多，系统开销对于嵌入式应用来说还是较大的，因此 lighttpd 作为嵌入式 Web 服务器的应用并不广泛。

2. thttpd 服务器

thttpd 是 ACME 公司设计的一款比较精巧的开源 Web 服务器。它的初衷是提供一款简单、小巧、易移植、快速和安全的 HTTP 服务器。它是在 Unix 系统上运行的二进制代码程序，仅仅有 400 KB 左右，在同类 Web 服务器中是相当小巧的。在可移植性方面，它能够在几乎所有的 Unix 系统上和已知的操作系统上编译和运行。

thttpd 在默认的状况下,仅运行于普通用户模式下,从而能够有效地杜绝非授权的系统资源和数据的访问,同时通过扩展它也可以支持 HTTPS、SSL 和 TLS 安全协议。尤为称道的是 thttpd 已经全面支持 IPv6 协议,并且具有独特的 Throttling 功能,可以根据需要限制某些 URL 和 URL 组的服务输出量。此外,thttpd 全面支持 HTTP 1.1 协议(RFC 2616)、CGI 1.1、HTTP 基本验证(RFC2617)、虚拟主机及支持大部分的 SSI(Server Side Include)功能,并能够采用 PHP 脚本语言进行服务器端 CGI 的编程。

thttpd 是一个非常小巧的轻量级 Web 服务器软件,它非常简单,对于并发请求不使用 fork()来派生子进程处理,而是采用多路复用(Multiplex)技术来实现。因此并发处理速度和任务切换速度很快,特别是在高负载下因系统资源占用少,thttpd 较很多 Web 服务器软件运行的更快。thttpd 还有一个较为引人注目的特点:基于 URL 的文件流量限制,这对于下载的流量控制而言是非常方便的。thttpd 支持多种平台,如 FreeBSD、SunOS、Solaris、BSD、Linux、OSF 等。

thttpd 对于那些并发访问量中等,又需要较快响应速度、并期望能够控制用户访问流量,而又有较高安全性需求的用户而言是一个较好的选择。此外,thttpd 也非常适合做静态资源类型的 Web 服务器,比如图片、资源文件、静态 HTML 等等的网站应用,同时也适合简单的 CGI 应用场合。

3. BOA 服务器

BOA Web 服务器诞生于 1991 年,作者是 Paul Philips。BOA 是一个非常小巧的 Web 服务器,可执行代码只有约 60 KB。BOA Web 服务器的设计目标是速度和安全,它是一个单任务 Web 服务器。它不像传统的 Web 服务器那样为每个访问连接开启一个进程,也不会为多个连接开启多个自身的拷贝。只能依次完成用户的请求,而不会 fork 出新的进程来处理并发连接请求。BOA 功能较为强大,支持认证,支持 CGI,能够为 CGI 程序 fork 出一个进程来执行。它对所有活动的 HTTP 连接在内部进行处理,而且只为每个 CGI 连接(独立的进程)开启新的进程,因此,BOA 在同等硬件条件下显示出更快的速度。在其站点公布的性能测试中,BOA 的性能要好于 Apache 服务器,具有很高的 HTTP 请求处理速度和效率,是一种最常用的嵌入式 Web 服务器。此外,还可以通过添加 SSL 来保证数据传输中的保密和安全。

BOA Web 服务器是开源的,应用很广泛,系统内存消耗特别少,因此非常适合于嵌入式设备。它在网上流行程度很广,并且有很多可以参考的移植范例和使用代码,很方便大家的学习和快速应用。目前使用较多的版本是 boa-0.94.13.tar,下载后其大小约为 120 KB,解压后为 436 KB,编译之后的可执行代码在 60 KB 左右。

它具有以下主要的功能和特点:

➢ 支持 HTTP/1.0(实验性的、有条件的支持 HTTP/1.1);

➢ 支持 CGI/1.1,编程语言除了 C 语言外,还支持 Python、Perl、PHP,但对 PHP 没有直接支持,没有 mod_perl、mod_snake/mod_python 等;

- BOA 支持 HTTP 认证,但不支持多用户认证;
- 它可以配置成 SSL/HTTPS 和 IPv6;
- 支持虚拟主机功能。

4. GoAhead 服务器

GoAhead 是为嵌入式实时操作系统量身定制的 Web 服务器。它的目标也许不在于目前的 Web 服务器市场,而是面向嵌入式系统应用。GoAhead 构建在设备管理框架(Device Management Framework)之上,用户可以像标准的 Web 服务器一样来部署自己的应用,不需要额外的编程。GoAhead Web 服务器支持 SOAP 客户端(Simple Object Access Protocol,简单对象访问协议)、XML‑RPC 客户端、各种 Web 浏览器和单独的 Flash 客户端。GoAhead Web 服务器支持一种类 ASP 的服务器端脚本语言,其语法形式和微软的 ASP 语法基本相同(Active Server Page)。GoAhead 是跨平台的服务器软件,可以稳定地运行在 Windows、Linux 和 Mac OS X 操作系统之上。GoAhead Web 服务器是开放源代码的,这意味着你可以随意修改 Web 服务器的功能。GoAhead 非常小巧,它的 Windows CE 版本编译后的大小还不到 60 KB,它的输出通常也是面向一些小屏幕设备。

GoAhead 目前支持的操作系统有 Windows CE、VxWorks、Linux、Lynx、QNX 与 Windows 95/98/NT。它属于一个 HTTP/1.0 标准的 Web 服务器,对一些 HTTP/1.1 的特性如(持久连接)也提供支持。GoAhead Web 服务器具有内存消耗小、支持 Digest Access Authentication (DAA)认证功能、支持如 SSL(安全的套接字层)在内的安全通信、支持动态 Web 页面、可以使用传统的 C 语言编程定制 Web 页面里的 HTML 标签、支持 CGI(公共网关编程接口)、具有嵌入式 Java Script 脚本翻译器和独特的 URL 分析器等突出功能。但 GoAhead 自 2004 年 2.18 版之后,官方不再对其软件实行免费的升级和支持。

5. Apache 服务器

Apache 是世界使用排名第一的 Web 服务器软件。它可以运行在几乎所有广泛使用的计算机平台上。Apache 源于 NCSAhttpd 服务器,经过多次修改,成为世界上最流行的 Web 服务器软件之一。Apache 取自"a patchy server"的读音,意思是充满补丁的服务器,因为它是自由软件,所以不断有人来为它开发新的功能、新的特性、修改原来的缺陷。Apache 的特点是简单、速度快、性能稳定,并可作为代理服务器使用。

Apache 起初只用于小型或试验 Internet 网络,后来逐步扩充到各种 Unix 系统中,尤其对 Linux 的支持相当完美。Apache 有多种产品,可以支持 SSL 技术,支持多个虚拟主机。Apache 是以进程为基础的结构,进程要比线程消耗更多的系统开支,不太适合于多处理器环境,因此,在一个 Apache Web 站点扩容时,通常是增加服务器或扩充群集节点而不是增加处理器。到目前为止 Apache 仍然是世界上用的最多的 Web 服务器,市场占有率达 60% 左右。世界上很多著名的网站如 Amazon、Yahoo!、W3 Consortium、Financial Times 等,都是 Apache 的产物。它的成功之处主要在于源代码开放、有一支开放的开发队伍、支持跨平台的应用(可以运行在几乎所有的 Unix、Windows、Linux 系统平台上)以及它的可移植性等方面。Apache Web 服务器软件拥有以下特性:

- 支持最新的 HTTP/1.1 通信协议;
- 拥有简单而强有力的基于文件的配置过程;
- 支持通用网关接口;
- 支持基于 IP 和基于域名的虚拟主机;
- 支持多种方式的 HTTP 认证;
- 集成 Perl 处理模块;
- 集成代理服务器模块;
- 支持实时监视服务器状态和定制服务器日志;
- 支持服务器端包含指令(SSI);
- 支持安全 Socket 层(SSL);
- 提供用户会话过程的跟踪;
- 支持 FastCGI。

Apache 是一个多进程 Web 服务器,每个 Apache 进程只能同时服务于一个 HTTP 连接。这种模式好处在于每个进程不互相干扰,稳定性好;但是缺点就是占用资源多,每个进程将极大地消耗系统内存,如果进程足够多的话,系统将运行得非常缓慢。由此可见在嵌入式 Web 服务器中很少使用 Apache。

6. AppWeb 服务器

AppWeb 是下一代嵌入式 Web 服务器,它天生是为嵌入式开发的,它的最初设计理念就是安全。AppWeb 是一个快速、低内存使用量、标准库、方便的服务器。与其他嵌入式 Web 服务器相比,AppWeb 最大特点就是功能多和高度的安全保障,并且使用简单方便、而且开放源代码。

AppWeb 使用 C/C++来编写,能够运行在几乎所有流行的操作系统上,如 Linux、Windows、Mac OSX、Solaris 等。AppWeb 具有开发成本低、资源需求小、模块化的灵活开发环境、安全可靠、支持嵌入式 Java Script、ESP、EGI、CGI 和 PHP 等突出特点,并且有大量的例子文档可供参考。

6.3.2 我们的选择

在之前内容里我们列举了常用的 Web 服务器软件,接下来将从这些 Web 服务器中选择一种用于嵌入式 Web 服务器平台的开发。无论采用何种衡量比较标准,作为嵌入式应用都不可能找到一种完美地满足各种需求的解决方案,都要根据我们所设计的产品的性能要求来折中地选择 Web 服务器。有些产品会对系统资源、内存占用非常重视,有些产品则更看重成本或开发周期,有些则更重视性能,因它们之间 Web 服务器选型侧重不同,最终选择的结果也会有很大差别。

通常,比较 Web 服务器的可行性参考标准为:
- 系统资源、内存需求;
- 可执行文件大小;
- 性能(如响应时间等);
- 开发成本;
- 安全性;
- 维护和开发难度;
- 可支持及参考文档。

我们可以参考以上几点选择标准,从 6.3.1 小节中介绍的 6 种 Web 服务器中选择一种。此外因为我们所设计的产品属于嵌入式范畴,或许紧张的嵌入式系统资源会让我们很快地找到答案。

1. 考虑内存需求

本书开发的嵌入式 Web 服务器平台属于嵌入式开发,自然对系统资源的使用锱铢必较,那些占用 CPU、内存资源较多的 Web 服务器肯定是不适合的。Apache 作为目前应用最广泛的 Web 服务器首先是我们要考虑的,如果产品中的内存足够多,Apache 是一个非常不错的选择。Apache 的多进程处理方式势必会消耗掉更多的系统内存,这点对于嵌入式系统来说,它是不合适的。

此外其他 5 种 Web 服务器的内存开销、CPU 占用率等方面都较低,基本上满足嵌入式系统的应用。特别是 BOA、GoAhead、AppWeb 是为嵌入式操作系统量身定制的 Web 服务器,这 3 个更加适合嵌入式的应用。

2. 考虑可执行文件的大小

可执行代码在运行的过程中会调用很多库资源,有些库是被动态链接的,有些是被静态连接的。单单查看 6 种 Web 服务器编译后可执行文件大小而忽略查看其运行中调用系统内存资源的做法是不完全正确的,也不能准确地反映出服务器在运行中需要的内存量。

因此可执行文件大小这个选择标准不是绝对的,只要 6 种 Web 服务器编译后的可执行代码不是特别大,基本上都可以在嵌入式中使用。需要特别说明的是,BOA 和 GoAhead 服务器的可执行代码较其他 4 种小很多,编译后仅 60 KB 左右大小,并且两者资源消耗低,可以优先考虑。

3. 考虑响应时间

在 6 种 Web 服务器中,响应速度较快的当属 thttpd、lighttpd 和 BOA。

4. 考虑开发成本

这 6 种 Web 服务器都是属于开源、免费的,我们可以依据需要修改 Web 服务器的功能而不必支付任何费用。但其中 GoAhead 自 2004 年 2.18 版之后,官方不再对其软件升级和支持实行免费。如果用于商业开发,想要修改 GoAhead 中的一些 bug 或获得技术支持就需要支付一定费用。

5. 考虑安全性、维护开发和可参考文档

从安全性上考虑,6 种 Web 服务器都基本满足安全应用需求。并且 6 者都支持通用网管接口(CGI),便于进一步地代码开发和维护。目前使用较多的嵌入式 Web 服务器当属 BOA,因此在很多书籍和网站中也很容易找到 BOA 移植和开发的应用范例,大大方便了初学者的学习和缩短开发周期。从参考文档支持性上看,BOA 服务器较为突出。

综合以上分析和比较,最后折中选择 BOA 服务器作为嵌入式 Web 服务器的软件基础。

6.4 通用网关接口 CGI

通用网管接口 Common Gateway Interface,简称 CGI,它实际上是一段程序,运行在 Web 服务器上,并由来自于浏览器端的用户输入而触发,提供与客户端 HTML 页面的接口。CGI 是在 HTTP 服务器下运行外部程序(或网关)的一个接口,它能让网络用户访问远程系统上的应用程序,就好像他们在实际使用那些远程计算机一样。当网页需要与用户进行动态的信息交换,比如要求用户填写申请、留言或者告诉用户是第几位来访者的计数器等,这个时候就可以考虑使用 CGI 来实现上述操作。简单地说,可以把 CGI 比喻成一个通道,它把客户端的网页和 Web 服务器端中的程序连接起来。服务器端接收来自客户端 Web 浏览器的 HTML 指令并将其传递给 CGI 程序处理,当 CGI 程序处理完后服务器端将 CGI 的处理结果返还给客户端 Web 浏览器。总结 CGI 的处理步骤为:

(1) 客户端浏览器通过 HTML 表单或超链接请求指定服务端的一个 CGI 应用程序;

(2) 服务器接收客户端请求;

(3) 服务器执行客户端所指定的 CGI 应用程序;

(4) CGI 应用程序执行所需要的操作,通常是基于浏览器输入或查询;

(5) CGI 应用程序把结果格式化为服务器和浏览器能理解的文档(如 HTML 语言);

(6) 网络服务器把结果返回到浏览器中。

客户端浏览器、Web 服务器、CGI 之间的关系如图 6.2 所示。

绝大多数的 CGI 程序被用来解释处理来自表单的输入信息,并在服务器产生相应的处理,或将相应的信息反馈给浏览器。CGI 程序使网页具有交互功能。用 CGI 可以实现处理表格,数据库查询,发送电子邮件等许多操作。本节之所以介绍 CGI

的相关知识是想在下一章嵌入式数据库的开发中引入CGI,实现客户端Web浏览器查询历史数据的功能。

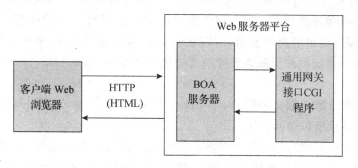

图6.2 浏览器、Web服务器、CGI之间的关系

1. CGI 特点

➢ CGI可以为我们提供许多HTML无法做到的功能。它补充了HTML的不足,可以实现记数器、顾客信息表格的提交以及统计、搜索、Web数据库等诸多功能。使用HTML是没有办法记住客户任何信息的,更何况用HTML也无法把信息记录到某一个特定文件里的。要把客户端的信息记录在服务器的硬盘上,就要用到CGI,这是CGI重要作用之一。

➢ CGI使在网络服务器下运行外部应用程序成为可能。cgi-bin目录是存放CGI脚本的地方。这些脚本使Web服务器和浏览器能运行外部程序。

➢ 当很多客户端同时使用一个CGI应用程序时,服务器端的响应会变得较慢,网络服务器的处理速度也会受到很大影响,因此CGI应用程序最好独立运行。

➢ CGI应用程序可以用大多数编程语言编写,如Perl、C/C++、Java和Visual Basic等。

2. CGI 运行环境

CGI程序最初的设计是在UNIX操作系统上运行的,发展到目前为止除了Linux系统以外,在其他操作系统如Windows下的服务器上也被广泛地使用;并且CGI同时可以运行在多种硬件平台(包括ARM架构的CPU和其他微处理器、微控制器)之上。

3. CGI 编程语言

CGI可以用很多种语言编写,只要这种语言具有标准输入、输出和环境变量。对初学者来说,最好选用易于归档和能有效表示大量数据结构的语言,如Perl、Shell、PHP、C/C++、Java和Visual Basic。其中目前使用较多的两种语言是Perl和C/C++。Perl由于其跨操作系统、易于修改的特性成为了CGI的主流编写语言,以至于一般的CGI程序就是Perl程序;此外,由于C语言有较强的平台无关性,所以也是编写CGI程序的首选。

4. CGI 使用注意事项

CGI 应用程序运行在浏览器可以请求的 Web 服务器系统上，执行时需要使用服务器 CPU 和其他系统资源。当有很多客户端都在使用同一个 CGI 程序时，会对服务器系统的硬件提出极高的要求，所以在嵌入式 Web 服务器系统中应用 CGI 的时候，要充分考虑系统硬件资源条件和所支持的最大访问上限，以防止 Web 服务器系统出现崩溃。

大多数 Web 服务器都提供 CGI-BIN 目录，我们编写的 CGI 程序最好放置到这个 CGI-BIN 目录里以访问调用。

目前使用 Java 编写的服务器与客户端交互的代码和界面也得到了很普遍地应用，那是不是 Java 可以替换掉 CGI 呢？其实 Java 和 CGI 的概念不同，CGI 主要是在服务器端运行，Java 主要是在客户端运行。如前一章介绍的 Java Applet 程序就是运行在客户端的 PC 机上，而本章的 CGI 程序就要运行在嵌入式 Web 服务器上。此外，有些功能使用 Java 会达到很好的效果，比如一些动画，动态显示交互界面和代码等。而 CGI 却可以在服务器端得到更好地应用。大家可以根据自己的需要来选择使用 Java 或是 CGI。

以上仅针对 CGI 的一些基本概念做了简单地介绍，关于 CGI 具体开发和使用的方法会在下几节中结合 BOA 服务器做详细地讲解。本书不是一本全面介绍 CGI 知识系统的书籍，对于书中未曾涉及的部分读者可以参考相关教材做进一步了解。

6.5 嵌入式 Web 服务器 BOA 的移植及测试

本书中开发的嵌入式 Web 服务器平台是采用 BOA 服务器加 CGI 实现的，首先介绍 BOA 服务器的移植方法。

(1) 从 www.boa.org 上下载 BOA 源码，当前的版本是 0.94.13，将其解压并加入源码目录的 src 子目录里。

```
# tar zxvf boa-0.94.13.tar.gz
# cd boa-0.94.13/src
```

生成 Makefile 文件。

```
# ./configure
```

(2) 修改 Makefile 文件，指定交叉编译工具的版本，此处使用 arm-linux-gcc-3.4.1(注：这里修改根据自己的交叉编译器自行修改)。

修改 CC = gcc 为：

```
CC = /usr/local/arm/3.4.1/bin/arm-linux-gcc
```

修改 CPP = gcc-E 为：

```
CPP = /usr/local/arm/3.4.1/bin/arm-linux-gcc-E
```

（3）修改 boa-0.94.13/src 目录下的头文件 defines.h。
找到 #define SERVER_ROOT "/etc/boa"，将其修改成：

```
#define SERVER_ROOT "/home/www"
```

这里定义的是 Web 服务器的文件根目录（用户可以自行定义，只要跟 boa.conf 中设置一致就可以了）。

（4）修改 boa-0.94.13/src/compat.h。
找到 #define TIMEZONE_OFFSET(foo) foo##->tm_gmtoff，将其修改成：

```
#define TIMEZONE_OFFSET(foo) (foo)->tm_gmtoff
```

否则在编译的时候会出现如下所述的错误：

```
util.c:100:1: error: pasting "t" and "->" does not give a valid preprocessing token
make: * * *
[util.o] 错误 1
```

（5）修改 boa-0.94.13/src/log.c。
找到如下语句：

```
if (dup2(error_log, STDERR_FILENO) == -1) {
            DIE("unable to dup2 the error log");
}
```

将上述这段语句注释掉，如下所示：

```
/* if (dup2(error_log, STDERR_FILENO) == -1) {
            DIE("unable to dup2 the error log");
} */
```

否则编译时会出现错误：

```
log.c:73 unable to dup2 the error log:bad file descriptor
```

（6）修改 boa-0.94.13/src/boa.c。
找到如下语句：

```
if (passwdbuf == NULL) {
        DIE("getpwuid");
    }
    if (initgroups(passwdbuf->pw_name, passwdbuf->pw_gid) == -1) {
        DIE("initgroups");
    }
```

将这段代码注释掉，如下所示：

```
#if 0
        if (passwdbuf == NULL) {
        DIE("getpwuid");
        }
        if (initgroups(passwdbuf->pw_name, passwdbuf->pw_gid) == -1) {
        DIE("initgroups");
        }
#endif
```

否则编译时会出现如下错误：

```
boa.c:211 - getpwuid: No such file or directory
```

找到如下语句：

```
if (setuid(0) != -1) {
                DIE("icky Linux kernel bug!");
        }
```

用同样的方法将这代码注释掉，如下所示：

```
#if 0
        if (setuid(0) != -1) {
                DIE("icky Linux kernel bug!");
        }
#endif
```

否则编译时会出现如下错误：

```
boa.c:228 - icky Linux kernel bug!: No such file or directory
```

（7）然后运行 make 进行编译，得到的可执行程序 boa。

```
# make
```

生成的 BOA 文件如图 6.3 所示，查看当前 BOA 的大小为 175.8 KB。
将调试信息剥去，以减小 BOA 文件的大小，执行以下指令：

```
# /usr/local/arm/3.4.1/bin/arm-linux-strip boa
```

这样处理后的可执行程序 boa 仅有 59.4 KB，减小了很多。目前文件的大小和 6.3.1 小节中介绍 BOA 服务器时所说明的编译后生成的可执行文件 BOA 仅有 60 KB 左右大小基本符合。

第 6 章 BOA 服务器的移植与应用

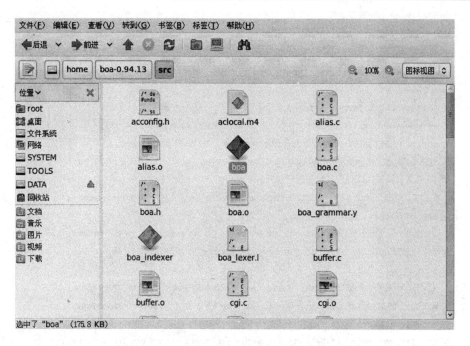

图 6.3 生成 BOA 可执行程序

(8) 完成 BOA 的配置,指明网页存放的位置,并使其能够支持 CGI 程序的执行。当 BOA 服务器启动后,在客户端浏览器键入嵌入式 Web 服务器平台的 IP 地址,BOA 服务器将根据 boa.conf 这个配置文件来调用所需的网页。打开 BOA 源代码目录下的 boa-0.94.13/boa.conf 文件,可以对其做如下修改(增加下划线的部分为修改处):

```
# Boa v0.94 configuration file
# File format has not changed from 0.93
# File format has changed little from 0.92
# version changes are noted in the comments
#
# The Boa configuration file is parsed with a lex/yacc or flex/bison
# generated parser. If it reports an error, the line number will be
# provided; it should be easy to spot. The syntax of each of these
# rules is very simple, and they can occur in any order. Where possible
# these directives mimic those of NCSA httpd 1.3; I saw no reason to
# introduce gratuitous differences.
# $ Id: boa.conf,v 1.25 2002/03/22 04:33:09 jnelson Exp $
# The "ServerRoot" is not in this configuration file. It can be compiled
# into the server (see defines.h) or specified on the command line with
# the -c option, for example:
```

```
#
# boa - c /usr/local/boa
# Port: The port Boa runs on. The default port for http servers is 80.
# If it is less than 1024, the server must be started as root.
Port 80
# Listen: the Internet address to bind(2) to. If you leave it out,
# it takes the behavior before 0.93.17.2, which is to bind to all
# addresses (INADDR_ANY). You only get one "Listen" directive,
# if you want service on multiple IP addresses, you have three choices:
# 1. Run boa without a "Listen" directive
# a. All addresses are treated the same; makes sense if the addresses
# are localhost, ppp, and eth0.
# b. Use the VirtualHost directive below to point requests to different
# files. Should be good for a very large number of addresses (web
# hosting clients).
# 2. Run one copy of boa per IP address, each has its own configuration
# with a "Listen" directive. No big deal up to a few tens of addresses.
# Nice separation between clients.
# The name you provide gets run through inet_aton(3), so you have to use dotted
# quad notation. This configuration is too important to trust some DNS.
#Listen 192.68.0.5
# User: The name or UID the server should run as.
# Group: The group name or GID the server should run as.
User nobody
Group 0
# ServerAdmin: The email address where server problems should be sent.
# Note: this is not currently used, except as an environment variable
# for CGIs.
#ServerAdmin root@localhost
# ErrorLog: The location of the error log file. If this does not start
# with /, it is considered relative to the server root.
# Set to /dev/null if you don't want errors logged.
# If unset, defaults to /dev/stderr
#ErrorLog /home/error_log
# Please NOTE: Sending the logs to a pipe ('|'), as shown below,
# is somewhat experimental and might fail under heavy load.
# "Usual libc implementations of printf will stall the whole
# process if the receiving end of a pipe stops reading."
#ErrorLog "|/usr/sbin/cronolog - - symlink = /var/log/boa/error_log /var/log/boa/error - %Y%m%d.log"
# AccessLog: The location of the access log file. If this does not
```

```
# start with /, it is considered relative to the server root.
# Comment out or set to /dev/null (less effective) to disable
# Access logging.
#AccessLog /home/access_log
# Please NOTE: Sending the logs to a pipe (·|·), as shown below,
# is somewhat experimental and might fail under heavy load.
# "Usual libc implementations of printf will stall the whole
# process if the receiving end of a pipe stops reading."
#AccessLog"|/usr/sbin/cronolog - symlink = /var/log/boa/access_log/var/log/boa/access - %Y%m%d.log"
# UseLocaltime: Logical switch. Uncomment to use localtime
# instead of UTC time
#UseLocaltime
# VerboseCGILogs: this is just a logical switch.
# It simply notes the start and stop times of cgis in the error log
# Comment out to disable.
#VerboseCGILogs
# ServerName: the name of this server that should be sent back to
# clients if different than that returned by gethostname + gethostbyname
ServerName www.your.org.here
# VirtualHost: a logical switch.
# Comment out to disable.
# Given DocumentRoot /var/www, requests on interface A or IP IP - A
# become /var/www/IP - A.
# Example: http://localhost/ becomes /var/www/127.0.0.1
#
# Not used until version 0.93.17.2. This "feature" also breaks commonlog
# output rules, it prepends the interface number to each access_log line.
# You are expected to fix that problem with a postprocessing script.
#VirtualHost
# DocumentRoot: The root directory of the HTML documents.
# Comment out to disable server non user files.
DocumentRoot /home/www
# UserDir: The name of the directory which is appended onto a user's home
# directory if a ~user request is recieved.
UserDir public_html
# DirectoryIndex: Name of the file to use as a pre-written HTML
# directory index. Please MAKE AND USE THESE FILES. On the
# fly creation of directory indexes can be _slow_.
# Comment out to always use DirectoryMaker
DirectoryIndex index.html
```

```
# DirectoryMaker: Name of program used to create a directory listing.
# Comment out to disable directory listings. If both this and
# DirectoryIndex are commented out, accessing a directory will give
# an error (though accessing files in the directory are still ok).
#DirectoryMaker /usr/lib/boa/boa_indexer
# DirectoryCache: If DirectoryIndex doesn't exist, and DirectoryMaker
# has been commented out, the the on-the-fly indexing of Boa can be used
# to generate indexes of directories. Be warned that the output is
# extremely minimal and can cause delays when slow disks are used.
# Note: The DirectoryCache must be writable by the same user/group that
# Boa runs as.
# DirectoryCache /var/spool/boa/dircache
# KeepAliveMax: Number of KeepAlive requests to allow per connection
# Comment out, or set to 0 to disable keepalive processing
KeepAliveMax 1000
# KeepAliveTimeout: seconds to wait before keepalive connection times out
KeepAliveTimeout 10
# MimeTypes: This is the file that is used to generate mime type pairs
# and Content-Type fields for boa.
# Set to /dev/null if you do not want to load a mime types file.
# Do *not* comment out (better use AddType!)
MimeTypes /home/www/mime.types
# DefaultType: MIME type used if the file extension is unknown, or there
# is no file extension.
DefaultType text/html
# CGIPath: The value of the $PATH environment variable given to CGI progs.
CGIPath /bin:/usr/bin:/usr/local/bin
# SinglePostLimit: The maximum allowable number of bytes in
# a single POST. Default is normally 1MB.
# AddType: adds types without editing mime.types
# Example: AddType type extension [extension ...]
# Uncomment the next line if you want .cgi files to execute from anywhere
#AddType application/x-httpd-cgi cgi
# Redirect, Alias, and ScriptAlias all have the same semantics --- they
# match the beginning of a request and take appropriate action. Use
# Redirect for other servers, Alias for the same server, and ScriptAlias
# to enable directories for script execution.
# Redirect allows you to tell clients about documents which used to exist in
# your server's namespace, but do not anymore. This allows you to tell the
# clients where to look for the relocated document.
# Example: Redirect /bar http://elsewhere/feh/bar
```

第6章 BOA 服务器的移植与应用

```
# Aliases: Aliases one path to another.
# Example: Alias /path1/bar /path2/foo
#Alias /doc /usr/doc
# ScriptAlias: Maps a virtual path to a directory for serving scripts
# Example: ScriptAlias /htbin/ /www/htbin/
ScriptAlias /cgi-bin/ /home/www/cgi-bin/
ScriptAlias index.html /home/www/index.html
```

修改的内容有如下几点需要说明：

➢ 由于在/etc/group 文件中没有 nogroup 组，所以设成 0。另外在/etc/passwd 中有 nobody 用户，所以 User nobody 不用修改。

➢ ServerName www.your.org.here 内容需打开（不能注释掉），否则执行 boa 时会异常退出，提示"gethostbyname::No such file or directory"

➢ 里面有一行修改的内容为"DocumentRoot /home/www"，这行语句指示了 BOA 服务器去根文件系统里面的"/home/www"文件夹调用网页，那默认调用哪个网页呢？这个是由 boa.conf 里面的"DirectoryIndex index.html"语句指定，也就是调用 index.html 网页。通过上面对 boa.conf 的设置，当我们在 Web 浏览器中输入要访问的板卡 IP 地址后，默认打开的网页是根文件系统里 home/www 文件夹里的 index.html 文件。

➢ boa.conf 文件的最后两行修改内容还需要说明一下，因为在 6.4 一节中曾经指出，编写的 CGI 程序最好放置到 cgi-bin 目录里以方便调用，所以在倒数第二行里就是指示 CGI 脚本的存放位置是 cgi-bin 文件夹。倒数第一行指示 index.html 网页存放的位置。

下面解释一下该文件一些内容的含义：

监听的端口号，缺省都是 80，一般无需修改：

```
Port 80
```

bind 调用的 IP 地址，一般注释掉，表明绑定到 INADDR_ANY，通配于服务器的所有 IP 地址：

```
#Listen 192.68.0.5
```

作为哪个用户运行，即它拥有该用户的权限，一般都是 nobody，需要/etc/passwd 中有 # nobody 用户：

```
User nobody
```

作为哪个用户组运行，即它拥有该用户组的权限，一般都是 nogroup，此时在/etc/group 文件中需要有有 nogroup 组，若没有 nogroup 组在此处可以用 Group 0：

```
Group 0
```

第6章 BOA服务器的移植与应用

＃当服务器发生问题时发送报警的email地址，目前未使用，注释掉：

`# ServerAdmin root@localhost`

＃错误日志文件。如果没有以"/"开始，则表示从服务器的根路径开始。如果不需要错误日志，则用＃/dev/null。在此处设置时，建立在根文件系统的/home目录里：

`ErrorLog /home/error_log`

＃访问日志文件。如果没有以"/"开始，则表示从服务器的根路径开始。如果不需要错误日志，则用＃/dev/null或注释掉。在此处设置时，建立在根文件系统的/home目录里：

`# AccessLog /home/access_log`

＃是否使用本地时间。如果没有注释掉，则使用本地时间。注释掉则使用UTC时间：

`# UseLocaltime`

＃是否记录CGI运行信息，如果没有注释掉，则记录，注释掉则不记录：

`# VerboseCGILogs`

＃服务器名字：

`ServerName www.your.org.here`

＃是否启动虚拟主机功能，即设备可以有多个网络接口，每个接口都可以拥有一个虚拟的Web服务器。一般注释掉，即不需要启动：

`# VirtualHost`

＃非常重要，HTML文档主目录。如果没有以"/"开始，则表示从服务器的根路径开始：

`DocumentRoot /home/www`

＃如果收到一个用户请求的话，在用户主目录后再增加的目录名：

`UserDir public_html`

＃HTML目录索引的文件名，也是没有用户只指明访问目录时返回的文件名：

`DirectoryIndex index.html`

＃当HTML目录没有索引文件时，用户只指明访问目录时，BOA会调用该程序生成索引文件然后返回给用户，因为该过程比较慢最好不执行，可以注释掉或者给每个HTML目录加上＃DirectoryIndex指明的文件：

DirectoryMaker: Name of program used to create a directory listing

＃如果 DirectoryIndex 不存在，并且 DirectoryMaker 被注释，那么就用 BOA 自带的索引生成程序来生成目录的索引文件并输出到下面目录，该目录必须是 BOA 能读写的目录：

DirectoryCache /var/spool/boa/dircache

＃一个连接所允许的 HTTP 持续作用请求最大数目，注释或设为 0 都将关闭 HTTP 持续作用：

KeepAliveMax 1000

＃HTTP 持续作用中服务器在两次请求之间等待的时间数，以秒为单位，超时将关闭连接：

KeepAliveTimeout 10

＃指明 mime.types 文件位置。如果没有以"/"开始，则表示从服务器的根路径开始。可以注释掉避免使用 mime.types 文件，此时需要用 AddType 在本文件里指明：

MimeTypes /home/www/mime.types

＃文件扩展名没有或未知的话，使用的缺省 MIME 类型：

DefaultType text/plain

＃提供 CGI 程序的 PATH 环境变量值：

CGIPath /bin:/usr/bin:/usr/local/bin

＃将文件扩展名和 MIME 类型关联起来，和 mime.types 作用一样。如果用 mime.types 文件，则注释掉，如果不使用 mime.types 文件，则必须使用：

AddType application/x-httpd-cgi cgi

＃指明文档重定向路径：

Redirect /bar http://elsewhere/feh/bar

＃为路径加上别名：

Alias /doc /usr/doc

＃非常重要，指明 CGI 脚本的虚拟路径对应的实际路径。一般所有的 CGI 脚本都要放在实际路径里，用户访问执行时输入站点＋虚拟路径＋CGI 脚本名：

ScriptAlias /cgi-bin/ /home/www/cgi-bin/

（9）在第 3 章制作的根文件系统的 home/www 目录下添加 5 个文件，分别是：

第6章 BOA 服务器的移植与应用

- 新建一个 CGI 程序目录文件夹 cgi-bin；
- 刚刚编译好的可执行文件 boa 和修改的配置文件 boa.conf；
- 再从 Fedora 主机 etc 文件下找到 mime.types 文件拷贝进去；
- 创建一个 index.html 简单网页，添加网页的内容为：

```
<html>
<head><title>BOA 服务器运行测试界面</title>
</head>
<body>
<h1>BOA 服务器运行正常</h1>
</body>
</html>
```

这段网页标题是"BOA 服务器运行测试界面"，当网页运行时所显示的内容为"BOA 服务器运行正常"。

（10）然后利用第 3 章所讲述的内容，利用工具 mkyaffsimg 重新制作一个含有 BOA 服务器功能的根文件系统将，并命名为 rootfs.img。然后将 rootfs.img 利用 tftp 方法下载到嵌入式 Web 服务器平台上，具体操作过程读者可以重新查看第 3 章 3.7 一节。

（11）启动嵌入式 Web 服务器平台，链接网线，在串口终端中监视启动信息直到进入开发板的根文件系统，然后进入 home/www 目录里，并启动 BOA 服务器，BOA 服务器的启动信息如图 6.4 所示。

```
Please press Enter to active this console.
running /etc/profile
/ # cd /home/www
/home/www # ./boa
```

```
文件(F)  编辑(E)  查看(V)  终端(T)  帮助(H)
starting udevd...
dm9000 dm9000.0: WARNING: no IRQ resource flags set.
eth0: link down
SPI-Microchip MCP2515 CAN Driver 3.5.3_SSV_MCP2515 (c) Jan 15 2010 14:53
Atmel AT91 and MCP2515 port by H.J. Oertel (oe@port.de)
MAX_CHANNELS 1
CAN_MAX_OPEN 2
at91adc: Loaded module
eth1: link up (100/Full)
mount: 192.192.192.105:/armsys2410/root failed, reason given by server: y

Please press Enter to activate this console.
running /etc/profile
/ # cd /home/www
/home/www # ./boa
[01/Jan/1970:00:00:16 +0000] boa: server version Boa/0.94.13
[01/Jan/1970:00:00:16 +0000] boa: server built Sep 16 2011 at 09:08:38.
[01/Jan/1970:00:00:16 +0000] boa: starting server pid=454, port 80
/home/www #
```

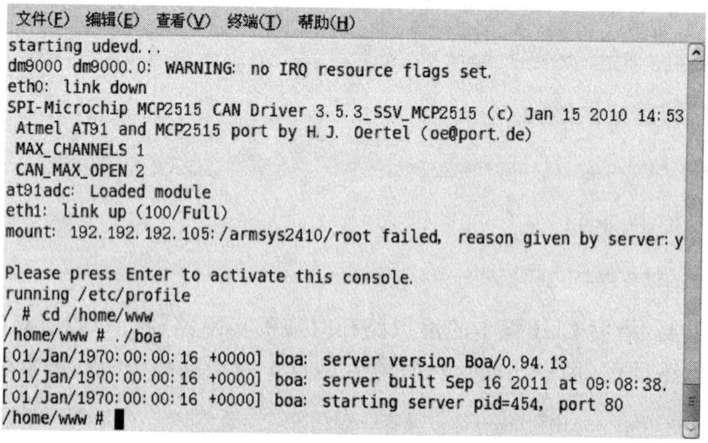

图 6.4　BOA 服务器启动信息

然后在 Web 浏览器端输入嵌入式 Web 服务器平台的 IP 地址:192.192.192.200,即可以访问到 index.html 网页,运行结果如图 6.5 所示。

图 6.5 访问 BOA 服务器

(12)当验证 BOA 服务器运行正常、页面访问正常后,我们将要测试一下在上一章设计的,用于嵌入式 Web 服务器平台的基于 Java 技术动态监控界面能否在 BOA 的引导下正常显示。将 Java 界面包含的内容放在 linux_web 文件夹下,然后再将 linux_web 文件夹置于 home/www 内,重新启动硬件并进入根文件系统启动 BOA 运行,并在 Web 浏览器中键入 http://192.192.192.200/linux_web/home.html,运行结果如图 6.6 所示。从图 6.6 中键入的嵌入式 Web 服务器平台的 IP 地址和显示的界面可以看出,BOA 服务器运行正常,并可以成功访问 Web 监控界面。

图 6.6 访问嵌入式 Web 服务器平台监控界面

6.6 CGI 程序测试

CGI 是运行在 Web 服务器上的程序,它的工作就是控制信息要求,产生并传回所需的文件。CGI 程序由浏览器的输入触发。CGI 可以为我们提供许多 HTML 无法做到的功能。利用 CGI 程序可以在 Web 服务器上实现计算器、表格处理、系统搜索、Web 数据库等软件功能。用 HTML 是没有办法记住客户的任何信息的,要把顾客的信息记录在服务器上,就要用到 CGI。

一般而言,要使用 CGI 程序就必须在 Web 网页中嵌入调用 CGI 程序的代码。通常的做法有 3 种:一是通过表单调用,二是通过超链接调用,三是通过 SSI 调用。本节重点介绍使用表单调用 CGI 程序的办法。

网页中表单由字头<form>开始,</form>结束。CGI 处理程序由<form>标签的 action 属性指定,例如 action="/cgi-bin/app.cgi"指明使用的 CGI 程序名为 app.cgi。每个输入区都有一个 name 属性用来称呼表单元素。当表单数据被递交给 action 中定义的处理程序时,name 和其输入内容被以数字或字符的形式保存在环境变量中,脚本程序再通过读取环境变量的方式获得用户输入。根据编程语言的不同获取环境变量的方式也不同,C 语言中可以通过 stdlib 库函数 getenv 来获得环境变量。

下面通过一个 CGI 例程来说明使用表单调用 CGI 程序的方法。该例程 Web 界面中有两个输入区,分别是乘数 1、乘数 2,和一个提交按钮。当点击"获取相乘结果"提交按钮时,显示乘法运算的结果。

(1)首先编写 HTML 的界面,将其命名为 multiple.html,代码如下所示:

```
<form action="/cgi-bin/mult.cgi">
<div><label>乘数 1:<input name="m" size="5"></label></div>
<div><label>乘数 2:<input name="n" size="5"></label></div>
<div><input type="submit" value="获取相乘结果!"></div>
</form>
```

其中<form>和</form>标识着表单的开始和结束。action="/cgi-bin/mult.cgi"指明用来处理表单提交数据的 CGI 程序为 cgi-bin 目录下的 mult.cgi。<input>标签代表输入表单中的内容默认为 txt 属性,name="m/n"用来表示输入表单的元素名称为 m 和 n,size="5"代表 txt 属性框大小为 5 个字符,type="submit"表示输入类型为提交,value="获取相乘结果!"代表表单提交按钮的显示内容。

(2)编写完 Web 页面的代码后,再编写 CGI 程序,将其命名为 mult.c,代码如下所示:

```c
#include <stdio.h>
#include <stdlib.h>
int main()
{
  char *data;
  long m,n;
  /* MIME 头信息,它告诉 Web 服务器随后输出文件的信息。HTTP 内容类型
     (Content-Type)为 html,字符编码(charset)为西欧的编码 */
  printf("%s%c%c\n","Content-Type:text/html;charset=iso-8859-1",13,10);
  /* CGI 响应网页的标题:"获取乘法运算结果" */
  printf("<title>获取乘法运算结果</title>\n");
/* h3 字体显示:乘法运算结果 */
  printf("<h3>乘法运算结果</h3>\n");
  /* 取得环境变量 */
  data=getenv("QUERY_STRING");
  /* 如果 data==NULL,表示数据传输错误 */
  if(data==NULL)
    printf("<p>错误!输入数据错误</p>");
  /* sscanf()——从一个字符串中读进与指定格式相符的数据,返回参数数目 */
  else if(sscanf(data,"m=%ld&n=%ld",&m,&n)!=2)
    /* 如果没有读取 2 个数据,传递的数据为非法数据 */
    printf("<P>错误!无效的数据.输入的内容必须是数字.");
  else
    /* 传送正确,打印结果 */
    printf("<P>乘数 %ld 和 %ld 相乘的运算结果是 %ld.",m,n,m*n);
  return 0;
}
```

然后对 mult.c 进行交叉编译,将得到的 mult.cgi:

```
# /usr/local/arm/3.4.1/bin/arm-linux-gcc -o mult.cgi mult.c
```

(3) 然后将 mult.cgi 拷贝到嵌入式 Web 服务器平台根文件系统的/home/www/cgi-bin 目录下,将 multiple.html 拷贝到/home/www/目录里,并重新利用 mkyaffsimg 工具再次制作一个根文件系统然后烧写到硬件平台上。

(4) 给嵌入式 Web 服务器平台上电,运行 BOA 服务器,打开 PC 端的 Web 浏览器键入 IP 地址 http://192.192.192.200/multiple.html 访问 multiple.html 页面,并输入乘数 5 和被乘数 6,如图 6.7 所示。

第 6 章　BOA 服务器的移植与应用

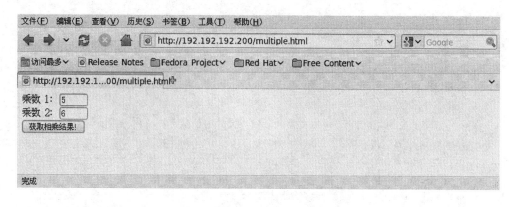

图 6.7　访问 multiple.html 页面

点击"获取相乘结果"提交按钮,可以看到调用了 mult.cgi 程序后显示了两数相乘的运算结果,如图 6.8 所示。

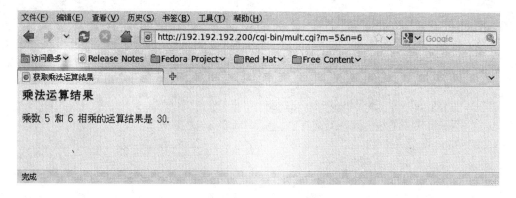

图 6.8　mult.cgi 运行页面

通过以上操作验证了 CGI 程序运行正常,实现了服务器端与客户端之间的数据交换和互通。读者可以效仿此种方法实现自己的 Web 界面和 CGI 处理程序。

6.7　常见问题及解决方法

在 BOA 服务器运行的过程中会出现一些问题,下面将本人在开发过程中遇到的一些错误加以整理,供大家参考。

(1)在开发板上运行 BOA 服务器可执行映像时,在串口 minicom 终端有如下错误提示:

"boa.c:194- unable to bind:Address already in use"。

解决方法:出现这个问题是因为 Linux 内核在运行的过程中有进程和 BOA 进程产生冲突导致。打开 boa.conf 文件可以看到在第 25 行有一条语句"Port 80",然后在终端下键入指令"ps"来查看有哪些进程占用了这个 80 端口,利用 kill 指令结束这个进程即可。或者可以直接修改 boa.conf 文件里的"Port 80"语句,将端口号改为其他。

(2)运行 BOA 时,提示如下错误:

"./boa: 1: syntax error: "(" unexpected")"。

解决方法:说明编译 BOA 时采用的编译器是 PC 环境下的 GCC 编译器,应该使用交叉编译工具 arm-linux-gcc 编译 BOA 才对。

(3)运行 BOA 时,提示如下错误:

"gethostbyname:: Resource temporarily unavailable"。

解决方法:把"#ServerName http://www.your.org.here/"的"#"号去掉即可。

(4)运行 BOA 时,提示如下错误:

"unable to dup2 the error log:Bad file descriptor"。

解决方法:在 boa.conf 里,把"#AccessLog /var/log/boa/access_log"前的"#"号去掉即可。

(5)运行 BOA 服务器,打开浏览器键入 IP 地址访问服务器,在 Web 浏览器页面中提示如下错误信息:

"502 Bad Gateway. The CGI was not CGI/1.1 compliant."。

解决方法:出现这个问题可以按以下步骤寻找错误原因:

➢ 测试是否能浏览静态网页,以保证网络是正确的。在 Web 浏览器上输入 http://嵌入式板子的 IP 地址,如果能显主页,说明静态访问是正确的。

➢ 将.cgi 文件拷贝至目标板上后,必须改变其权限"chmod 777 cgi 文件名"否则,上位机浏览时也会提示上面错误。

➢ 如若还有问题,最有可能是 CGI 程序本身的问题:

检查 CGI 程序的源文件,看到打印开头有使用 MIME 头信息"Content type: text/html\n\n"来表示输出 HTML 源代码给 Web 服务器。请注意任何 MIME 头信息后必须有一个空行,就是加了\n\n,这点必须保证。

此外还有一种可能,CGI 程序被编译成了动态形式,然而程序执行时在嵌入式中找不到动态库文件,所以在编译程序时加上-static,编译成静态的形式,但是这样编译出来的文件很大,在嵌入式中不适用这种方式。

6.8 本章小结

在本章中,我们首先简单介绍了 Web 服务器的一些基本概念;接着比较了目前应用

第6章 BOA 服务器的移植与应用

较为广范的几种 Web 服务器软件,并从中选择一种适合于嵌入式方面应用的 Web 服务器软件;然后介绍了通用网关接口 CGI 的概念和实现原理。本章的重点是 BOA 服务器的移植和应用代码的编写,以及 CGI 程序编写和调用方法。在此基础上用简单的程序来验证移植方法正确与否,并将第5章已经制作好的 Java 界面拿来做进一步测试。最后,本章将 BOA 移植和应用过程中的常见错误和解决方法进行了总结。

第 7 章
嵌入式数据库 SQLite 的移植和应用

随着微电子技术的不断发展,嵌入式设备的功能在逐步完善,嵌入式系统内数据处理量也在不断增加,嵌入式设备中产生的大量数据需要进行统一地组织和管理,这样嵌入式数据库便应运而生。那么什么是嵌入式数据库、嵌入式数据库是的工作原理、如何使用嵌入式数据库都是本章将要介绍的内容。

7.1 数据库基础知识

如今,我们生活在一个信息爆炸的年代,丰富的信息不仅是我们可贵的知识来源,而且也会成为指导我们今后工作的有效数据。既然信息的重要性不容小觑,就需要我们将获取的重要信息运用一定的方式进行收纳、管理和使用。起初,信息的存储的确给人们造成了困扰,但随着计算机技术的不断发展,数据库技术的不断完善,今天的信息管理已经大大降低了数据管理者投入的精力,使存储的信息结构优化、操作方便、使用安全。

7.1.1 数据库的含义

信息的有效管理得益于数据库技术的发展,就其含义而言,我们可以先从字面上理解,数据库就是存储数据的仓库,用于保存有用的信息。当然这种说法并不严密,存放的仓库需要实际的地点,存储的数据也不能杂乱无章地摆放。

严格地讲,数据库是以一定的组织方式将相关的数据组织在一起,存放在非失易性存储器上,能为多个用户所共享的数据集合。数据库系统就是实现有组织地、动态地存储大量相关数据,方便用户访问的,由软、硬件资源组成的系统。

数据库能被广泛地应用,归功于其自身的优点:
- 保证了数据的完整性,降低了数据的冗余度,节省了数据的存储空间;
- 数据可以共享,避免了数据采集的重复性工作,提高了工作效率;
- 保障了数据的安全性,防止数据的丢失和非法使用;
- 数据库易于使用,便于掌握,方便开发者和用户对存储数据进行操作。

7.1.2 嵌入式数据库的含义

嵌入式系统在现代人的生活中随处可见,嵌入式系统内数据处理量也在不断增加,为嵌入式系统引入数据库已经十分必要。随着嵌入式系统的内存和永久性存储介质容量的扩展,也使嵌入式系统引入数据库成为可能。这样,便产生了嵌入式数据库。

嵌入式数据库系统是运行于嵌入式设备上的数据库管理系统,它以目前成熟的数据库技术为基础,针对嵌入式设备的具体特点,实现对嵌入式设备上数据的存储、组织和管理。嵌入式数据库不同于传统运行于 PC 机上的数据库服务器,它具有如下特点:

(1) 嵌入性:

数据库服务器采用的是客户端/服务器模式,它们可以分别位于不同的计算机中,客户端与服务器之间通过 TCP/IP 进行通信,这种模式将数据与应用程序分离,便于对数据的访问和控制。

不同于数据库服务器允许非开发人员对数据库进行操作,嵌入式数据库只允许应用程序对其进行访问和控制,数据和程序不能分离,由程序完全携带,不像数据库服务器需要进行独立的安装、部署和管理。嵌入式数据库通常与具体应用程序天然地集成在一起,无需专门的数据库引擎,只要应用程序调用根据用户数据特征产生的 API 函数就可以实现对嵌入式数据库的实时管理。

(2) 内核小:

数据库服务器需要独立地安装、部署和管理,通常运行于大存储容量的 PC 机上,对数据库本身的体积并无严格地限制。

由于嵌入式设备的存储空间有限,所以嵌入式数据库应该保证适当的体积,使其可以嵌入到应用程序和处理能力受限的硬件环境。嵌入式数据库可以直接嵌入到应用程序进程当中,消除了与客户机服务器配置的开销,在运行时,需要较少的内存。嵌入式数据库的代码较为精简,其运行速度更快,效果更理想。

(3) 平台兼容性:

数据库服务器通常运行于指定的 PC 机上,与客户端通过网络进行数据访问控制,相对于嵌入式数据库而言,针对的软硬件平台比较单一。

嵌入式数据库运行于本机上,不用启动服务端,其应用场合的硬件和软件平台是千差万别的,所以嵌入式服务器必须具备平台兼容性,适用于不同的软硬件平台,且易于开发。

7.2 嵌入式数据库选型

如果存储的数据只需要应用程序控制,基本上不需要人工干预,并且对数据的访问简单、快速、有效,那么我们就可以考虑选择一款适合自己的嵌入式数据库。

7.2.1 嵌入式数据库的选用原则

目前,市面上流行着多种嵌入式数据库,这些数据库各有特点,具有各自的擅长之处。在实际应用中应该针对自己的项目需求选择一款适合自己的数据库管理系统,充分发挥所选数据库的优势,在完全满足项目需求的情况下,用最少的成本创造最大的效益。

嵌入式数据库选择时考虑以下原则:
- ➢ 所需数据库的容量。嵌入式数据库的最大容量不应该超过数据存储的上线。
- ➢ 对系统开销的限制。在系统资源有限的嵌入式系统中,嵌入式数据库的运行不应该占用系统太多的资源。
- ➢ 数据库运行所依托的操作系统。所选嵌入式数据库必须支持嵌入式设备所采用的内核操作系统。
- ➢ 数据库的开发语言。所选嵌入式数据库支持应用程序开发语言。
- ➢ 投入资金的限制。根据项目开发的整体成本,考虑是否可以承担所选嵌入式数据库需要支付的费用。
- ➢ 数据库的开发周期。查看所选数据库是否易学易用,支持 SQL 语言。

7.2.2 常用的嵌入式数据库简介

目前,国内外已有多种嵌入式数据库被成功地开发,这些数据库的技术、性能各有侧重,在嵌入式设备开发中应根据实际需要,有针对性地选择具有不同特点的嵌入式数据库。下面就介绍几种时下比较流行的嵌入式数据库管理系统。

1. Berkeley DB

Berkeley DB 是由美国 Sleepcat Software 公司 1991 年发布的一套开放源码的嵌入式数据库管理系统。它能够为应用程序提供高性能的数据管理服务,程序员只需要调用一些简单的 API 就可以完成对数据的访问和管理。

Berkeley DB 的特点如下:
- ➢ Berkeley DB 为多种编程语言提供了数据库操作和管理的 API 接口函数,而不使用标准的结构化查询语言(SQL)。接口语言包括 C、C++、Java、Perl、Tcl、Python 和 PHP,保证数据库可以嵌入到多种应用程序当中。数据库具体操作都在程序库内部执行,应用程序不必关心。
- ➢ Berkeley DB 支持 Linux、Windows 以及多种嵌入式实时操作系统,灵活度高。
- ➢ Berkeley DB 动态库的大小不到 1 MB,但能够管理规模高达 256TB 的数据库,并支持多个用户同时操作同一个数据库。

2. Firebird

Firebird 是 Borland 公司 2000 年发布的开源版数据库,是一个完全非商业化的产品,用 C 和 C++开发。Firebird 是一个跨平台的关系数据库系统,它既能作为多用户环境下的数据库服务器运行,也提供嵌入式数据库的实现。

Firebird 的特点如下:

➢ Firebird 是一个真正的关系数据库,支持存储过程、视图、触发器、事务等大型关系数据库的所有特性,并且使用免费。

➢ Firebird 支持 SQL92 的绝大部分命令,并且支持大部分 SQL99 命令。

➢ Firebird 源码基于成熟的商业数据库 Interbase,有良好的稳定性,与 Interbase 有良好的兼容性。

➢ Firebird 的嵌入式服务器版本,不用安装,直接运行,是基于单机开发的首选。

➢ 具备高度可移植性,可在 Linux、Unix、MacOS、Windows、Solaris 系统下运行,而且数据库格式完全一样,不用修改。

3. Empress

Empress 数据库由加拿大 EMPRESS 公司于 1979 年推出,当时是 UNIX 系统下的常用数据库,后来推出了嵌入式版本。Empress 嵌入式实时数据库系列产品稳定性高,实时性好,在业界享有良好声誉。

Empress 的特点如下:

➢ Empress 嵌入式实时数据库是基于知识和规则的关系型的稳定可靠的数据库系统,具有免维护、适应性强、模块化、全分布、多平台、易裁剪、可扩展和开放性强的优点。

➢ Empress 能够基于操作系统的文件系统建立数据库,因此可以接受操作系统所允许的各种数据类型。可以使用多种编程接口,包括 Shell、批处理、C/C++、JAVA、ODBC、JDBC、SQL、HTML/XML、Perl、Tcl/Tk 及报表生成器等。

➢ Empress 嵌入式实时数据库可以运行于多种操作系统平台和多种硬件平台,具有良好的开放性。

➢ Empress 嵌入式实时数据库可以设置成多种不同的工作方式,基本的模式分为:独立运行模式和客户端/服务器模式。对于在同一地址空间中运行的嵌入式数据库的应用,独立运行模式是良好的选择。

➢ Empress 全分布数据库模式可以将数据存储在不同的地点,实现动态资源分配、动态数据更新,其主从数据库可以随时同步备份。

➢ Empress 实时数据库还具有占用内存小和稳定性强的特点。数据库引擎只占用不到 800 KB 的内存空间,可以方便地嵌入到应用程序之中。

4. eXtremeDB

eXtremeDB 是美国 McObject 公司的产品,是一款特别为实时与嵌入式系统数据管理而设计的数据库,具有高性能、低开销、稳定可靠特点,特别适用于嵌入式数据管理领域,在众多行业和领域具有广泛应用。

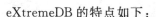

eXtremeDB 的特点如下：

➤ eXtremeDB 的内存开销很小，只有 50 KB 到 130 KB，速度可以达到微秒一级。

➤ eXtremeDB 的接口语言包括 C、C++、嵌入式 SQL、JNI 等，通过定制数据库根据应用动态生成，使用时通过接口编程，编译链接时将 eXtremeDB 内核嵌入到应用程序中，使其达到面向应用的最优化。

➤ eXtremeDB 完全工作在主内存中，不基于文件系统，减少了诸如磁盘访问、文件 I/O 操作、缓存同步等开销，使得 eXtremeDB 的存取速度提高到极限。

➤ eXtremeDB 支持各种平台，包括 Solaris、HPUX、Windows、Linux、VxWorks、eCos 等各种操作系统，运行在 x86、ARM、PowerPC、MIPS 等各种处理器上。

5. SQLite

SQLite 是 2000 年由美国加州大学 D. Richard Hipp 博士用 C 语言编写的专门为嵌入式环境开发的微型关系数据库管理系统，全部源代码约 3 万行。SQLite 是全球使用广泛、非客户端/服务器模式的事务性 SQL 数据库引擎，它可以独立运行、无须任何配置，是免费开源的软件。

SQLite 的特点如下：

➤ SQLite 数据库是开源的嵌入式数据库，提供 API 接口，支持多种开发语言，如 C/C++、Java、PHP、Python、Tcl、Perl 等。应用程序可以直接操作它。

➤ 数据库的所有信息都以文件的形式保存为一个单一的磁盘文件，隔离性强，支持数据库大小至 2 TB。

➤ 支持多数 SQL92 标准，如 SELECT、CREATE、TABLE、ALTER、INDEX、VIEW、DELETE 等。

➤ 其动态库尺寸很小，只占用几百 KB 的内存空间，处理速度快，代码简单，稳定性好，是名副其实的轻量级数据库。

➤ 支持 NULL、INTEGER、NUMERIC、REAL、TEXT 和 BLOG 等多种数据类型，支持多种操作系统，如 Windows、Linux、Unix、Android、Windows Mobile、Symbin、Palm、VxWorks 等，具有跨平台的特性。

➤ SQLite 数据库没有用户账户的概念，数据库的权限仅依赖于文件系统，不需要安装配置。

➤ SQLite 支持事务的 ACID 特性，即原子性、一致性、隔离性和持久性，所以，SQLite 数据库能够在系统崩溃前和断电时不会丢失数据，具有安全性。

7.2.3 嵌入式数据库的性能比较

下面我们将以上介绍的数据库的关键性能进行简单地比较，如表 7.1 所列。

表 7.1　嵌入式数据库的性能比较

数据库	内存开销	SQL 支持	付费
Berkeley DB	300 KB	不支持	商用收费
Firebird	6 MB	全部 SQL92,常用 SQL99	免费
Empress	800 KB	SQL92	收费
eXtremeDB	100 KB	SQL89	收费
SQLite	400 KB	大部分 SQL92	免费

通过表 7.1 的对比可以得出以下结论：

（1）Berkeley DB 嵌入式数据库的速度很快,可靠性高,但它不支持 SQL 语言,增加了学习难度,必然会增加开发成本。

（2）相比之下 Firebird 嵌入式版本的体积开销很大,在存储空间限制性很强的嵌入式场合不是上佳之选。

（3）Empress 和 eXtremeDB 都是收费的嵌入式数据库,虽然其性能值得推崇,但相应的成本也会提高。

（4）SQLite 容量虽小,但完全满足数据存储的需要。它小巧易用,支持大部分 SQL92。SQLite 非常节省系统资源,速度也很快,在摒弃了数据库复杂功能的同时,提升了系统的可靠性,实现了小型、快速和最小化的管理,具有简单、可靠的特性。SQLite 支持 Linux 操作系统,提供了丰富的数据库接口,便于应用程序的嵌入。SQLite 源代码开放,使用完全免费,可以应用于任何场合,节约了项目的开发成本。

本书在嵌入式数据库应用中主要针对于数据的管理、使用和维护,并不需要像企业数据库那样提供多种复杂的功能。由于 SQLite 具有小而精的特性,所以选用 SQLite 作为嵌入式数据库应用软件是比较合适的。

7.3　SQLite 简介

7.3.1　SQLite 的发展

SQLite 第一个 Alpha 版本诞生于 2000 年 5 月。它是一款轻型数据库,是为嵌入式的目标而设计的,占用的资源非常少,设计精致而小巧。它的设计目标是：易于管理,易于操作,易于在程序中使用,易于维护和定制。

自从 2001 年 SQLite 的 2.0 预发行版本发布以来,其源代码就公开了。

2004 年,SQLite 发布了 3.0 版本,与原来的 2.8 版本相比做了相应改进,如更新了数据库文件格式、修改了文件的命名和相应的 API 函数等。由第 2 版的 15 个 API 函数增加到 88 个 API 函数,改进了并发性能,增大了灵活性,是 SQLite 阶段性的改变。

SQLite 源代码开放并且支持多种开发语言,由于其开放性和对多种语言的兼容性,在 2005 年赢得了美国 O'Reilly Open Source Conference 的最佳开放源代码软件奖。

如今,SQLite 依然在不断地改进和完善当中。读者可以在官方网站 http://www.sqlite.org 或者 http://www.sqlite.com.cn 上面获得源代码和文档,以供数据库的学习和开发。

7.3.2 SQLite 应用场合

SQLite 具有简单、小巧、稳定的特点,其小巧和稳定都归功于它的简单化。SQLite 摒弃了许多数据库的复杂功能,如高并发性、严格的存取控制、丰富的内置功能等等,所以 SQLite 具有一定的适用范围,并不是企业级的数据库引擎。如果你所进行的数据处理并不需要上述复杂的功能,就可以选择充分发挥 SQLite 的独特优势,为数据的存储、组织和管理服务。

SQLite 非常适用于中小型网站、嵌入式设备的应用。如果一个网站的点击率少于100 000次/天,SQLite 完全可以正常运行,其实 SQLite 可以承担更高的负荷。SQLite 数据库几乎无需管理,同样适用于无人看管的嵌入式设备。由于 SQLite 不带有数据库的许多复杂功能,所以它并不适用于高并发数据访问、超大容量数据管理及高流量网站的场合。

嵌入式网络控制系统中内置数据库主要用来存储网络节点的历史数据,并提供调用服务供监控层的操作用户读取。可以看出,所使用的嵌入式数据库应用较为简单,使用频率也较低,不存在高负荷的应用,因此 SQLite 是完全胜任这种应用的。

7.3.3 SQLite 的数据类型

SQLite 采用的是弱类型的数据,对每一列的数据类型并不需要做出严格地指定,而其他常见的数据库则需要严格地指定数据类型。

SQLite 具有 5 种存储类,存储在 SQLite 数据库中的每个数据都是以下存储类之一:
- NULL,空值;
- INTEGER,整型,根据大小使用 1、2、3、4、6、8 个字节来存储;
- REAL,浮点型,用来存储 8 个字节的 IEEE 浮点数;
- TEXT,文本字符串,使用 UTF-8、UTF-16、UTF-32 等保存数据;
- BLOB,二进制类型,按照输入直接存储。

输入到 SQLite 的数据类型由数据本身决定,比如带引号的文字被定义为文本字符串;如果没有引号和小数部分则被定义为整型;如果含有小数部分,则被定义为浮点型;如果所含值为空就定义为空值。

第7章 嵌入式数据库 SQLite 的移植和应用

为了增强 SQLite 数据库和其他数据库列类型的兼容性，SQLite 支持列的类型亲和性。列的亲和性是指为该列所存储的数据建议一个类型，这列首选的存储类型称为它的亲和类型，如果给出了建议类型，数据库将按建议的类型先转换再存储。

SQLite 3.0 版本的数据按亲和类型分类可以划分为 5 种数据类型，如表 7.2 所列。

表 7.2 SQLite 亲和数据类型分类

类　型	亲和类型
INT、INTEGER、TINYINT、SMALLINT、MEDIUMINT BIGINT、UNSIGNED BIG INT、INT 2、INT8	INTEGER
CHARACTER(20)、VARCHAR(255)、NCHAR(55) VARYING CHARACTER(255)、NATIVE CHARACTER(70) NVARCHAR(100)、TEXT、CLOB	TEXT
BOLB，no datatype specified	NONE
REAL、FLOAT、DOUBLE、DOUBLE PRECISION、	REAL
NUMERIC、DECIMAL(10,5)、BOOLEAN、DATE、DATETIME	NUMERIC

表格中左侧的各种数据类型都可以归类为右侧所属的亲和类型，一个列的亲和性由该列所定义的类型所决定的，遵循以下规则：

➢ INTEGER，整数类型，可以使用所有 5 种存储类对数据进行存储，浮点型的值将被转换成整型。

➢ TEXT，文本类型，可以使用 NULL、TEXT、BLOB 值类型存储数据。如果数字数据被插入一个具有文本类型亲和性的列，在存储之前数字将被转换成文本。

➢ NONE，无类型，具有无类型亲和性的列，不会进行任何数据转换。

➢ REAL，浮点类型，与一个带有 INTEGER 亲和类型的列在行为上是相同的，除了它强制把整数值作为浮点数来表示。

➢ NUMERIC，数字类型，可以使用所有 5 种存储类对数据进行存储。当存储文本类型数据是无损和可逆的，文本类型数据将会转换为 INTEGER 或 REAL，如果转换存在数据损坏，则使用 TEXT 存储类进行存储。

一个列的亲和类型是由列的声明类型决定的，按以下顺序分配类型亲和性：

(1) 如果列的类型声明包含字符串"INT"，该列将被分配为 INTEGER 亲和类型；

(2) 如果列的类型声明包含字符串"CHAR"，"CLOB"或"TEXT"，该列将拥有 TEXT 亲和类型；

(3) 如果列的类型声明包含字符串"BLOB"，或者如果没有类型被指定，该列将拥有 NONE 亲和类型；

(4) 如果列的类型声明包含字符串"REAL"，"FLOAT"或"DOUBLE"，该列将拥有 REAL 亲和类型；

（5）否则，该列亲和类型为 NUMERIC。

7.4 SQLite 移植

SQLite 能被嵌入式系统使用，需要将 SQLite 的数据库文件和链接库文件移植到嵌入式根文件系统中，保证应用程序可以使用 SQLite 的 API 函数。

SQLite 的移植过程如下：

（1）从 SQLite 的官方网站 http://www.sqlite.org 或其他网站下载 SQLite 嵌入式数据库源码，此处选用的版本是 sqlite-3.3.6.tar.gz。

（2）将 sqlite-3.3.6.tar.gz 下载到/usr/src 目录下，进入相应目录，对压缩源码进行解压：

```
# cd /usr/src
# tar-zxvf sqlite-3.3.6.tar.gz
```

之后便会在/usr/src 目录下生成 sqlite-3.3.6 目录。

（3）进入 sqlite-3.3.6 目录，将此目录中的 Makefile 范例文件 Makefile.linux-gcc 拷贝为 Makefile 文件：

```
# cd sqlite-3.3.6
# cp Makefile.linux-gcc Makefile
```

（4）修改 Makefile 文件的内容：

- 第 17 行：TOP = ../sqlite
  修改为：TOP = .
- 第 73 行：TCC = gcc -O6
  修改为：TCC = arm-linux-gcc -O6
- 第 81 行：AR = ar cr
  修改为：AR = arm-linux-ar cr
- 第 83 行：RANLIB = ranlib
  修改为：RANLIB = arm-linux-ranlib
- 注释掉 90 行：TCL_FLAGS = -I/home/drh/tcltk/8.4linux
- 注释掉 97 行：LIBTCL = /home/drh/tcltk/8.4linux/libtcl8.4g.a -lm-ldl

（5）修改此目录下的 main.mk 文件：

第 63 行：select.o table.o tclsqlite.o tokenize.o trigger.o \
修改为：select.o table.o tokenize.o trigger.o \
即去掉 tclsqlite.o。

（6）将交叉编译器的路径添加到环境变量当中：

```
# export PATH=/usr/local/arm/3.4.1/bin/:$PATH
```

(7) 交叉编译 SQLite：

```
# make
```

编译完成之后，将在 sqlite3.3.6/目录下生成数据库文件 sqlite3、库函数文件 libsqlite3.a 和头文件 sqlite3.h。之后以 NFS 挂载主机共享目录的方式启动嵌入式 Web 服务器平台，主机的共享目录为/var/lib/tftpboot。

(8) 将此目录下的 sqlite3 拷贝到开发板挂载的主机共享目录/var/lib/tftpboot 中：

```
# cp sqlite3 /var/lib/tftpboot
```

(9) 将主机/usr/lib 目录下的 libsqlite3.so.0 和 libsqlite3.so.0.8.6 链接库文件拷贝到/var/lib/tftpboot 目录下：

```
# cd /usr/lib
# cp-arf libsqlite3.so.0 libsqlite3.so.0.8.6 /var/lib/tftpboot
```

(10) 运行开发板，在开发板根文件系统中将其/mnt/nfs 目录下的 sqlite3 文件拷贝到自身 Yaffs2 根文件系统的/usr/bin 目录下：

```
# cd /mnt/nfs
# cp sqlite3 /usr/bin
```

(11) 在开发板根文件系统中将其/mnt/nfs 目录下的 libsqlite3.so.0 和 libsqlite3.so.0.8.6 文件拷贝到自身 Yaffs2 根文件系统的/usr/lib 目录下：

```
# cp-arf libsqlite3.so.0 libsqlite3.so.0.8.6 /usr/lib
```

SQLite 移植成功后，就可以在使用 SQL 语言对数据库进行操作，也可以利用 API 函数将数据库操作嵌入到应用程序当中。

7.5 SQLite 命令及应用测试

7.5.1 创建数据库

SQLite 包含一个命令行接口 sqlite3，在命令行下输入"sqlite3 * * *"就会出现 sqlite3 命令提示符，此后就可以操作相应的数据库。在命令行终端下输入"sqlite3 * * *.db"则会创建一个新的数据库文件，创建的数据库会被保存于文件系统的根目录下或用户所在目录中。一个数据库中可以包含多个表格，用于保存用户数据。创建名为"test.db"的数据库文件的过程如下所示：

第 7 章 嵌入式数据库 SQLite 的移植和应用

```
# sqlite3 test.db
SQLite version 3.6.23.1
Enter ".help" for instructions
Enter SQL statements terminated with a ";"
sqlite>
```

命令行接口除了能使用户在命令行下执行面向 SQLite 数据库的 SQL 命令外，还提供了一组内置的命令，可以用于显示数据库信息、导入导出数据、设置输出格式等功能。命令行提示可以通过输入".help"命令查看命令行接口。

```
sqlite>.help
.backup ? DB? FILE        Backup DB (default "main") to FILE
.bail ON|OFF              Stop after hitting an error. Default OFF
.databases                List names and files of attached databases
.dump ? TABLE? ...        Dump the database in an SQL text format
                          If TABLE specified, only dump tables matching
                          LIKE pattern TABLE.
.echo ON|OFF              Turn command echo on or off
.exit                     Exit this program
.explain ? ON|OFF?        Turn output mode suitable for EXPLAIN on or off.
                          With no args, it turns EXPLAIN on.
.header(s) ON|OFF         Turn display of headers on or off
.help                     Show this message
.import FILE TABLE        Import data from FILE into TABLE
.indices ? TABLE?         Show names of all indices
                          If TABLE specified, only show indices for tables
                          matching LIKE pattern TABLE.
.load FILE ? ENTRY?       Load an extension library
.log FILE|off             Turn logging on or off. FILE can be stderr/stdout
.mode MODE ? TABLE?       Set output mode where MODE is one of:
                             csv        Comma-separated values
                             column     Left-aligned columns. (See .width)
                             html       HTML <table> code
                             insert     SQL insert statements for TABLE
                             line       One value per line
                             list       Values delimited by .separator string
                             tabs       Tab-separated values
                             tcl        TCL list elements
.nullvalue STRING         Print STRING in place of NULL values
.output FILENAME          Send output to FILENAME
.output stdout            Send output to the screen
.prompt MAIN CONTINUE     Replace the standard prompts
```

```
.quit                  Exit this program
.read FILENAME         Execute SQL in FILENAME
.restore ? DB? FILE    Restore content of DB (default "main") from FILE
.schema ? TABLE?       Show the CREATE statements
                       If TABLE specified, only show tables matching
                       LIKE pattern TABLE.
.separator STRING      Change separator used by output mode and .import
.show                  Show the current values for various settings
.tables ? TABLE?       List names of tables
                       If TABLE specified, only list tables matching
                       LIKE pattern TABLE.
.timeout MS            Try opening locked tables for MS milliseconds
.width NUM1 NUM2 ...   Set column widths for "column" mode
.timer ON|OFF          Turn the CPU timer measurement on or off
```

可以通过".exit"或".quit"来退出 SQLite 命令行操作。

```
sqlite>.exit
sqlite>.quit
```

7.5.2 表格的基本操作

(1) 创建一个表格 student,表格由 3 列构成,分别为序号、姓名和性别:

```
sqlite> create table student(num integer primary key,name text,sex text);
```

(2) 向表格插入 4 条数据:

```
sqlite> insert into student values(1,Tom,male,Beijing);
sqlite> insert into student values(2,Lucy,female,New York);
sqlite> insert into student values(3,Jacky,male,London);
sqlite> insert into student values(4,Mary,female,Tokyo);
```

(3) 创建表格后,按照不同的要求查询表格中的数据内容:

➢ 查看表格中全部数据内容:

```
sqlite> select * from student;
1|Tom|male|Beijing
2|Lucy|female|New York
3|Jacky|male|London
4|Mary|female|Tokyo
```

➢ 查找序号大于等于 2 的内容:

```
sqlite> select * from student where num>2;
3|Jacky|male|London
4|Mary|female|Tokyo
```

➢ 查找 Lucy 的信息：

```
sqlite> select * from student where name = Lucy;
2|Lucy|female
```

➢ 查找 name 和 sex 两列信息：

```
sqlite> select name,sex from student;
Tom|male
Lucy|female
Jacky|male
Mary|female
```

(4) 更新表格中的数据。

```
sqlite> update student set address = Shanghai where name = Tom;
sqlite> select * from student where name = Tom;
1|Tom|male|Shanghai
```

(5) 删除表格中的数据。

```
sqlite> delete from student where num = 4;
sqlite> select * from student;
1|Tom|male|Shanghai
2|Lucy|female|New York
3|Jacky|male|London
```

(6) 删除表格中所有行：

```
sqlite> delete from student;
```

(7) 删除表格：

```
sqlite> drop table student;
```

7.5.3 设置表格输出显示

(1) 设置表格的输出模式。

表格有以下几种输出模式：column、csv、html、insert、line、list、tabs、tcl，通过".mode"命令设置表格的输出模式，使用 select 语句查询时，使表格中的数据以不同的格式显示。例如 column、csv、line 输出形式显示如下：

```
sqlite>.mode column
sqlite> select * from student;
1           Tom         male        Shanghai
2           Lucy        female      New York
3           Jacky       male        London
```

第7章 嵌入式数据库 SQLite 的移植和应用

```
sqlite>.mode csv
sqlite> select * from student;
1,Tom,male,Shanghai
2,Lucy,female,"New York"
3,Jacky,male,London
sqlite>.mode line
sqlite> select * from student;
    num = 1
   name = Tom
    sex = male
address = Shanghai

    num = 2
   name = Lucy
    sex = female
address = New York

    num = 3
   name = Jacky
    sex = male
address = London
```

(2) 命令显示。

".echo"命令用于设置输出结果时显示或隐藏输入的命令。

```
sqlite>.echo on
sqlite> select * from student;
select * from student;
1|Tom|male|Shanghai
2|Lucy|female|New York
3|Jacky|male|London
sqlite>.echo off
```

(3) 格式化输出显示。

".explain"命令可以设置输出格式为"column"并设置列宽为比较合理的宽度。

```
sqlite>.explain on
sqlite> select * from student;
num    name       sex     addr
----   ---------  ----    ----
1      Tom        male    Shanghai
2      Lucy       female  New York
3      Jacky      male    London
sqlite>.mode list
```

(4) 表头显示。

".header"命令用于设置是否显示表头字段名。

```
sqlite>.header on
sqlite> select * from student;
num|name|sex|address
1|Tom|male|Shanghai
2|Lucy|female|New York
3|Jacky|male|London
sqlite>.header off
```

(5) 空值显示。

".nullvalue"命令用于设置表格内容为空值时显示的字符内容。例如,向数据库内添加一行信息,具体内容为空,设置空值时显示的内容为"None"或空着,查询结果如下:

```
sqlite> insert into student values(4,NULL,NULL,NULL);
sqlite>.nullvalue "None"
sqlite> select * from student;
1|Tom|male|Shanghai
2|Lucy|female|New York
3|Jacky|male|London
4|None|None|None
sqlite>.nullvalue ""
sqlite> select * from student;
1|Tom|male|Shanghai
2|Lucy|female|New York
3|Jacky|male|London
4|||
sqlite> delete from student where num = 4;
```

(6) 分隔符显示。

".separator"命令用于设置分隔符的显示形式。

```
sqlite>.separator /
sqlite> select * from student;
1/Tom/male/Shanghai
2/Lucy/female/New York
3/Jacky/male/London
sqlite>.separator \t
sqlite> select * from student;
1    Tom      male      Shanghai
2    Lucy     female    New York
3    Jacky    male      London
```

```
sqlite>.separator |
```

(7) 表格于 column 输出模式下,可以通过".width"模式来调整列宽,在默认情况下,每列至少 10 个字符宽。

如果设置第一列宽度为 2 个字符,第二列宽度为 5 个字符,其他列宽不变,命令如下:

```
sqlite>.mode column
sqlite>.width 2 5
sqlite> select * from student;
1   Tom      male     Shanghai
2   Lucy     female   New York
3   Jacky    male     London
```

如果指定某列宽为 0,则表示以 10 个字符宽度、表头宽度、最宽的数据列宽度这三者中的最大值作为列宽,代码如下所示:

```
sqlite>.width 0 0 0 0
sqlite> select * from student;
1   Tom      male     Shanghai
2   Lucy     female   New York
3   Jacky    male     London
```

上述代码中表头和数据宽度都没有超过 10 个字符,则以 10 个字符作为列宽。

7.5.4 显示系统时间

可以用"select"后面添加指定函数的形式显示系统的日期、时间,命令如下所示:

```
sqlite> select datetime("now");
2011-09-19 10:11:10
sqlite> select date("now");
2011-09-19
sqlite> select time("now");
10:11:18
```

7.5.5 数据的导入、导出及备份

(1) 数据的导入。

保存于文件中的数据可以直接添加到数据库。例如,数据库文件 test.db 与文本文件 text1 保存于同一目录下,文本文件 text1 里面保存着需要向数据库 test.db 中添加的内容"4|Lily|female|Paris",通过如下命令将数据进行导入:

```
sqlite>.import text1 student
sqlite> select * from student;
```

```
1|Tom|male|Shanghai
2|Lucy|female|New York
3|Jacky|male|London
4|Lily|female|Paris
```

(2) 数据的导出。

有时希望数据不仅仅在终端上显示,还能够将数据保存于指定文件当中,以备查看和保存。例如,将表格中的所有数据导出到 text2 文件中。

首先,指定导出文件,若文件不存在则新建此文件。

```
sqlite>.output text2
```

其次,将查询内容导出到文件。

```
sqlite> select * from student;
```

可以通过".read"命令查看文件内容。

```
sqlite>.read text2
1|Tom|male|Shanghai
2|Lucy|female|New York
3|Jacky|male|London
4|Lily|female|Paris
```

如果不需要输出到文件,重新让数据在终端上显示,则设置数据模式为 stdout。

```
sqlite>.output stdout
```

(3) 数据库的备份与还原。

利用".backup"命令将数据库的内容备份为文件。

```
sqlite>.backup mydb.bak
```

退出 test.db 数据库的编辑,新建 test0.db 数据库,将备份文件 mydb.bak 的内容还原到 test0.db 数据库当中,查询数据库的内容。

```
sqlite>.quit
# sqlite3 test0.db
SQLite version 3.6.23.1
Enter ".help" for instructions
Enter SQL statements terminated with a ";"
sqlite> select * from student;
Error: no such table: student
sqlite>.restore mydb.bak
sqlite> select * from student;
1|Tom|male|Shanghai
2|Lucy|female|New York
```

```
3|Jacky|male|London
4|Lily|female|Paris
```

7.5.6 显示数据库信息

(1) 显示数据库文件,指令如下所示:

```
sqlite>.database
seq  name              file
---  ----------------  -------------------------
0    main              /root/test.db
```

(2) 显示数据库中包含的表格,指令如下所示:

```
sqlite>.table
student
```

(3) 显示数据库 student 表格的创建模式,指令如下所示:

```
sqlite>.schema student
CREATE TABLE student(num integer primary key,name text,sex text,address text);
```

(4) 打印生成数据库表的 SQL 脚本,指令如下所示:

```
sqlite>.dump student
PRAGMA foreign_keys = OFF;
BEGIN TRANSACTION;
CREATE TABLE student(num integer primary key,name text,sex text,address text);
INSERT INTO "student" VALUES(1,Tom,male,Shanghai);
INSERT INTO "student" VALUES(2,Lucy,female,New York);
INSERT INTO "student" VALUES(3,Jacky,male,London);
INSERT INTO "student" VALUES(4,Lily,female,Paris);
COMMIT;
```

(5) 显示 SQLite 设置。在默认情况下,SQLite 的设置如下:

```
sqlite>.show
      echo: off
   explain: off
   headers: off
      mode: list
 nullvalue: ""
    output: stdout
 separator: "|"
     width:
```

7.6 SQLite 和 C 语言编程

SQLite 提供了一些 C 语言的 API 接口函数,可以将一些标准的 SQL 语句传递给这些接口函数,利用这些函数就可以在应用程序中直接对 SQLite 数据库进行操作,从而摆脱了命令行的访问方式,使得 SQLite 数据库的可操作性和代码融合性更强。

7.6.1 SQLite 常量的定义

编写 C 语言程序时,经常会用到以下这些 SQLite 常量,其具体定义如下:

```
#define SQLITE_OK          0      /* 返回成功 */
#define SQLITE_ERROR       1      /* SQL 错误或错误的数据库 */
#define SQLITE_INTERNAL    2      /* SQLite 内部逻辑错误 */
#define SQLITE_PERM        3      /* 拒绝访问 */
#define SQLITE_ABORT       4      /* 回调函数请求中断 */
#define SQLITE_BUSY        5      /* 数据库文件被锁 */
#define SQLITE_LOCKED      6      /* 数据库中的一个表被锁 */
#define SQLITE_NOMEM       7      /* 内存分配失败 */
#define SQLITE_READONLY    8      /* 试图对一个只读数据库进行写操作 */
#define SQLITE_INTERRUPT   9      /* 由 sqlite_interrupt() 结束操作 */
#define SQLITE_IOERR       10     /* 磁盘 I/O 发生错误 */
#define SQLITE_CORRUPT     11     /* 数据库磁盘镜像畸形 */
#define SQLITE_NOTFOUND    12     /* (Internal Only) 表或记录不存在 */
#define SQLITE_FULL        13     /* 数据库满插入失败 */
#define SQLITE_CANTOPEN    14     /* 不能打开数据库文件 */
#define SQLITE_PROTOCOL    15     /* 数据库锁定协议错误 */
#define SQLITE_EMPTY       16     /* (Internal Only) 数据库表为空 */
#define SQLITE_SCHEMA      17     /* 数据库模式改变 */
#define SQLITE_TOOBIG      18     /* 对一个表数据行过多 */
#define SQLITE_CONSTRAINT  19     /* 由于约束冲突而中止 */
#define SQLITE_MISMATCH    20     /* 数据类型不匹配 */
#define SQLITE_MISUSE      21     /* 数据库错误使用 */
#define SQLITE_NOLFS       22     /* 使用主机操作系统不支持的特性 */
#define SQLITE_AUTH        23     /* 非法授权 */
#define SQLITE_FORMAT      24     /* 辅助数据库格式错误 */
#define SQLITE_RANGE       25     /* sqlite_bind 的第二个参数超出范围 */
#define SQLITE_NOTADB      26     /* 打开的不是一个数据库文件 */
#define SQLITE_ROW         100    /* sqlite_step() 另一行准备就绪 */
#define SQLITE_DONE        101    /* sqlite_step() 执行完毕 */
```

7.6.2　SQLite 数据库 API 接口函数

下面来介绍 SQLite 数据库几种主要的 C 语言 API 接口函数的使用方法。

(1) int sqlite3_open(文件名,sqlite3 * *);

功能:这个函数用于打开数据库,以此开始对数据库的操作。

参数:第一个参数指定数据库的路径和文件名,这个文件不一定要存在,如果不存在,SQLite 会自动创建此数据库文件。如果存在,则尝试打开现有的数据库。第二个参数为 SQLite 最常用的 sqlite3 类型参数指针的地址,此参数为操作的数据库准备好一定的内存空间。

(2) int sqlite3_close(sqlite3 *);

功能:数据库操作完毕后,用此函数关闭前面用 sqlite3_open 函数打开的数据库。

参数:sqlite3 类型指针。

(3) int sqlite3_exec(sqlite3 * ,const char * sql,sqlite3_callback,void * ,char * * errmsg);

功能:此函数用于执行一条 SQL 语句。

参数:第一个参数为 sqlite3 类型指针。第二个参数为一条 SQL 语句,放置于双引号内。第三个参数为回调函数,执行完这条语句之后,SQLite 会执行这个回调函数,执行 select 操作后,可以利用回调函数来查询数据库,每查询到一条记录,执行一次回调函数,不需要执行回调函数时,可以填 NULL。第四个参数指定传递给回调函数的指针参数,可以传递给任何一个指针参数到这里,这个参数最终会传递到回调函数里,如果不需要向回调函数传递指针,可以填 NULL。第五个参数为错误信息,当本函数执行失败后,读取这个字符串指针可以获得错误提示信息。

(4) int sqlite3_callback(void * para, int n_column, char * * column_value, char * * column_name);

功能:用户自定义的回调函数,用 sqlite3_exec 函数查询到一条记录后,执行此回调函数,"sqlite3_callback"为自定义函数名。

参数:第一个参数为 sqlite3_exec 函数传送给回调函数的第四个指针参数。第二个参数为查询的当前字段包含的列数。第三个参数为查询的当前字段的关键值,各列的关键值保存为一个一维数组,每个元素都是一个 char * 值。第四个参数与 column_value 对应,为查询的当前字段的字段名称。

(5) int sqlite3_get_table(sqlite3 * , const char * sql, char * * * resultp, int * nrow, int * ncolumn, char * * errmsg);

功能:此函数用于不使用回调函数时,查询数据库。

参数:第一个参数为 sqlite3 类型指针。第二个参数为一条 SQL 语句。第三个参数为查询结果放置的一维数组。第四个参数为表格的行数。第五个参数为表格的列数。第六个参数为错误信息。

7.6.3 数据库操作实例

(1) 下面看一个利用 C 语言 API 实现的数据库操作实例 test_sqlite.c，以此熟悉上述 API 接口函数的使用方法。

```c
#include <stdio.h>
#include <stdlib.h>
#include <sqlite3.h>
int main(void)
{
    sqlite3 * db;
    char * zErrMsg = 0;
    char * * resultp;
    int nrow,ncolumn,i,j;
    char * errmsg;
    /* 创建数据库 test_sqlite.db */
    if( (sqlite3_open("test_sqlite.db", &db)) ! = 0 )
    {
        fprintf(stderr, "Can't open database: % s\n", sqlite3_errmsg(db));
        exit(1);
    }
    /* 创建表格 student */
    if( (sqlite3_exec(db, "create table student(num int PRIMARY KEY, name text,
                    sex text, age int);", NULL, NULL, &zErrMsg)) ! = SQLITE_OK)
    {
        fprintf(stderr, "SQL error: % s\n", zErrMsg);
        exit(1);
    }
    /* 向表格中添加数据 */
    sqlite3_exec(db, "insert into student values(201112, Jim, male, 20)",
                                                NULL, NULL, &zErrMsg);
    sqlite3_exec(db, "insert into student values(201110, Lily, female, 18)",
                                                NULL, NULL, &zErrMsg);
    sqlite3_exec(db, "insert into student values(201106, Tom, male, 21)",
                                                NULL, NULL, &zErrMsg);
    /* 查询表格 */
    sqlite3_get_table(db, "select * from student", &resultp, &nrow, &ncolumn, &errmsg);
    /* 打印查询结果 */
    for(i = 0; i<= nrow; i + +)
    {
```

第 7 章　嵌入式数据库 SQLite 的移植和应用

```
            for( j = 0;j<ncolumn;j+ + )
            {
                printf("% s\t\t",resultp[i * ncolumn + j]);
            }
            printf("\n");
        }
        /* 关闭数据库 */
        sqlite3_close(db);
        return(0);
    }
```

程序首先调用 sqlite3_open() 函数创建数据库 test_sqlite.db，如果不能打开该数据库，则打印相应的错误信息。之后调用 sqlite3_exec() 函数在打开的数据库中创建表格 student，该表格由 4 列构成，被关键字 PRIMARY KEY 标志的主键列 num（学号）的内容不能有重复。然后，向 student 表格添加三行内容，数据添加后利用 sqlite3_get_table() 函数查询表格内容，获得存放表格内容的一维数组和表格的行数、列数，并在终端中按行列形式打印表格的内容。最后，关闭数据库。

程序编写完成后进行交叉编译。

首先，将交叉编译器的路径添加到环境变量当中：

```
# export PATH = /usr/local/arm/3.4.1/bin/:$ PATH
```

将程序源文件 test_sqlite.c 放置于开发板挂载目录/var/lib/tftpboot/sqlite_test 中，进入相应目录，进行交叉编译，生成可执行文件：

```
# cd /var/lib/tftpboot/sqlite_test
# arm-linux-gcc-I/usr/src/sqlite-3.3.6-L /usr/src/sqlite-3.3.6/-o test_sqlite test_sqlite.c-lsqlite3-static
```

-I 和-L 告诉编译器头文件和库文件的保存位置，-static 代表静态编译。编译成功后，会在源文件目录下生成可执行文件 test_sqlite。

运行开发板，进入相应目录，运行可执行文件 test_sqlite，查看运行效果如下所示：

```
# cd /mnt/nfs/sqlite_test
# ./test_sqlite
num         name        sex         age
201112      Jim         male        20
201110      Lily        female      18
201106      Tom         male        21
```

（2）下面看一个使用回调函数查询数据库的实例。

```c
#include <stdio.h>
#include <stdlib.h>
#include <sqlite3.h>
int exec_callback(void * para, int n_column, char * * column_value, char * * column_name)
{
    int i,j = 0;
    printf( "\n= = = = = = = = = = = = = = =\n" );
    for( i = 0 ; i < n_column; i + + )
        printf( "%s\t",column_name[i] );
    printf( "\n- - - - - - - - - - - - - - -\n" );
    for( i = 0 ; i < n_column; i + + )
        {
            printf( "%s\t", column_value[i] );
        }
    printf( "\n= = = = = = = = = = = = = = =\n" );
    return 0;
}
int main()
{
    sqlite3 * db;
    int result;
    char * errmsg = NULL;
    result = sqlite3_open( "Database.db", &db );
    if( result ! = SQLITE_OK )
    {
        /*数据库打开失败*/
        return -1;
    }
    result = sqlite3_exec( db, "create table MyTable_1( ID integer primary key,
                                    fruit char(32) )", NULL, NULL, &errmsg );
    if(result ! = SQLITE_OK )
    {
        printf( "error num:%d,SQL error:%s\n", result, errmsg );
    }
    /*插入一些记录*/
    result = sqlite3_exec( db, "insert into MyTable_1( fruit ) values ( apple )",
                            0, 0, &errmsg );
    if(result ! = SQLITE_OK )
    {
        printf( "error num:%d,SQL error:%s\n", result, errmsg );
    }
```

```
                    result = sqlite3_exec( db, "insert into MyTable_1( fruit ) values ( banana)",
                                    0, 0, &errmsg );
                    if(result ! = SQLITE_OK )
                    {
                        printf( "error num:% d,SQL error:% s\n", result, errmsg );
                    }
                    result = sqlite3_exec( db, "insert into MyTable_1( fruit ) values ( orange)",
                                    0, 0, &errmsg );
                    if(result ! = SQLITE_OK )
                    {
                        printf( "error num:% d,SQL error:% s\n", result, errmsg );
                    }
                    /* 开始查询数据库 */
                    result = sqlite3_exec( db, "select * from MyTable_1", exec_callback, NULL,
&errmsg );
                    /* 关闭数据库 */
                    sqlite3_close( db );
                    return 0;
}
```

在上述代码中，主函数创建数据库 Database.db，创建表格 MyTable_1，然后向表格中插入 3 条记录，之后查询创建的表格，最后关闭数据库。ID 字段随着记录的插入，自动添加到表格当中，并顺序递增。执行完数据库查询操作后，sqlite3_exec()函数根据第三个参数调用回调函数 exec_callback()，完成对数据库的查询和显示；

数据库中的每条记录查询过后，都会调用一次回调函数。回调函数 exec_callback()负责将查询的结果显示于终端中，函数首先打印字段名称，然后打印字段所对应的关键值。

程序编写完成后进行交叉编译，在开发板中查看运行效果：

```
# ./sqlite_exec
= = = = = = = = = = = = = = =
ID      fruit
--------------
1       apple
= = = = = = = = = = = = = = =
= = = = = = = = = = = = = = =
ID      fruit
--------------
2       banana
= = = = = = = = = = = = = = =
= = = = = = = = = = = = = = =
```

```
ID          fruit
---------------
3           orange
= = = = = = = = = = = = = = =
```

7.7 SQLite 在嵌入式 Web 服务器中的应用

了解了 SQLite 提供的 C 语言的 API 接口函数后，就可以根据实际需要，利用 API 函数实现数据库的操作。

嵌入式 Web 服务器实时地采集着现场设备的运行数据，服务器需要实时记录这些数据，为定期查看现场设备的运行状态提供有力的参考数据。嵌入式 Web 服务器定期地采集网络节点数据，然后通过 SQLite 的 API 函数将实时数据保存于数据库当中，监控层 PC 机通过浏览器对数据库中的历史数据进行浏览和查询。

嵌入式 Web 服务器与 SQLite 数据库之间的关系如图 7.1 所示。

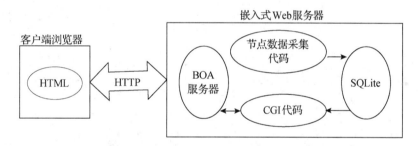

图 7.1 嵌入式 Web 服务器与 SQLite 数据库之间运行关系

节点数据的保存由嵌入式 Web 服务器程序中节点数据采集代码完成。服务器应用程序首先建立数据库及相应表格，采集程序在采集到节点数据后，将采集到的节点数据和采集时间一同添加到数据库相应的表格当中，将现场数据进行统一管理。

监控层 PC 机浏览器发出的数据库查询请求由 Web 服务器的 CGI 应用程序响应。浏览器通过 HTML 的表单提交数据库信息查询请求，嵌入式 Web 服务器端的 BOA 程序接收浏览器提交的 HTTP 请求信息后，BOA 服务器再将该请求信息传送给 CGI 应用程序，CGI 应用程序对该请求进行解析，根据浏览器发送的指令要求对服务器端数据库进行查询，将查询结果再通过 BOA 服务器返回给 PC 机浏览器实现数据查询显示。

7.8 本章小结

本章讨论了应用数据库进行数据管理的重要性，介绍了嵌入式数据库的基本含义和独有的特点，对时下比较流行的几款数据库进行了归纳和比较，针对项目开发的

第7章 嵌入式数据库 SQLite 的移植和应用

实际需求,最终选择了简单、小巧、稳定特性高的 SQLite 嵌入式数据库。

之后本章对 SQLite 做了简单地介绍,简述了它的发展历程,归纳了它的一般适用场合,并重点讲解了 SQLite 数据库的移植方法。

在 SQLite 数据库的使用方面,重点介绍了命令行和 API 接口函数两种方法。特别是针对 C 语言开发的 API 接口函数是未来数据库编程的重点。通过列举数据库操作的例程,使读者了解 SQLite 数据库应用程序开发的整体构架。

数据库的操作不只是单个应用程序的执行过程,同时也是多个应用程序相互配合的结果。嵌入式 Web 服务器要实时对采集数据进行保存,并及时响应 PC 机浏览器的数据库查询请求,就会涉及 BOA 服务器和 SQLite 的交叉应用,因此在本章最后介绍了嵌入式 Web 服务器与 SQLite 数据库之间的运行关系。

第 8 章 嵌入式 Linux 网络编程

Linux 系统的一个主要特点是它强大的网络支持功能,它在网络方面的应用也越来越广泛。本章首先介绍了 TCP/IP 协议和 Linux 网络开发的基础知识,之后分析讲解了 TCP 服务器、TCP 客户端开发、UDP 服务器以及 UDP 客户端开发。本章利用实际的网络程序代码来学习网络编程,对代码进行详细地讲解和总结,希望对读者理解、掌握 Linux 网络程序开发有所帮助。

8.1 OSI 网络模型

网络结构的标准模型是 OSI 模型,该参考模型是基于国际标准化组织(ISO)的建议发展起来的。网络协议模型定制得非常细致和完善,但在实际应用中却过于繁琐和复杂,因而得不到广泛地应用。但它仍是很多网络协议模型的基础,目前大多数的网络通信协议都是基于这个模型建立起来的,这种分层的思想在很多领域中都得到了广泛地应用。学习 OSI 模型对于理解网络协议内部的架构是很有帮助的,所以对于嵌入式 Linux 网络知识,我们选择先从 OSI 模型开始讲起。

8.1.1 OSI 网络分层参考模型简介

OSI 协议参考模型从上到下共分为 7 层,分别是:应用层、表示层、会话层、传输层、网络层、数据链路层及物理层。OSI 七层网络模型及其功能如表 8.1 所列。

表 8.1 OSI7 层网络模型

OSI 层	功 能
应用层	文件传输、电子邮件、虚拟终端等
表示层	数据格式化、代码转换、数据加密
会话层	解除或建立与别的接点的联系
传输层	提供端对端的通信接口
网络层	为数据包选择路由
数据链路层	传输有地址的帧以及错误检测功能
物理层	以二进制数据形式在物理媒体上传输数据

第 8 章　嵌入式 Linux 网络编程

在 OSI 七层网络模型中,各层之间的规则是相互独立的,每一层通过下一层的数据为上一层提供服务,不同主机相同层次之间是对等的,每一层都规定了不同的特性并完成不同的功能,各层功能如下:

➢ 应用层(Application Layer):应用层并非由计算机上运行的实际应用软件组成,而是为应用程序提供访问网络服务的通信接口。OSI 的应用层协议包括文件的传输、访问及管理协议(FTAM),以及文件虚拟终端协议(VIP)和公用管理系统信息(CMIP)等。

➢ 表示层(Presentation Layer):表示层提供多种功能用于应用层数据的编码、压缩、加密以及格式转化,使得不同主机之间传送的信息能够互相理解。例如我们通常会在 PC 机的 Web 浏览器中查询银行账户,通过淘宝购买商品,此时使用的就是安全连接,账户数据在发送到对方服务器前被加密。在网络的服务器一端,表示层将对接收到的数据解密,之后再完成信息交换。

➢ 会话层(Session Layer):会话层负责在网络中的两主机之间建立、维持和终止通信。会话层的功能包括:建立通信链接,保持会话过程通信的畅通,同步两个主机之间的通信,决定通信是否被中断以及通信中断时决定从何处重新发送。

➢ 传输层(Transport Layer):传输层向高层提供可靠的或不可靠的网络数据通信服务,是 OSI 模型中最重要的一层。传输层同时进行流量控制或是基于接收方可接收数据的快慢程度规定适当的发送速率。除此之外,传输层将上层的数据处理为分段数据,将较长的数据包进行强制分割。

➢ 网络层(NetWork Layer):网络层用于网络之间的数据路由选择,将网络地址翻译成对应的物理地址,并决定如何将数据从发送一端路由传送到接收一端。网络层是可选的,通常用于两个计算机系统处于不同的路由器分割开的网段这种情况。其主要功能包括网际互联、流量控制和拥塞控制等。

➢ 数据链路层(Data Link Layer):数据链路层控制网络层与物理层之间的通信。它的主要功能是如何在不可靠的物理线路上进行数据的可靠传递。它通过物理网络链路提供可靠的数据传输。不同的数据链路层定义了不同的网络和协议特征,其中包括物理编址、网络拓扑结构、错误校验、帧序列以及流控。在数据链路层中数据的单位为帧。

➢ 物理层(Physical Layer):物理层负责将信息编码成电流脉冲或其他信号用于网上传输。它规定了物理线路和设备的触发、维护、关闭物理设备的机械特性、电气特性、功能特性和过程,为上层的传输提供物理介质。如最常用的 RS-232/RS-485 规范、10BASE-T 的曼彻斯特编码以及 RJ-45 就属于这一层。

8.1.2　OSI 模型的数据传输

运行于主机 A 的应用程序通过网络发送数据到主机 B,数据流从主机 A 到主机

B 经过 OSI 七层网络协议,可以看做是数据流从封装到解封的过程,如图 8.1 所示。

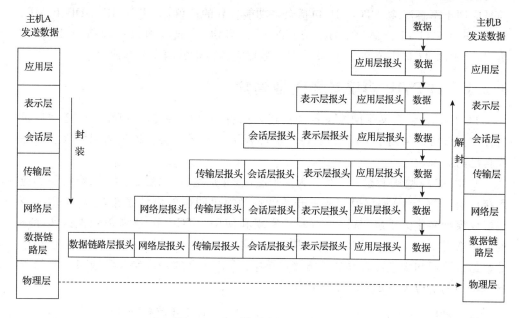

图 8.1 OSI 模型中数据传输过程

当主机 A 的应用程序发送网络数据时,应用程序调用应用层的接口函数进入网络协议的应用层,应用层将要发送的数据加上应用层报头,形成应用层协议数据单元,然后再传递给表示层。表示层把应用层传递过来的数据当作一个整体进行处理并加上表示层报头,再传递给会话层。会话层、传输层、网络层、数据链路层的传输过程和之前的方式一样,都将上一层传递过来的数据当作一个整体处理,加上各自层的报头封装好后再传递到下一层中。最终数据传送到物理层中,主机 A 和主机 B 之间通过物理层完成了数据的传输。主机 B 接收主机 A 的报文并最终得到数据的过程与主机 A 发送报文的封装过程正好相反,是一个报文解封的过程。数据从物理层传输到应用层过程中每一层都将下一层传递过来的报文去掉相应报头后再传至上一层,最后主机 B 收到主机 A 发送过来的数据。

8.2 TCP/IP 协议栈

上节中简单介绍了国际互联网标准化组织推荐的 OSI 网络模型,但 OSI 模型过于庞大且较为复杂,具体实现有很多困难。在实际应用中,TCP/IP 的网络模型应用非常广泛,目前主流的网络协议栈基本上都采用了 TCP/IP 协议栈。TCP/IP (Transmission Control Protocol/Internet Protocol)协议被称为传输控制/网际协议,是网络中使用的基本通信协议。从名字上看 TCP/IP 是由传输控制协议(TCP)和网际协议(IP)两者组成,但 TCP/IP 实际上是用于计算机通信的一组协议,是 70 年代

第8章 嵌入式 Linux 网络编程

中期美国国防部为其 ARPANET 广域网开发的网络体系结构和协议标准,最初的目的是应用于军事用途。TCP/IP 包括众多功能各异的协议,如 TCP、IP、UDP、ICMP、RIP、TELNETFTP、SMTP、ARP、TFTP 等许多协议,这些协议一起称为 TCP/IP 协议,其中的 TCP 协议和 IP 协议是保证数据完整传输的两个基本协议。

8.2.1 TCP/IP 协议参考模型简介

TCP/IP 协议定义了网络设备如何连入因特网,以及数据如何在它们之间传输的标准。该协议采用了 4 层结构,每一层都利用它的下一层所提供的网络服务来完成自己的需求。

TCP/IP 模型从上至下一共分为 4 个层次,分别是:应用层、传输层、网络层和应用接口层。TCP/IP 协议模型从一开始就遵循简单明确的设计思路,它将 OSI 的 7 层协议模型简化为 4 层,从而更有利于实现和使用。TCP/IP 参考模型根据实际中的使用情况将 OSI 参考模型的会话层和表示层合并到应用层中;将 OSI 参考模型中的数据链路层和物理层合并到网络接口层中。TCP/IP 的协议参考模型和 OSI 协议参考模型的对应关系如图 8.2 所示。

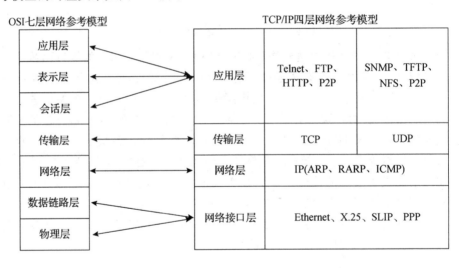

图 8.2　OSI 七层模型与 TCP/IP 四层模型对照图

➢ 应用层:OSI 模型的应用层、表示层和会话层对应 TCP/IP 概念模型中的应用层。应用层位于协议栈的最上层,用于向用户提供一组常用的应用程序,比如电子邮件、文件传输访问、远程登录等。应用层包含很多种类的协议,例如文件传输协议 FTP、Telnet 协议、超文本链接协议 HTTP、TFTP 协议、网络管理协议 SNMP、域名服务 DNS、网络文件共享 NFS 和 SAMBA,还包括目前使用非常广泛的支持 BitTorrent 和 eMule 电骡下载的 P2P 技术。

➢ 传输层:传输层提供两种端到端的通信服务,分别是 TCP 协议和 UDP 协议。

其中 TCP 协议(Transmission Control Protocol)提供一个面向连接的、可靠的数据流运输服务。它利用 IP 层的机制在不可靠连接的基础上实现可靠的连接,通过发送窗口控制、超时重发、分包等方法,将一台主机发出的字节流发往互联网上的其他机器。UDP 协议(User Datagram Protocol)提供不可靠的、无连接的用户数据报服务,主要用于不怕数据丢失、不需要对报文进行排序、流量控制的场景。

➢ 网络层:网络层用于处理来自传输层的分组发送请求,收到请求后,将分组装入 IP 数据报,填充报头,然后将数据报发往目的网络。本层包含 IP 协议、ARP 协议(Address Resolution Protocol,地址解析协议)、RIP 协议(Routing Information Protocol,路由信息协议),负责数据的包装、寻址和路由。同时还包含网间控制报文协议(Internet Control Message Protocol,ICMP)用来提供网络诊断信息。

➢ 网络接口层:网络接口层是 TCP/IP 协议的最底层,负责接收 IP 数据报并通过网络发送,或者从网络上接收物理帧,抽出 IP 数据报,交给 IP 层。实际上 TCP/IP 标准并不定义与 ISO 数据链路层和物理层相对应的功能,这一层的具体实现随着网络类型的不同而不同。

介绍了 TCP/IP 协议 4 个层次的基本功能后,下面将介绍各个层次之中所涉及的主要协议和规则,包括网络接口层协议及数据格式、ARP 协议、IP 协议、ICMP 协议、TCP 协议、UDP 协议。

8.2.2 网络接口协议及数据规则

TCP/IP 协议的网络接口层对应 OSI 模型的数据链路层和物理层。该层的主要作用是为 IP 协议和 ARP 协议提供发送和接收网络数据报文的服务,实现跨网和跨设备的通信。目前有很多种实现的方式,比如串行线路(Serial Line IP,SLIP)、点对点 P2P 等。在以太网应用中,该层网络在 IP 数据的基础上增加了一共 14 个字节的报头,这 14 个字节被称为以太网报头,其数据格式如图 8.3 所示。

图 8.3 以太网数据格式

以太网数据用两个 6 字节字段来表示网络数据发送的目的地址和源地址,这里的目的地址和源地址指的是硬件地址,并非我们平时所用的 IP 地址。硬件地址是网络设备的 MAC 地址,MAC 地址可以标识网络设备的唯一性,由网络设备生产厂家设定。

跟在地址后面的 2 个字节字段用于表示数据类型,例如当其为 0800 时此帧数据为 IP 数据,当为 0806 则表示此帧为 ARP 请求。

类型字段之后的为数据字段,对于以太网报文,数据字段的大小范围是 46 个字节到1 500个字节,最少要满足46个字节大小,不足的数据要用空字符填满。数据段长度在以太网报文中最大为1 500个字节,被称为最大传输单元MTU。如果IP层中的数据长度大于MTU值,该数据在IP层中传输时要进行数据分片,使得每片都小于MTU才可以。

CRC字段用于对帧内数据进行校验,保证数据传输的正确性,通常由硬件实现。

8.2.3 IP协议

IP是Internet Protocol(网络互连的协议)的缩写。IP协议是为计算机网络相互连接进行通信而设计的协议。它为TCP、UDP、ICMP等协议提供数据传输的通道。IP协议实际上是一套由软件程序组成的协议软件,它把各种不同"帧"统一转换成"IP数据包"格式。这种转换是网络传输的一个最重要的特点,使所有各种计算机都能在网络上实现互联,即具有开放性的特点。IP协议提供的是一种无连接的、不可靠的、尽力发送的服务,把数据从源端发送到目的端。IP数据报在经过网络传输时,有可能因为网络拥塞、链路故障等原因而造成丢失或出错。对此,IP协议仅具有有限的错误报告功能,它调用ICMP协议来实现差错报告。数据报内容的差错检测和恢复则交给TCP协议去完成。

IP协议的内容包括:基本传输单元的格式(IP报文的类型与定义)、IP报文的地址以及分配方法、IP报文的路由转发以及IP报文的分段与重组。总结起来,IP协议具有如下主要功能:

- 数据传输:将数据从网络中的一个主机传送到另外一个主机上。
- 寻址:根据子网划分和IP地址的不同,找到目的主机的地址。
- 路由:选择数据在网络中的传输路径。
- 数据报文分段:当数据长度大于MTU时,将数据进行分段发送和接收。

IP数据的格式如图8.4所示。

版本(4位)	首部长度(4位)	服务类型(8位)	报文总长度(16位)	
标识(16位)			标志位(3位)	片偏移(13位)
生存期 TTL(16位)		协议类型(8位)	头部校验和(16位)	
源IP地址(32位)				
目的IP地址(32位)				
选项(32位)				
数据				

图8.4 IP报文数据格式

(1)版本。

IP协议的版本号的长度为4位,用于设置网络所实现的IP版本。目前IP版本有两种，分别是 IPv4 和 IPv6。

　　Internet 协议 v4(IPv4)是 Internet 协议的第四个版本，它是第一个得到广泛部署的版本，是基于标准的 Internet 网络互连方法的核心。IPv4 仍然是目前部署最广泛的互联网层协议，IPv4 的详细定义可参考 IETF(互联网工程任务组，Internet Engineering Task Force)发布的 RFC 791。IPv4 是一个用于链路层包交换网络的连接协议，它不能保证信息能 100% 传递，也不能保证按正确的顺序传输，更不能避免重复传输。IPv4 未包含错误控制和流量控制机制，如果通过数据报头中的校验和方法发现数据被损坏，数据将被抛弃，包括数据完整性在内，均通过上层传输层协议解决。

　　IPv6 是 IETF 设计的用于替代现行版本 IP 协议(IPv4)的下一代 IP 协议。

　　如果主机使用的是 IPv4 协议，则此字段的版本值为 4；若用的是 IPv6 版本，该字段的值为 6。

(2)首部长度。

　　首部长度是指 IP 字段去掉数据后的整个头部的长度，是以 32 位为单元计算的。

(3)服务类型 TOS。

　　服务类型字段包括一个 3 位的优先权子字段，4 位的服务类型 TOS 子字段和 1 位的保留位(必须置 0)。4 位的服务类型 TOS 分别代表：最小时延(D)、最大吞吐量(T)、最高可靠性(R)和最小费用(F)。现在大多数的 TCP/ IP 实现都不支持 TOS 特性，但是自 4.3BSD Reno 以后的新版系统都对它进行了设置。另外，新的路由协议如 OSPF 和 IS-IS 都能根据这些字段的值进行路由决策。

(4)报文总长度。

　　报文总长度字段是指整个 IP 数据报的长度，以字节为单位。利用首部长度字段和报文总长度字段，就可以知道 IP 数据报中数据内容的起始位置和长度。由于该字段长度为 16 位，所以 IP 数据报最长可达 65 535 字节。当数据报被分片时，该字段的值也随着变化。

(5)标识。

　　标识字段唯一地标识主机发送的每一份数据报。通常每发送一份报文它的值就加 1。

(6)标志。

　　标志字段用于标记该报文是否为分片。

(7)片偏移。

　　指当前分片在原数据报(分片前的数据报)中相对于用户数据字段的偏移量，即在原数据报中的相对位置。

(8)生存时间 TTL。

　　生存时间 TTL 字段设置了数据报可以经过的最多路由器数。它指定了数据报的生存时间。TTL 的初始值由源主机设置(通常为 32 或 64)，一旦经过一个处理它的路由器后，它的值就减去 1。当该字段的值为 0 时，数据报就被丢弃，并发送 ICMP

报文通知源主机。

(9) 协议类型。

协议类型字段的长度为 8 位,表示 IP 上层所使用的协议是什么,可能的协议类型是 ICMP、IGMP、TCP、UDP。在网络数据封包和解包的过程中,TCP/IP 协议栈将数据发送给对应哪个层的协议做相关处理,协议代表数值见表 8.2 所列。

表 8.2 协议类型含义

值	协议类型
1	ICMP
2	IGMP
6	TCP
17	UDP

(10) 头部校验和。

头部校验和是一个 16 位长度的数值,用于检验 IP 报文头部在传输过程中是否出错,主要校验报文头中是否有某一个或几个位被修改了,使用循环冗余校验的方法保证 IP 帧的完整性。发送端发送数据的时候要计算 CRC16 校验值。接收端会计算 IP 的校验值与此字段进行匹配,如果不匹配则表示此帧发生错误,将丢弃此报文。

(11) 源 IP 地址和目的 IP 地址。

源 IP 地址表示发送数据的主机或设备的 IP 地址,目的 IP 地址为接收数据的主机或设备的 IP 地址,这两个字段均为 32 位长度。

8.2.4 ICMP 协议

ICMP 网际控制报文协议经常被认为是 IP 层的一个组成部分。它传递差错信息、时间、回显、网络信息以及其他需要注意的内容。ICMP 报文通常被 IP 层或更高层协议(TCP 或 UDP)使用。一些 ICMP 报文把差错报文返回给用户进程。

1. ICMP 协议数据格式

ICMP 报文是在 IP 数据报内部被传输的,ICMP 协议的数据位于 IP 字段的数据部分,ICMP 报文在 IP 报文中的位置如图 8.5 所示。

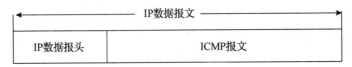

图 8.5 ICMP 报文与 IP 报文关系

ICMP 报文的数据格式如图 8.6 所示。

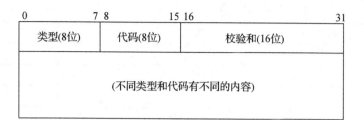

图 8.6 ICMP 报文数据格式

2. ICMP 协议类型

ICMP 报文的类型是由图 8.6 中类型和代码两个字段决定的,其具体含义见表 8.3 所列。表中的最后两列表明 ICMP 报文是一份查询报文还是一份差错报文,因为对 ICMP 差错报文有时需要做特殊处理,因此我们需要对它们进行区分。

表 8.3 ICMP 报文类型和代码含义

类型	代码	描述	查询	差错
0	0	回显应答,ping 指令使用	●	
3		目的不可达		●
	0	网络不可达		●
	1	主机不可达		●
	2	协议不可达		●
	3	端口不可达		●
	4	需要进行分片但设置了不分片		●
	5	源站选路失败		●
	6	目的网络不可识别		●
	7	目的主机不可识别		●
	8	源主机被隔离		●
	9	目的网络被强制禁止		●
	10	目的主机被强制禁止		●
	11	由于服务类型的设置,网络不可达		●
	12	由于服务类型的设置,主机不可达		●
	13	由于过滤,通信被强制禁止		●
	14	主机越权		●
	15	优先权中止生效		●
4	0	源端口关闭		●

续表

类型	代码	描述	查询	差错
5		重定向		●
	0	对网络重定向		●
	1	对主机重定向		●
	2	对服务类型和网络重定向		●
	3	对服务类型和主机重定向		●
8	0	请求回显,用于 ping 指令	●	
9	0	路由器通告	●	
10	0	路由器请求	●	
11		超时		●
	0	在传输期间,TTL 为 0		●
	1	在数据组装期间,TTL 为 0		●
12		参数问题		●
	0	坏的 IP 头部		●
	1	缺少必须的选项		●
13	0	时间戳请求	●	
14	0	时间戳应答	●	
15	0	信息请求	●	
16	0	信息应答	●	
17	0	地址掩码请求	●	
18	0	地址掩码应答	●	

3. 几种常用的 ICMP 报文

从表 8.3 中可以看出 ICMP 报文的类型非常多,在本书中不可能一一介绍 ICMP 所有类型的报文,这里只挑出几种在平时网络中使用频率非常高的 ICMP 报文加以介绍,分别是:目的不可达报文、地址掩码请求及应答报文、时间戳请求及应答报文。

(1)ICMP 目的不可达报文。

目的不可达报文是 ICMP 报文中出现频率最高的,它的数据格式如图 8.7 所示。

不可达报文的类型字段值为 3,代码字段根据实际值进行设置,保留字段必须全部设置为 0,余下的字段为不可达 IP 报文的报头以及 IP 报文中数据部分的前 8 个字节。

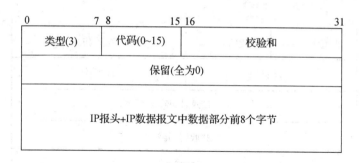

图 8.7　ICMP 目的不可达报文格式

(2)ICMP 地址掩码请求及应答报文。

地址掩码请求及应答报文用于无盘系统在引导过程中获取自己的子网掩码。ICMP 地址掩码请求和应答报文的格式如图 8.8 所示。

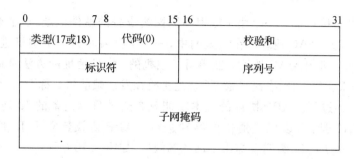

图 8.8　ICMP 地址掩码请求及应答报文格式

ICMP 地址掩码请求及应答报文有 3 个需要注意的字段：标识符、序列号、子网掩码。ICMP 报文中的标识符和序列号字段由发送端任意选择设定，这些值在应答中将被返回。应答主机填写子网掩码后发送给请求主机，请求主机对比发送和接收到的标识符和序列号是否一致来决定请求是否有效。

(3)ICMP 时间戳请求及应答报文。

ICMP 时间戳请求允许系统向另一个系统查询当前的时间。返回值是自午夜开始计算的毫秒数。这种 ICMP 报文的好处是它提供了毫秒级的分辨率，而利用其他方法从别的主机获取的时间只能提供秒级的分辨率。由于返回的时间是从午夜开始计算的，因此调用者必须通过其他方法获知当时的日期，这是它的一个缺陷。ICMP 时间戳请求和应答报文格式如图 8.9 所示。

请求端填写请求时间戳，然后发送报文。应答系统收到请求报文时填写接收时间戳，在发送应答时填写传送时间戳。实际应用中，大多把后面两个字段都设成相同的值。

第 8 章 嵌入式 Linux 网络编程

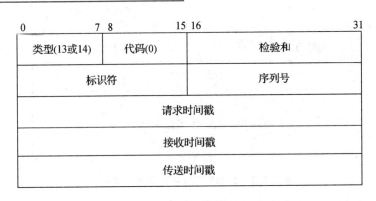

图 8.9 ICMP 时间戳请求及应答报文格式

8.2.5 ARP 协议

每一个网络接口都有一个用于标识不同网络设备的硬件地址,这个地址就是我们常说的 48 位的 MAC 地址。在以太网中,一个主机要和另一个主机进行通信,必须要知道目标主机的 MAC 地址。获得目标主机的 MAC 地址的方法是通过地址解析协议 ARP 来获得。所谓"地址解析"就是主机在发送帧前将目标 IP 地址转换成目标 MAC 地址的过程。ARP 协议的基本功能就是通过目标设备的 IP 地址,查询目标设备的 MAC 地址,以保证通信的顺利进行。ARP 协议建立了 IP 地址与硬件 MAC 地址的对应关系,为两者提供了动态的映射,如图 8.10 所示。

图 8.10 ARP 协议的地址映射作用

例如同一局域网内的主机 A 访问主机 B,该过程的步骤为:

➢ 由于主机 A 和主机 B 在同一个局域网内,必须要把 32 位的 IP 地址转换为 48 位的硬件地址,即调用 ARP 协议。

➢ ARP 发送一份称作 ARP 请求的以太网数据帧给局域网上的每个主机。这个过程称作广播,主机 A 在局域网内发送 ARP 请求广播查找主机 B 的硬件地址。ARP 请求的数据帧内包含目标主机 B 的 IP 地址。

➢ 主机 B 的 ARP 协议层接收到了主机 A 的 ARP 请求后,将本机的硬件地址填充到合适的位置后,发送 ARP 应答到主机 A。这个 ARP 应答包含目标主机 B 的 IP 地址及对应的硬件地址。

➢ 主机 A 收到 ARP 应答后,就可以发送 IP 数据报文到主机 B 了。

ARP 协议的实现方式是在以太网上进行广播,查询目的 IP 地址,目标主机接收到 ARP 请求后响应请求方,将本机的 MAC 地址及 IP 地址反馈给请求的主机。

ARP 协议的分组字段格式如图 8.11 所示。

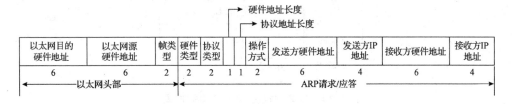

图 8.11 ARP 分组字段格式

➢ 以太网头部：以太网报头中的前两个字段是以太网的目的硬件地址和源硬件地址，分别为以太网硬件的地址发送方和接收方。目的地址为全 1 的特殊地址是广播地址(255.255.255.255)。以太网上的所有以太网接口都要接收广播的数据帧。

➢ 帧类型：该字段表示后面数据的类型。对于 ARP 请求或应答来说，该字段的值为 0x0806。

➢ 硬件类型：该字段表示硬件地址的类型。它的值为 1 即表示以太网地址。

➢ 协议类型：该字段表示要映射的协议地址类型。它的值为 0x0800 即表示 IP 地址。它的值与包含 IP 数据报的以太网数据帧中的类型字段的值相同。

➢ 硬件地址长度：该硬件地址长度是以字节为单位，对于 ARP 请求来说，硬件地址为以太网的 MAC 地址，值为 6。

➢ 协议地址长度：该协议地址长度是以字节为单位，对于 ARP 请求来说，协议地址为 IP 地址，为 32 位，值为 4。

➢ 操作方式：该字段指出 4 种操作方式，它们是 ARP 请求(值为 1)、ARP 应答(值为 2)、RARP 请求(值为 3)和 RARP 应答(值为 4)。这个字段是必需的。

➢ 剩余的 4 个字段：这 4 个字段是发送端的硬件地址、发送端的 IP 地址、目的端的硬件地址和目的端的协议 IP 地址。

8.2.6 TCP 协议

传输控制协议(Transmission Control Protocol)，简称 TCP 协议。TCP 协议建立在不可靠的网络层 IP 协议之上，在 IP 协议的基础上，增加了确认重发、超时重传、流量控制等机制，实现了一种面向连接的传输协议，为两端的应用程序提供可靠的端到端的字节流服务。

TCP 协议是在 IP 协议的基础上进行数据传输的，TCP 数据在 IP 报文中的位置如图 8.12 所示。

第 8 章 嵌入式 Linux 网络编程

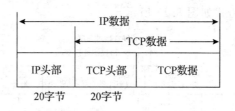

图 8.12 TCP 数据在 IP 报文中的位置

1. TCP 协议的数据格式

TCP 报文包含 TCP 头部和 TCP 数据两个部分,其数据格式如图 8.13 所示。

0									15	16		31
源端口号(16位)										目的端口号(16位)		
序号(32位)												
确认号(32位)												
头部长度(4位)	保留(6位)	URG	ACK	PSH	RST	SYN	FIN			窗口大小(16位)		
TCP校验和(16位)										紧急指针(16位)		
选项(32位)												
数据												

图 8.13 TCP 报文数据格式

➢ 源端口号和目的端口号:每个 TCP 段都包含源端和目的端的端口号,用于寻找发送端和接收端的应用进程。这两个值加上 IP 头部中的源端 IP 地址和目的端 IP 地址能够唯一确定一个 TCP 连接。

➢ 序号:序号用来标识从 TCP 发送端向 TCP 接收端发送的数据字节流。如果将字节流看作在两个应用程序间的单向流动,则 TCP 用序号对每个字节进行计数。序号是 32 位的无符号数,序号到达 $2^{32}-1$ 后又从 0 开始。

➢ 确认号:发送方对发送的首字节进行编号,当接收方成功接收后,发送回接收成功的序号加 1 标识确认,发送方再次发送的时候从确认号开始。

➢ 头部长度:头部长度给出头部中 32 位字的数目。需要这个值是因为 TCP 有可选字段,且可选字段的长度是可变的。这个字段占 4 位,因此 TCP 最多有 60 个字节的头部。如果没有可选字段,通常的长度是 20 个字节。

➢ 保留位:保留位的 6 位并没有使用,必须设置为 0。

> 控制位:在 TCP 头部中有 6 个标志控制位,它们可以同时多个位一起设置,各个位的代表含义如表 8.4 所列。

表 8.4 TCP 控制位含义

字 段	含 义
URG	紧急指针字段有效
ACK	确认编号(Acknowledgement Number)栏有效。大多数情况下该标志位是置位的。TCP 报头内的确认编号栏内包含的确认编号为下一个预期的序列编号,同时提示远端系统已经成功接收所有数据
PSH	该标志置位时,接收端不将该数据进行队列处理,而是尽可能快地将数据转由应用处理。在处理 telnet 或 rlogin 等交互模式的连接时,该标志总是置位的
RST	复位标志有效,用于复位相应的 TCP 连接
SYN	同步序列编号。该标志仅在 3 次握手建立 TCP 连接时有效。它提示 TCP 连接的服务端检查序列编号,该序列编号为 TCP 连接初始端(一般是客户端)的初始序列编号
FIN	用于表示将要断开 TCP 连接

> 窗口大小:窗口大小表示本机上 TCP 协议可以接收的以字节为单位的数目。

> TCP 校验和:TCP 校验和覆盖了整个的 TCP 报文段,包括 TCP 头部和 TCP 数据。这是一个强制性的字段,一定是由发送端计算和存储,并由接收端进行验证。

> 紧急指针:紧急指针字段只有当控制位的 URG 标志置 1 时紧急指针才有效。紧急指针是一个正的偏移量,和序号字段中的值相加表示紧急数据最后一个字节的序号。TCP 的紧急方式是发送端向另一端发送紧急数据的一种方式。

> 选项:选项字段最常见的使用方法是将其设置为最长报文大小 MSS(Maximum Segment Size)。TCP 连接通常在第一个通信报文中指定这个选项,它指明当前主机所能接收的最大报文长度。

2. 建立 TCP 连接

主机 A 与主机 B 要想通过 TCP 协议进行通信,需要通过 3 个报文段完成 TCP 连接的建立,这个过程称为三次握手(three-way handshake)。三次握手的过程如图 8.14 所示。

TCP 连接的建立需要双方发送自己的同步 SYN 信息给对方,在 SYN 中包含了末端初始化的数据序号,并且需要收到对方对自身发出 SYN 的确认。三次握手过程为:

> 第一次握手:主机 A 向主机 B 发送连接请求,其中包含 SYN 段信息,通知主机 B 想要连接的主机端口,以及初始的序号。

> 主机 B 应答主机 A,向主机 A 发送建立连接请求,并发送主机 B 的初始序号。其中 ACK 段为主机 A 发送的 ISN+1。

> 主机 A 将主机 B 发送的 SYN 段加 1(SYN+1)作为确认号返回给主机 B 作

为应答。

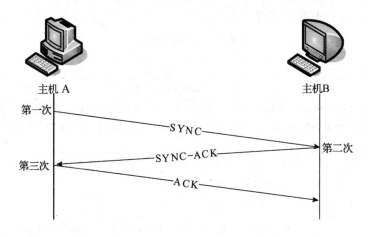

图 8.14　TCP 建立连接的三次握手过程

3. 断开 TCP 连接

建立一个 TCP 连接需要三次握手,而断开一个 TCP 连接需要四次握手,其过程如图 8.15 所示。

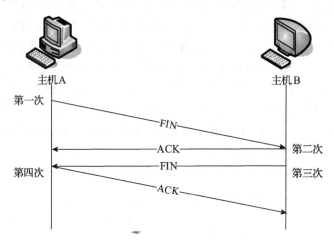

图 8.15　TCP 断开连接的四次握手过程

➢ 主机 A 发送 FIN 字段到主机 B,发送断开连接的请求。

➢ 主机 B 先确认主机 A 的 FIN 请求,然后发送 ACK 字段到主机 A,确认序号为主机 A 序号加上 1。

➢ 主机 B 向主机 A 发送 FIN 请求。

➢ 主机 A 对主机 B 的 FIN 请求确认后断开 TCP 连接。

4. TCP 传输中数据的封装和解封

在 8.1.2 小节中我们已经掌握了 OSI 七层网络模型数据传输的过程,数据经历了从封装到解封的过程。TCP/IP 协议中数据传输过程与 OSI 七层模型类似，只不过是 TCP/IP 协议是四层的网络模型，实现起来较为简单方便。TCP 通信数据传输过程如图 8.16 所示。

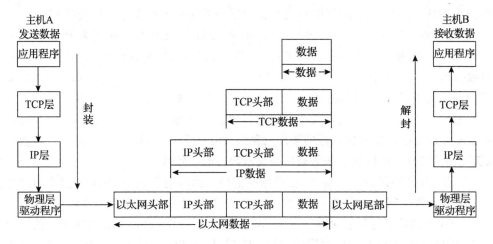

图 8.16　TCP 通信数据传输中的封装和解封

　　数据从应用程序发送到物理层驱动程序处的过程是一个将数据封装的过程。在发送数据的主机 A 中，数据经过传输层增加了 TCP 头部，再经过网络层增加了 IP 头部，最后达到物理层驱动程序中并添加了以太网头部，然后将封装完毕的数据发送到以太网中进行传输，送往接收主机 B 一端。

　　以太网数据包从物理层传送到应用程序处的过程是一个将数据解封的过程。在主机 B 上，驱动程序从以太网中接收到以太网数据包，将以太网数据包去除头部和尾部后进行 CRC 校验后发送到网络层，在 IP 协议层内去除 IP 头部并发送至传输层的 TCP 协议，在 TCP 协议层去除掉 TCP 头部获得需要的数据，然后将数据传递给应用程序，在主机 B 上的应用程序最后得到的是去除掉各种协议层头部的有效数据。

5. TCP 协议的特点

　　总结 TCP 协议具有以下几个突出的特点。
　　➢ 面向连接的服务：TCP 进行数据传输之前必须要建立 TCP 连接，所有 TCP 报文的传输都在此连接的基础上进行。
　　➢ 可靠的传输服务：采用校验和应答重发机制保证传输的可靠性。接收方需要对接收的 TCP 报文进行校验和计算，如果计算结果错误则不发送确认响应，没有接收到响应的发送端主机将在超时后自动重发刚才的 TCP 报文。
　　➢ 字节流服务：TCP 协议进行数据传输时将数据视为无结构的字节流，这样基于字节流传输就没有字节顺序(大端模式/小端模式)的问题。
　　➢ 流量控制：TCP 协议的滑动窗口机制支持主机间的端到端的流量控制。

8.2.7 UDP 协议

用户数据包协议（User Datagram Protocol），简称 UDP 协议。UDP 是 OSI 参考模型中一种无连接的传输层协议，提供面向事务的简单不可靠信息传送服务。

UDP 协议基本上是 IP 协议与上层协议的接口。UDP 协议在网络中与 TCP 协议都同处于 IP 协议的上一层即传输层。UDP 协议不提供数据包分组、组装，也不能对数据包进行排序，同样，UDP 数据的接收方也不向发送方发送接收的确认信息，即使出现丢包或者重包的现象，也不会向发送方发送反馈。也就是说，当发送方将报文发送之后，是无法得知其是否安全完整到达的。因此使用 UDP 协议传输数据时，应用程序必须自己构建发送数据的顺序机制和发送接收的确认机制，以保证发送数据能够正确达到，保证接收数据的顺序与发送数据的一致性。

鉴于 UDP 协议的上述特点，在网络质量较差的环境下使用 UDP 协议会出现数据包丢失严重的问题。但是 UDP 协议具有 TCP 协议所望尘莫及的速度优势，虽然 TCP 协议中植入了各种安全保障功能，但是在实际执行的过程中会占用大量的系统开销，无疑使速度受到严重的影响；反观 UDP 由于排除了信息可靠传递机制，将安全和排序等功能移交给上层应用来完成，极大降低了执行时间，使速度得到了保证，因此 UDP 协议具有资源消耗小，处理速度快的优点。通常音频、视频和普通数据在传送时使用 UDP 协议较多，因为它们即使偶尔丢失一两个数据包，也不会对接收结果产生太大影响。比如我们聊天所用的 QQ 软件就是使用 UDP 协议。

UDP 数据报封装成一份 IP 数据报的格式，如图 8.17 所示。

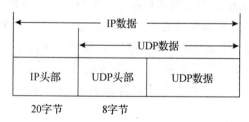

图 8.17　UDP 数据在 IP 报文中的位置

1. UDP 协议的数据格式

UDP 协议的字段格式如图 8.18 所示。

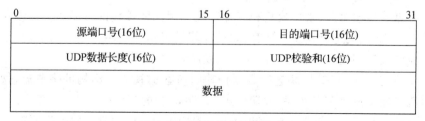

图 8.18　UDP 报文数据格式

➢ 源端口号和目的端口号:这两个端口号都分别是 16 位的字段,用来表示发送方和接收方的 UDP 端口。

➢ UDP 数据长度:UDP 数据长度字段指的是 UDP 头部和 UDP 数据的字节长度。该字段的最小值为 8 字节(8 字节 UDP 头部+0 字节数据长度)。这个 UDP 长度是有冗余的,UDP 的数据长度与 IP 协议的长度是有关联性的,IP 数据报长度指的是数据报全长,而 UDP 数据报长度是 IP 全长减去 IP 头部的长度。

➢ UDP 校验和:UDP 校验和覆盖 UDP 头部和 UDP 数据。UDP 校验和字段是可选的,即表示可以不进行 CRC 校验,此时校验和字段需要全部添为 0。

2. UDP 传输中数据的封装和解封

由于 UDP 协议与 TCP 协议都同属传输层,其在网络传输中的作用也比较相似,因此 UDP 协议数据传输过程中的数据封装和解封过程与 TCP 协议极为相似。UDP 协议层的数据传输过程如图 8.19 所示。

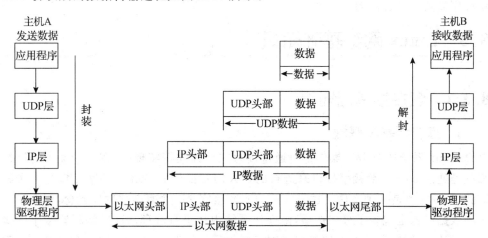

图 8.19 UDP 通信数据传输中的封装和解封

数据从应用程序发送到物理层驱动程序处的过程是一个将数据封装的过程。在发送数据的主机 A 中,数据经过传输层增加了 UDP 头部,再经过网络层增加了 IP 头部,最后达到物理层驱动程序代码中添加了以太网头部,然后将封装完毕的数据发送到以太网中进行传输,送往接收主机 B 一端。

以太网数据包从物理层传送到应用程序处的过程是一个将数据解封的过程。在主机 B 上,驱动程序从以太网中接收到以太网数据包,将以太网数据包去除头部和尾部后进行 CRC 校验后发送到网络层,在 IP 协议层内去除 IP 头部并发送至传输层 UDP 协议处,在 UDP 协议层去除掉 UDP 头部获得需要的数据,然后将数据传递给应用程序,在主机 B 上的应用程序最后得到的是去除掉各种头部的有效数据。

3. UDP 协议特点

总结 UDP 协议具有以下特点:

➢ UDP 是一个无连接协议,传输数据之前源端和目的端不建立连接,当想传送时就简单地将应用程序的数据传递到网络上。在发送端,UDP 传送数据的速度仅仅是受应用程序生成数据的速度、计算机的能力和传输带宽的限制;在接收端,UDP 把每个消息段放在队列中,应用程序每次从队列中读一个消息段。

➢ 由于传输数据不建立连接,因此也就不需要维护连接状态,包括收发状态等,因此一台服务机可同时向多个客户机传输相同的消息。

➢ UDP 信息包的标题很短,只有 8 个字节,相对于 TCP 的 20 个字节信息包的额外开销很小。

➢ 吞吐量不受拥挤控制算法的调节,只受应用软件生成数据的速率、传输带宽、源端和终端主机性能的限制。

➢ UDP 是面向报文的。发送方 UDP 层对应用程序传递过来的报文,在添加首部后就向下交付给 IP 层,既不拆分,也不合并,而是保留这些报文的边界。因此,应用程序需要选择合适的报文大小。

8.3 Linux 网络基础知识

8.3.1 套接字基础知识

1. 套接字基本概念

Linux 系统所有 I/O 操作都是通过读写文件描述符实现的,在 Linux 中的网络编程是通过 socket 套接字接口来进行的。人们常说的 socket 套接字接口是一种特殊的 I/O,它也是一种文件描述符。Socket 套接字是一个复杂的软件概念,包含了一定的数据结构也包含了很多选项,由操作系统内核进行管理。这样解释套接字的概念很难让人理解,其实套接字接口是网络应用程序的编程接口(API),套接字一方面与应用程序的进程相通,一方面连接网络协议栈,是应用程序通过网络协议栈进行通信的接口,是应用程序与网络协议栈进行交互的接口。总之,套接字是网络通信的基础。

常见的 socket 套接字有 3 种类型,分别是:

➢ 流式套接字(SOCK_STREAM)。

流式套接字提供可靠的、面向连接的有序、无记录边界的数据流。它使用 TCP 协议,从而保证了数据传输的正确性和顺序性。

➢ 数据报套接字(SOCK_DGRAM)。

数据报套接字定义了一种无连接的服务,数据通过相互独立的报文进行传输并提供双向的数据流,是无序的,并且不保证是可靠、无差错。它使用数据报协议 UDP。

➢ 原始 socket。

原始套接字允许对底层协议如 IP 或 ICMP 进行直接访问,它功能强大但使用较为不便,一般用于开发新的网络协议。

2. 套接字地址结构

进行套接字编程需要使用套接字的地址作为参数,不同的协议族用不同的地址结构定义。下面介绍两个重要的数据类型:sockaddr 和 sockaddr_in,这两个数据结构类型都是用来保存 socket 套接字信息的。其中 sockaddr 是通用套接字数据结构,sockaddr_in 是实际中经常使用的套接字数据结构。

(1) 通用套接字数据结构 sockaddr。

通用套接字地址数据结构的定义如下所示:

```
struct sockaddr
{
    unsigned short sa_family;
    char sa_data[14];
};
```

上述结构中的成员 sa_family 是一个长度为 16 字节的 unsigned short 类型变量,用于代表不同的协议族。一般来说,它通常为"AF_INET",表示协议。sa_family 成员可选的常见值为:AF_INET(协议)、AF_INET6(IPv6 协议)、AF_LOCAL(UNIX 域协议)、AF_LINK(链路地址协议)、AF_KEY(密钥套接字)。sa_data[14] 用于表示协议族数据,里面包含了一些远程电脑的地址、端口和套接字的数目。

(2) 实际应用的套接字数据结构。

在以太网的开发中很少使用 struct sockaddr 这个数据结构,因为该结构并不方便进行设置,取而代之的是使用 struct sockaddr_in 结构,其提供了非常方便的方式来访问 sockaddr 结构中的每一个成员。该结构的定义如下所示:

```
struct sockaddr_in
{
    short int sin_len;
    short int sin_family;
    unsigned short sin_port;
    struct in_addr sin_addr;
    char sin_zero[8];
}
```

结构中成员 sin_len 用于表示 struct sockaddr_in 结构的长度,sin_family 用于代表协议族,其通常为"AF_INET"。sin_port 代表一个 16 位的网络端口号。

struct sockaddr_in 的成员变量 sin_add 用于存储 32 位的 IP 地址,它是一个 in_addr 结构,该结构的定义如下:

```
struct in_addr
{
    unsigned long s_addr;
};
```

struct sockaddr_in 结构的最后一个成员变量 sin_zero[8] 通常填充为 0,以保持与 sockaddr 结构同样的大小。

结构 struct sockaddr 与结构 struct sockaddr_in 的大小是完全一致的,所以进行地址结构设置的时候通常是先对结构 struct sockaddr_in 进行设置,然后再强制转换为 struct sockaddr 类型,两者的一般用法如下述步骤所示:

> 首先定义一个 sockaddr_in 结构的实例,并将其初始化清零。操作如下:

```
struct sockaddr_in my_addr;
memset(&my_addr,0,sizeof(struct sockaddr_in));
```

> 然后为 sockaddr_in 结构赋值:

```
my_addr.sin_family = AF_INET;
my_addr.sin_port = htons(8080);
my_addr.sin_addr.s_addr = htonl(INADDR_ANY);
```

> 在函数调用使用中,将这个结构强制转换为 struct sockaddr 类型:

```
(sockaddr *)(&my_addr)
```

8.3.2 网络字节顺序转换

计算机系统是以字节为单位的,每个地址单元都对应着一个字节,一个字节为 8 bit。但是在 C 语言中除了 8 bit 的 char 类型之外,还有 16 bit 的 short 型,32 bit 的 long 型。此外,对于位数大于 8 位的 16 位或者 32 位处理器,由于寄存器宽度大于 1 个字节,那么必然存在如何将多个字节安排的问题。因此就导致了大端存储模式和小端存储模式。我们常用的 x86 结构是小端模式,一些 ARM、DSP 也都是小端模式,还有些 ARM 处理器可以由硬件来选择是大端模式还是小端模式,KEIL C51 则为大端模式。

> 大端模式:指数据的低位保存在内存的高地址中,而数据的高位则保存在内存的低地址中。

> 小端模式:指数据的低位保存在内存的低地址中,而数据的高位则保存在内存的高地址中。

Internet 上数据以大端模式顺序在网络上传输,因此在网络应用中需要对不同字节顺序进行相互转换,成为大端模式的网络字节顺序后再进行数据传输,到主机后再转换成主机字节顺序。在大端模式的主机系统上进行网络传输时不需要进行字节顺序的转换,而对于小端字模式主机系统,则要进行字节顺序转换。图 8.20 和 8.21

表示了 16 位和 32 位小端模式字节顺序到大端模式字节顺序的转换过程。

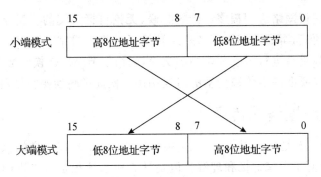

图 8.20　16 位字节顺序转换

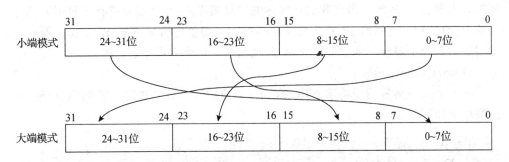

图 8.21　32 位字节顺序转换

例如,对于两端都是采用小端模式的主机 A、B,将主机 A 中应用程序的一个变量 0x12345678 通过网络传递给主机 B,如果不进行主机字节顺序到网络字节顺序的转换,通过以太网大端模式传输后,主机 B 中收到的值就是 0x87654321;如果在网络传输中进行网络资字节顺序转换,主机 A 和主机 B 均为 0x12345678。

网络字节序和主机字节序的转换用到了 4 个函数,分别是 htons()、ntohs()、htonl()、ntohl()。这里的 h 代表 host(主机),n 代表 network(网络),s 代表 short(短整型),l 代表 long(长整型)。

➢ uint16_t htons(uint16_t hostshort):表示对 16 位 short 类型数据,将其从主机字节顺序转换为网络字节顺序。

➢ uint16_t ntohs(uint16_t netshort):表示对 16 位 short 类型数据,将其从网络字节顺序转换为主机字节顺序。

➢ uint32_t htonl(uint32_t hostlong):表示对 32 位 long 类型数据,将其从主机字节顺序转换为网络字节顺序。

➢ uint32_t ntohl(uint32_t netlong):表示对 32 位 long 类型数据,将其从网络字节顺序转换为主机字节顺序。

使用上述函数需包含如下头文件:

```
#include <netinet/in.h>
```

当我们在进行网络应用程序设计的时候,无论目标系统的主机字节顺序是大端模式还是小端模式,都需要调用字节顺序转换函数将主机字节顺序转换为网络字节顺序。至于实际是否进行了字节顺序的交换,则由字节顺序转换函数的实现来保证,我们不必操心只要在网络传输变量的时候调用一次此类转换函数即可。

8.3.3 IP 地址格式转换

我们在提及 IP 地址的时候,总是用类似"192.168.0.1"这样的字符串方式来进行表述,这样也便于大家记忆和理解。但是计算机系统却是以二进制的方式来存储的,只能用像 0x11001001010110100000000000000001(192.168.0.1)这样的二进制方式来表达 IP 地址。因此我们在实际的网络编程中,经常需要进行字符串表达方式的 IP 地址和二进制的 IP 地址之间的转换。下面就结合嵌入式 Web 服务器开发中用到的几个主要转换函数加以介绍,其他转换函数读者可以自行查阅。

(1)inet_aton()函数。

inet_aton()函数用于将字符串形式的 IP 地址转换成二进制形式的 IP 地址,其函数原型如下所示:

```
#include <sys/socket.h>
#include <netinet/in.h>
#include <arpa/inet.h>
int inet_aton(const char *cp,struct in_addr *inp);
```

inet_aton()函数将在 cp 中存储的点分十进制字符串形式的 IP 地址转换成二进制的 IP 地址,转换后的值保存在指针 inp 指向的结构 struct in_addr 中。当转换成功后返回非 0 值,否则返回 0。

(2)inet_addr()函数。

inet_addr()函数用于将字符串形式的 IP 地址转换成二进制形式的 IP 地址,IP 地址是以网络字节顺序表达的。其函数原型如下所示:

```
#include <sys/socket.h>
#include <netinet/in.h>
#include <arpa/inet.h>
in_addr_t inet_addr(const char *cp);
```

该函数调用成功将返回转换后的 IP 地址,如果输入的参数非法,返 INADDR_NONE,该常量通常为 -1。如果该函数在调用中返回 -1,在二进制中 -1 表示 0x1111111111111111,这个值可以理解为 255.255.255.255 这个 IP 地址,所以不能将这个函数用于转换 IP 地址 255.255.255.255。

(3)inet_ntoa()函数。

inet_ntoa()函数用于将32位二进制形式的IP地址转换为点分十进制的4段式字符串IP地址,其函数原型如下所示:

```
#include <sys/socket.h>
#include <netinet/in.h>
#include <arpa/inet.h>
char * inet_ntoa(struct in_addr in);
```

该函数的调用结果是返回一个指向字符串的指针。例如,使用inet_ntoa()函数将二进制的IP地址0x11001000101011010000000000000001转换为字符串类型的结果192.168.0.1。inet_ntoa()函数的返回值所占用的内存会因为调用inet_ntoa()函数得到重新覆盖,因此该函数并不安全,可能存在某种隐患。

上述所介绍的3个函数inet_aton()、inet_addr()、inet_ntoa()用于网络地址的字符串形式和二进制形式之间的转换。其中inet_aton()函数是不可重入函数,该函数由于使用了一些系统资源,比如全局变量区、中断向量表等,所以它如果被中断的话,可能会出现问题。下面介绍两个在和IPv6中都能兼容并且安全的函数,分别是inet_pton()和inet_ntop()。这两个函数是安全的、和协议无关的地址转换函数。因为它们是可重入函数,即使这两个函数执行的时候去中断它,转入执行另外一段代码,而返回控制时它们也不会出现什么错误。

(4)inet_pton()函数。

inet_pton()函数将字符串类型的IP地址转换为二进制类型,其函数原型如下所示:

```
#include <sys/socket.h>
#include <sys/types.h>
#include <arpa/inet.h>
int inet_pton(int af, const char * src, void * dst);
```

第一个参数af表示网络类型的协议族;第二个参数src表示需要转换的字符串;第三个参数dst指向转换后的结果。若inet_pton()函数返回值为−1时,表明第一个参数af所指定的协议族不支持,此时errno的值为EAFNOSUPPORT;当函数的返回值为0时,表示src指向的值不是合法的IP地址;当函数的返回值为正值时,表示转换成功。

(5)inet_ntop()函数。

inet_ntop()函数将二进制的网络IP地址转换为字符串类型,其函数原型如下所示:

```
#include <sys/socket.h>
#include <sys/types.h>
#include <arpa/inet.h>
const char * inet_ntop(int af, const void * src, char * dst, socklen_t * cnt);
```

第一个参数 af 表示网络类型的协议族;第二个参数 src 表示需要转换的二进制 IP 地址;第三个参数 dst 指向保存结果缓冲区的指针;第四个参数 cnt 的值是 dst 缓冲区的大小。调用 inet_ntop()函数成功则返回一个指向 dst 的指针。当发生错误时返回 NULL,当 af 设定的协议族不支持时,errno 为 EAFNOSUPPORT;当 dst 缓冲区的大小过小的时候 errno 的值为 ENOSPC。

8.3.4 IP 地址分类

计算机所能理解的 IP 地址是分成 8 位一个单元的 32 位二进制数,为了方便人们的使用,将二进制地址转变为人们更熟悉的十进制地址。目前使用最广泛的以太网 IP 地址采用的是 IPv4 版本,由 4 组十进制数组成,每组数值的范围为 0~255,中间用点号(".")隔开。

IP 地址由 IP 地址类型、网络号和主机号组成。IP 地址类型用于标识 IP 地址所属的类型,网络号标识设备或主机所在的网络,主机号标识网络上的工作站,服务器或者路由器。IP 地址的一般格式为:

类别 + 网络号 + 主机号

IPv4 版本的点分十进制数 IP 地址分成几类,以适应大型、中型、小型网络的需求。这些类的不同之处在于用于表示网络的位数与用于表示主机的位数之间的差别。IP 地址分成 5 类,用字母表示为:A 类、B 类、C 类、D 类、E 类。

➢ A 类地址:如图 8.22 所示,A 类地址用用最高位标识 IP 地址类别,最高位一直为 0,使用第一个 8 位表示网络号,剩下的 3 个 8 位表示主机号。A 类地址的第一个位总为 0,这一点在数学上限制了 A 类地址允许支持 127 个网络。A 类地址后面的 24 位(3 个点分十进制数)表示主机号。注意只有第一个 8 位位组表示网络号,剩余的 3 个 8 位位组用于表示第一个 8 位位组所表示网络中唯一的主机号。每个 A 类地址大约允许有 1 670 万台主机,此类 IP 地址通常分配给拥有大量主机的网络,如一些大公司和因特网主干网络。目前这些地址中大约有 1/3 被用去,相要获得 A 类地址是很困难的。值得注意的是 127.0.0.0 也是一个 A 类地址,但是它已被保留作闭环(look back)测试之用而不能分配给一个网络。因此 A 类网络地址的范围从 0.0.0.0 到 126.0.0.0。其中 IP 地址的 32 位全为 0 的地址(0.0.0.0)用于表示主机本身,发往此 IP 地址的数据由本机接收。

图 8.22 A 类地址

➢ B 类地址:如图 8.23 所示。B 类地址用最高两位标识 IP 地址的类别,B 类地址的类别为"10",然后中间的 14 位用于标识为网络号,剩下的 16 位标识主机号。B

类地址支持 16 000 个网络号,每个网络又支持 66 000 台主机号。B 类地址的目的是支持中到大型的网络,如区域网。B 类网络地址范围从 128.1.0.0 到 191.254.0.0。

图 8.23　B 类地址

➢ C 类地址:如图 8.24 所示。C 类地址用于支持大量的小型网络,是 IP 地址中最常见的。C 类地址用最高 3 位标识 IP 地址的类别,C 类地址的类别为"110";中间的 21 位用与标识网络号;剩下的 8 位用于标识主机号。C 类地址大约支持 209 715 个网络地址,每一个 C 类地址理论上可支持最大 256 个主机号(0~255),但是仅有 254 个可用,因为 0 和 255 不是有效的主机号。C 类地址通常分配给节点较少的网络,如校园网等。C 类网络地址范围从 192.0.1.0 至 223.255.254.0。

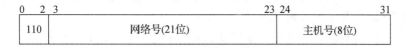

图 8.24　C 类地址

➢ D 类地址:如图 8.25 所示,D 类地址用于在 IP 网络中的组播,D 类地址的前 4 位为"1110",D 类地址主要用于路由器修改、视频会议等主播技术中。D 类地址空间的范围从 224.0.0.0 到 239.255.255.254。

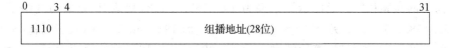

图 8.25　D 类地址

➢ E 类地址:E 类地址保留作研究之用。因此以太网上没有可用的 E 类地址。E 类地址的前 4 位为"1111",因此有效的地址范围从 240.0.0.0 至 255.255.255.255。其中 255.255.255.255 为有限广播地址,这个地址通常在无盘工作站启动时使用。

介绍完 5 类 IP 地址后有一点需要说明,就是这 5 类 IP 地址中,当主机 ID 全为 1 的时候,这个地址不分配给任何主机,仅用作广播地址。分组数据发送给该网络中的所有节点。例如 192.168.1.255 为网络 192.168.1.0 的广播地址。

8.3.5　子网掩码

在学习了 IP 地址结构后,我们看到一个 IP 地址,如何分辨出 IP 地址的网络号和主机号各是多少位呢?如果不指定,就不知道哪些位是网络号、哪些是主机号,这时就需要通过子网掩码来实现。

子网掩码是一个应用于 TCP/IP 网络的 32 位二进制值,它可以屏蔽掉 IP 地址中的一部分,从而分离出 IP 地址中的网络号与主机号。基于子网掩码,可以将网络进一步划分为若干子网号。

为什么要利用子网掩码来获得网络号和主机号呢?这是由网络数据传输中是否需要进行路由来决定的。在使用 TCP/IP 协议的两台主机之间进行数据通信时,我们通过将发送方主机的子网掩码与目的方主机的 IP 地址进行"与"运算,可得到目的主机所在的网络号,再将发送方主机 IP 地址与子网掩码相"与",就可以知道发送方主机所在的网络号。通过比较这两个网络号,就可以知道目的方主机是否在本网络上。如果网络号相同,表明目的方主机与发送方主机在同一网络内,那么可以通过相关的协议把数据包直接发送到目的方主机;如果网络号不同,表明目的主机在远程网络上,那么数据包将会发送给本网络上的路由器,由路由器将数据包发送到其他网络,直至到达目的地。从上述的过程可以看到,子网掩码是不可缺少的。

子网掩码分离出 IP 地址中的网络号和主机号的过程如下所示:

➢ 将 IP 地址与子网掩码转换成二进制;

➢ 将二进制形式的 IP 地址与子网掩码做"与"运算,将运算结果转换为十进制后便得到网络号;

➢ 将二进制形式的子网掩码取"反"运算;

➢ 将取"反"后的子网掩码与 IP 地址做"与"运算,将运算结果转换为十进制后便得到网络号。

例如,某主机的 IP 地址为 192.168.1.151,子网掩码为 255.255.255.128。IP 地址与子网掩码相"与"后的运算结果为 192.168.1.128,则该 IP 地址的网络 ID 号为 192.168.1.128。如另外一个主机的 IP 地址为 192.168.1.150,其子网掩码也是 255.255.255.128,"与"运算后的结果也是 192.168.1.128,这就说明这两个主机是处于同一个网络上的。

8.3.6 端　口

在网络技术中,端口(Port)大致有两种意思:一是物理意义上的端口,如 ADSL Modem、集线器、交换机、路由器,以及用于连接其他网络设备的接口,如 RJ-45 端口等等;二是逻辑意义上的端口,一般是指网络中面向连接服务和无连接服务的通信协议端口,是一种抽象的软件结构,包括一些数据结构和 I/O 缓冲区。TCP/IP 协议中的端口,端口号的范围从 0 到 65 535,比如用于浏览网页服务的 Web 服务器,其所使用的是 80 端口,以及用于 FTP 服务的 21 端口等等。我们这里将要介绍的就是逻辑意义上的端口。

端口号按分布可以划分为 3 大类:

➢ 公认端口(Well Known Ports):从 0 到 1 023,它们紧密绑定于一些服务,这些端口通常为保留端口,由系统的标注服务使用。通常这些端口的通讯明确表明了某种服务的协议。例如：80 端口实际上总是 HTTP 通讯。

> 注册端口(Registered Ports)：从 1 024 到 49 151。它们松散地绑定于一些服务。也就是说有许多服务绑定于这些端口，这些端口同样用于许多其他目的。例如：许多系统处理动态端口从 1 024 左右开始。

> 动态和/或私有端口(Dynamic and/or Private Ports)：从 49 152 到 65 535。理论上，不应为服务分配这些端口。

实际上，机器通常从 1 024 起分配动态端口。

端口号按协议类型划分可以分为 TCP、UDP、IP 和 ICMP 等端口。这里重点介绍下 TCP 和 UDP 端口：

> TCP 端口：TCP 端口即传输控制协议端口，需要在客户端和服务器之间建立连接，这样可以提供可靠的数据传输。常见的包括 FTP 服务的 21 端口，Telnet 服务的 23 端口，SMTP 服务的 25 端口，以及 HTTP 服务的 80 端口等等。

> UDP 端口：UDP 端口即用户数据包协议端口，无须在客户端和服务器之间建立连接，安全性得不到保障。常见的有 DNS 服务的 53 端口，SNMP(简单网络管理协议)服务的 161 端口，QQ 使用的 8 000 和 4 000 端口等等。

端口号实际上是操作系统标识应用程序的方法，端口号的值可以由用户自定义或者系统分配，也可以采用动态系统分配和静态用户自定义相结合的办法。

在 Linux 系统中，/etc/services 中列出了系统提供的服务以及服务的端口号等信息。

8.4 TCP 网络编程

TCP 网络编程是目前网络开发中的主要编程方式之一。TCP 协议处于网络传输层中，实现了一个应用程序到另外一个应用程序的数据传输。要进行嵌入式网络方面的开发是离不开 TCP 协议编程的。

8.4.1 TCP 网络编程流程

TCP 网络编程的流程包含服务器模式和客户端模式两种。服务器模式创建一个服务程序，等待客户端用户的连接，接收到用户的连接请求后，根据用户的请求进行处理；客户端模式则根据目的服务器的地址和端口进行连接，向服务器发送请求并对服务器的响应进行数据处理。

1. TCP 服务器端编程模式

TCP 服务器端模式下编程主要分为以下流程：建立套接字 socket()、绑定套接字与端口 bind()、设置服务器的监听连接 listen()、接收客户端连接 accept()、接收和发送数据 read()/write()和 recv()/send()等、关闭套接字 close()。如图 8.26 所示为该 TCP 服务器端模式的流程图。

第 8 章　嵌入式 Linux 网络编程

➢ 建立套接字描述符是套接字初始化的过程，按照用户定义的网络类型，协议类型和具体的协议标号等参数来填写 socket() 函数。系统根据用户的需求生成一个套接字文件描述符供用户使用。

➢ 套接字与端口的绑定过程中，调用 bind() 函数将套接字与一个地址结构进行绑定。只有绑定之后才能进行数据的接收和发送。

➢ 函数 listen() 用来初始化服务器可连接的队列，TCP 服务器处理客户端连接请求的时候是顺序进行的，同一时间仅能处理一个客户端连接。当多个客户端的连接请求到来时，服务器并不采用并发处理，而是将不能处理的客户端连接请求放到等待队列中，这个队列长度由 listen() 函数决定。

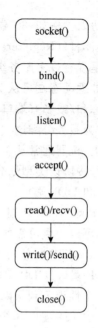

图 8.26　TCP 服务器端模式流程图

➢ TCP 服务器调用 accept() 函数一直监听端口，直到一个客户端的连接请求到达。accpet() 成功执行后，会返回一个新的套接字描述符来表示客户端的连接，客户端的信息可以通过这个新描述符获得。

➢ TCP 服务器通过 send() 和 recv() 或 write() 和 read() 等函数进行数据发送和接收。

➢ 当 TCP 服务器处理完与客户端的数据发送和接收通信后，此时需要调用 close() 函数关闭套接字连接，结束服务器与客户端通信。

2. TCP 客户端编程模式

TCP 客户端模式下编程主要分为以下流程：建立套接字 socket()、连接服务器 connect()、接收和发送数据 read()/write() 和 recv()/send() 等、关闭套接字 close()。图 8.27 为该 TCP 客户端模式的流程图。

客户端模式流程与服务器端模式流程类似，两者不同之处是客户端在建立套接字之后可以不进行地址绑定，而是直接利用 connect() 函数连接服务器端，并根据用户设置的服务器地址、端口等参数与特定服务器程序进行通信。在 TCP 协议的客户端是不需要 bind()、listen、accept() 这 3 个函数的。

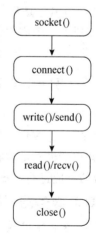

图 8.27　TCP 客户端模式流程图

3. TCP 服务器端与客户端通信过程

TCP 服务器端与客户端进行数据交换要进行三次握手才可以完成 TCP 连接,之后开始进行数据交换,客户端的读数据过程对应服务器端的写数据过程,客户端的写数据过程对应服务器端的读数据过程。当两者完成数据读写后,关闭套接字连接,结束服务器端与客户端之间的通信。该过程如图 8.28 所示。

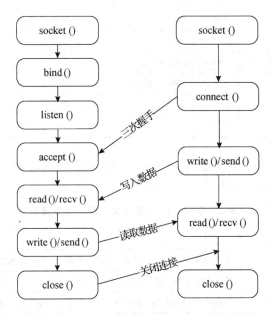

图 8.28　TCP 服务器端与客户端数据交互过程

8.4.2　创建网络套接字函数 socket()

socket() 函数用于建立一个 socket 套接字的连接,可指定 socket 类型等信息。在建立了 socket 连接之后,可对 sockaddr 和 sockaddr_in 两个数据类型进行初始化,以保存所建立的 socket 信息。socket() 函数调用成功后会返回一个表示套接字的文件描述符。该函数的原型如下所示:

```
#include <sys/types.h>
#include <sys/socket.h>
int socket(int family, int type, int protocol);
```

socket() 函数的第一个参数 family 用于指定创建套接字所使用的协议族,socket() 函数根据这个参数选择通信协议的族,通信协议在头文件 <sys/socket.h> 中定义。常见的协议族见表 8.5 所列,在以太网中通常将这个参数设置为 AF_INET。

第 8 章 嵌入式 Linux 网络编程

表 8.5 参数 family 可选值及代表的协议族

名 称	含 义
AF_UNIX	本地通信，只在本机内进行通信
AF_INET	IPv4 以太网协议
AF_INET6	IPv6 以太网协议
AF_IPX	IPX-Novell 协议
AF_NETLINK	内核用户界面设备
AF_X25	ITU-T X.25/ISO-8208 协议
AF_AX25	Amateur radio AX.25 协议
AF_ATMPVC	原始 ATM PVC 访问
AF_APPLETALK	Appletalk
AF_PACKET	底层包访问

socket()函数的第二个参数 type 用于指明套接字通信的类型，type 的可选值及所代表的含义如表 8.6 所列。

表 8.6 参数 type 可选值及代表的通信类型

名 称	含 义
SOCK_STREAM	流式套接字，支持 TCP 连接，提供可靠的、双向的通信字节流
SOCK_DGRAM	数据包套接字，用于支持 UDP 连接
SOCK_SEQPACKET	提供一个序列化的、可靠的、双向的基于连接的数据传输通道
SOCK_RAW	提供原始网络协议套接字访问
SOCK_RDM	提供可靠的数据报文
SOCK_PACKET	专用通信类型，不在程序中使用，直接从设备驱动中接收数据

socket()函数的第三个参数 protocol 用于指定某个协议的特定类型。该参数通常设置为 0，表示通过参数 family 指定的协议族和参数 type 指定的套接字类型来确定使用的协议。当为原始套接字时，系统无法唯一地确定协议，此时就需要使用该参数所指定的协议。

socket()函数调用成功则返回一个套接字描述符，失败则返回－1，错误代码存入 errno 中。socket()函数产生错误的原因有很多，可以通过 errno 来查询产生错误的原因。在进行程序设计的时候最好在调用 socket()函数后检查返回值，若出现错误可以得知错误的原因。调用 socket()的 errno 错误返回值见表 8.7 所列。

表 8.7 socket()函数 errno 返回值及含义

值	含义
EACCES	没有权限建立指定的 family 和 type 的套接字
EAFNOSUPPORT	不支持所给的地址类型
EINVAL	不支持此协议或此协议不可用
EMFILE	进程文件表溢出
ENFILE	已经达到系统允许打开的文件数量上限
ENOBUFS/ENOMEM	内存不足
EPROTONOSUPPORT	指定 type 协议在 family 中不存在

在进行 TCP 协议编程的时候,调用 socket()函数,里面的第一个参数 family 通常设置为 AF_INET,第二个参数 type 通常设置为 SOCK_STREAM,第三个参数设置为 0,表示创建一个流式套接字。其常用的代码如下所示:

```
int sockfd                                    /*创建套接字描述符*/
sockfd = socket(AF_INET, SOCK_STREAM, 0);     /*初始化一个 AF_INET 族的流式套接字*/
if(sockfd = -1)                               /*检查套接描述符是否创建成功*/
{
    perror("socket");                         /*打印错误信息*/
    exit(EXIT_FAILURE);                       /*退出程序*/
}
```

8.4.3 绑定一个网络端口函数 bind()

TCP 服务器端在利用 socket()函数创建完套接字文件描述符后,需要将套接字绑定到地址和端口上,之后才可以进行数据的发送和接收。下面介绍的 bind()函数其作用就是将一个套接字文件描述符与地址和端口绑定。该函数的原型如下所示:

```
#include <sys/types.h>
#include <sys/socket.h>
int bind(int sockfd, struct sockaddr *my_addr, int addrlen);
```

bind()函数的第一个参数 sodkfd 是调用 socket()函数返回的套接字文件描述符。

bind()函数的第二个参数 my_addr 是一个指向 sockaddr 结构的指针,它保存着本地套接字的地址(即端口号和 IP 地址)信息。只有对 sockaddr 结构中的成员进行赋值后才能进行绑定操作,绑定后才能将套接字文件描述符与地址结合在一起。但通常情况下,一般不直接使用 sockaddr 结构,而使用另外一个结构 struct sockaddr_in 来代替。所以在使用 bind()函数时需要将其第二个参数 my_addr 进行强制类型

第 8 章 嵌入式 Linux 网络编程

转换，将 sockaddr_in 结构转换为 sockaddr 结构，后面的例子可以体现这一点。

bind()函数的第三个参数 addrlen 是 sockaddr 结构的长度，也就是 my_addr 参数的长度，在实际使用中可以将这个参数设置为 sizeof(struct sockaddr)。

bind()函数绑定成功则返回 0，返回 −1 表示绑定失败，errno 的错误值如表 8.8 所列。

表 8.8 bind()函数 errno 返回值及含义

值	含 义
EADDRINUSE	给定地址已经使用
EBADF	sockfd 不合法
EINVAL	sockfd 已经绑定到其他地址
ENOTSOCK	sockfd 不是套接字文件描述符
EACCES	地址被保护，用户权限不够
EADDRNOTAVAIL	接口不存在或者绑定地址不是本地地址
EFAULT	my_addr 指针超出用户空间
EINVAL	地址长度错误，或者 socket 不是 AF_UNIX 族
ELOOP	解析 my_addr 时符号连接过多
ENAMETOOLONG	my_addr 过长
ENOENT	文件不存在
ENOEMEM	内核内存不足
ENOTDIR	不是目录
EROFS	socket 节点应该在只读文件系统上

使用 bind()函数其常用的代码如下所示：

```
#define PORT_ID 2000                            /*定义服务器端端口号*/
int sockfd                                      /*创建套接字描述符*/
struct sockaddr_in my_addr;                     /*定义以太网套接字地址结构*/
sockfd = socket(AF_INET, SOCK_STREAM, 0);       /*初始化一个 AF_INET 族的流式套接字*/
if(sockfd = -1)                                 /*检查套接描述符是否创建成功*/
{
    perror("socket");
    exit(EXIT_FAILURE);
}
my_addr.sin_family = AF_INET;                   /*设置地址结构的协议族*/
my_addr.sin_port = htons(PORT_ID);              /*设置地址结构的端口*/
my_addr.sin_addr.s_addr = inet_addr(192.168.0.100); /*将 IP 地址转换为网络字节序*/
bzero(&(my_addr.sin_zero),8);                   /*将 my_addr.sin_zero 置 0*/
if(bind(sockfd,(struct sockaddr *)&my_addr,sizeof(sockaddr)) = = -1)/*绑定并判断是否成功*/
```

```
{
    perror("bind");                    /*打印错误信息*/
    exit(EXIT_FAILURE);                /*退出程序*/
}
```

8.4.4 监听网络端口函数 listen()

在绑定之后,任何客户端要想连接到新建立的服务器端口,服务器必须设定为等待连接。listen()函数用来初始化服务器可连接队列,服务器处理客户端连接请求的时候是顺序处理的,同一时间仅能处理一个客户端连接。当多个客户端的连接请求同时到来的时候,服务器将暂时不能处理的客户端连接请求放到等待队列中,队列的长度由 listen()函数决定。该函数的原型如下所示:

```
#include <sys/socket.h>
int listen(int sockfd, int backlog);
```

·listen()函数的第一个参数 sodkfd 是调用 socket()函数返回的套接字文件描述符。

listen()函数的第二个参数 backlog 表示允许客户端请求连接到服务器端的最大连接数,如果连接队列已经达到最大,之后的连接请求被服务器拒绝。大多数系统的设置为20,可以将其设置修改为 5 或者 10,根据系统可承受负载或者应用程序的需求来确定。

listen()函数仅对类型为 SOCK_STREAM、SOCK_SEQPACKET 的协议有效。若对 SOCK_DGRAM 的协议使用 listen()函数,将会出现 errno 错误,值为 EOPNOTSUPP,表示该 socket 套接字不支持 listen()操作。

listen()函数成功运行时,返回值为 0;当运行失败后,它的返回值为-1,并设置 errno 错误值。errno 的错误值如表 8.9 所列。

表 8.9 listen()函数 errno 返回值及含义

值	含 义
EADDRINUSE	另外一个 socket 已经在监听同一端口
EBADF	sockfd 不合法
ENOTSOCK	sockfd 不是套接字文件描述符
EOPNOTSUPP	socket 不支持 listen 监听操作

使用 listen()函数其常用的代码如下所示:

```
#define PORT_ID 2000                  /*定义服务器端端口号*/
int sockfd                            /*创建套接字描述符*/
struct sockaddr_in my_addr;           /*定义以太网套接字地址结构*/
```

```
    sockfd = socket(AF_INET, SOCK_STREAM, 0);    /*初始化一个AF_INET族的流式套接字*/
    if(sockfd = -1)                              /*检查套接描述符是否创建成功*/
    {
        perror("socket");
        exit(EXIT_FAILURE);
    }
    my_addr.sin_family = AF_INET;                /*设置地址结构的协议族*/
    my_addr.sin_port = htons(PORT_ID);           /*设置地址结构的端口*/
    my_addr.sin_addr.s_addr = inet_addr(192.168.0.100);   /*将IP地址转换为网络字节序*/
    bzero(&(my_addr.sin_zero),8);                /*将my_addr.sin_zero置0*/
    if(bind(sockfd,(struct sockaddr *)&my_addr,sizeof(sockaddr)) = = -1)/*绑定并判断是否成功*/
    {
        perror("bind");                          /*打印错误信息*/
        exit(EXIT_FAILURE);                      /*退出程序*/
    }
    if(listen(sockfd, 10) = = -1)                /*监听队列并判定listen是否成功*/
    {
        perror("listen");                        /*打印错误信息*/
        exit(EXIT_FAILURE);                      /*退出程序*/
    }
```

8.4.5 接收网络请求函数 accept()

accept()函数用于接收来自客户端的连接请求。当服务器接收客户端请求后，必须要建立一个全新的套接字描述符来处理这个客户端的通信请求。客户端的连接信息可以通过这个新的套接字描述符来获得。因此当服务器成功处理来自客户端的请求连接后，会生成两个套接字文件描述符。第一个套接字只是用来建立通信，表示正在监听端口的socket套接字；第二个套接字是由accept()函数新产生的，用于表示客户端的连接。服务器端与客户端发送和接收数据都是通过第二个套接字文件描述符完成的。该函数的原型如下所示：

```
#include <sys/types.h>
#include <sys/socket.h>
int accept(int sockfd, struct sockaddr * addr, socklen_t * addrlen);
```

accept()函数的第一个参数sodkfd是由函数socket()创建，经函数bind()绑定到本地某一端口上，然后通过函数listen()转化而来的监听套接字描述符。

accept()函数的第二个参数addr用来保存发起连接请求的客户端主机的IP地址、端口和协议族等信息。

accept()函数的第三个参数addrlen用于指向第二个参数sockaddr *addr结构体的大小。通常使用sizeof(struct sockaddr_in)来获得。该参数是一个指针类型而不是数据结构。

accept()函数调用成功则返回新连接的客户端套接字文件描述符,服务器端与客户端之间的发送和接收通信是通过这个套接字描述符实现的,而不是 socket()函数返回的套接字文件描述符,这点需要大家注意。如果 accept()函数调用产生错误,accept()函数返回-1,并设置 errno 错误值,errno 的错误值如表 8.10 所列。

表 8.10 accept()函数 errno 返回值及含义

值	含 义
EAGAIN/EWOULDBLOCK	没有可接收的连接
EBADF	套接字描述符非法
ECONNABORTED	连接取消
EINTR	信号在合法连接到来之前打断了 accept 的系统调用
EINVAL	socket 没有监听连接或地址长度不合法
EMFILE	每个进程允许打开的文件描述符已达到最大值
ENFILE	达到系统允许打开文件的总数
ENOTSOCK	文件描述符是一个文件,不是套接字描述符
EOPNOTSUPP	引用的 socket 不是流类型 SOCK_STREAM
EFAULT	参数 addr 不可写
ENNOBUFS/ENOMEM	内存不足
EPROTO	协议错误
EPERM	防火墙不允许连接

使用 accpet()函数其常用的代码如下所示:

```
#define PORT_ID 2000                            /*定义服务器端端口号*/
int sockfd, client_sockfd;                      /*创建两个套接字描述符*/
struct sockaddr_in my_addr;                     /*定义服务器端套接字地址结构*/
struct sockaddr_in client_addr;                 /*定义客户端端套接字地址结构*/
int addr_length;                                /*用于保存客户端网络地址信息等的长度*/
sockfd = socket(AF_INET, SOCK_STREAM, 0);       /*初始化一个 AF_INET 族的流式套接字*/
if(sockfd = -1)                                 /*检查套接字描述符是否创建成功*/
{
    perror("socket");
    exit(EXIT_FAILURE);
}
my_addr.sin_family = AF_INET;                   /*设置地址结构的协议族*/
my_addr.sin_port = htons(PORT_ID);              /*设置地址结构的端口*/
my_addr.sin_addr.s_addr= inet_addr(192.168.0.100);/*将 IP 地址转换为网络字节序*/
bzero(&(my_addr.sin_zero),8);                   /*将 my_addr.sin_zero 置 0*/
```

```
if(bind(sockfd,(struct sockaddr * )&my_addr,sizeof(sockaddr)) = = -1)/*绑定并判断是否成功*/
{
    perror("bind");                          /*打印错误信息*/
    exit(EXIT_FAILURE);                      /*退出程序*/
}
if(listen(sockfd, 10) = = -1)                /*监听队列并判定listen是否成功*/
{
    perror("listen");                        /*打印错误信息*/
    exit(EXIT_FAILURE);                      /*退出程序*/
}
addr_length = = sizeof(struct sockaddr_in);  /*获得地址长度*/
client_fd = accept(sockfd, &client_addr, &addr_length);
if(client_fd = = -1)
{
    perror("accept");                        /*打印错误信息*/
    exit(EXIT_FAILURE);                      /*退出程序*/
}
```

8.4.6 连接网络服务器函数 connect()

connect()函数是客户端连接服务器端的专用函数。客户端在建立套接字之后，不需要进行地址绑定就可以直接连接服务器，使用 connect()函数来连接指定参数的服务器。该函数的原型如下所示：

```
# include <sys/types.h>
# include <sys/socket.h>
int connect(int sockfd, struct sockaddr * serv_addr, int addrlen);
```

connect()函数的第一个参数 sockfd 是调用 socket()函数时返回的套接字文件描述符。

connect()函数的第二个参数 serv_addr 是一个指向数据结构 sockaddr 的指针，其中包括客户端需要连接的服务器的目的 IP 地址和端口号。

connect()函数的第三个参数 addrlen 是表示第二个参数的大小，通常使用 sizeof (struct sockaddr)来获得，注意这个参数是一个整型变量而不是指针类型。

connect()函数的在调用成功后返回 0,若调用失败则返回 −1,并设置 errno 错误值,errno 的错误值如表 8.11 所列。

表 8.11 connect()函数 errno 返回值及含义

值	含 义
EACCES	表示目录不可写或不可访问
EPRERM	用户没有设置广播标志而连接广播地址或连接请求被防火墙限制

续表

值	含义
EADDRINUSE	本地地址已经使用
EAFNOSUPPORT	参数 serv_addr 的域 sa_family 不正确
EAGAIN	本地端口不足
EALREADY	socket 是非阻塞类型且前面连接没有返回
EBADF	文件描述符不是合法的值
ECONNREFUSED	连接主机的地址没有监听
EFAULT	socket 结构地址超出用户空间
EINPROGRESS	socket 是非阻塞模式，而连接不能立即返回
EINTR	函数被信号中断
EISCONN	socket 已经连接
ENETUNREACH	网络不可达
ENOTSOCK	文件描述符不是一个套接字描述符
ETIMEDOUT	连接超时

客户端使用 connect() 函数其常用的代码如下所示：

```
#define PORT_ID 2000                           /*定义服务器端端口号*/
int sockfd                                     /*创建套接字描述符*/
struct sockaddr_in server_addr;                /*定义服务器套接字地址结构*/
sockfd = socket(AF_INET, SOCK_STREAM, 0);      /*初始化一个 AF_INET 族的流式套接字*/
if(sockfd = -1)                                /*检查套接描述符是否创建成功*/
{
    perror("socket");
    exit(EXIT_FAILURE);
}
server_addr.sin_family = AF_INET;              /*设置服务器地址结构的协议族*/
server_addr.sin_port = htons(PORT_ID);         /*设置服务器地址结构的端口*/
server_addr.sin_addr.s_addr = inet_addr(192.168.0.100); /*设置服务器端 IP 地址*/
bzero(&(server_addr.sin_zero),8);              /*将 sever_addr.sin_zero 置 0*/
if(connect(sockfd, (struct sockaddr *)&server_addr,sizeof(struct sockaddr)) == -1)
/*连接服务器并判断是否成功*/
{
    perror("connect");                         /*打印错误信息*/
    exit(EXIT_FAILURE);                        /*退出程序*/
}
```

8.4.7 发送网络数据函数 send()

向网络写入数据的函数有多种,包括 write()、writev()、send()、sendto()、sendmsg()等。此处主要介绍 send()函数的使用方法,其余一些主要的发送网络数据函数将在后面的章节中介绍讲解。

当服务器端将套接字文件描述符和地址结构绑定后,并且客户端已经和服务器端建立了连接,可以使用 send()等其他函数来进行服务器和客户端之间的数据发送。send()函数原型如下所示:

```
#include <sys/types.h>
#include <sys/socket.h>
ssize_t send(int sockfd, const void *buf, size_t len, int flags);
```

send()函数的第一个参数 sockfd 是正在监听端口的套接字文件描述符,是通过 socket()函数获得的。

send()函数的第二个参数 *buf 是发送数据缓冲区。发送的数据放在此指针指向的内存空间中。

send()函数的第三个参数 len 是发送数据缓冲区的大小。

send()函数的第四个参数 flags 代表控制选项,发送的数据通过套接字描述符按照该参数指定的方式发送出去,一般设置为 0,或取以下值:

➢ MSG_OOB:在指定的套接字上发送带外数据(out-of-band data),该类型的套接字必须支持带外数据(如:SOCK_STREAM)。

➢ MSG_DONTROUTE:通过最直接的路径发送数据,而忽略下层协议的路由设置。

send()函数调用成功则返回成功发送的字节数。由于发送缓冲区 buf 中的数据在通过 send()函数进行发送的时候并不一定能够全部发送出去,所以要检查 send()函数的返回值,按照与计划发送的字节长度 len 是否相等来判断如何进行下一步操作。若 send()函数的返回值小于 len,表明缓冲区中仍然有部分数据没有成功发送。这就需要重新发送剩余部分的数据,将原来 buf 中的数据位置按照已发送成功的字节数进行偏移后得到的剩余的数据再次发送出去。send()函数若调用失败则返回 -1,并设置 errno 错误值,errno 的错误值如表 8.12 所列。

表 8.12 send()函数 errno 返回值及含义

值	含 义
EAGAIN/EWOULDBLOCK	套接字定义为非阻塞,但操作却采用阻塞方式,或则定义的超时时间已达到却没有收到任何数据
EBADF	套接字描述符不合法
ECONNREFUSED	远程主机不允许此操作

续表

值	含 义
EFAULT	接收缓冲区在此进程外
EINTR	在发送数据之前接收到中断信号
EINVAL	传递了不合法参数
ENOTCONN	套接字没有被连接
ENOTSOCK	参数不是套件字描述符
ECONNRESET	连接断开
EDESTADDRREQ	套接字没有处于连接状态
ENOBUFS	发送缓冲区已满
ENOMEM	没有足够内存
EOPNOTSUPP	设定的发送方式 flags 没有实现
EPIPE	套接字已关闭
EACCES	套接字不可写

客户端使用 send()函数发送数据的常用的代码如下所示：

```
#define BUFFERSIZE 100               /*设置发送缓冲区的大小*/
#define PORT_ID 2000                 /*定义服务器端端口号*/
char send_buf[BUFFERSIZE];
int sockfd                           /*创建套接字描述符*/
struct sockaddr_in server_addr;      /*定义服务器套接字地址结构*/
sockfd = socket(AF_INET, SOCK_STREAM, 0); /*初始化一个AF_INET族的流式套接字*/
if(sockfd = -1)                      /*检查套接字描述符是否创建成功*/
{
    perror("socket");
    exit(EXIT_FAILURE);
}
server_addr.sin_family = AF_INET;    /*设置服务器地址结构的协议族*/
server_addr.sin_port = htons(PORT_ID); /*设置服务器地址结构的端口*/
server_addr.sin_addr.s_addr = inet_addr(192.168.0.100); /*设置服务器端IP地址*/
bzero(&(server_addr.sin_zero),8);    /*将sever_addr.sin_zero置0*/
if(connect(sockfd,(struct sockaddr * )&server_addr,sizeof(struct sockaddr)) = = -1)
/*连接服务器并判断是否成功*/
{
    perror("connect");               /*打印错误信息*/
    exit(EXIT_FAILURE);              /*退出程序*/
}
if(send(sockfd, send_buf,100,0) = = -1)
{
```

```
            perror("send");                /*打印错误信息*/
            exit(EXIT_FAILURE);            /*退出程序*/
}
```

8.4.8 读取网络数据函数 recv()

从网络中读取数据的函数有多种，包括 read()、readv()、recv()、recvfrom()、recvmsg()等，此处主要介绍 recv()函数的使用方法。recv()函数用来从指定的套接字描述符上接收网络数据并保存到指定 buf 中，recv()函数原型如下所示：

```
#include <sys/types.h>
#include <sys/socket.h>
ssize_t recv(int sockfd, const void * buf, size_t len, int flags);
```

recv()函数的第一个参数 sockfd 是正在监听端口的套接字文件描述符,是通过 socket()函数获得的。

recv()函数的第二个参数 * buf 是发送数据缓冲区。接收到的数据放在此指针所指向的内存空间中。

recv()函数的第三个参数 len 是发送数据缓冲区的大小,以字节为单位。系统根据这个值来确保接收缓冲区的安全,防止数据溢出。

recv()函数的第四个参数 flags 代表控制选项,用于设置接收数的方式,一般设置为 0,或取表 8.13 中的值。

表 8.13　flags 可选取值

值	含　义
MSG_DONTWAIT	非阻塞方式,当没有数据接收时立即返回不等待
MSG_ERRQUEUE	错误消息从套接字错误队列接收
MSG_OOB	接收外带数据而不接收一般数据
MSG_PEEK	查看数据,不进行数据缓冲区的清空
MSG_TRUNC	返回所有的数据,即使指定的缓冲区过小
MSG_WAITALL	等待所有消息

recv()函数调用成功返回接收到的字节数,若调用失败则返回-1,并设置 errno 错误值,errno 的错误值如表 8.14 所列。

表 8.14　recv()函数 errno 返回值及含义

值	含　义
EAGAIN	套接字定义为非阻塞,但操作却采用阻塞方式,或则定义的超时时间已达到却没有收到任何数据

续表

值	含 义
EBADF	套接字描述符不合法
ECONNREFUSED	远程主机不允许此操作
EFAULT	接收缓冲区在此进程外
EINTR	在发送数据之前接收到中断信号
EINVAL	传递了不合法参数
ENOTCONN	套接字没有被连接
ENOTSOCK	参数不是套件字描述符

客户端使用 recv() 函数接收网络数据的常用的代码如下所示：

```
#define BUFFERSIZE  100                 /*设置接收缓冲区的大小*/
#define PORT_ID 2000                    /*定义服务器端端口号*/
char recv_buf[BUFFERSIZE];
int sockfd                              /*创建套接字描述符*/
struct sockaddr_in server_addr;         /*定义服务器套接字地址结构*/
sockfd = socket(AF_INET, SOCK_STREAM, 0);/*初始化一个AF_INET族的流式套接字*/
if(sockfd = -1)                         /*检查套接描述符是否创建成功*/
{
    perror("socket");
    exit(EXIT_FAILURE);
}
server_addr.sin_family = AF_INET;       /*设置服务器地址结构的协议族*/
server_addr.sin_port = htons(PORT_ID);  /*设置服务器地址结构的端口*/
server_addr.sin_addr.s_addr = inet_addr(192.168.0.100);/*设置服务器端IP地址*/
bzero(&(server_addr.sin_zero),8);       /*将sever_addr.sin_zero置0*/
if(connect(sockfd,(struct sockaddr *)&server_addr, sizeof(struct sockaddr)) = = -1)
/*连接服务器并判断是否成功*/
{
    perror("connect");                  /*打印错误信息*/
    exit(EXIT_FAILURE);                 /*退出程序*/
}
if(recv(sockfd, recv_buf,100,0) = = -1)
{
    perror("recv");                     /*打印错误信息*/
    exit(EXIT_FAILURE);                 /*退出程序*/
}
```

第 8 章　嵌入式 Linux 网络编程

8.4.9　关闭网络套接字函数 close( )

关闭 socket 套接字连接可以使用 close()函数,该函数的作用是关闭已经打开的 socket 连接并使内核释放相关的资源,使用 close()函数关闭的套接字就不能再进行发送和接收操作了,其函数原型如下所示:

```
#include <unistd.h>
int close(int sockfd);
```

参数 sockfd 为一个套接字描述符。

需要指出一点的是,在 TCP 服务器端代码中,会使用到 socket()函数和 accept ()函数。这两个函数都会创建 socket 套接字,在服务器端代码的最后要调用两次 close()函数来将这两个套接字描述符全部关闭才可以。

8.5　TCP 服务器/客户端实例

在介绍完网络基本知识以及 TCP 编程一些主要 socket 函数后,下面为大家提供一个 TCP 协议服务器与客户端的实例来进一步加强对 TCP 网络编程的理解。在该例子中,服务器端建立网络套接字后绑定并监听网络,等待客户端的连接。当有客户端访问服务器时,就向客户端发送从 0 开始增加的数据,否则将一直阻塞等待客户端连接,服务器向客户端发送数据一直到客户端和服务器端断开连接为止。客户端与服务器端建立连接后就接收服务器数据并打印出来。下面将分别介绍服务器端与客户端的代码。

服务器端代码和客户端代码应该运行在不同的硬件系统中,例如 PC 主机作为服务器端、嵌入式开发板作为客户端,或者分别用几块嵌入式开发板来作为服务器端与客户端。但是本例中服务器代码与客户端代码都运行在 PC 主机上,目的是为了方便通过终端打印观察服务器端与客户端的运行情况,仅作为演示使用,在实际开发中不会出现这种情况。本书将在第 11 章嵌入式 Linux 系统 Web 服务器的软件实现上,详细介绍服务器端与客户端代码在不同硬件平台上运行与通信的具体方法,对读者的实际开发将会有很好的参考意义。

8.5.1　TCP 服务器端网络编程

服务器端首先调用 socket()函数建立了套接字描述符,然后通过 bind()函数和 listen()函数绑定并监听网络端口。在没有客户端数据请求连接服务器端之前,该服务器一直阻塞在 accept()函数处直到有客户端请求访问到来,等待客户端连接并进入阻塞状态的服务器,其打印信息如图 8.30 所示。从图中可以看出,服务器代码运行完 listen()函数后便一直阻塞在 accept()函数里。

一旦有客户端连入网络,服务器代码中 accept() 函数就会检测到并将代码从阻塞的状态中跳转出来,之后服务器端利用 send() 函数开始向客户端发送网络数据,数据的内容为从 0 开始一直递增的整数。如果客户端一直和服务器端保持连接,服务器端将一直发送数据。当客户端与服务器端断开,或者客户端代码停止运行,服务器端的代码也将停止运行并退出对客户端网络的监听。TCP 服务器端的代码如下所示:

```c
#include<sys/types.h>
#include<sys/socket.h>
#include<netinet/in.h>
#include<arpa/inet.h>
#include<unistd.h>
#include <stdio.h>
#include <stdlib.h>
#include <strings.h>
#include<sys/wait.h>
#include <string.h>
#include <errno.h>
#define PORT_ID 8800
int main()
{
    int sockfd,client_fd;
    struct sockaddr_in my_addr;
    struct sockaddr_in client_addr;
    int addr_length;
    char szSnd[100];
    int step = 0;

    sockfd = socket(AF_INET, SOCK_STREAM, 0);
    if (sockfd = = -1)
      {
          perror("socket");
          exit(EXIT_FAILURE);
      }
    printf("OK:成功获得套接字描述符! \n");

    my_addr.sin_family = AF_INET;
    my_addr.sin_port = htons(PORT_ID);
    my_addr.sin_addr.s_addr = INADDR_ANY;
    bzero(&(my_addr.sin_zero), 0);
    if(bind(sockfd, (struct sockaddr * )&my_addr, sizeof(struct sockaddr)) = = -1)
```

```c
        {
            perror("bind");
            exit(EXIT_FAILURE);
        }
        printf("OK:成功绑定端口%d!\n",PORT_ID);

        if (listen(sockfd, 10) == -1)
        {
            perror("listen");
            exit(EXIT_FAILURE);
        }
        printf("OK:成功监听端口%d!\n",PORT_ID);

        addr_length = sizeof(struct sockaddr_in);
        if ((client_fd = accept(sockfd, (struct sockaddr *)&client_addr, &addr_length)) == -1)
        {
            perror("accept");
            exit(EXIT_FAILURE);
        }
        printf("服务器链接客户端%s\n",inet_ntoa(client_addr.sin_addr));

        while(1)
        {
            sprintf(szSnd,"%d\n",step);
            step++;
            if (send(client_fd, szSnd, 100, 0) == -1)
            {
                perror("send");
                printf("错误:发送字符串失败!\n");
                close(client_fd);
                break;
            }
            printf("服务器发送数据为:%s",szSnd);
            sleep(1);
        }
    exit(0);
}
```

对 tcp_server.c 进行编译生成 tcp_server 可执行文件后并运行:

```
# gcc -o tcp_server tcp_server.c
# ./tcp_server
```

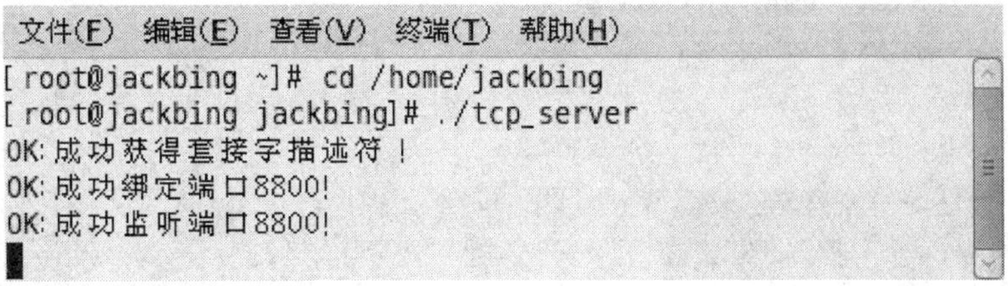

```
文件(F)  编辑(E)  查看(V)  终端(T)  帮助(H)
[root@jackbing ~]# cd /home/jackbing
[root@jackbing jackbing]# ./tcp_server
OK:成功获得套接字描述符！
OK:成功绑定端口8800！
OK:成功监听端口8800！
```

图 8.29　服务器端 tcp_server 运行等待客户端连接

8.5.2　TCP 客户端网络编程

TCP 客户端也是通过 socket() 函数建立网络套接字，然后利用 connect() 函数连接服务器端。当与服务器端建立连接后便开始接收来自服务器端的数据，并将接收到的数据打印出来。TCP 客户端的代码如下所示：

```c
#include <stdio.h>
#include <stdlib.h>
#include <string.h>
#include <unistd.h>
#include <sys/types.h>
#include <sys/socket.h>
#include <netinet/in.h>
#include <arpa/inet.h>
#include <errno.h>
#define SERVER_PORT_ID 8800
#define BUFFERSIZE 100
int main(int argc, char ** argv)
{
    int sockfd;
    struct sockaddr_in server_addr;
    char recv_buf[BUFFERSIZE];

    if(argc < 2)
    {
        printf("Uasge: client[server IP address]\n");
        return -1;
    }

    sockfd = socket(AF_INET, SOCK_STREAM, 0);
    if(sockfd == -1)
    {
        printf("错误:不能获得套接字描述符！\n");
```

```c
        perror("socket");
        exit(EXIT_FAILURE);
    }
    server_addr.sin_family = AF_INET;
    server_addr.sin_port = htons(SERVER_PORT_ID);
    server_addr.sin_addr.s_addr = inet_addr(argv[1]);
    bzero(&(server_addr.sin_zero),8);

    if(connect(sockfd, (struct sockaddr *)&server_addr, sizeof(struct sockaddr)) == -1)
    {
        printf("错误:无法连接到服务器!\n");
        perror("connect");
        exit(EXIT_FAILURE);
    }
    while(1)
    {
        if(recv(sockfd, recv_buf, sizeof(recv_buf),0) == -1)
        {
          printf("无法从服务器端获得数据!\n");
          perror("recv");
          exit(EXIT_FAILURE);
        }
        printf("客户端从服务器获得的数据为:%s", recv_buf);
    }
    close(sockfd);
    return 0;
}
```

对 tcp_client.c 进行编译生成 tcp_client 可执行文件:

```
# gcc-o tcp_client tcp_client.c
```

需要指明的一点是,客户端代码的 main()函数是有参数的,这点和服务器端代码不同,里面的参数是请求连接的服务器端 IP 地址,因此运行客户端代码的可执行文件需要添加服务器端的 IP 地址,如下所示:

```
# ./tcp_client 192.192.192.105
```

将服务器端代码与客户端代码都编译完成后,分别打开两个 minicom 终端窗口,先运行服务器端可执行文件后再运行客户端可执行文件。运行效果如图 8.30 和图 8.31 所示。从代码的运行过程可以看出,当服务器端接收客户端网络连接请求后便开始向客户端发送数据,客户端接收数据并打印。

```
文件(F) 编辑(E) 查看(V) 终端(T) 帮助(H)
[root@jackbing ~]# cd /home/jackbing
[root@jackbing jackbing]# ./tcp_server
OK: 成功获得套接字描述符!
OK: 成功绑定端口8800!
OK: 成功监听端口8800!
服务器链接客户端 192.192.192.105
服务器发送数据为: 0
服务器发送数据为: 1
服务器发送数据为: 2
服务器发送数据为: 3
服务器发送数据为: 4
服务器发送数据为: 5
服务器发送数据为: 6
服务器发送数据为: 7
服务器发送数据为: 8
服务器发送数据为: 9
服务器发送数据为: 10
服务器发送数据为: 11
服务器发送数据为: 12
```

图 8.30　服务器端 tcp_server 运行效果

```
文件(F) 编辑(E) 查看(V) 终端(T) 帮助(H)
[root@jackbing ~]# cd /home/jackbing
[root@jackbing jackbing]# ./tcp_client 192.192.192.105
客户端从服务器获得的数据为: 0
客户端从服务器获得的数据为: 1
客户端从服务器获得的数据为: 2
客户端从服务器获得的数据为: 3
客户端从服务器获得的数据为: 4
客户端从服务器获得的数据为: 5
客户端从服务器获得的数据为: 6
客户端从服务器获得的数据为: 7
客户端从服务器获得的数据为: 8
客户端从服务器获得的数据为: 9
客户端从服务器获得的数据为: 10
客户端从服务器获得的数据为: 11
客户端从服务器获得的数据为: 12
客户端从服务器获得的数据为: 13
客户端从服务器获得的数据为: 14
客户端从服务器获得的数据为: 15
客户端从服务器获得的数据为: 16
```

图 8.31　客户端 tcp_client 运行效果

8.6　UDP 网络编程

UDP 协议是 User Datagram Protocol 的简称，它是 TCP/IP 协议中的传输层协

议的一种。UDP 协议是一种非连接的、不可靠的数据报文协议,完全不同于提供面向连接的、可靠的字节流的 TCP 协议。虽然 UDP 有很多不足,但是在很多网络应用场合里还在使用它,例如 DNS(域名解析服务)、NFS(网络文件系统)、SNMP(简单网络管理协议)等。

本节介绍如何使用 UDP 协议进行程序设计,对 UDP 编程流程和框架进行了详细地介绍,并在本节最后通过一个 UDP 服务器与客户端例子让大家深入理解 UDP 协议编程方法。

8.6.1 UDP 网络编程流程

UDP 网络程序设计可以分为服务器端与客户端编程两部分。与 TCP 编程相比,UDP 编程少去了很多环节,UDP 协议不需要 connect()、listen()和 accept()函数,这是由 UDP 协议的无连接的特性决定的。UDP 服务器端仅需要包含建立套接字、套接字与地址结构绑定、发送/接收数据、关闭套接字这几个过程。客户端仅包含建立套接字、接收/发送网络数据、关闭套接字这几个过程。

UDP 协议中客户端和服务器端之间的差别主要在于服务器必须使用 bind()函数绑定监听 UDP 的某一端口,而客户端就不需要绑定操作,直接向服务器地址中某个端口发送数据即可。UDP 服务器端与客户端通信模型如图 8.32 所示。

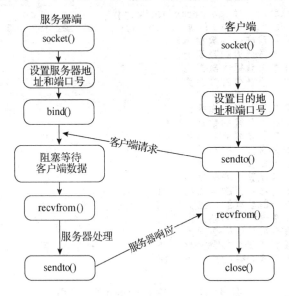

图 8.32 UDP 服务器与客户端通信模型

从图 8.32 可以看出,UDP 服务器模式主要分为 6 个步骤,分别是建立套接描述符、设置服务器地址和端口号、绑定端口、接收数据、发送数据、关闭套接字描述符。

➢ 使用 socket()函数建立网络套接字文件描述符;
➢ 使用 struct sockaddr 结构设置服务器地址和监听网络端口,并初始化网络地址结构；

➢ 使用 bind()函数绑定监听的网络端口,将网络套接字文件描述符和一个地址类型变量进行绑定；

➢ 使用 recvfrom()函数接收客户端的网络数据；

➢ 使用 sendto()函数向客户端发送网络数据；

➢ 使用 close()函数关闭套接字并释放相应资源。

从图 8.32 可以看出,UDP 客户端模式主要分为 5 个步骤,分别是建立套接字描述符、设置目的地址和端口、向服务器端发送网络数据、从服务器端接收网络数据、关闭套接字描述符等 5 个部分,分别对应 socket()函数、struct sockaddr 结构、sendto()函数、recvfrom()函数和 close()函数。客户端与服务器端相比,少了 bind()绑定部分。

8.6.2 UDP 协议编程主要函数

UDP 程序设计经常使用的函数有 socket()、bind()、recv()/recvfrom()、send()/sendto()、close()等。这些函数与 TCP 程序设计中的函数是一样的,在 TCP 和 UDP 中都是通用的,仅仅在函数中参数的设置有些不同。在本节中将对这些函数在 UDP 编程中的应用加以介绍。

1. 建立套接字 socket()函数

UDP 协议建立套接字描述符使用的函数与 TCP 协议相同,也是使用 socket()函数,只不过 socket()函数里面的第二个参数指定的协议类型为 SOCK_DGRAM（数据包套接字),用于表明是 UDP 通信,而不是 TCP 协议的 SOCK_STREAM（流式套接字)。有关 socket()函数的详细用法参考 8.4.2 小节。socket()函数在 UDP 协议编程中代码如下所示：

```
int sockfd                                  /*创建套接字描述符*/
sockfd = socket(AF_INET,SOCK_DGRAM,0);      /*初始化一个 AF_INET 族的数据包套接字*/
if(sockfd = -1)                             /*检查套接描述符是否创建成功*/
{
    perror("socket");
    exit(EXIT_FAILURE);
}
```

2. 绑定套接字 bind()函数

UDP 协议编程同样使用 bind()函数将一个套接字描述符与一个地址结构绑定在一起,即将发送数据的端口地址与 IP 地址进行了指定。有关 bind()函数的详细用法参考 8.4.3 一节。在 UDP 协议编程中,使用 bind()函数将一个本地地址与套接字描述符绑定在一起的代码如下所示：

第8章 嵌入式 Linux 网络编程

```
#define PORT_ID 8888                              /*定义服务器端端口号*/
int sockfd                                        /*创建套接字描述符*/
struct sockaddr_in local_addr;                    /*定义以太网套接字地址结构*/
sockfd = socket(AF_INET, SOCK_DGRAM, 0);          /*初始化一个 AF_INET 族的数据包套接字*/
if(sockfd = -1)                                   /*检查套接描述符是否创建成功*/
{
    perror("socket");
    exit(EXIT_FAILURE);
}
local_addr.sin_family = AF_INET;                  /*设置地址结构的协议族*/
local_addr.sin_port = htons(PORT_ID);             /*设置地址结构的端口*/
local_addr.sin_addr.s_addr = inet_addr(INADDR_ANY); /*任意本地地址*/
bzero(&(local_addr.sin_zero),8);                  /*将 local_addr.sin_zero 置 0*/
if(bind(sockfd,(struct sockaddr *)&local_addr,sizeof(sockaddr)) == -1)/*判断是否绑定成功*/
{
    perror("bind");                               /*打印错误信息*/
    exit(EXIT_FAILURE);                           /*退出程序*/
}
```

3. 接收数据 recvfrom()函数

当服务器将本地地址与套接字文件描述符绑定成功后,可以使用 recv()或者 recvfrom()函数来接收到达此套接字描述符上的数据。recv()函数我们在 TCP 网络编程中已经做了介绍,这里将针对 recvfrom()函数进行详细讲解。recvfrom()函数原型如下所示:

```
#include <sys/types.h>
#include <sys/socket.h>
ssize_t recvfrom(int sockfd, const void *buf, size_t len, int flags,
                 struct sockaddr *from, socklen_t *fromlen);
```

recvfrom()函数的第一个参数 sockfd 是正在监听端口的套接字文件描述符,是通过 socket()函数获得的。

recvfrom()函数的第二个参数 *buf 是发送数据缓冲区。接收到的数据放在此指针所指向的内存空间中。

recvfrom()函数的第三个参数 len 是发送数据缓冲区的大小,以字节为单位。系统根据这个值来确保接收缓冲区的安全,防止数据溢出。

recvfrom()函数的第四个参数 flags 代表控制选项,用于设置接收数的方式,一般设置为 0,或取之前介绍 recv()函数时表 8.13 中的值,这点与 recv()函数相同。

recvfrom()函数的第五个参数 from 是指向本地的数据结构 sockaddr_in 的指针,发送数据的发送方其地址信息就放在这个结构中。

recvfrom()函数的第六个参数 from 表示第五个参数 from 所指内容的长度,可以使用 sizeof(struct sockaddr_in)来获得。需要说明的是,参数 from 和 fromlen 均为指针,不要直接将地址结构类型和地址类型的长度传入 recvfrom 函数中,要先进行取地址的操作再传入 recvfrom()函数中才可以。

recvfrom()函数调用成功返回接收到的字节数,若调用失败则返回-1,并设置 errno 错误值,errno 的错误值如表 8.14 所列,与 recv()函数相同。

UDP 协议服务器端使用 recvfrom()函数接收网络数据的常用的代码如下所示:

```
#define BUFFERSIZE  100                    /*设置接收缓冲区的大小*/
#define PORT_ID 8888                       /*定义服务器端端口号*/
char recv_buf[BUFFERSIZE];
int sockfd                                 /*创建套接字描述符*/
struct sockaddr_in from_addr;              /*数据发送方地址信息*/
struct sockaddr_in local_addr;             /*数据接收方本地地址信息*/
int from_len = sizeof(from_addr);          /*地址结构的长度*/
sockfd = socket(AF_INET, SOCK_DGRAM, 0);   /*初始化一个 AF_INET 族的数据包套接字*/
if(sockfd = -1)                            /*检查套接描述符是否创建成功*/
{
    perror("socket");
    exit(EXIT_FAILURE);
}
local_addr.sin_family = AF_INET;           /*设置服务器地址结构的协议族*/
local_addr.sin_port = htons(PORT_ID);      /*设置服务器地址结构的端口*/
local_addr.sin_addr.s_addr = inet_addr(INADDR_ANY);/*任意本地地址*/
bzero(&(local_addr.sin_zero),8);           /*将 local_addr.sin_zero 置 0*/
if(bind(sockfd, (struct sockaddr*)&local_addr, sizeof(sockaddr)) = = -1)/*判断是否绑定成功*/
{
    perror("bind");                        /*打印错误信息*/
    exit(EXIT_FAILURE);                    /*退出程序*/
}
if(recvfrom(sockfd, recv_buf, 100, 0, (struct sockaddr*) &from, &from_len) = = -1)
{
    perror("recvfrom");                    /*打印错误信息*/
    exit(EXIT_FAILURE);                    /*退出程序*/
}
```

上面的代码在使用 recvfrom()函数接收网络数据的时候,并没有绑定发送方的地址,所以不同的发送方所发送的数据都可以到达本地接收方处,这是由于 UDP 协议不是按照连接进行数据接收所造成的。因此在实际应用中使用 UDP 协议进行网络编程的时候,UDP 接收方在接收数据的时候要判断发送方的地址,只有对符合要求指定的发送方所发送数据才进行相应地处理,否则将数据抛弃。

第8章 嵌入式 Linux 网络编程

4. 发送数据 sendto()函数

UDP 协议可以使用 send()或者 sendto()函数来发送网络数据,此处重点介绍 sendto()函数。sendto()函数用来将数据由指定的套接字传给对方主机,其原型如下所示:

```
#include <sys/types.h>
#include <sys/socket.h>
ssize_t send(int sockfd, const void *buf, size_t len, int flags, const struct sockaddr *to,
             socklen_t tolen);
```

sendto()函数的第一个参数 sockfd 是正在监听端口的套接字文件描述符,是通过 socket()函数获得的。

sendto()函数的第二个参数 *buf 是发送数据缓冲区。发送的数据放在此指针指向的内存空间中。

sendto()函数的第三个参数 len 是发送数据缓冲区的大小。

sendto()函数的第四个参数 flags 代表控制选项,发送的数据通过套接字描述符按照该参数指定的方式发送出去。一般设置为 0,或取 MSG_OOB 和 MSG_DONTROUTE。这两个值代表的含义可以参考 8.4.7 小节中 send()函数部分内容。

sendto 函数的第五个参数 to 指向目的主机数据结构 sockaddr_in 的指针,接收数据的目的主机地址信息放在这个结构中。

sendto 函数的第六个参数 tolen 用于表示第五个参数所指向内容的长度,可以使用 sizeof(struct sockaddr_in)来获得。

sendto()函数若调用失败则返回-1,并设置 errno 错误值,errno 的错误值如表 8.12 所列,和 send()函数相同。

UDP 协议客户端使用 sendto()函数发送数据的常用代码如下所示:

```
#define BUFFERSIZE  100                       /*设置发送缓冲区的大小*/
#define PORT_ID 8888                          /*定义服务器端端口号*/
char send_buf[BUFFERSIZE];                    /*定义发送数据缓冲区*/
int sockfd                                    /*创建套接字描述符*/
struct sockaddr_in to_addr;                   /*数据接收方地址信息*/
sockfd = socket(AF_INET, SOCK_DGRAM, 0);      /*初始化一个 AF_INET 族的数据包套接字*/
if(sockfd = -1)                               /*检查套接描述符是否创建成功*/
{
    perror("socket");
    exit(EXIT_FAILURE);
}
to_addr.sin_family = AF_INET;                 /*设置服务器地址结构的协议族*/
```

```
        to_addr.sin_port = htons(PORT_ID);                    /*设置服务器地址结构的端口*/
        to_addr.sin_addr.s_addr = inet_addr(192.192.192.105);/*将数据发送到192.192.192.105主机上*/
        bzero(&(to_addr.sin_zero),8);                          /*将to_addr.sin_zero置0*/
        if(sendto(sockfd,send_buf,100,0,(struct sockaddr * )&to,sizeof(struct sockaddr_in)) = = -1)
        {
            perror("sendto");                                  /*打印错误信息*/
            exit(EXIT_FAILURE);                                /*退出程序*/
        }
```

数据在网络协议中的发送过程必须要指明发送方的本地 IP 地址以及端口号。但是上面的代码并没有指明发送主机的 IP 地址和端口号也能正确地将数据发送出去，这是因为发送的网络数据经过 UDP 层的时候协议栈会选择合适的端口号，经过 IP 层的时候，客户端会选择出合适的本地 IP 地址进行填充，并将客户端的目的 IP 地址填充到 IP 报文中，经过数据链路层时会根据硬件情况进行发送。

8.7 UDP 服务器/客户端实例

8.7.1 UDP 服务器端网络编程

UDP 服务器端首先调用 socket()函数建立了套接字描述符，并初始化套接字描述符，然后通过 bind()函数将套接字描述符与本地地址绑定在一起。在没有 UDP 客户端数据请求连接服务器端之前，该服务器一直阻塞在 recvfrom()函数处直到有客户端请求访问到来，等待客户端进入阻塞状态的服务器打印信息如图 8.33 所示。从图中可以看出，服务器代码运行完 bind()函数后便一直阻塞在 recvfrom()函数里。

当有客户端连入服务器时，服务器代码中 recvfrom()函数就会检测到并将代码从阻塞的状态中跳转出来，之后服务器端将对来自客户端的请求或者数据进行处理。如果需要将处理结果或控制指令传递给客户端，则还需要调用 sendto()等函数，否则服务器处理完后关闭套接字或循环等待下一次客户端访问。

在本 UDP 服务器端代码中，服务器调用 recvfrom()函数一直等待客户端的数据访问，当接收到来自客户端的数据后将进行接收，然后将接收到的数据在终端打印出来，不需要调用 sendto()函数向客户端发送数据。UDP 服务器在处理完与客户端的一次通信后循环再次进入阻塞状态等待客户端发送数据的到来。UDP 服务器端的代码如下所示：

```
#include <stdlib.h>
#include <stdio.h>
#include <errno.h>
```

```c
#include <string.h>
#include <sys/types.h>
#include <netinet/in.h>
#include <sys/wait.h>
#include <sys/socket.h>
#define PORT 5000
#define BACKLOG 10
#define LENGTH 512

int main()
{
    int sockfd;
    int nsockfd;
    int num;
    int sin_size;
    char revbuf[LENGTH];
    struct sockaddr_in addr_local;
    struct sockaddr_in addr_remote;
    /*建立套接字描述符*/
    if((sockfd = socket(AF_INET, SOCK_DGRAM, 0)) == -1)
    {
        printf("错误：无法获得套接字描述符.\n");
        perror("socket");
        exit(EXIT_FAILURE);
    }
    else
    {
        printf("OK：成功获得套接字描述符.\n");
    }
    /* 填充套接字地址结构 */
    addr_local.sin_family = AF_INET;
    addr_local.sin_port = htons(PORT);
    addr_local.sin_addr.s_addr = INADDR_ANY;
    bzero(&(addr_local.sin_zero), 8);
    /*绑定网络端口*/
    if( bind(sockfd, (struct sockaddr *)&addr_local, sizeof(struct sockaddr)) == -1)
    {
        printf("错误：无法绑定到端口 %d.\n",PORT);
        return (0);
    }
```

```
    else
    {
        printf("OK：绑定端口 %d 成功.\n",PORT);
    }
    while(1)
    {
        sin_size = sizeof(struct sockaddr);
        if(num = recvfrom(sockfd, revbuf, LENGTH, 0,
                    (struct sockaddr *)&addr_remote, &sin_size) = = -1)
        {
            printf("ERROR!\n");
        }
        else
        {
            printf("接收到来自客户端的发送数据为：%s\n",revbuf);
        }
    }
    close(sockfd);
    return (0);
}
```

对 udp_server.c 进行编译,生成 udp_server 可执行文件后并运行：

```
# gcc -o udp_server udp_server.c
# ./udp_server
```

图 8.33 服务器端 udp_server 运行等待客户端接入

8.7.2 UDP 客户端网络编程

UDP 客户端也是通过 socket()函数建立网络套接字,然后并不需要建立和服务器端的连接就可以利用 sendto()函数直接向服务器端发送数据。该客户端代码很简单,既不检测服务器端是否接收到数据,也不要接收来自服务器的数据。客户端发送完数据后打印发送数据的长度,发送的内容为"UDP 测试代码.",数据发送间隔为 1 秒钟并循环反复,直到用户强制停止代码的运行。UDP 客户端的代码如下所示：

```c
#include <stdio.h>
#include <stdlib.h>
#include <unistd.h>
#include <errno.h>
#include <string.h>
#include <netdb.h>
#include <sys/types.h>
#include <netinet/in.h>
#include <sys/socket.h>
#include <arpa/inet.h>
#define PORT 5000
#define LENGTH 512
int main(int argc, char *argv[])
{
    int sockfd;
    int num;
    char send_buf[LENGTH];
    struct sockaddr_in addr_remote;
    char send_str[] = {"UDP测试代码."};
    if (argc != 2)
    {
        printf("Usage: udp_client HOST IP (ex: ./udp_client 192.192.192.105).\n");
        return (0);
    }
    /* 创建套接字描述符 */
    if ((sockfd = socket(AF_INET, SOCK_DGRAM, 0)) == -1)
    {
        printf("错误：无法获得套接字描述符！\n");
        return (0);
    }
    /* 填充套接字地址结构 */
    addr_remote.sin_family = AF_INET;
    addr_remote.sin_port = htons(PORT);
    inet_pton(AF_INET, argv[1], &addr_remote.sin_addr);
    bzero(&(addr_remote.sin_zero), 8);
    /* 连接UDP服务器 */
    while(1)
    {
        bzero(send_buf,LENGTH);
        /* 向服务器端发送数据 */
        num = sendto(sockfd, send_str, strlen(send_str), 0, (struct sockaddr *)
&addr_remote, sizeof(struct sockaddr_in));
```

```
        if( num < 0 )
        {
            printf("错误:无法发送数据到服务器!\n", argv[1], num);
        }
        else
        {
            printf("OK:发送到 %s 服务器的数据长度为 %d bytes !\n", argv[1], num);
        }
        sleep(1);
    }
    close (sockfd);
    return (0);
}
```

对 udp_client.c 进行编译生成 udp_client 可执行文件：

```
# gcc -o udp_client udp_client.c
```

该 UDP 协议客户端代码与之前 TCP 协议客户端代码一样，要让编译生成的可执行文件运行还需在其后添加服务器端的 IP 地址作为参数，如下所示：

```
# ./udp_client 192.192.192.105
```

将 UDP 服务器端代码与客户端代码都编译完成后，分别打开两个 minicom 终端窗口，先运行服务器端可执行文件后再运行客户端可执行文件。运行效果如图 8.34 和图 8.35 所示。从代码的运行过程可以看出，UDP 客户端启动后便向服务器端发送数据并打印发送数据的长度，服务器端则循环往复接收客户端发送来的数据并打印出来。

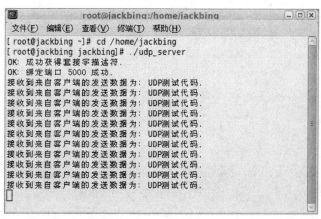

图 8.34　服务器端 udp_server 运行效果

第 8 章 嵌入式 Linux 网络编程

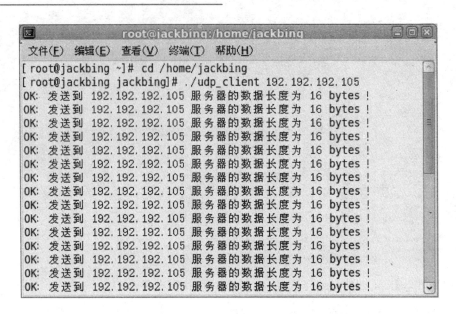

图 8.35 客户端 udp_client 运行效果

8.8 本章小结

本章介绍了 Linux 网络编程的基础知识，以及 TCP 协议和 UDP 协议的数学模型，详细介绍了两种协议服务器端和客户端代码的编写规则，并通过实际的网络程序学习编程的方法。本章内容具有一定的指导作用，也是开发嵌入式 Web 服务器平台网络部分的基础，接下来将介绍较为复杂的服务器模型，并从中挑选一种用于嵌入式 Web 服务器的平台中。

第 9 章
服务器模型的建立

在第 8 章的内容中介绍了 Linux 套接字编程的基本知识,在本章中将进行服务器模型的选择。在网络程序里面,一般来说都是许多客户对应一个服务器,为了处理客户的请求,对服务端的程序就提出了特殊的要求。根据嵌入式 Web 服务器平台的设计需要,它的一个主要功能就是要具有快速提供对多网络节点并发采集和控制的能力。这就需要设计出一种有效的服务器数序模型来满足以上要求。目前主要的数学模型有以下几种:
- 循环服务器(迭代服务器)模型;
- 并发服务器模型;
- I/O 多路复用并发服务器模型。

本章将详细介绍这几种服务器模型的架构以及特点,并将其应用在 TCP 协议和 UDP 协议编程中,最后通过比较选择一种能够满足应用的有效模型。

9.1 循环服务器模型

循环服务器模型是指服务器在同一时刻只能响应一个客户端的请求和连接,服务器按照串行的顺序处理客户端的请求,处理完一个客户端后再处理另外一个,如此循环进行,因此循环服务器也叫做迭代服务器。

9.1.1 TCP 协议循环服务器

TCP 协议的循环服务器处理过程如图 9.1 所示。如第 8 章内容所述,TCP 服务器使用 socket() 函数建立套接字文件描述符、使用 bind() 函数将套接字描述符与地址结构进行绑定、使用 listen() 函数监听网络队列长度,之后便进入了 TCP 循环服务器的循环处理部分。

TCP 协议循环服务器的循环处理过程主要由 accept() 函数、recv() 函数、send() 函数等部分组成。在具体的应用中可能会没有 recv() 接收数据函数或 send() 发送函数,但 accept() 函数和处理数据的过程是一定存在的。accept() 函数为阻塞函数,用于等待客户端的连接,当没有客户端请求时,服务器会一直处于等待状态,当客户端 connect() 函数的连接请求来到服务器时,accept() 函数返回客户端的主要连接信息,之后服务器可以进行数据的接收和发送等工作。

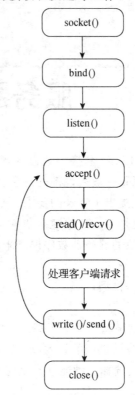

图 9.1 TCP 循环服务器处理过程

1. TCP 循环服务器——服务器端代码

　　TCP 循环服务器代码实现一个系统时间查询服务器的功能。该服务器运行启动后便一直等待客户端的连接请求。程序中使用 while() 循环作为服务器的功能代码,服务器在接收客户端发送过来的数据前清空缓冲区,然后将接收数据放到缓冲区内。如果发送的数据中包含"CHECK_SYS_TIME"内容,即视为客户端向服务器端查询系统时间,此时再次清空缓冲区并将获取的当前系统时间放置到缓冲区内发送到客户端;如果客户端发送的数据并非查询系统时间"CHECK_SYS_TIME",服务器则不予处理。当服务器端检测到一个客户端请求后便打印"有客户端查询系统时间"作为标记。在主循环中每次仅仅处理一个客户端的数据请求操作,在处理完一个客户端请求之后接下来再处理下一个请求。TCP 循环服务器端代码如下所示。TCP 循环服务器的启动信息如图 9.2 所示。

```c
#include<sys/types.h>
#include<sys/socket.h>
#include<netinet/in.h>
#include<arpa/inet.h>
#include<unistd.h>
#include <stdio.h>
#include <stdlib.h>
#include <strings.h>
#include <string.h>
#include <time.h>
#define SERVER_PORT 8800
#define BUFFLEN 100
int main()
{
    /*定义服务器端和客户端套机子描述符*/
    int server_fd,client_fd;
    /*定义服务器端和客户端地址结构*/
    struct sockaddr_in server_addr;
    struct sockaddr_in client_addr;
    /*定义时间变量*/
    time_t now;
    int addr_length = sizeof(struct sockaddr_in);
    /*接收和发送数据的缓冲区*/
    char buff[BUFFLEN];
    /*用于函数返回值*/
    int error;

    /*建立 TCP 套接字描述符*/
    server_fd = socket(AF_INET, SOCK_STREAM, 0);
    /*初始化地址结构*/
    server_addr.sin_family = AF_INET;
    server_addr.sin_port = htons(SERVER_PORT);
    server_addr.sin_addr.s_addr = INADDR_ANY;
    bzero(&(server_addr.sin_zero), 0);
    /*将地址结构与套接字进行绑定*/
    bind(server_fd, (struct sockaddr * )&server_addr, sizeof(struct sockaddr));
    /*监听*/
    listen(server_fd, 10);
    printf("TCP 服务器启动,等待客户端查询时间! \n");

    while(1)
```

```
    {
        /*接收客户端连接*/
        client_fd = accept(server_fd, (struct sockaddr *)&client_addr, &addr_length);
        /*接收数据前清空缓冲区*/
        memset(buff, 0, BUFFLEN);
        /*接收客户端发送过来的数据*/
        error = recv(client_fd, buff, BUFFLEN, 0);
        /*判断如果客户端发送过来的是查询系统时间指令"CHECK_SYS_TIME",则返回给客户端当前系统时间*/
        if(error>0 && ! strncmp(buff, "CHECK_SYS_TIME", 14))
        {
            printf("有客户端查询系统时间! \n");
            now = time(NULL);
            /*发送数据前清空缓冲区*/
            memset(buff, 0, BUFFLEN);
            /*将时间信息传入数据缓冲区*/
            sprintf(buff," %24s\r\n", ctime(&now));
            /*发送当前时间信息到客户端*/
            send(client_fd, buff, strlen(buff),0);
        }
        close(client_fd);
    }
    close(server_fd);
    exit(0);
}
```

对 loop_server_tcp.c 进行编译生成 loop_server_tcp 可执行文件后并运行：

```
# gcc-o loop_server_tcp loop_server_tcp.c
# ./loop_server_tcp
```

图 9.2　loop_server_tcp 循环服务器启动信息

2. TCP 循环服务器模型——客户端代码

客户端代码首先建立 TCP 套接字描述符，然后设置请求服务器的地址和端口。客户端代码仅运行一次并不是一个循环结构，代码将"CHECK_SYS_TIME"字符串复制到缓冲区中,作为客户端请求的数据发送到服务器端用于请求当前系统时间,然后等待服务器端的响应,接收服务器端传送过来的时间数据并打印,最后关闭套接字、退出程序。客户端代码如下所示:

```c
#include <sys/types.h>
#include <sys/socket.h>
#include <netinet/in.h>
#include <string.h>
#include <stdio.h>
#define BUFFLEN 100
#define SERVER_PORT 8800
int main()
{
    int sockfd;
    /*服务器端地址*/
    struct sockaddr_in server_addr;
    /*发送与接收数据缓冲区*/
    char buff[BUFFLEN];
    /*数据缓冲区初始化清零*/
    memset(buff, 0 ,BUFFLEN);
    /*用于函数返回值*/
    int error;
    /*建立TCP套接字描述符*/
    sockfd = socket(AF_INET, SOCK_STREAM, 0);
    /*初始化地址结构*/
    server_addr.sin_family = AF_INET;
    server_addr.sin_addr.s_addr = htonl(INADDR_ANY);
    server_addr.sin_port = htons(SERVER_PORT);
    bzero(&(server_addr.sin_zero), 0);
    /*连接TCP服务器*/
    connect(sockfd, (struct sockaddr * )&server_addr,sizeof(struct sockaddr));
    /*拷贝发送字符串*/
    strcpy(buff, "CHECK_SYS_TIME");
    /*向TCP服务器端发送数据*/
    send(sockfd, buff, strlen(buff), 0);
    /*发送数据后数据缓冲区清零以备接收使用*/
    memset(buff, 0 ,BUFFLEN);
    /*接收TCP服务器传来的数据*/
    error = recv(sockfd, buff, BUFFLEN, 0);
    /*打印当前系统时间*/
    if(error >0)
    {
```

第 9 章 服务器模型的建立

```
        printf("当前系统时间为:%s",buff);
    }
    close(sockfd);
    return 0;
}
```

对 loop_client_tcp.c 进行编译生成 loop_client_tcp 可执行文件后并运行:

```
# gcc -o loop_client_tcp loop_client_tcp.c
# ./loop_client_tcp
```

将 TCP 循环服务器模型中服务器端代码与客户端代码都编译完成后,分别打开两个 minicom 终端窗口,先运行服务器端可执行文件 loop_server_tcp 后再运行客户端可执行文件 loop_client_tcp。服务器端与客户端运行效果如图 9.3 和 9.4 所示。

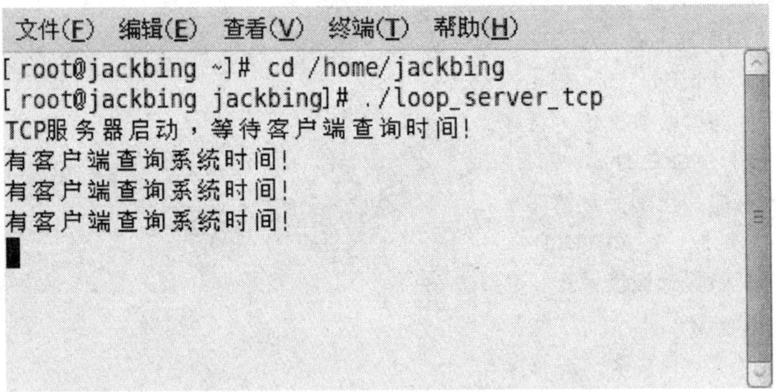

```
文件(F)  编辑(E)  查看(V)  终端(T)  帮助(H)
[root@jackbing ~]# cd /home/jackbing
[root@jackbing jackbing]# ./loop_server_tcp
TCP服务器启动,等待客户端查询时间!
有客户端查询系统时间!
有客户端查询系统时间!
有客户端查询系统时间!
```

图 9.3 TCP 循环服务器运行效果

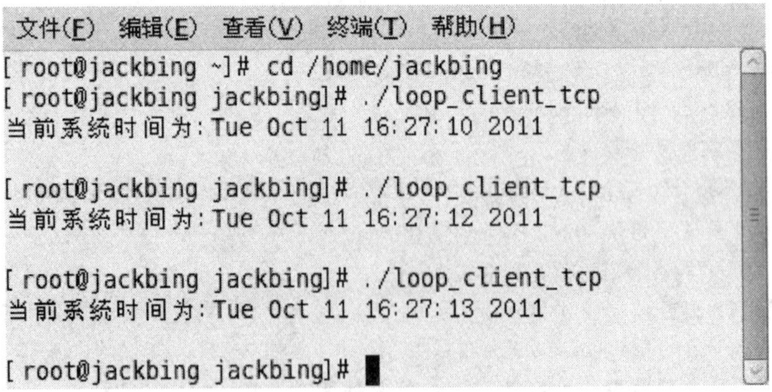

```
文件(F)  编辑(E)  查看(V)  终端(T)  帮助(H)
[root@jackbing ~]# cd /home/jackbing
[root@jackbing jackbing]# ./loop_client_tcp
当前系统时间为:Tue Oct 11 16:27:10 2011

[root@jackbing jackbing]# ./loop_client_tcp
当前系统时间为:Tue Oct 11 16:27:12 2011

[root@jackbing jackbing]# ./loop_client_tcp
当前系统时间为:Tue Oct 11 16:27:13 2011

[root@jackbing jackbing]#
```

图 9.4 TCP 客户端运行效果

从上述两个图可以看出,客户端代码一共运行了 3 次,从服务器端共获得 3 次当前系统时间。客户端运行一次后即退出,而服务器端则一直处于运行监听的状态,当有客户端请求时打印"有客户端查询系统时间"作为标记并发送系统时间到客户端,如果没有客户端请求,循环服务器将一直处于阻塞状态,监听客户端的网络请求。后面几个小节编写的其他 TCP 服务器模型代码都可以使用这个 TCP 客户端 loop_client_tcp 进行测试。

TCP 协议循环服务器一次只能处理一个客户端的请求,只有在这个客户的所有请求满足后,服务器才可以继续后面的请求。如果有一个客户端一直占用服务器时,其他的客户端则都不能工作,因此,TCP 服务器一般很少用循环服务器模型。

9.1.2 UDP 协议循环服务器

与 TCP 协议循环服务器相比,UDP 协议循环服务器少了 listen() 监听函数和主循环中的 accept() 函数。服务器在 recvfrom() 函数、处理数据以及 sendto() 函数之间轮询处理,或仅在 recvfrom() 函数和处理数据之间循环进行。UDP 协议循环服务器处理过程如图 9.5 所示。

UDP 循环服务器每次从套接字上读取一个客户端的请求,处理后将结果返回给客户端。因为 UDP 是非面向连接的,没有一个客户端可以始终占住服务端。只要处理过程不是死循环,服务器对于每一个客户机的请求总是能够满足。

UDP 协议循环服务器和客户端的代码可以参考 8.7 UDP 服务器/客户端实例一节,该节中的代码就是一个 UDP 协议循环代码。UDP 服务器循环运行一直接收客户端的信息,否则就进入阻塞等待状态,当服务器端接收到客户端数据后则进行接收数据的打印。客户端则不断向服务器端发送数据。读者可以重新翻看 8.7 节中的代码,理解 UDP 循环服务器的代码编写方法。

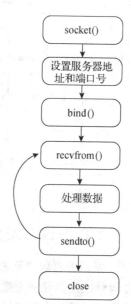

图 9.5 UDP 循环服务器处理过程

循环服务器模型在实际应用中并不多,仅当服务器在处理客户端的请求所消耗的时间比较短的时候才会使用。循环服务器模型在 UDP 协议中使用较多,例如 DHCP 服务器、时间服务程序等,而在 TCP 协议中则较少使用循环服务器模型。

9.2 并发服务器模型

在网络应用系统中,有很多一个服务器对应多客户端的情况,而且这些客户端还会几乎同时向服务器发起请求,这就需要服务器端具有并发处理网络客户端请求的能力,这就涉及并发服务器模型的概念。

所谓并发服务器就是在同一个时刻服务器端可以处理来自多个客户端的请求,而不像循环服务器那样处理完一个客户端后再接着处理另一个客户端。并发服务器的模型原理是每一个客户端的请求并不由服务器的主程序直接处理,而是服务器主程序创建的多个子进程或线程来处理。当服务器端接收到客户端连接请求时,服务器端将选取一个子进程或线程来处理客户端的连接请求。随着访问服务器的客户端数量不断增加,服务器端将不断调用子进程或线程来处理客户端请求,直到服务器建立的子进程或线程全部用尽为止,即此时的服务器进入网络满载的状态。并发服务器模型的原理如图 9.6 所示。

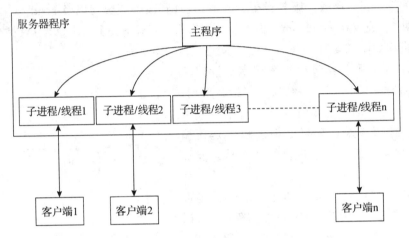

图 9.6 并发服务器原理模型

9.2.1 TCP 协议并发服务器

TCP 并发服务器模型通常有两种方式,一种是服务器模型的主程序在客户端请求到来之间就预先创建一定数量的子进程或线程,当客户端的请求到来时,系统就调用一个子进程或线程来处理客户端的连接。一个子进程/线程对应一个客户端,直到网络达到满载的程度。该模型的示意如图 9.7 所示。

从图 9.7 中可以看出,该方式的并发服务器在建立套接字描述符 socket()、绑定 bind()、监听 listen() 等操作后便进行子进程或线程的创建,根据客户端的数量创建 n 个子进程/线程。之后服务器代码中的主程序便进入了循环等待的过程,不进行客户端的处理,所有对客户端的处理都在子进程/线程中进行,一个子进程/线程对应一个客户端。在还没有客户端到来的情况下,子进程/线程就已经运行并在 accept() 函数处一直阻塞等待客户端的访问请求,当有客户端请求到来时便立刻进行处理。

第9章 服务器模型的建立

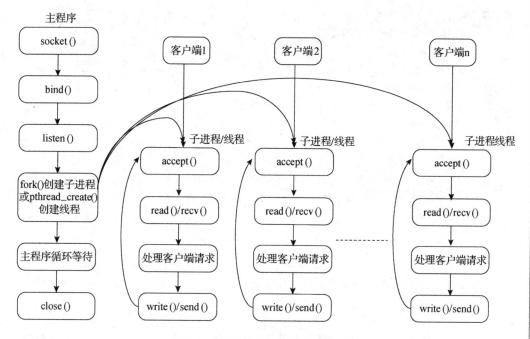

图 9.7 TCP 协议并发服务器模型一

这种并发模型的主程序在一开始的时候就已经确定了子进程或线程的数量,在服务器运行的过程中这个数量是不能进行扩展的,而且主程序中没有进行什么有意义的操作,处理客户端的代码都在子进程和线程中。如果连接服务器的客户端小于创建的子进程或者线程,则服务器将会浪费掉一部分系统资源;如果客户端数大于创建的子进程或者线程,将使得一部分客户端处于阻塞状态而没有得到并发处理。采用这种方式的 TCP 并发服务器模型代码如下所示:

```
#include<sys/types.h>
#include<sys/socket.h>
#include<netinet/in.h>
#include<arpa/inet.h>
#include<unistd.h>
#include <stdio.h>
#include <stdlib.h>
#include <strings.h>
#include <string.h>
#include <time.h>
#define SERVER_PORT 8800
#define BUFFLEN 100
#define CLIENT_NUM 5

void handle_client_connect(int sockfd)
```

```c
{
    /*定义客户端套接字描述符*/
    int client_fd;
    /*定义客户端地址结构*/
    struct sockaddr_in client_addr;
    int addr_length = sizeof(struct sockaddr_in);
    /*定义时间变量*/
    time_t now;
    /*接收和发送数据的缓冲区*/
    char buff[BUFFLEN];
    /*用于函数返回值*/
    int error;
    while(1)
    {
        /*接收客户端连接*/
        client_fd = accept(sockfd, (struct sockaddr * )&client_addr, &addr_length);
        /*接收客户端发送过来的数据*/
        error = recv(client_fd, buff, BUFFLEN, 0);
        /*判断如果客户端发送过来的是查询系统时间指令"CHECK_SYS_TIME",则返回给客户端当前系统时间*/
        if (error>0 && ! strncmp(buff, "CHECK_SYS_TIME", 14))
        {
            printf("有客户端查询系统时间!\n");
            now = time(NULL);
            /*将时间信息传入数据缓冲区*/
            sprintf(buff,"%24s\r\n", ctime(&now));
            /*发送当前时间信息到客户端*/
            send(client_fd, buff, strlen(buff),0);
        }
        close(client_fd);
    }
}

int main()
{
    /*定义服务器端套接字描述符*/
    int server_fd;
    /*定义服务器端地址结构*/
    struct sockaddr_in server_addr;
    pid_t pid[CLIENT_NUM];
    int i;
```

```c
/*建立TCP套接字描述符*/
server_fd = socket(AF_INET, SOCK_STREAM, 0);

/*初始化地址结构*/
server_addr.sin_family = AF_INET;
server_addr.sin_port = htons(SERVER_PORT);
server_addr.sin_addr.s_addr = INADDR_ANY;
bzero(&(server_addr.sin_zero), 0);
/*将地址结构与套接字进行绑定*/
bind(server_fd, (struct sockaddr *)&server_addr, sizeof(struct sockaddr));
/*监听*/
listen(server_fd, 10);
printf("TCP并发服务器启动,等待客户端查询时间!\n");

for(i = 0; i<CLIENT_NUM; i++)
{
    pid[i] = fork();
    if(pid[i] == 0)
    {
        handle_client_connect(server_fd);
    }
}

while(1);
close(server_fd);
exit(0);
}
```

上述代码实现的功能与循环服务器一节中的服务器代码一样,也是实现服务器对客户端查询系统时间访问的响应,只是该代码采用的是并发服务器模型。代码采用创建子进程的方法来处理客户端的请求。在客户端请求到来之前,主程序预先调用fork()函数创建了5个子进程,对于多客户端的访问利用多子进程进行处理。handle_client_connect()函数是进行客户端请求的处理函数,该函数接收客户端的请求信息并判断该请求信息中是否有"CHECK_SYS_TIME"指令,如果有则获取当前的系统时间并将时间信息填入发送缓冲区发送给查询系统时间请求的客户端。

TCP并发服务器模型的另外一种方式是服务器模型并不预先创建子进程或者线程,处理客户端的连接也不放在子进程或者线程中,而是交由服务器的主程序进行同一处理。当主程序检测到有客户端数据访问服务器时才调用fork()函数或者pthread_create()函数来创建子进程或线程,在子进程/线程中进行处理客户端的请求。这种方式实现了客户端连接请求和处理的分开对待,该方式的并发服务器模型如图 9.8 所示。

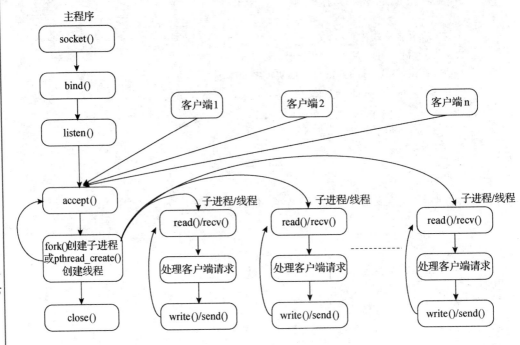

图 9.8　TCP 协议并发服务器模型二

从图 9.8 中可以看出，服务器主程序在在建立套接字描述符 socket()、绑定 bind()、监听 listen()等操作后便调用 accept()函数来等待客户端的连接请求，当没有客户端访问时该代码将一直阻塞等待。当有客户端访问服务器时，accept()函数成功返回后便调用 fork()函数或者 pthread_create()函数来创建子进程或线程，处理客户端的服务请求在子进程/线程中进行。主程序将一直循环往复地等待接收来自客户端的连接请求，只要一有客户端连接到来便创建一个子进程或线程来进行处理。这种方式的并发服务器结构较为清晰。采用这种方式的 TCP 并发服务器模型代码如下所示：

```
#include<sys/types.h>
#include<sys/socket.h>
#include<netinet/in.h>
#include<arpa/inet.h>
#include<unistd.h>
#include<stdio.h>
#include<stdlib.h>
#include<strings.h>
#include<string.h>
#include<time.h>
```

```c
#define SERVER_PORT 8800
#define BUFFLEN 100
#define CLIENT_NUM 5

void handle_client_request(void * argv)
{
    /*定义客户端套接字描述符*/
    int client_fd = *((int *)argv);
    /*定义时间变量*/
    time_t now;
    /*接收和发送数据的缓冲区*/
    char buff[BUFFLEN];
    /*用于函数返回值*/
    int error;
    /*缓冲区清零*/
    memset(buff, 0, BUFFLEN);
    /*接收客户端发送过来的数据*/
    error = recv(client_fd, buff, BUFFLEN, 0);
    /*判断,如果客户端发送过来的是查询系统时间指令"CHECK_SYS_TIME",则返回给客户端当前系统时间*/
    if (error>0 && ! strncmp(buff, "CHECK_SYS_TIME", 14))
    {
        printf("有客户端查询系统时间!\n");
        /*缓冲区清零*/
        memset(buff, 0, BUFFLEN);
        now = time(NULL);
        /*将时间信息传入数据缓冲区*/
        sprintf(buff,"%24s\r\n", ctime(&now));
        /*发送当前时间信息到客户端*/
        send(client_fd, buff, strlen(buff),0);
    }
    /*关闭客户端*/
    close(client_fd);
}

int main()
{
    /*定义服务器端与客户端套接字描述符*/
    int server_fd,client_fd;
    /*定义服务器端,客户端地址结构*/
    struct sockaddr_in server_addr, client_addr;
```

```c
        int addr_length = sizeof(struct sockaddr_in);
        /*标识一个处理客户端请求的线程*/
        pthread_t client_pthread;

        /*建立 TCP 套接字描述符*/
        server_fd = socket(AF_INET, SOCK_STREAM, 0);

        /*初始化地址结构*/
        server_addr.sin_family = AF_INET;
        server_addr.sin_port = htons(SERVER_PORT);
        server_addr.sin_addr.s_addr = INADDR_ANY;
        bzero(&(server_addr.sin_zero), 0);
        /*将地址结构与套接字进行绑定*/
        bind(server_fd, (struct sockaddr *)&server_addr, sizeof(struct sockaddr));
        /*监听*/
        listen(server_fd, 10);
        printf("TCP 并发服务器启动,等待客户端查询时间!\n");

        /*处理客户端的连接请求*/
        while(1)
        {
            /*接收客户端连接*/
            client_fd = accept(server_fd, (struct sockaddr *)&client_addr, &addr_length);
            /*当有客户端连接请求并成功连接服务器*/
            if(client_fd > 0)
            {
                pthread_create(&client_pthread, NULL, handle_client_request, (void *)&client_fd);
            }
        }
        close(server_fd);
        exit(0);
    }
```

上述代码实现的功能也是提供服务器对客户端查询系统时间访问的响应。此处代码采用创建线程的方法来处理客户端的请求(采用子进程的方法与采用多线程的方法,其服务器的主要代码是基本一致的)。在客户端请求到来之前,主程序建立套接字描述符 socket()、绑定 bind()、监听 listen()等操作,然后处理客户端的连接请求,调用 accept()函数阻塞等待客户端的连接请求。当有客户端连接请求到达服务器时,accept()函数成功返回后使用 pthread_create()函数建立一个线程进行客户端连接请求的处理。处理客户端请求的线程函数是 handle_client_request() 函数,它的输入参数是客户端连接的套接字描述符,在线程处理函数中对客户端的请求调用 recv() 函数进行接收、分析和比较,若是符合要求的请求则将本机的系统时间发送给客户端,线程在处理完客户端的请求后关闭客户端连接。

从上述代码可以看出,这种方式的并发服务器模型并不预先创建处理客户端请求的子进程或线程,而是由主程序统一处理客户端的连接。当客户端的连接来到服务器时才进行子进程或线程的创建,由子进程/线程来处理客户端的请求。

通过以上两种并发服务器模型可以看出,并发服务器的实现代码中使用了多个服务器进程或线程来处理客户端的请求,这样可以很大程度地提高服务器对客户端的处理速度、降低服务器的响应时间。

9.2.2 UDP 协议并发服务器

UDP 协议本身是不需要流量控制的,也不保证数据的可靠性收发,因此 UDP 协议服务器端与客户端之间的交互与 TCP 协议的交互相比缺少了两者之间建立连接的过程。所以对于 UDP 协议的并发服务器模型,就不需要将客户端的连接请求和数据处理业务分开处理(因为 UDP 协议是无连接的)。这样在 UDP 协议并发服务器模型中经常使用的就是根据客户端的数量预先创建一定数量的子进程或者线程,使得一个客户端与一个子进程或线程相对应 UDP。协议并发服务器模型如图 9.9 所示。

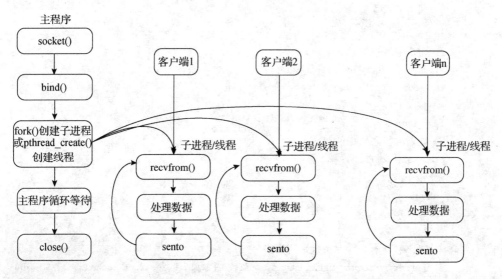

图 9.9 UDP 协议并发服务器模型

从图 9.9 中可以看出,UDP 协议并发服务器在建立套接字描述符 socket()、绑定 bind() 操作后便进行子进程或线程的创建。根据客户端的数量预先创建 n 个子进程/线程,之后服务器代码中的主程序便进入了循环等待的过程,不进行客户端的

第9章 服务器模型的建立

处理。所有对客户端的处理都在子进程/线程中进行,一个子进程/线程对应一个客户端。在还没有客户端到来的情况下,子进程/线程就已经运行并在 recvfrom() 等相关函数处一直阻塞等待客户端的访问请求,当有客户端请求到来时便立刻进行处理。与 TCP 协议并发服务器模型的第一种方式很相似,UDP 协议并发服务器模型代码如下所示:

```c
#include<sys/types.h>
#include<sys/socket.h>
#include<netinet/in.h>
#include<arpa/inet.h>
#include<unistd.h>
#include <stdio.h>
#include <stdlib.h>
#include <strings.h>
#include <string.h>
#include <time.h>
#define SERVER_PORT 8800
#define BUFFLEN 100
#define CLIENT_NUM 3

void handle_client_connect(int sockfd)
{
    /*定义客户端套接字描述符*/
    int client_fd;
    /*定义服客户端地址结构*/
    struct sockaddr_in client_addr;
    int addr_length = sizeof(struct sockaddr_in);
    /*定义时间变量*/
    time_t now;
    /*接收和发送数据的缓冲区*/
    char buff[BUFFLEN];
    /*用于函数返回值*/
    int error;
    while(1)
    {
        /*接收客户端发送过来的数据*/
        error = recvfrom(client_fd, buff, BUFFLEN, 0, (struct sockaddr *)&client_addr, &addr_length);
        /*判断如果客户端发送过来的是查询系统时间指令"CHECK_SYS_TIME",则返回给客户端当前系统时间*/
        if (error>0 && ! strncmp(buff, "CHECK_SYS_TIME", 14))
```

```c
        {
            printf("有客户端查询系统时间！\n");
            now = time(NULL);
            /*将时间信息传入数据缓冲区*/
            sprintf(buff,"%24s\r\n", ctime(&now));
            /*发送当前时间信息到客户端*/
            sendto(client_fd, buff, strlen(buff),0, (struct sockaddr *)&client_addr, addr_length);
        }
        close(client_fd);
    }
}

int main()
{
    /*定义服务器端套接字描述符*/
    int server_fd;
    /*定义服务器端地址结构*/
    struct sockaddr_in server_addr;
    pid_t pid[CLIENT_NUM];
    int i;

    /*建立TCP套接字描述符*/
    server_fd = socket(AF_INET, SOCK_DGRAM, 0);
    /*初始化地址结构*/
    server_addr.sin_family = AF_INET;
    server_addr.sin_port = htons(SERVER_PORT);
    server_addr.sin_addr.s_addr = INADDR_ANY;
    bzero(&(server_addr.sin_zero), 0);
    /*将地址结构与套接字进行绑定*/
    bind(server_fd, (struct sockaddr *)&server_addr, sizeof(struct sockaddr));
    printf("UDP并发服务器启动,创建子进程等待客户端请求！\n");
    for(i = 0; i<CLIENT_NUM; i++)
    {
        pid[i] = fork();
        if(pid[i] == 0)
        {
            handle_client_connect(server_fd);
        }
    }
}
```

```
    while(1);
    close(server_fd);
    exit(0);
}
```

上述代码实现的功能也是服务器对客户端查询系统时间访问的响应。代码采用创建子进程的方法来处理客户端的请求,在客户端请求到来之前,主程序预先调用 fork()函数创建了 5 个子进程,对于多客户端的访问利用多子进程进行处理。其中函数 handle_client_connect()的作用是进行客户端请求的处理,该函数接收客户端的请求信息并判断该请求信息中是否有"CHECK_SYS_TIME"指令,如果有则获取当前的系统时间并将时间信息填入发送缓冲区发送给查询系统时间请求的客户端。

9.3　I/O 多路复用并发服务器模型

一个符合实际应用的服务器需要具备同时处理大量客户请求的能力,所有这些客户将访问绑定在某一个服务器上。因此,服务器必须满足并发处理客户端的需求。如果仅采用循环服务器模型而不采用并发技术,当服务器处理一个客户请求时,会拒绝其他客户端请求,造成其他客户要不断地请求并处于长时间的等待状态。但是并发服务器模型也有一个比较大的缺点,就是当客户单的数量较大时,服务器需要处理的客户端在不断增加,因此服务器就要建立很多个并行的处理单元,这样服务器的负载会逐渐转移到处理并行单元的子进程或线程的切换上,而且创建子进程和线程也会带来系统资源的大量消耗。如果对于性能强大的 PC 机来说并发服务器增加的系统消耗还能够满足应用,对于系统资源紧张的嵌入式系统应用来说就需要考虑更加符合实际应用的服务器模型。

从上面的分析可以看出来,如果客户端的数量不断增加,是不能仅靠采用增加子进程或线程的方法来处理这些客户端的并行请求,应该降低进程和线程不断切换所带来的系统开销,将服务器的应用放在核心任务上,同时降低处理并发任务的子进程和线程数量。为了解决这个问题,在嵌入式系统或资源有限的系统中经常采用 I/O 多路复用并发服务器模型。

I/O 多路复用并发服务器模型的原理为用一个进程处理多个客户端的连接,即存在多个 TCP 套接字描述符。使用 select()函数阻塞直到任何一个网络套接字描述符被激活,即有客户请求服务器进行数据传输。从而避免了服务器进程为等待一个已连接上的数据而无法处理其他连接。因而,这是一个分时复用的方法,从用户角度而言,它实现了一个进程或线程中的并发处理。I/O 多路复用技术的最大优势是系统开销小,服务器不必创建过多的进程、线程,也不必维护这些进程/线程,从而大大减少了服务器系统的开销。I/O 多路复用并发服务器模型的工作原理示意图如图 9.10 所示,该示意图是根据 TCP 协议建立的,如果使用 UDP 协议其工作原理与该图基本类似。

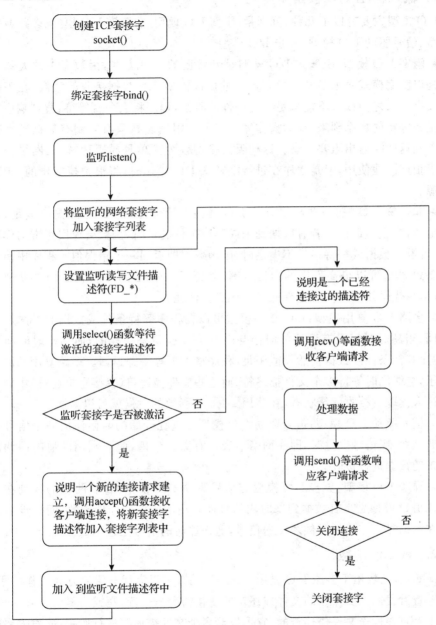

图 9.10　I/O 多路复用并发服务器模型

在编写 I/O 多路复用并发服务器模型的代码之前先介绍一些相关内容和主要函数，包括 IO 模型的种类和 select() 函数等。

1. 输入输出 I/O 模型

I/O 模型主要有以下几种，分别是：阻塞 I/O 模型、非阻塞 I/O 模型、多路 I/O 复用模型、信号驱动 I/O 模型、异步 I/O 模型。

➤ 阻塞 I/O 模型：阻塞式 I/O 模型是最常用的 I/O 方式，函数库中的大部分函数都是以阻塞模式对 I/O 进行操作的。使用该模型进行数据接收的时候，在等待的数据没有到来之前或者不能满足一定条件的时候，程序将会一直等待，直到响应的条件满足或等待的数据到来，此后操作才会返回。阻塞函数只有等到有数据到来时才能够正确返回并退出阻塞状态。这种阻塞模型较为简单且易于理解，在网络程序中得到了很广泛地使用，但是程序在进行阻塞式 I/O 操作时，将浪费掉宝贵的 CPU 系统资源。

➤ 非阻塞 I/O 模型：非阻塞方式 I/O 是指无论等待条件或数据是否满足，进程都不阻塞，会立即返回。若有数据到来或等待条件满足时，函数会返回正常的读写字节数，若没有数据或等待条件不满足时，则函数立即返回一个错误值。程序中使用非阻塞 I/O 模型可以提高程序的运行效率，避免了程序发生阻塞情况，而去处理其他任务，提高代码效率的同时也降低了系统资源消耗。

➤ 多路 I/O 复用模型：I/O 复用模型可以在程序等待条件或数据的时候加入超时时间，当超时时间没有到达的时候与阻塞 I/O 模型是一样的，而当超时时间到达后，程序等待条件或数据仍然没能满足，程序将不再等待并返回。多路复用的高级之处在于，它能同时等待多个文件描述符，而这些文件描述符（套接字描述符）中的任意一个进入读取或接收就绪状态，在使用 select() 函数的时候就可以返回。

➤ 信号驱动 I/O 模型：信号驱动 I/O 模型在进程开始的时候注册一个信号处理的回调函数，当信号发生时，即在网络中表示有数据到来，此时利用注册的回调函数将到来的数据进行接收。

➤ 异步 I/O 模型：异步 I/O 模型与信号驱动 I/O 模型相似，两者的区别在于信号驱动 I/O 模型是当有数据到来时用信号通知注册的信号处理函数；而异步 I/O 模型则在数据复制完成的时候才发送信号，通知注册的信号处理函数。

2. select() 函数

select() 函数用于多路 I/O 复用，select() 函数可以完成非阻塞方式工作的程序。它能够查看我们需要操作的文件描述符的变化情况——读、写或是异常。select() 函数并不是直接操作文件描述符的，它可以对多个文件描述符进行监视，先对需要操作的文件描述符进行查询，查看目标文件描述符在当前是否可以进行读、写或者错误操作，当文件描述符满足操作条件的时候才能够进行真正的 I/O 操作。

select() 函数可以同时对 3 种类型的文件描述符进行监视。监视读文件描述符集合中的文件是否可读，即判断对此文件描述符进行读操作是否会被阻塞。监视写文件描述符集合中的文件是否可写，即判断对此文件描述符进行写操作是否会被阻塞。监视错误文件描述符集合中是否发生错误。

select()函数在网络套接字编程中是比较重要的,I/O多路复用并发服务器的代码中采用了select()函数,所以有必要详细介绍下该函数的用法,select()函数的原型如下所示:

```
#include <sys/select.h>
#include <sys/time.h>
#include <unistd.h>
int select(int nfds, fd_set * readfds, fd_set * writefds, fd_set * exceptfds,
           struct timeval * timeout)
```

select()函数中的参数涉及两个数据结构,分别是 fd_set 和 timeval。

➤ fd_set 结构可以理解为一个集合,这个集合中存放的是文件描述符,即文件句柄。这里所说的文件可以是普通意义的文件,也可以是任何设备、管道、FIFO 等文件形式,所以一个 socket 就是一个文件,socket 句柄就是一个文件描述符。fd_set 文件描述符集合可以通过一些宏来操作,比如清空文件描述符集合 FD_ZERO(fd_set *)、将一个给定的文件描述符加入集合之中 FD_SET(int, fd_set *)、将一个给定的文件描述符从集合中删除 FD_CLR(int, fd_set *)、检查集合中指定的文件描述符是否可以读写 FD_ISSET(int, fd_set *)。

➤ imeval 结构用来代表时间值,它有两个成员,一个是秒数,另一个是微秒数。其结构原型为:

```
struct timeval
{
    time_t tv_sec; /* 秒 */
    long tv_usec; /* 毫秒 */
}
```

tv_sec 表示超时的秒数、tv_usec 表示超时的微秒数。

select()函数里面的参数所代表的含义为:

➤ nfds 是一个整数值,是指集合中所有文件描述符的范围,即所有文件描述符的最大值加 1。

➤ readfds 是指向 fd_set 结构的指针,这个文件描述符的集合监视文件描述符的读变化,即是否可以从这些文件中读取数据。如果这个集合中有一个文件可读,select 就会返回一个大于 0 的值,表示有文件可读;如果没有可读的文件,则根据 timeout 参数再判断是否超时,若超出 timeout 的时间,select 返回 0,若发生错误返回负值。可以传入 NULL 值,表示不关心任何文件的读变化。当使用 select()函数返回时,readfds 将清除其中不可读的文件描述符,只留下可读的文件描述符,即可以被 recv()、read()等函数进行读数据的操作。

➤ writefds 是指向 fd_set 结构的指针,这个文件描述符的集合监视文件描述符的写变化的,即是否可以向这些文件中写入数据。如果这个集合中有一个文件可写,select 就会返回一个大于 0 的值,表示有文件可写;如果没有可写的文件,则根据 timeout 参数再判断是否超时,若超出 timeout 的时间,select 返回 0,若发生错误返回负值。可以传入 NULL 值,表示不关心任何文件的写变化。当使用 select() 函数返回时,writefds 将清除其中不可写的文件描述符,只留下可写的文件描述符,即可以被 send()、write() 等函数进行读数据的操作。

➢ exceptfds 用来监视文件描述符的错误异常,监视文件描述符集中是否有任何文件发生错误。

➢ timeout 是 select 的超时时间,这个参数至关重要,它可以使 select() 函数处于 3 种状态。第一,若将 NULL 以形参传入,即不传入时间结构,就是将 select() 函数置于阻塞状态,一定等到监视文件描述符集合中某个文件描述符发生变化才会从阻塞状态中跳出;第二,若将时间值设为 0 秒 0 毫秒,select() 函数就变成一个纯粹的非阻塞函数,不管文件描述符是否有变化,都立刻返回继续执行,如果文件无变化则返回 0,有变化则返回一个正值;第三,timeout 的值大于 0,用于指定等待的超时时间,即 select() 函数在 timeout 时间内为阻塞状态,超时时间之内有数据访问到来就返回了,否则在超时后不管怎样一定返回继续执行,返回值同上述。

select() 函数的返回值有 3 种:0、−1、大于 0 的正值。当读文件描述符集合中的文件可读、当写文件描述符中的文件可写、错误文件描述符集合中的文件发生错误时,返回一个大于 0 的正值;当超时的时候返回值为 0;当发生错误的时候返回值为 −1,其错误值由 errno 指定,errno 值的含义见表 9.1 所列。

表 9.1 select() 函数的 errno 值及含义

值	含 义
EBADF	非法的文件描述符
EINTR	接收到中断信号
EINVAL	传递了不合法参数
ENOMEM	没有足够的内存

3. 基于 TCP 协议的 I/O 多路复用并发服务器代码

下面通过一段代码来进一步掌握 I/O 多路复用并发服务器的使用方法以及加深对 select() 函数的理解。这段代码采用 TCP 协议,实现的功能仍然是接收客户端查询系统时间的请求并做出响应。代码如下所示:

```
#include <stdlib.h>
#include <stdio.h>
#include <errno.h>
#include <string.h>
#include <sys/types.h>
```

```c
#include <netinet/in.h>
#include <sys/wait.h>
#include <sys/socket.h>
#include <signal.h>
#include <sys/ipc.h>
#include <sys/shm.h>
#include <fcntl.h>
#include <sys/ioctl.h>
#include <sys/time.h>

#define PORT          8800
/*可同时服务的最大连接数目*/
#define MAXSOCKFD 10
/*创建用于与TCP客户端通信的相关套接字描述符和变量*/
int sockfd_server,newfd_client;
struct sockaddr_in server_addr,client_addr;
char buffer[100];
/*返回从客户端读取数据的大小*/
int length;
/*定义时间变量*/
time_t now;
/*定义一个读文件描述符集合*/
fd_set readfds;
/*定义一个需要监视的文件描述符*/
int fd;
/*该数组里面存放的数据实际上为标识,标识是否与TCP服务器建立过连接*/
int is_connected[MAXSOCKFD];

int main(int argc, char *argv[])
{
    /*建立套接字描述符*/
    sockfd_server = socket(AF_INET,SOCK_STREAM,0);
    /*设置服务器地址*/
    server_addr.sin_family = AF_INET;
    server_addr.sin_addr.s_addr = htonl(INADDR_ANY);
    server_addr.sin_port = htons(PORT);
    bzero(&(server_addr.sin_zero),8);
    /*绑定地址到套接字描述符*/
    bind(sockfd_server,(struct sockaddr *)(&server_addr),sizeof(server_addr));
    /*监听远程链接*/
    listen(sockfd_server,10);
    while(1)
```

```c
{
    /*每次循环都要清空文件描述符集合,否则就不能检测描述符的变化*/
    FD_ZERO(&readfds);
    /*将套接字描述符 sockfd_server 添加到文件描述符集合中*/
    FD_SET(sockfd_server,&readfds);
    for(fd = 0; fd<MAXSOCKFD; fd++)
      /*检查标识位,即检查是否已经和服务器建立起连接*/
      if(is_connected[fd])
    /*如果已经建立起连接则将对应的套接字描述符加入到读文件描述符集合中*/
        FD_SET(fd,&readfds); /*代码除此运行时该语句不执行*/
    /*等待客户端的连接,如没有客户端访问服务器,将阻塞在 select()处*/
    if(! select(MAXSOCKFD,&readfds,NULL,NULL,NULL))
      continue;
    /*当有客户端连接时,循环查找该套接字描述符*/
    for(fd = 0; fd<MAXSOCKFD; fd++)
    /*检查指定的文件描述符是否可读*/
    if(FD_ISSET(fd,&readfds))
    {
        /*如果之前没有激活该套接字描述符则在此处建立连接并置标识位*/
        if(sockfd_server == fd)
        {
          /*接收新连线*/
          int addrlen = sizeof(struct sockaddr);
          if((newfd_client = accept(sockfd_server,(struct
                          sockaddr *)&client_addr,&addrlen))<0)
          perror("accept");
          /*标识位置位*/
          is_connected[newfd_client] = 1;
          /*打印连接客户端的 IP 地址*/
          printf("连接客户端 %s\n",inet_ntoa(client_addr.sin_addr));
        }
        /*已经标识过的标识位直接进行数据接收处理*/
        else
        {
          /*接收新信息*/
          bzero(buffer,sizeof(buffer));
          if( ( length = read(fd,buffer,sizeof(buffer)) ) <= 0)
          {
              /*客户端连接已经断开*/
              printf("客户端断开连接.\n");
              is_connected[fd] = 0;
              close(fd);
```

```
            }
            else
            {
                printf("接收到客户端的请求信息为：%s\n",buffer);
                if (! strncmp(buffer, "CHECK_SYS_TIME", 14))
                {
                    printf("有客户端查询系统时间！\n");
                    now = time(NULL);
                    /*将时间信息传入数据缓冲区*/
                    sprintf(buffer,"%24s\r\n", ctime(&now));
                    /*发送当前时间信息到客户端*/
                    send(newfd_client, buffer, strlen(buffer),0);
                }
            }
        }
    }
}
```

上述代码建立完 TCP 套接字描述符后即将该套接字描述符加入到可读描述符集合中,之后调用 select()函数阻塞等待客户端的连接请求。当有客户端连接请求到来时,将循环检查是哪一个套接字描述符可读;当检测到后便调用 accept()函数建立服务器端与客户端的连接,并重新置 is_connected[]数组中对应位的标识位;然后再次执行 while 循环将新建立的套接字描述符加入到可读描述符集合中;当经过 if (sockfd_server == fd)语句处便发生跳转,开始调用 read()函数接收客户端的数据。如果客户端发送的是"CHECK_SYS_TIME"则表示客户端向服务器请求系统时间信息,服务器端就会利用 send()函数向客户端发送时间信息;如客户端和服务器断开连接,服务器将打印断开信息。

可以将 readfds 可读文件描述符集合看做成一个序列,所有已经建立连接的服务器与客户端套接字描述符都将放置在这个集合序列中。如果客户端是第一次同服务器建立连接,即认为该套接字还没有激活,服务器首先将通过 accept()函数接收客户端的连接请求;之后将该新建的套接字描述符置于 readfds 可读文件描述符集合中,视为该描述符已经激活;当这个套接字描述符再有数据到来时就不再经过 accept()函数过程,直接进入数据接收和处理的阶段。所有处理完的套接字描述符都将放置在 is_connected[]数组中,并标识为1,表示已经和服务器端建立过连接。

通过所述代码和之前的介绍,总结起来 I/O 多路复用并发服务器在以下几个方面有着很广泛地应用:

➤ 服务器端需同时处理多种网络协议套接字,如同时使用 TCP 协议和 UDP 协议;

> 服务器端需同时处理多个网络套接字；
> TCP 服务器端程序同时处理正在监听网络连接的套接字和已经连接好的套接字；
> 客户端需同时对多个网络连接做出反应。

根据嵌入式 Web 服务器平台网络模型的需求，该 Web 服务器需要同时接收来自 Web 浏览器的 TCP 连接以及来自网络节点的 UDP 连接，且网络节点的数量较多。因此可以看出采用 I/O 多路复用并发服务器的方法是不错的选择，在此基础上利用多线程或线程池的方法来进一步实现网络多任务处理。

9.4 本章小结

本章介绍了网络套接字编程中经常使用的几种服务器模型。服务器模型主要分为循环服务器（迭代服务器）、并发服务器和 I/O 多路复用并发服务器，还可以再细分为 TCP 模型以及 UDP 模型。循环服务器对客户端的处理按照串行顺序的方式进行，处理完一个客户端后再处理另外一个，运行效率较低。并发服务器可以同时对多个客户端进行并行数据处理，但如果客户端过多也会造成系统运行速度降低，多进程和线程之间切换造成很大的系统负荷等问题。所以在嵌入式系统或资源受限系统中使用 I/O 多路复用并发服务器模型较多，该模型在满足并发处理的同时也能合理控制系统的负荷，满足服务器性能要求。

此外，本章针对上述 3 种服务器模型介绍了它们在 TCP 协议和 UDP 协议中的应用，并通过实际的代码范例让大家进一步掌握模型的使用方法和其中一些关键概念。

在网络服务器开发中，服务器模型的选择是至关重要的。它关系到服务器的运行效率和实时性等多方面因素，甚至关系到服务器架构的升级和后续维护，因此在进行服务器模型的选择时要认真分析对待。

第10章 嵌入式网络节点设计

在前几章的内容里详细介绍了嵌入式 Web 服务器的硬件和软件设计,以及服务器开发中涉及的关键技术。组建嵌入式网络控制系统除了需要服务器以外,还要对网络节点进行开发。本章的内容就是设计以太网智能节点,介绍的内容包括芯片选型、硬件设计、μC/OS-II 操作系统和网络协议的移植、以及网络节点代码编写等。阅读本章需要读者具备一定的 μC/OS-II 操作系统和 LwIP 网络协议的基础知识和编程技能。

10.1 网络节点功能分析

在进行网络节点的硬件和软件设计之前,首先要做的就是明确所开发产品的目标功能要求。只有清楚地明白设计目标才能够在硬件选型、电路设计、代码编程上做到有的放矢。

所谓网络节点是指有独立地址和具有传送/接收数据功能的一台电脑或其他网络设备。节点可以是工作站、客户、网络用户或个人计算机,还可以是服务器、打印机和其他网络连接的设备。每一个网络节点都拥有自己唯一的网络地址。

本书设计的网络节点一部分以网络通信协议模块的形式出现。该模块与非以太网设备连接,将传统设备采集到的信号转换为以太网信号上传至 Web 服务器,或网络节点直接采集 4~20 mA、0~10 V 等模拟量信号通过网络转换后传至 Web 服务器。网络节点另外一部分应用是作为被控设备使用,它接收 Web 服务器传送过来的远程控制指令,实现一定的操作。

总结本书设计的网络节点,其主要作用可以归纳为以下两点:
➢ 采集仪表或现场实时数据并转换为网络协议数据后发送至嵌入式 Web 服务器;
➢ 接收来自嵌入式 Web 服务器的控制指令,并转换为 I/O 控制信号控制现场设备。

最终确定共设计 4 个网络节点,分别是:和压力检测设备相连的网络通信模块、模拟量 4~20 mA 电流采集网络节点、控制远程 LED 灯的数字量输出网络节点、控制远程蜂鸣器的数字量输出网络节点。

10.2 网络节点硬件设计

网络节点硬件设计主要包括关键芯片和器件的选型、CPU 最小系统外围电路设计、网络通信部分电路设计、网络采集节点电路设计、网络控制节点电路设计。其中关键器件选型涉及 CPU、网络协议芯片、网络隔离变压器、网络接口器件等方面的内容;CPU 最小系统包含电源电路、时钟电路、仿真及下载电路、存储电路;网络通信电路包含网络协议芯片与 CPU 的接口电路、网络协议芯片与网络接口(网络隔离变压器、RJ45 等器件)连接电路。下面就针对硬件开发中涉及的方方面面进行详细地介绍。网络节点硬件结构如图 10.1 所示。

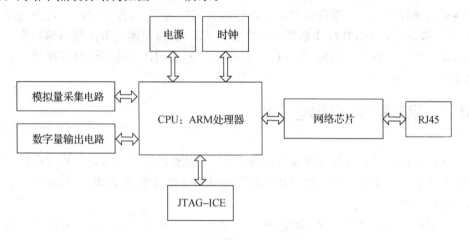

图 10.1 网络节点硬件结构框图

10.2.1 关键器件选型

1. CPU 芯片选型

选择一款产品的 CPU,要综合考虑 CPU 芯片的应用领域、工作主频、外设接口、开发环境、价格成本等各个方面的因素。如果有可能最好选择自己熟悉公司的 CPU 芯片,因为同一公司的芯片具有产品架构、外设功能类似,代码相仿度较高以及开发环境相同等有利条件。我们可以充分利用以往使用相关系列芯片的经验,尽快上手进行开发,省去大部分翻阅产品手册的时间,能够大大提高硬件和软件方面的开发效率。鉴于之前嵌入式 Web 服务器平台选用的是 Atmel 公司的 ARM9 产品,因此在 CPU 芯片选择上也打算采用 Atmel 公司的工业级 ARM 芯片。网络节点需要处理的任务并不复杂,也不需要过高的工作频率,使用一款 Atmel 公司的 ARM7 芯片就可以满足应用要求了。

经过对 Atmel 公司的 ARM7 芯片进行比较,最终选定 Atmel 用于工业网络领域的 AT91SAM7x 系列 ARM 芯片。该系列芯片的最大特点就是在其内部集成了一个以太网 MAC 层控制器,如果想搭建网络硬件,只需要在 AT91SAM7x 系列芯片的基础上再额外扩展一片物理层 PHY 芯片就可以实现以太网接口了。该系列 ARM7 处理器可以为很多嵌入式控制应用提供灵活、成本优化的方案,特别是在一些用到以太网、CAN 总线和 Zigbee 无线通信的领域中。目前 AT91SAM7x 系列芯片共有 3 款,分别是 AT91SAM7x128、AT91SAM7x256、AT91SAM7x512。这 3 款芯片的主要区别在于片内高速 Flash 和 SRAM 容量上的差别,如下所示。

➢ AT91SAM7x512:Flash 容量 512 KB,分为 2 个 Bank,每个 Bank 有 1 024 页,每页容量 256 字节。SRAM 容量 128 KB。

➢ AT91SAM7x256:Flash 容量 256 KB,共有 1 024 页,每页容量 256 字节。SRAM 容量 64 KB。

➢ AT91SAM7x128:Flash 容量 128 KB,共有 512 页,每页容量 256 字节。SRAM 容量 32 KB。

从上面的比较可以看出,选用 Flash 容量为 256 KB 的 AT91SAM7x256 芯片足够存放网络节点的可执行映像以及调试代码时所占用的 Flash 和 SRAM 空间。因此,最终选用的 ARM7 芯片为 AT91SAM7x256,如图 10.2 所示。

图 10.2　AT91SAM7x256 芯片

AT91SAM7x256 的封装形式为 100 引脚的 LQFP。该芯片硬件接口丰富,性价比高,芯片内部集成了 ARM7TDMI 处理器,片内 256 KB 的 Flash 和 64 KB 的 SRAM,此外还具有 USART、CAN、SPI 等总线控制器、Ethernet 网络控制器,定时器/计数器,数模转换器等在内的一系列外围设备,该芯片功能的主要特色如下所示:

➢ 片上 1.8 V 稳压器,可以为内核及外部组件提供高达 100 mA 的电流;3.3 V 的 VDDIO 提供 I/O 线电源,独立的 3.3 V 的 VDDFLASH 提供 Flash 电源;此外,具备掉电检测的 1.8 V 的 VDDCORE 内核电源。

- 最高工作频率为 55 MHz,工作温度为 $-40\ ℃\sim +85\ ℃$;
- 64 KB SRAM 和 256 KB 高速 Flash;
- 1 路 10/100 Mbps 以太网,支持 MII 媒体独立接口和 RMII 简化媒体独立接口,接物理层 PHY 芯片后,经过隔离变压器后连至 RJ45;
- 1 路 CAN 接口,兼容 CAN 2.0 A/B 协议,可用 SPI 口扩展多路 CAN;
- 3 路 USART,RS-232/RS-485;
- 1 路 USB 2.0 全速(12Mbps)设备接口;
- 62 路可编程复用 I/O,每个 I/O 最多可支持两个外设功能,可独立编程为开漏、使能上拉电阻和同步输出;
- 8 通道 10 位模数转换器;
- 4 通道的 16 位 PWM 控制器;
- 3 通道 16 位定时器/计数器(TC);
- 2 个主/从串行外设接口 SPI;
- 13 个外围数据 DMA 控制器(PDC)通道;
- 实时定时器 RTT;
- 时间窗看门狗定时器 WDT;
- 周期性间隔定时器 PIT;
- 调试单元 DBUG;
- 高级中断控制器 AIC;
- 电源管理控制器 PMC;
- 复位控制器 RSTC。

此外,芯片内 Flash 存储器可以通过 JTAG-ICE 接口或并口对其进行编程,其内置锁定位和安全位可以保护固件防止其被误覆盖并保持内容的机密性。

2. 网络器件选择

和 AT91SAM7x256 连接的网络芯片只需要是一款物理层 PHY 网络芯片即可。可以采用嵌入式 Web 服务器平台中使用的 PHY 层芯片 DM9161BIEP,该芯片是一款完全集成和符合成本效益的单芯片快速以太网 PHY 层芯片,采用较小工艺 0.18 μm 的 10/100M 自适应的以太网收发器。DM9161BIEP 通过可变电压的 MII 或 RMII 标准数字接口连接到 AT91SAM7x256 的 MAC 层,实现网络通信。

网络接口同样使用 HR911105A,该器件内置网络隔离变压器和 RJ45,可以大大降低器件占用的电路板面积。

10.2.2　AT91SAM7x256 基本电路设计

AT91SAM7x256 芯片的最小系统基本外围电路包含电源电路、时钟电路、仿真及下载接口 JTAG-ICE 电路。因为该芯片内置 256 KB 的 Flash 和 64 KB 的 SRAM,因此不必再额外设计存储电路即可满足应用。

第 10 章 嵌入式网络节点设计

1. 电源电路设计

电源电路是整个电路的基础,关系到系统的稳定性。AT91SAM7x256 共有 6 种类型的电源,如下所示:

➢ VDDIN:电压调节器和模数转换器 ADC 的电源输入。该类型引脚的供电范围为 3.0 V~3.6 V,标称值为 3.3 V。

➢ VDDOUT:电压调节器输出,该类电源输出值为 1.85 V。

➢ VDDFLASH:为片内高速 Flash 和 USB 供电。该类型引脚的供电范围为 3.0 V~3.6 V,标称值为 3.3 V。

➢ VDDIO:为 CPU 的 I/O 口线供电,该类型引脚的供电范围为 3.0 V~3.6 V,标称值为 3.3 V。

➢ VDDCORE:为 CPU 内核供电,该引脚可以通过去耦电容与 VDDOUT 引脚连接到一起获得供电,该类型引脚的供电范围为 1.65 V~1.95 V,标称值为 1.8 V。

➢ VDDPLL:CPU 内部振荡器和 PLL 的供电电源,该引脚可以直接连接到 VDDOUT 获得供电电压。

从上面介绍 AT91SAM7x256 的电源类型可以看出 AT91SAM7x256 芯片采用 3.3 V 供电。其内核、振荡器、PLL 所需的 1.8 V 工作电压是由片上 1.8 V 稳压器提供,该稳压器可以为内核及外部组件提供高达 100 mA 的工作电流。系统供电原理如图 10.3 所示。

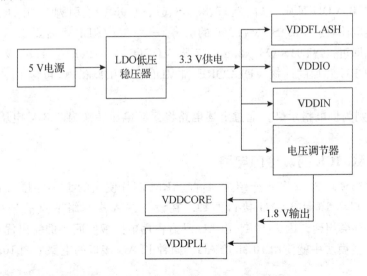

图 10.3 AT91SAM7x256 电源工作原理示意图

网络节点的供电电源电路如图 10.4 所示。

第 10 章 嵌入式网络节点设计

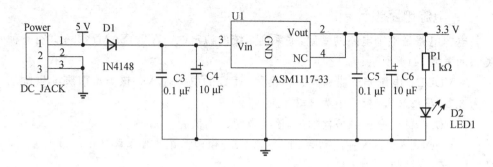

图 10.4 AT91SAM7x256 电源供电电路

电路由 5 V 电源提供，二极管 IN4148 的作用是电压反向截止，用于保护电路。CPU 芯片供电通常要求电源稳定，而实际上供电设备提供的电压并不稳定，经常夹杂着高频及低频的电压干扰，因此在电路中需要添加电容进行滤波处理。10 μF 的 C4 和 C6 电容对滤除低频干扰有较好的作用。但对于高频干扰，10 μF 的电容则会呈现感性，阻抗很大，无法有效滤除，因此需要在 10 μF 电容附近再并联使用 0.1 μF 电容来去除高频干扰。

ASM1117-33 芯片是一款 LDO 低压稳压器，用于将 5 V 电压转变为 3.3 V 电压给 AT91SAM7x256 芯片、JTAG-ICE 仿真接口电路、模拟量采集电路、数字量输出电路进行供电。其中 AT91SAM7x256 需要 3.3 V 供电的引脚有 VDDIO 脚、VDDFLASH 脚和 VDDIN 脚，包含 8、17、33、48、61、84、95 这些引脚。如果电路中还包含模数转换电路，则 AT91SAM7x256 的引脚 1——ADVREF 也需要 3.3 V 供电，否则该脚接地即可。AT91SAM7x256 的 7 脚 VDDOUT 可以产生 1.85 V 的工作电压，用来给 CPU 芯片的内核 VDDCORE 和 VDDPLL 引脚供电，包含 15、37、62、87、100 这些脚。

LED1 则为供电指示灯。通过上述电路将 5 V 电压转换为 3.3 V 电压用于给整个硬件供电。

2. JTAG-ICE 仿真接口电路

在本书第 2 章 2.12 节中介绍过，目前 ARM 芯片使用的 JTAG 接口有 20 针标准 JTAG 接口和 10 针 JTAG 接口两种。在设计嵌入式网络节点的过程中，两种 JTAG 接口都会用到。因为 10 针 JTAG 具有占用电路板空间小的突出优点，在网络通信协议转换模块中就使用 10 针 JTAG。两种 JTAG 接口的电路如图 10.5 和 10.6 所示。

无论是 10 针还是 20 针的 JTAG 接口，都有共同的接口，分别是 TDI、TMS、TCK、TDO 这 4 个引脚。这些脚分别与 AT91SAM7x256 的 51 脚 TDI、76 脚 TDO、78 脚 TMS、79 脚 TCK 相连。

第 10 章 嵌入式网络节点设计

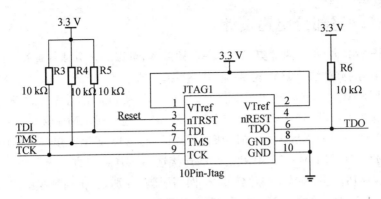

图 10.5　10 针 JTAG 接口电路

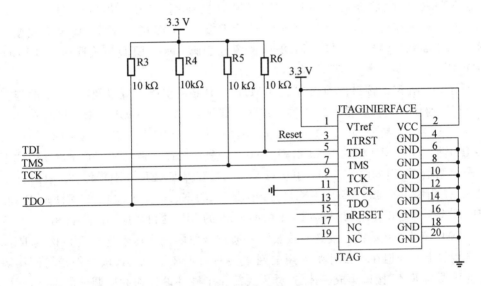

图 10.6　20 针 JTAG 接口电路

3. 时钟电路

AT91SAM7x256 可以选用的外部时钟振荡器的范围是 3～20 MHz。在 AT91SAM7x256 常见的电路中通常选用 18.432 MHz 晶体来做主时钟，然后在软件编程中，设置 CPU 的工作寄存器，通过软件分配和倍频的方法产生 48 MHz 的 USB 时钟和处理器工作时钟。关于 AT91SAM7x256 的时钟配置方法和时钟分类读者可以查看 AT91SAM7x256 的产品手册。

AT91SAM7x256 的时钟电路如图 10.7 所示。

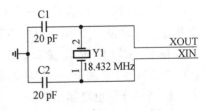

图 10.7　硬件系统时钟电路

10.2.3 网络部分电路设计

AT91SAM7x256 片内部集成有 MAC 控制器，可以非常方便地通过 MII 接口和 RMII 接口与物理层 PHY 网络芯片连接。网络节点的 PHY 层芯片选用 DM9161BIEP，该芯片同时提供了 MII 接口与 RMII 接口。之前嵌入式 Web 服务器平台硬件电路中，AT91SAM9G20 与 DM9161BIEP 是通过 RMII 接口连接的，此处为了大家更进一步地掌握 DM9161BIEP 芯片的使用，以及 MII 接口电路的设计，将 AT91SAM7x256 与 DM9161BIEP 之间的连接选用 MII 接口方式进行。

网络媒体访问接口 MII 共包含 21 个网络引脚，分别是：传输数据时钟 TXCLK、载波监听 CRS、冲突检测 COL、数据有效 RXDV、接收数据 RDX0～RDX3、接收数据错误 RXER、接收数据时钟 RXCLK、传输数据使能 TXEN、传输数据 TDX0～TDX3、传输数据错误 ETXER、数据时钟管理接口 MDC、数据输入/输出管理接口 MDIO、中断状态输出指示接口 MDINTR、复位引脚 Reset、LED 模式选择接口 LED-MODE。

对于采用 MII 接口的通信方式，DM9161BIEP 的引脚设置以及与 CPU 的连接和 RMII 通信方式有着很大的不同。MII 方式下，DM9161BIEP 的 42 引脚与 43 引脚需要连接一个频率为 25 MHz 的晶振，而非 RMMI 模式下仅 42 引脚接一个 50 MHz 晶振，且在 MII 模式下 42 引脚 TXCK 的复用功能被取消掉。在 RMII 模式下并未使用的 18 引脚 TXD2、17 引脚 TXD3、21 引脚 TXER/TXD[4]、22 引脚 TX-CLK、27 引脚 RXD2、26 引脚 RXD3、34 引脚 RXCLK、36 引脚 COL、35 引脚 CRS 在 MII 模式下都需要使用，并与 AT91SAM7x256 的 MII 接口对应引脚进行相连。

DM9161BIEP 的信号发送与接收需要通过网络隔离变压器连接后再接到 RJ45 网络接口上面。但在本设计中采用的网络接头为 HR911105A，该器件是将网络隔离变压器与 RJ45 接口集成一体，这样大大简化了硬件设计和后期调试的难度，同时也有效地减小了器件占用的电路板空间。图中 50 Ω 电阻 R1、R2、R4、R5，以及 0.1 μF 电容 C3、C8 能够起到阻抗匹配和偏置电压的作用。

DM9161BIEP 的复位引脚 RESET 与 AT91SAM7x256 的引脚 57 相连，实现两个芯片同时复位的操作。MDINTR 脚的上拉表示中断的输出低电平有效，MDIO 脚为数据输入输出管理接口、MDC 为数据时钟管理接口；PWRDWN 引脚与 AT91SAM7x256 的 PB18 相连，用于控制 DM9161BIEP 芯片的掉电模式。

网络部分的电路如图 10.8 所示。

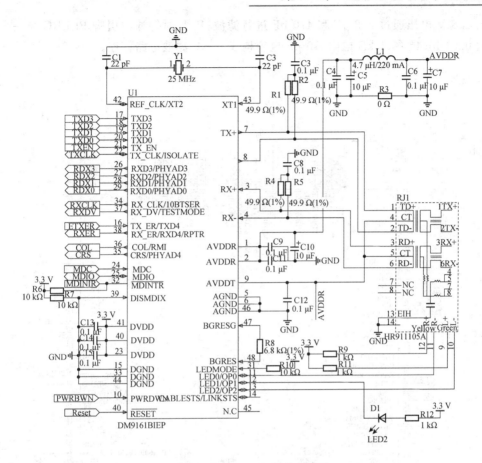

图 10.8　DM9161BIEP 部分电路图

10.2.4　AT91SAM7x256 引脚接口电路

在介绍完 AT91SAM7x256 以及 DM9161BIEP 的基本电路后，还需要将 AT91SAM7x256 芯片与之前讲解过的电路连接引脚加以简单说明，此外还包含一些 CPU 芯片用到的电源滤波电容。对于 AT91SAM7x256 的模拟量采集电路、数字量输出电路以及和传统设备相连通信的 USART、SPI 等接口电路将在后面的章节进行详细地介绍。

AT91SAM7x256 引脚连接电路如图 10.9 所示。在该电路中展示了 AT91SAM7x256 与电源、JTAG-ICE、时钟晶振这些基本最小系统的引脚连接，还包括了通过 MII 接口连接物理层 PHY 网络芯片 DM9161BIEP 的连接电路。其中 ERASE 与一个跳线连接后再连至 3.3 V 电源，当短接跳线使 ERASE 引脚至 3.3 V 电压并超过 220 ms 后，将完全清空 Flash 中的数据以及一些 NVM 位；给 AT91SAM7x256 供电的 3.3 V 电压再次经过 0.1 μF 和 4.7 μF 电容滤波后接入芯片的 VDDI、VDDFLASH、VDDIN 等引脚；AT91SAM7x256 的 VDDOUT 引脚输出

第10章 嵌入式网络节点设计

的 1.8 V 电压通过 2.2 μF 和 470 pF 进行滤波；PLL 时钟滤波引脚 PLLRC 与一个由 0.01 μF 电容、1 kΩ 电阻、10 μF 电容构成的 RC 滤波电路相连。

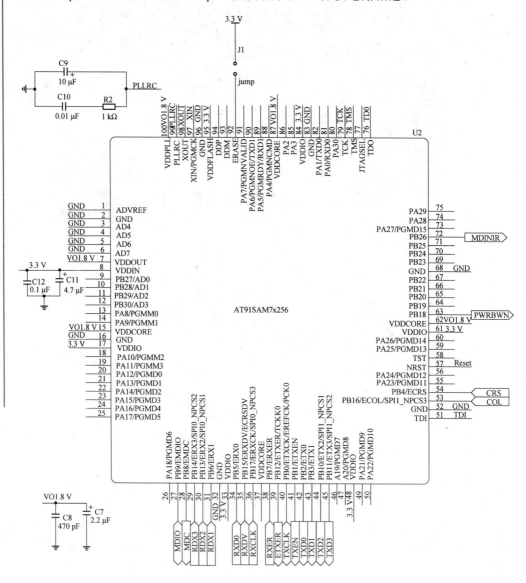

图 10.9　AT91SAM7x256 引脚连接电路

10.2.5　网络数据采集节点的电路设计

网络节点的数据采集模块负责采集仪表或现场实时数据,并转换为网络协议数据后发送至嵌入式 Web 服务器。本书中所设计的网络数据采集节点分为两种。一种以网络协议转换模块的形式出现,该模块本身并不直接采集仪表或现场实时数据,而是将该模块与非以太网通信的传统设备通过 USART、SPI、I²C 等接口相连,非以太网传统设备将采集到的数据通过 USART、SPI、I²C 等接口传递到网络协议转化模块,之后由网络协议模块将现场数据转换为以太网信号发送至嵌入式 Web 服务器上。另外一种网络节点是模拟量采集节点,该节点内置模拟量采集电路,直接采集 4~20 mA 的电流信号并将其转换为以太网信号发送至嵌入式 Web 服务器上。下面就详细介绍这两种节点的硬件电路及实现过程。

1. 网络协议转换模块

因为网络协议转换模块本身并不直接采集现场数据,而是通过 USART、SPI、I²C 等接口采集传统设备的数据。因此就不必为网络协议转换模块设计数据采集电路,仅需在之前介绍的电路中将 AT91SAM7x256 芯片上的 USART、SPI、IIC 等引脚引出,以方便将来与其他非以太网传统设备的 CPU 进行数据交换。

由于很多传统设备的 CPU 芯片还在使用 51 单片机等低端微控制器,这些芯片通常外设功能并不强,很多不具备 SPI 或 I²C 等传输功能,相比起来 USART 串行接口在各种档次的 CPU 芯片上基本都具备,具有很强的通用性。因此本书设计的网络协议转换模块仅引出 USART 接口,AT91SAM7x256 芯片的 USART 引脚采用 81 脚 RXD0、82 脚 TXD0。对于其他通信接口,读者在进行改造设计的过程中根据需要可以自行添加修改。此外,网络协议转换模块的 5 V 供电电源由连接的传统设备提供,考虑到网络协议转换模块的通用性,将其外观尺寸设计得尽量小巧,因此一些占用空间较大的元器件如 HR911105A 网络 RJ45 接头也将放置在传统设备中。

根据上面的分析,网络协议转换模块与传统设备的连接共有以下 14 个结点,分别是供电引脚 5 V 和 GND、USART 通信 RXD 和 TXD、网络接口 TD+、TD−、RD+、RD−、CT×2、网络状态指示灯 R+(Yellow)、R−Yellow)、L+(Green)、L−Green)。所有这些连接结点通过插针将网络协议转换模块与传统设备连接起来。连接插针的引脚使用情况如图 10.10 所示。

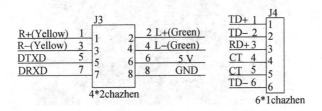

图 10.10 网络协议转换模块插针定义

最终设计出来的网络协议转换模块如图 10.11 所示。

第 10 章 嵌入式网络节点设计

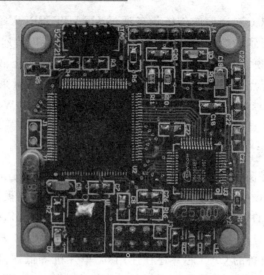

图 10.11 网络协议转换模块

本书将设计的网络协议转换模块与一个采集压力值的传统仪表相连,实现将现场采集压力值上传至嵌入式 Web 服务器并在 Web 浏览器动态显示的功能。网络协议转换模块与该压力仪表连接的实物如图 10.12 所示。

图 10.12 网络协议模块连接压力仪表电路板

2. 采集模拟量电流值网络节点

采集模拟量电流值的网络节点用于采集工业中经常使用的 4～20 mA 信号,并上传至嵌入式 Web 服务器,最终在 Web 浏览器上实现电流值变化的动态实时曲线。因此,首先要设计模拟量电流值采集电路,电路结构如图 10.13 所示。

第 10 章　嵌入式网络节点设计

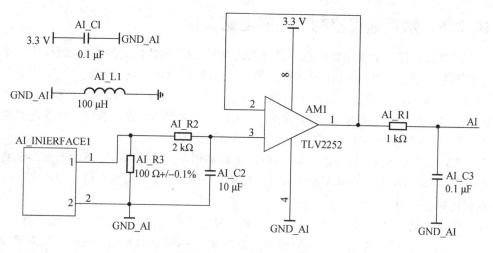

图 10.13　电流值采集电路

上图中,电流从 AI_INTERFACE1 接口引入并流经 AI_R3 精密电阻,则 4～20 mA 的电流在 AI_R3 两端将 0.4～2 V 的电压。AI_R2 和 AI_C2、AI_R1 和 AI_C3 构成的为 RC 低通滤波器,电阻电容的数值选择并不唯一。TLV2252 运放芯片在此处当作电压跟随器使用,因此电路输出端 AI 也将会产生 0.4～2 V 的电压。

电流/电压转换后产生的电压值接入 AT91SAM7x256 的 3 脚 AD4 进行 AD 转换。当 AT91SAM7x256 启动 AD 转换功能后,该芯片的 1、3、4、5、6 脚就不能进行接地处理,其中引脚 1——ADVREF 需外接参考电压 3.3 V 或精度更高的电源参考芯片;3 脚连接图 10.13 中的电压输出值 AI;4、5、6 引脚做悬空处理即可。

最终设计出来的采集模拟量电流值网络节点如图 10.14 所示,该节点电源、RJ45 等接口都在该电路中实现。

图 10.14　采集模拟量电流值网络节点

10.2.6 网络远程控制节点的电路设计

网络远程控制节点用来接收来自嵌入式 Web 服务器的以太网控制指令,并实现一定的控制操作。本书设计的远程控制节点主要是数字量输出控制,实现对 4 个 LED 灯和蜂鸣器的控制。这两种电路的本质是相同的,都是利用 AT91SAM7x256 的数字量 I/O 口实现数字量输出,来驱动 LED 灯亮灭和蜂鸣器的响停。两者电路较为简单,此处仅以驱动 4 个 LED 灯亮灭为例进行讲解。

AT91SAM7x256 驱动 4 个 LED 灯的电路如图 10.15 所示。在图中所示的电路中 LED1~LED4 是 4 个被驱动的 LED 灯,R19~R22 是 4 个限流电阻。限流电阻的取值计算方法为:

限流电阻=(I/O 引脚输出电压-发光二极管压降)/发光二极管额定电流值。

AT91SAM7x256 的 I、O 引脚输出电压为 3.3 V,常见的发光二极管的压降和额定工作电流值见表 10.1 和表 10.2 所列。

表 10.1 直插发光二极管压降和额定电流

直插发光二极管		
类 型	压 降	额定电流
红色	2.0~2.2 V	20 mA
黄色	1.8~2.0 V	20 mA
绿色	3.0~3.2 V	20 mA

表 10.2 贴片发光二极管压降和额定电流

贴片 LED 发光二极管		
类 型	压 降	额定电流
红色	1.82~1.88 V	5~8 mA
绿色	1.75~1.282 V	3~5 mA
橙色	1.7~1.8 V	3~5 mA
蓝色	3.1~3.3 V	8~10 mA
白色	3~3.2 V	10~15 mA

发光二极管通过的电流决定器件的工作亮度和使用寿命。电流大则亮度大、寿命短;电流小则亮度低、寿命长。在此处选用红色和绿色直插发光二极管,压降和额定电流参考表 10.1 所列内容,根据限流电阻计算公式计算限流电阻的阻值。计算后限流电阻选用 100 Ω,此时通过发光二极管的电流小于 20 mA,可以在保证操作亮度的前提下延长发光二极管的使用寿命。

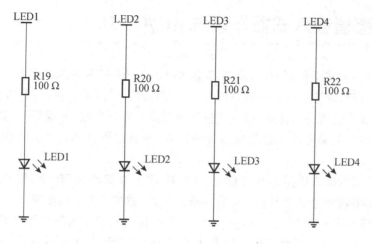

图 10.15　LED 驱动电路

上图中网络标号 LED1～LED4 分别与 AT91SAM7x256 的 4 个 I/O 口相连，选用 PB27～PB30。最终制作的网络远程控制节点如图 10.16 所示。

图 10.16　网络远程控制节点

10.3　移植嵌入式操作系统 μC/OS-II

在进行嵌入式系统开发时,通常都会选择基于ARM和嵌入式操作系统相结合的方法进行产品设计。这是因为ARM微处理器具有处理速度快、超低功耗、价格低廉、应用前景广泛等突出优点,嵌入式操作系统具有多任务性、可裁剪性、实时性等特点,将两者结合起来可以充分利用两者的优势,开发出硬件和软件方面性能优异的产品。

本书选用的嵌入式操作系统是μC/OS-II,将该系统移植到ARM7处理器上的方法在很多书籍和论文中都有过非常详细地讲解,移植的方法和步骤也基本相同,甚至在AT91SAM7x256芯片上移植μC/OS-II操作系统的模板和制作好的工程项目都能够直接从网络上下载得到。因此本节不对μC/OS-II移植到AT91SAM7x256上的方法做过多详细和重复性地介绍,仅将移植的流程和需要注意的地方加以强调。如果读者想动手自己构建μC/OS-II并移植到AT91SAM7x256上,或者想详细学习μC/OS-II系统的工作原理,可以进一步参考其他书籍和相关论文。

10.3.1　嵌入式操作系统的优点

嵌入式操作系统具有以下几个方面的突出优点。

(1)支持多任务。

嵌入式操作系统相比传统的前后台程序最突出的特点就是支持多任务操作。一般来说,嵌入式系统中的任务应该是一个无限的循环,每一个任务在不同的时刻用于处理不同的工作,并由内核负责对其进行调度和切换任务所处的状态。通常任务有如下5种状态,分别是:运行态、就绪态、挂起态、中断态和休眠态。嵌入式系统通过多任务的处理能力,能够满足处理事务宏观上的并发操作,大大提高系统的工作性能。

多任务可以将嵌入式系统的复杂应用分解成相对独立的功能模块,模块化的设计使得系统变得简单而且直观。模块之间关系清晰,代码可以在其他设备中重复使用,开发与维护的周期大大缩短。此外,由于系统代码由模块构成,新增功能也变得非常简单,仅增加几个任务模块即可,软件系统易于扩展。

(2)实时性。

嵌入式操作系统的实时性分为硬实时系统和软实时系统。其中硬实时是指每一个任务要求在规定的时间内必须严格完成该任务的处理工作,Vxworks系统就是硬实时系统的典型代表;而软实时则对任务的完成时间设有苛刻地限制,仅要求任务尽可能快速地完成即可,Linux系统和WinCE系统就是软实时系统。在工业应用中,每一个工序都有严格的操作步骤和时间限制,设备需要按既定的时间,快速准确地完成相应的工作任务,因此就要求设备具有实时性的任务处理能力。

(3)可裁剪性。

嵌入式系统不同于 PC 机系统,嵌入式系统有很强的定制性,每一种嵌入式系统都有其特定的功能和应用。即使两个设备的硬件完全相同,其完成的工作也会因软件代码的不同而有很大的区别。嵌入式操作系统有着软件代码可裁剪的特点,可以根据设备的应用需求对其进行裁剪,将不需要的功能去掉,节省硬件资源、降低设备成本。

(4)应用代码稳定、可靠。

在嵌入式操作系统的基础上设计出来的应用代码非常稳定、可靠,这是因为嵌入式操作系统提供了大量、丰富的系统功能,而且嵌入式操作性系统的调度机制和各种功能都经过了严格的测试,在这上面开发出来的应用程序出现错误的可能会大大降低。此外,很多嵌入式操作系统还具有很强的开放性,应用于工程时可以深入掌握操作系统内部的工作原理,并以此开发应用代码,大大提高了系统的稳定性。

嵌入式除了以上几个特点外,还提供了丰富的任务间通信手段,如信号量、事件标志、消息、消息邮箱和消息队列等。这些通信手段的使用可以让系统实现更为复杂的应用。

10.3.2 μC/OS-II 简介

μC/OS-II 是由美国嵌入式系统专家 Jean J. Labrosse 先生编写的一种完整公开源代码、结构小巧、具有可剥夺、可移植、固化、裁剪的抢占式实时多任务内核,其商业应用需要支付费用。μC/OS-II 的前身是 μC/OS,最早出自于《嵌入式系统编程》杂志的 5 月和 6 月刊上的文章连载。目前获得 μC/OS-II 的源代码是公开的,想要获得源代码可以登录其官方网站 http://www.micrium.com,并选择 Downloads 栏里进行对应下载即可,如果是非商业应用可以获得免费下载与支持。

μC/OS-II 是专门为计算机的嵌入式应用设计的,设计之初就充分考虑了可移植性。它的大部分源代码都是用高可移植性的 ANSI C 语言编写的。CPU 硬件相关部分是用汇编语言编写的、总量约 200 行的汇编语言部分被压缩到最低限度,目的是便于移植到任何一种其他的 CPU 上。用户只要有标准的 ANSI 的 C 交叉编译器,有汇编器、连接器等软件工具,就可以将 μC/OS-II 嵌入到开发的产品中。μC/OS-II 具有执行效率高、占用空间小、实时性能优良和可扩展性强等特点,最小内核可编译至 2 KB。μC/OS-II 可以移植到从 8 位到 64 位的不同类型、不同规模的嵌入式系统中,并能在大部分的 8 位、16 位、32 位、甚至 64 位的微处理器和 DSP 上运行。

严格地说 μC/OS-II 只是一个实时操作系统内核,它仅仅包含了任务调度,任务管理,时间管理,内存管理和任务间的通信和同步等基本功能。没有提供输入输出管理,文件系统,网络等额外的服务。但由于 μC/OS-II 良好的可扩展性和源码开放性,这些非必需的功能完全可以由用户自己根据需要分别实现。μC/OS-II 这个操作系统内核提供如下最基本的系统服务,如任务管理、时间管理、内存管理、任务间通信与同步、任务调度等等。

(1) 任务管理。

μC/OS-II 中最多可以支持 64 个任务，分别对应优先级 0～63。其中 0 为最高优先级，63 为最低级，系统保留了 4 个最高优先级的任务和 4 个最低优先级的任务，所以用户可以使用的任务数有 56 个。μC/OS-II 提供了任务管理的各种函数调用，包括创建任务、删除任务、改变任务的优先级、任务挂起和恢复等。系统初始化时会自动产生两个任务：一个是空闲任务，它的优先级最低，该任务仅给一个整形变量做累加运算；另一个是系统任务，它的优先级为次低，该任务负责统计当前 CPU 的利用率。

(2) 时间管理。

μC/OS-II 的时间管理是通过定时中断来实现的，该定时中断一般为 10 ms 或 100 ms 发生 1 次，时间频率依靠用户对硬件系统的定时器编程来实现。中断发生的时间间隔是固定不变的，该中断也成为一个时钟节拍。μC/OS-II 要求用户在定时中断服务程序中，调用系统提供的与时钟节拍相关的系统函数，如中断级的任务切换函数，系统时间函数。

(3) 内存管理。

在 ANSI C 中使用 malloc() 和 free() 两个函数来动态分配和释放内存。但在嵌入式实时系统中，多次这样的操作会导致内存碎片，而且由于内存管理算法的原因，malloc() 和 free() 的执行时间也不确定。μC/OS-II 中把连续的大块内存按分区管理。每个分区中包含整数个大小相同的内存块，但不同分区之间的内存块大小可以不同。用户需要动态分配内存时，系统选择一个适当的分区，按块来分配内存。释放内存时将该块放回它以前所属的分区，这样能有效解决碎片问题，同时执行时间也是固定的。

(4) 任务间通信与同步。

对一个多任务的操作系统来说，任务间的通信和同步是必不可少的。μC/OS-II 中提供了 4 种同步对象，分别是信号量、邮箱、消息队列和事件。所有这些同步对象都有创建、等待、发送、查询的接口用于实现进程间的通信和同步。

(5) 任务调度。

μC/OS-II 采用的是可剥夺型实时多任务内核。可剥夺型的实时内核在任何时候都运行就绪了的最高优先级的任务。μC/OS-II 的任务调度是完全基于任务优先级的抢占式调度，也就是最高优先级的任务一旦处于就绪状态，则立即抢占正在运行的低优先级任务的处理器资源。为了简化系统设计，μC/OS-II 规定所有任务的优先级不同，因为任务的优先级也同时唯一标志了该任务本身。

10.3.3 μC/OS-II 的特点

嵌入式操作系统 μC/OS-II 除了具有 10.3.1 小节中所述的优点外，还具有如下各种突出的性能特性,使其非常适合应用在嵌入式系统开发中。

(1)可移植性。

绝大部分 μC/OS-II 的源码是用移植性很强的 ANSI C 写的。和微处理器硬件相关的那部分是用汇编语言写的。汇编语言写的部分已经压到最低限度,使得 μC/OS-II 便于移植到其他微处理器上。如同 μC/OS 一样,μC/OS-II 可以移植到许许多多微处理器上。条件是,只要该微处理器有堆栈指针,有 CPU 内部寄存器入栈、出栈指令。另外,使用的 C 编译器必须支持内嵌汇编(inline assembly)或者该 C 语言可扩展、可连接汇编模块,使得关中断、开中断能在 C 语言程序中实现。μC/OS-II 可以在绝大多数 8 位、16 位、32 位以至 64 位微处理器、微控制器、数字信号处理器(DSP)上运行。将移植有 μC/OS 的产品升级到 μC/OS-II,全部工作 1 个小时左右就可完成。因为 μC/OS-II 和 μC/OS 是向下兼容的,应用程序从 μC/OS 升级到 μC/OS-II 几乎或根本不需要改动。

(2)可固化。

μC/OS-II 是为嵌入式应用而设计的,这就意味着,只要读者有固化手段(C 编译、连接、下载和固化),μC/OS-II 可以嵌入到读者的产品中成为产品的一部分。

(3)可裁剪。

可以只使用 μC/OS-II 中应用程序需要的那些系统服务。也就是说某产品可以只使用很少几个 μC/OS-II 调用,而另一个产品则使用了几乎所有 μC/OS-II 的功能。这样可以减少产品中的 μC/OS-II 所需的存储空间(RAM 和 ROM),这种可裁剪性是靠条件编译实现的。只要在用户的应用程序中(用 #define constants 语句)定义哪些 μC/OS-II 中的功能是应用程序需要的就可以了。程序和数据两部分的存储容量已被最大程度地压低了。

(4)抢占式。

μC/OS-II 完全是抢占式的实时内核。这意味着 μC/OS-II 总是运行就绪条件下优先级最高的任务。大多数商业内核也是抢占式的,μC/OS-II 在性能上和它们类似。

(5)多任务。

μC/OS-II 可以管理 64 个任务,然而,目前这一版本保留 8 个给系统。应用程序最多可以有 56 个任务。赋予每个任务的优先级必须是不同的,这意味着 μC/OS-II 不支持时间片轮转调度法(Round-robin Scheduling)。该调度法适用于调度优先级平等的任务。

(6)可确定性。

全部 μC/OS-II 的函数调用与服务的执行时间具有可确定性。也就是说,全部 μC/OS-II 的函数调用与服务的执行时间是可知的。进而言之,μC/OS 系统服务的执行时间不依赖于应用程序任务的多少。

(7)任务栈。

每个任务有自己单独的栈空间，μC/OS-II 允许每个任务有不同的栈空间，以便压低应用程序对 RAM 的需求。使用 μC/OS-II 的栈空间校验函数，可以确定每个任务到底需要多少栈空间。

（8）系统服务。

μC/OS-II 提供很多系统服务，例如邮箱、消息队列、信号量、块大小固定的内存申请与释放、时间相关函数等。

（9）中断管理。

中断可以使正在执行的任务暂时挂起。如果优先级更高的任务被该中断唤醒，则高优先级的任务在中断嵌套全部退出后立即执行，中断嵌套层数可达 255 层。

（10）稳定性与可靠性。

μC/OS-II 是基于 μC/OS 的，μC/OS 自 1992 年以来已经有几百个商业应用。μC/OS-II 与 μC/OS 的内核是一样的，只不过提供了更多的功能。

10.3.4　移植 μC/OS-II 到 AT91SAM7x256

下载 μC/OS-II 源代码并解压后，可以看到它共有 15 个文件，这些文件上可以分为 3 类，如图 10.17 所示。

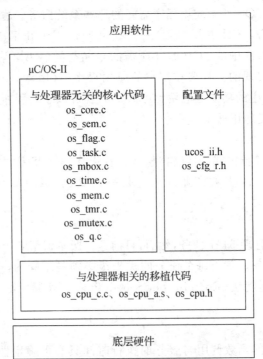

图 10.17　μC/OS-II 文件体系结构

从图 10.17 中不但可以看出 μC/OS-II 系统的文件结构，还可以看出 μC/OS-II

在整个嵌入式系统中所处的位置和作用。它在嵌入式系统中承上启下,向下与底层硬件相连,向上直接是应用程序代码。

μC/OS-II 的文件系统结构包括与处理器无关的核心代码部分、配置文件部分、与处理器相关的移植代码部分。结构图 10.17 所示最上边的部分是应用层代码。其中与处理器无关的核心代码部分包括 8 个源代码文件,功能分别是内核管理 os_core.c、信号量处理 os_sem.c、时间标志管理 os_flag.c、任务调度管理 os_task.c、消息邮箱管理 os_mbox.c、时间管理 os_time.c、存储管理 os_mem.c、定时管理 os_tmr.c、互斥型信号量管理 os_mutex.c 和消息队列管理 os_q.c。设置代码部分包括 2 个头文件,μC/OS-II 组件配置文件 os_cfg_r.h 以及变量定义及声明文件 ucos_ii.h。而与处理器相关的移植代码部分则是进行移植过程中需要更改的部分,包括 1 个头文件 os_cpu.h、1 个汇编文件 os_cpu_a.s 和 1 个 C 代码文件 os_cpu_c.c。实际上将 μC/OS-II 移植到 ARM 处理器上,需要完成的工作主要是修改以下 3 个与 CPU 体系结构相关的文件:os_cpu.h、os_cpu.c 以及 os_cpu_a.s。下面就针对这 3 个主要文件的移植加以简单介绍,读者可以从其他书籍或论文中获得更详细的说明。

(1)os_cpu.h 的移植。

文件 os_cpu.h 中包括了用♯define 语句定义的与 AT91SAM7x256 处理器相关的常数、宏以及数据类型,并定义了保护临界区的开关中断模式以及设置了 AT91SAM7x256 处理器的堆栈增长模式。移植时主要修改的内容有:与编译器相关的数据类型的设定、用♯define 语句定义 2 个宏开关中断、根据堆栈的方向定义 OS_STK_GROWTH 等。

在将 μC/OS-II 移植到 ARM 处理器上时,首先进行基本配置和数据类型定义。重新定义数据类型是为了增加代码的可移植性,因为不同的编译器所提供的同一数据类型的数据长度并不相同。例如 int 型,在有的编译器中是 16 位,而在另外一些编译器中则是 32 位的。所以,为了便于移植,需要重新定义数据类型,如 INT32U 代表无符号 32 位整型。"typedef unsigned int INT8U"就是定义 1 个 8 位的无符号整型数据类型。与编译器相关的数据类型设定代码如下所示:

```
typedef  unsigned  char    BOOLEAN;
typedef  unsigned  char    INT8U;
typedef  signed    char    INT8S;
typedef  unsigned  short   INT16U;
typedef  signed    short   INT16S;
typedef  unsigned  int     INT32U;
typedef  signed    int     INT32S;
typedef  float             FP32;
typedef  double            FP64;
```

其次就是对 ARM 处理器相关宏进行定义,如 ARM 处理器中的退出临界区和

第10章 嵌入式网络节点设计

进入临界区的宏定义:

```
#define OS_ENTER_CRITICAL()      (cpu_sr = ARMCoreDisableIntExt());
#define OS_EXIT_CRITICAL()       (ARMCoreRestoreIntStatus(cpu_sr));
```

最后就是堆栈增长方向的设定。当进行函数调用时,入口参数和返回地址一般都会保存在当前任务的堆栈中,编译器的编译选项和由此生成的堆栈指令就会决定堆栈的增长方向,定义如下所示:

```
#define OS_STK_GROWTH            1
#define OS_TASK_SW()             OSCtxSw()
```

(2) os_cpu.c 的移植。

os_cpu.c 文件的移植包括任务堆栈初始化和相应函数的实现。在这个文件里,用户需要实现 13 个函数,分别是:初始化各任务堆栈函数 OSTaskStkInit()、开启内核调度中断函数 OSStartPIT()、改变任务切换标志以通知进行任务切换函数 OSIntCtxSw()、内核调度中断 ISR 函数 OSTickISR()、系统初始化开始钩子函数 OSInitHookBegin()、系统初始化结束钩子函数 OSInitHookEnd()、任务建立钩子函数 OSTaskCreateHook()、任务删除钩子函数 OSTaskDelHook()、空闲任务钩子函数 OSTaskIdleHook()、统计任务钩子函数 OSTaskStatHook()、任务切换钩子函数 OSTaskSwHook()、任务控制块初始化钩子函数 OSTCBInitHook()、时钟节拍钩子函数 OSTimeTickHook()。其中后面的 9 个 HOOK 函数又称为钩子函数,主要是用来对 μC/OS-II 进行功能扩展。这些函数为用户定义函数,由操作系统调用相应的 HOOK 函数去执行。在一般情况下,它们都没有代码,所以实现为空函数即可。
而函数 OSTaskStkInit() 对堆栈进行初始化,是 os_cpu.c 中最主要的函数,移植 os_cpu.c 文件仅需要重新编写 OSTaskStkInit() 即可,其代码如下所示:

```
OS_STK * OSTaskStkInit(void( * pTaskEntry)(void * pvArg), void * pvArg, OS_STK * pstkTos, INT16U u16opt)
{
    OS_STK * SP;
    u16opt = u16opt;                              //* 避免编译器警告信息
    SP = pstkTos;
    * SP = (INT32U)((INT32U)pTaskEntry & ~1);     //* PC,程序的入口
    *(--SP) = (INT32U)0x14141414;                 //* LR,即 R14
    *(--SP) = (INT32U)0x12121212;                 //* R12
    *(--SP) = (INT32U)0x11111111;                 //* R11
    *(--SP) = (INT32U)0x10101010;                 //* R10
    *(--SP) = (INT32U)0x09090909;                 //* R9
    *(--SP) = (INT32U)0x08080808;                 //* R8
    *(--SP) = (INT32U)0x07070707;                 //* R7
    *(--SP) = (INT32U)0x06060606;                 //* R6
```

```
        * (--SP) = (INT32U)0x05050505;           //* R5
        * (--SP) = (INT32U)0x04040404;           //* R4
        * (--SP) = (INT32U)0x03030303;           //* R3
        * (--SP) = (INT32U)0x02020202;           //* R2
        * (--SP) = (INT32U)0x01010101;           //* R1
        * (--SP) = (INT32U)pvArg;                //* R0,ARM 使用 R0~R3 寄存器传递
                                                 //  参数,由于只有一个参数,所以这
                                                 //  里只使用了 R0 寄存器
        if((INT32U)pTaskEntry & 0x00000001)      //* 如果运行在 Thumb 模式
        {
          * (--SP) = (INT32U)ARM_MODE_SVC_THUMB; //* CPSR 为 Thumb 模式
        }
        else
        {
          * (--SP) = (INT32U)ARM_MODE_SVC_ARM;   //* CPSR 为 Thumb 模式
        }
        return SP;
    }
```

在 ARM 系统中,任务堆栈空间由高到低依次为 PC、LR、R12、R11、…R1、R0、CPSR、SPSR。在进行堆栈初始化以后,OSTaskStkInit()返回新的堆栈栈顶指针。此外还要在 os_cfg_r.h 文件中将常量 OS_CPU_HOOK_EN 置 1。

(3)os_cpu_a.s 的移植。

os_cpu_a.s 文件的移植需要对处理器的寄存器进行操作,所以必须用汇编语言来编写。这个文件的实现集中体现了所要移植到处理器的体系结构和 μC/OS-II 的移植原理。它包括 4 个子函数:OSStartHighRdy()、OSCtxSw()、OSIntCtxSwExt()、OSTick2ISR()。其中难点在于 OSIntCtxSw()和 OSTickISR()函数的实现,因为这两个函数的实现与移植者的移植思路以及相关硬件定时器、中断寄存器的设置有关。

OSIntCtxSwExt()函数由 OSIntExit()函数调用,OSIntCtxSwExt()函数最重要的作用就是完成在 ISR 中断里的任务切换,从而提高了实时响应速度。它发生的时机是在 ISR 执行到 OSIntExit()时,如果发现有高优先级的任务因为等待 time tick 的到来获得了执行就可以马上被调度执行,而不用返回被中断的那个任务之后再进行任务切换。实现 OSIntCtxSwExt()的方法大致也有两种:一种是通过调整 SP 堆栈指针的方法,根据所用的编译器对于函数嵌套的处理,精确计算出所需要调整的 SP 位置,使得进入中断时所作的保护现场的工作可以被重用。另外一种是设置需要切换标志位的方法,在 OSIntCtxSwExt()里面不发生切换,而是设置一个需要切换的标志,等函数嵌套从进入 OSIntExit()→OS ENTER CRITI2CAL()→OSIntCtxSwExt()→OS EXIT CRITICAL()→OSIntExit()退出后,再根据标志位来判

第10章 嵌入式网络节点设计

断是否需要进行中断级的任务切换。

其次是对 OSTickISR() 修改。OSTickISR() 首先在中断任务堆栈中保存 CPU 寄存器的值，然后调用 OSIntEnter()，随后调用 OSTimeTick()，检查所有处于延时等待状态的任务，判断是否有延时结束就绪的任务。最后调用 OSIntExit()。如果在中断中(或其他嵌套的中断)有更高优先级的任务就绪，并且当前中断为中断嵌套的最后一层，OSIntExit() 将进行任务调度。如果进行了任务调度，OSIntExit() 将不再返回调用者，而是用新任务的堆栈中的寄存器数值恢复 CPU 现场，然后实现任务切换。如果当前中断不是中断嵌套的最后一层，或中断中没有改变任务的就绪状态，OSIntExit() 将返回调用者 OSTickISR()，OSTickISR() 返回被中断的任务。最后就是退出临界区和进入临界区函数。进入临界区时，必须关闭中断，用 ARMDisableInt() 函数实现。在退出临界区的时候恢复原来的中断状态，通过 ARMEnableInt() 函数来实现。至于进行任务级上下文切换，则是由汇编子程序 OSCtxSw() 实现。

读者可以从 μC/OS-II 的官方网站下载到针对 AT91SAM7x256 配置的 os_cpu.h、os_cpu.c 以及 os_cpu_a.s 文件。具体操作为进入 http://www.micrium.com 网站，点击 Downloads 选项，选择 Ports 界面并进入，在弹出的界面左侧选择 Atmel→At91SAM7，然后在 μC/OS-II ports 框中点击 AT91SAM7x(ARM7) 之前的 Download 进行下载，如图 10.18 所示。

图 10.18 针对 AT91SAM7x 的 μC/OS-II 配置文件下载地址

下载的文件名为 Micrium-Atmel-μCOS-II-TCPIP-AT91SAM7X.exe。这是一个压缩文件，双击后进行解压，默认情况下将在 C 盘根目录下产生一个 Micrium 文件夹，在 Micrium\Software\μCOS-II\Ports\ARM\Generic\IAR 目录下有 5 个文

件，如图 10.19 所示。

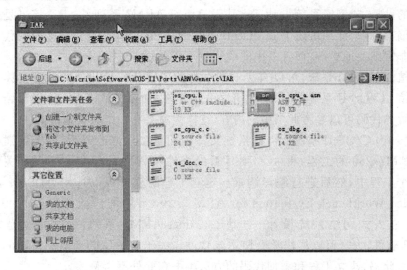

图 10.19　和 AT91SAM7x256 有关的 μC/OS-II 配置文件

图 10.19 中 os_cpu.h、os_cpu.c 和 os_cpu_a.s 文件就是我们在移植 μC/OS-II 系统时所需的与处理器相关的配置文件。此外，在 Micrium\Software\uCOS-II\Source 目录下放置的是 μC/OS-II 系统文件，如图 10.20 所示。

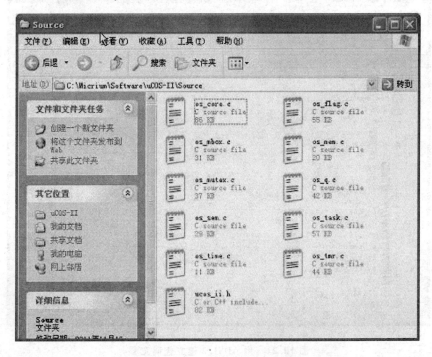

图 10.20　μC/OS-II 系统文件

第10章 嵌入式网络节点设计

有关μC/OS-II系统移植的详细过程,读者可以参考由北京航空航天大学出版社出版的《嵌入式网络系统设计——基于Atmel ARM7系列》一书。该书是由焦海波老师编写,此书详细讲述了μC/OS-II系统的移植过程,并对其中涉及的代码和函数做了非常细致地讲解,而且书中的代码也可以从网络中下载得到。如果读者不想自己移植μC/OS-II系统,可以直接下载书中的工程代码使用。此处建议读者自己动手移植μC/OS-II系统,如果出现错误可以同该书的代码进行比较,对出错的地方和不理解的代码可以参考此书中的内容,这样大家会有一个很大地提高。

将移植μC/OS-II系统所需的系统文件和配置文件修改好后,就需要建立一个AT91SAM7x256的工程,将μC/OS-II系统文件和AT91SAM7x256的相关代码添加到这个工程中,然后进行编译调试。建立工程的软件可以选用ADS1.2或IAR Embedded Workbench Evaluation for ARM 5.20。此处推荐大家使用ADS1.2,这是因为《嵌入式网络系统设计——基于Atmel ARM7系列》一书中就是使用的ADS1.2软件,大家可以尽快学会使用该软件。关于用ADS1.2建立工程的方法也可以参考此书,建立工程和添加代码的方法本书在此处不再赘述。

用ADS1.2建立好的移植有μC/OS-II系统的AT91SAM7x256工程如图10.21所示。

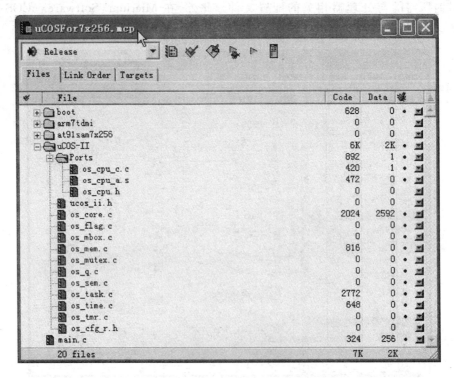

图10.21 用ADS1.2建立代码工程

10.4　移植嵌入式 TCP/IP 协议栈 LwIP

要想让网络节点具有以太网通信的能力,使其接入以太网的关键是在嵌入式设备上实现嵌入式 TCP/IP 网络协议栈。这样网络节点与嵌入式 Web 服务器之间才能够进行 TCP 或者 UDP 通信。相比 PC 机上运行的 TCP/IP 协议栈,嵌入式 TCP/IP 协议具有代码精简、很好的可裁剪性和很强的移植性的特点。μC/OS-II 操作系统本身不同于 Linux 和 WinCE,其代码内并不包含 TCP/IP 协议栈,需要额外扩展。目前嵌入式的 TCP/IP 协议栈有很多种,在本书中我们选用轻型的 TCP/IP 协议栈 LwIP。本节只对 LwIP 协议栈进行简单地介绍,并对 LwIP 的移植方法进行了浅析。至于 LwIP 的工作原理、实现细节等方面读者可以参考 LwIP 的数据手册或者《嵌入式网络系统设计——基于 Atmel ARM7 系列》一书。这本书对 LwIP 的原理、编程、移植方法以及函数代码都做了非常详细地讲解,并在书中配有 LwIP 测试代码和基于 LwIP 的 Web 服务器的开发。读者可以通过这本书详细地掌握 LwIP 的使用。关于 LwIP 的知识本节不做重复性地叙述。

10.4.1　LwIP 简介

LwIP 是瑞士计算机科学院(Swedish Institute of Computer Science)的 Adam Dunkels 等开发的一套用于嵌入式系统的开放源代码 TCP/IP 协议栈。LwIP 的含义是 Light Weight(轻型)IP 协议。LwIP 可以移植到操作系统上,也可以在无操作系统的情况下独立运行。LwIP TCP/IP 实现的重点是在保持 TCP 协议主要功能的基础上减少对 RAM 的占用,一般它只需要几十 KB 的 RAM 和 40 KB 左右的 ROM 就可以运行,这使 LwIP 协议栈适合在低端嵌入式系统中使用。为了简化处理过程和内存要求,LwIP 对 API 进行了裁减,可以不需要复制一些数据。

LwIP 的特性如下:
- 支持多网络接口下的 IP 转发;
- 支持 ICMP 协议;
- 包括实验性扩展的 UDP(用户数据报协议)协议;
- 包括阻塞控制、RTT 估算、快速恢复和快速转发的 TCP(传输控制协议)协议;
- 提供专门的内部回调接口(Raw API)用于提高应用程序性能;
- 可选择的 Berkeley 接口 API(多线程情况下);
- 在最新的版本中支持 PPP 协议;
- 新版本中增加了 IP fragment 的支持;
- 支持 DHCP 协议,动态分配 IP 地址。

与其他 TCP/IP 协议栈的实现方法一样,LwIP 也是以 OSI 七层网络模型为参照来设计实现 TCP/IP 协议的。LwIP 是由几个模块组成的,TCP/IP 协议中的 IP、ICMP、UDP 和 TCP 协议都采用模块的方式来实现,同时还提供了几个函数作为协议的入口点,除了这些协议模块外,还包括许多相关支持的模块。这些支持模块包括:操作系统模拟层、缓冲与内存管理子系统、网络接口函数和 Internet 校验和计算函数。

10.4.2 LwIP 移植浅析

LwIP 协议栈的移植是在 μC/OS-II 和 ARM 软硬件平台上进行的,软件环境是以 μC/OS-II 操作系统作为 LwIP 的运行平台,LwIP 在 μC/OS-II 系统中相当于一个独立的任务。硬件环境则主要由 AT91SAM7x256 和 DM9161BIEP 组成,为网络数据的发送和接收提供支持。由 μC/OS-II、LwIP、AT91SAM7x256、DM9161BIEP 构成的嵌入式网络设备节点其总体框图如图 10.22 所示。

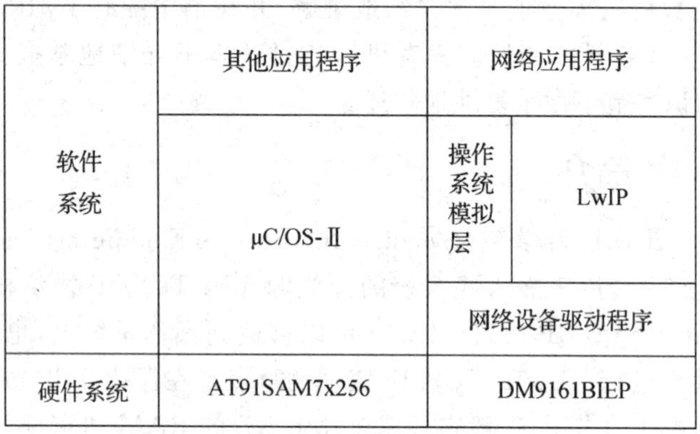

软件系统	其他应用程序	网络应用程序	
	μC/OS-II	操作系统模拟层	LwIP
		网络设备驱动程序	
硬件系统	AT91SAM7x256	DM9161BIEP	

图 10.22 嵌入式网络设备节点总体框图

从图 10.22 中可以看出,想移植 LwIP 需要做两个方面的工作。一方面是与 μC/OS-II 连接的操作系统模拟层,操作系统模拟层存在的目的是为了方便 LwIP 的移植,它在底层操作系统和 LwIP 之间提供了一个接口。当用户移植 LwIP 到一个新的目标系统时,只需要修改这个接口即可,LwIP 的移植工作也主要是针对操作系统模拟层方面进行的。移植 LwIP 另一方面的工作就是需要编写网络设备驱动程序。完成 LwIP 移植后就需要编写 LwIP 网络应用程序了。

1. 获取 LwIP 源代码

LwIP 的官方网站为 http://savannah.nongnu.org/projects/lwip,从这个网站上可以获得 LwIP 详细知识。直接下载 LwIP 可以从 http://download.savannah.nongnu.org/releases/lwip 网址获得。

2. 实现操作系统模拟层

(1)创建 LwIP 目录结构。

将下载的 LwIP 源代码解压后,进入产生的文件夹,在 src 文件夹下建立 LwIP 子目录,并将 src 文件夹里面的 api、core、include 和 netif 这 4 个文件夹拷贝到刚刚建立的 LwIP 文件夹中。然后在 LwIP 文件夹内再建立一个名为 arch 的文件夹。这样新建的 LwIP 文件夹下共有 5 个文件夹,如图 10.23 所示。

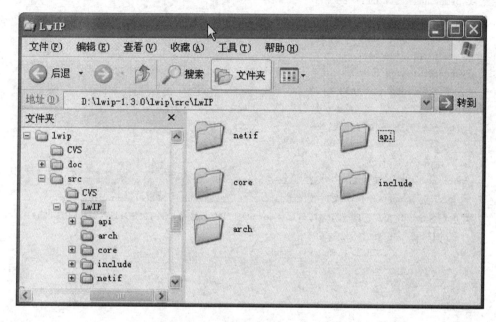

图 10.23　移植 LwIP 建立的目录结构

(2)建立 sys_arch.c 文件。

在 arch 文件夹内新建一个 sys_arch.c 文件,该文件是操作系统模拟层接口函数实现文件。移植的主要工作就在 sys_arch.c 这个文件的编写。该文件涉及有关信号量、消息队列、任务创建方面的接口函数,读者可以参考 LwIP 源代码中 doc 目录中 sys_arch.txt 文件进行编写。由于这个文件所包含的函数较多,占用篇幅较大,就不在正文中一一列出。读者可以直接参考本书附带光盘中工程代码里面的 LwIP 文件夹的 sys_arch.c 文件来学习掌握。

(3)建立 sys_arch.h、cc.h 及 perf.h 文件。

在图 10.23 中的 include 文件夹内再建立一个 arch 文件夹,并在该文件夹内创建 sys_arch.h、cc.h 及 perf.h 文件。这些文件是与 CPU、编译器相关的部分,即有关数据长度、字的高低位顺序等定义,这些应该与移植 μC/OS-Ⅱ 系统时参数的定义保持一致。一般情况下 C 语言的结构体 struct 是 4 字节对齐的,但是在处理数据包的时候,LwIP 使用的是通过结构体中不同数据的长度来读取相应的数据,所以,一定要在定义 struct 的时候使用_packed 关键字,让编译器放弃 struct 的字节对齐。

在 cc.h 中定义常用的数据类型,这些常用的数据类型不仅模拟层接口函数使用,也在底层协议栈实现时使用。cc.h 的代码如下所示:

```c
#ifndef __cc_h__
#define __cc_h__
#include "/uCOS-II/ucos_ii.h"
// * ------------------------- 常用数据类型定义 -------------------------
typedef unsigned char    u8_t;
typedef signed   char    s8_t;
typedef unsigned short   u16_t;
typedef signed   short   s16_t;
typedef unsigned int     u32_t;
typedef signed   int     s32_t;
typedef u32_t            mem_ptr_t;
typedef OS_EVENT *       HANDLER;
// * ------------------------- 常用宏定义 -------------------------
// * 临界代码保护宏
#define SYS_ARCH_DECL_PROTECT(ulIntStatus)    u32_t    ulIntStatus = 0;
#define SYS_ARCH_PROTECT(ulIntStatus)  (ulIntStatus = ARMCoreDisableIntExt())
#define SYS_ARCH_UNPROTECT(ulIntStatus) (ARMCoreRestoreIntStatus(ulIntStatus))
// * 网络数据包结构体封装宏
#define PACK_STRUCT_FIELD(x)  __packed x
#define PACK_STRUCT_STRUCT
#define PACK_STRUCT_BEGIN        __packed
#define PACK_STRUCT_END
#define LWIP_PROVIDE_ERRNO
#define BYTE_ORDER LITTLE_ENDIAN
#endif
```

sys_arch.h 文件为操作系统模拟层接口函数实现文件的头文件，其代码如下所示：

```c
#ifndef __sys_arch_h__
#define __sys_arch_h__
// * ------------------------- 宏定义 -------------------------
#define MBOX_SIZE                   16      // * 指定邮箱能够接收的消息数量
#define MBOX_NB                     8       // * 指定邮箱个数,也就是链表长度
#define T_LWIP_THREAD_START_PRIO    7       // * LwIP 线程起始优先级号
#define T_LWIP_THREAD_MAX_NB        1       // * 最多允许建立一个线程
#define T_LWIP_THREAD_STKSIZE       512     // * LwIP 线程的堆栈大小
#define SYS_MBOX_NULL               (void *)0
#define SYS_SEM_NULL                (void *)0
// * ------------------------- 结构定义 -------------------------
/* LwIP 邮箱结构 */
typedef struct stLwIPMBox{
    struct stLwIPMBox     * pstNext;
    HANDLER               hMBox;
    void                  * pvaMsgs[MBOX_SIZE];
```

```
} ST_LWIP_MBOX, * PST_LWIP_MBOX;
//*------------------------一些自定义的数据类型------------------------
typedef HANDLER              sys_sem_t;
typedef PST_LWIP_MBOX        sys_mbox_t;      /* LwIP 邮箱
typedef u8_t                 sys_thread_t;    //* LwIP 线程 ID
#endif
```

perf.h 文件为声明性能测量使用的宏,其代码如下所示:

```
#ifndef __perf_h__
#define __perf_h__
//*------------------------ 常用宏定义 ------------------------
#define PERF_START          //* 开始测量
#define PERF_STOP(x)        //* 结束测量并记录结果
#endif
```

此外,还需要把 sys_arch.h 和 cc.h 文件添加到 sys_arch.c 文件中,使 sys_arch.c 中的相关函数能够使用这些新定义和数据类型。

以上的工作就完成了操作系统模拟层的实现。总的来说,操作系统模拟层的实现主要分为两个部分,一是与 CPU、编译器相关的部分,包括 cc.h 和 perf.h 两个文件;另外一个是与操作系统相关的部分,包括 sys_arch.h 和 sys_arch.c 两个文件。由于在 LwIP 中需要使用信号量通信,所以在 sys_arch.h、sys_arch.c 中实现了信号量结构体 sys_sem_t 和相关的信号量处理函数。这些处理函数包括创建一个信号量结构 sys_sem_new()、释放一个信号量结构 sys_sem_free()、发送信号量 sys_sem_signal()、请求信号量 sys_arch_sem_wait()。LwIP 使用消息队列来缓冲、传递数据报文,因此要在 sys_arch.h、sys_arch.c 中实现消息队列结构体 sys_mbox_t,以及相应的操作函数。这些操作函数包括创建一个消息队列 sys_mbox_new()、释放一个消息队列 sys_mbox_free()、向消息队列发送消息 sys_mbox_post()、从消息队列中获取消息 sys_arch_mbox_fetch()。LwIP 中每个与外界网络连接的线程都有自己的 timeout 属性,即等待超时时间,移植工作需要实现 sys_arch_timeouts() 函数,返回当前正处于运行态的线程所对应的 timeout 队列指针。LwIP 中网络数据的处理需要线程来操作,所以实现了创建新线程函数 sys_thread_new(),在 μC/OS-II 中,没有线程的概念,只有任务,因此必须要把创建新任务的函数 OSTaskCreate() 封装一下,才可以实现 sys_thread_new()。

3. 实现网络设备驱动程序

在网络节点设计中,网络芯片使用的 DM9161BIEP 芯片,该芯片实现了网络通信物理层的功能。在 LwIP 中可以有多个网络接口,每个网络接口都对应了一个 netif 结构,这个 netif 包含了相应网络接口的属性、收发函数。在网络设备驱动程序中主要就是实现 4 个网络接口函数:网卡初始化、网卡接收数据、网卡发送数据以及网卡中断处理函数。

第10章　嵌入式网络节点设计

LwIP 协议栈及网络协议芯片 DM9161BIEP 两者的初始化、网络驱动编程等方面较为复杂，涉及的知识点也非常多，本书的重点并不是详细讲解 LwIP 协议栈也非介绍 DM9161BIEP 芯片驱动。在基于 LwIP 协议的网络设备驱动程序编程中读者可以继续参考《嵌入式网络系统设计——基于 Atmel ARM7 系列》中的内容。该书详细地介绍了 LwIP 的初始化、网络驱动等方面的内容，并对其中涉及的重点函数进行了全面的讲解。因为本书设计的节点是使用 DM9161BIEP，和《嵌入式网络系统设计——基于 Atmel ARM7 系列》书中介绍的有所区别，因此在 lib_emac.c 中，关于 DM9161BIEP 相关寄存器和引脚设置上会有些不同。读者可以直接参考本书附带光盘中的代码，结合 DM9161BIEP 的芯片手册来学习掌握。通过查看驱动代码的编写过程，可以进一步加深对 LwIP 协议栈、网络代码工作过程、DM9161BIEP 芯片使用方法等诸多方面的理解。

10.5　网络节点应用程序代码

移植 μC/OS-II 和 LwIP 后，接下来需要做得就是编写网络应用程序。本书编写用于网络节点的应用程序主要是进行数据采集、协议转换、远程传输、远程控制等操作。本章网络节点共分为网络协议转换模块、模拟量输入电流采集节点、数字量输出远程控制节点。下面将主要根据这3个节点及其功能编写相应的网络节点应用程序。

10.5.1　网络协议转换模块应用程序设计

网络协议模块用于连接非以太网仪器仪表，使之具备以太网通信的能力。网络协议模块与传统设备连接后，通过 USART 等接口获得传统设备的实时数据，并将其转换为以太网信号，利用 UDP 协议上传至嵌入式 Web 服务器，使得 PC 机端的 Web 浏览器可以实时进行数据的采集与动态显示。网络协议转换模块的应用程序流程框图如图 10.24 所示。

应用程序初始运行时首先进行硬件设备的初始化，该过程主要是根据应用目的，对系统硬件进行初始设置，主要是上电初期硬件能够正常运行的最基本设置，还包含 μC/OS-II 系统内核的初始化，这个过程包括函数 __SetupHardware()和__SystemInitialization()。

因为网络协议转换模块与传统仪表之间是采用 USART 进行实时数据传输的，因此还需要对网络协议转换模块所使用的 AT91SAM7x256 的 USART 接口硬件进行初始化。这里调用 AT91F_US0_Init()函数，使用 CPU 的 USART0 串口进行通信。该函数的实现过程是通过调用 AT91SAM7x256 的官方库文件 lib_AT91SAM7X256.h 中的 USART 硬件寄存器配置函数实现的。

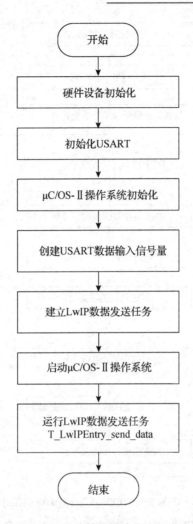

图 10.24　网络协议转换模块应用程序流程图

接下来网络应用程序调用 OSInit() 函数使 μC/OS-II 操作系统实现初始化,之后使用 OSSemCreate() 创建一个信号量并命名为 USART_Input_Sem。当传统设备采集到实时数据并经过 USART 传输到 AT91SAM7x256 的 USART 接口时触发该信号量,表明有实时数据发送到网络协议转换模块上,需要网络协议转换模块进行采集。此后,调用 OSTaskCreate() 函数创建 T_LwIPEntry_send_data 任务。该任务主要是阻塞等待 AT91SAM7x256 芯片的 USART 接口有实时数据到来。当有实时数据发送过来,该任务获得信号量 USART_Input_Sem 后继续执行,并读取 USART 接收缓存中的数据,后经 UDP 协议发送到嵌入式 Web 服务器端。任务 T_LwIPEntry_send_data 的工作流程如图 10.25 所示。

第10章 嵌入式网络节点设计

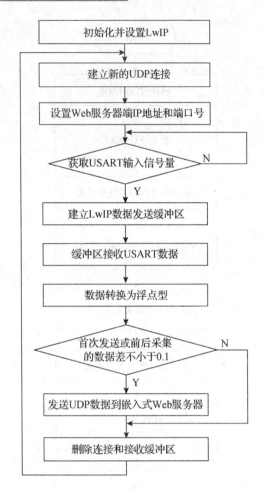

图 10.25 任务 T_LwIPEntry_send_data 的工作流程图

网络应用程序最后调用 OSStart() 函数启动 μC/OS-II 操作系统，T_LwIPEntry_send_data 任务立刻得以执行。

整个网络应用程序的入口函数如下所示：

```
int CMain(void)
{
    /*声明外部函数及变量*/
    extern void T_LwIPEntry_send_data(void *);
    extern OS_EVENT * USART_Input_Sem;
    /*硬件设备初始化和操作系统内核*/
    __SetupHardware();
    __SystemInitialization();
    /*初始化通信 USART 接口*/
    AT91F_US0_Init();
```

```c
/* μC/OS-II 操作系统初始化 */
OSInit();
/* 创建信号量 */
USART_Input_Sem = OSSemCreate(0);
/* 创建工作任务 */
OSTaskCreate(T_LwIPEntry_send_data,(void *)NULL,
            &T_LwIPEntry_send_data_STK[T_LwIPEntry_send_data_STKSIZE - 1],
            T_LwIPEntry_send_data_PRIOR);
/* 启动 μC/OS-II 操作系统 */
OSStart();
return(0);
}
```

硬件设备及操作系统内核初始化包括函数__SetupHardware()和__SystemInitialization()。其中函数__SetupHardware()根据应用目的,对系统硬件进行初始化设置,主要是针对系统外围,AIC 等的设置。函数__SystemInitialization()用于初始化内核调度定时器并加载动态函数库到指定 RAM。两个函数的代码如下所示:

```c
static void __SetupHardware(void)
{
    AT91F_PMC_EnablePeriphClock(AT91C_BASE_PMC, 1 << AT91C_ID_PIOB | 1
                                                    << AT91C_ID_EMAC);
}
static void __SystemInitialization(void)
{
    AT91F_AIC_ConfigureIt(AT91C_BASE_AIC,AT91C_ID_SYS,AT91C_AIC_PRIOR_
                        HIGHEST, AT91C_AIC_SRCTYPE_INT_HIGH_LEVEL, OSTickISR);
    AT91C_BASE_AIC->AIC_IECR = 0x01 << AT91C_ID_SYS;
}
```

选用 AT91SAM7x256 的 USART0 接口。通过调用 Atmel 官方 AT91SAM7x256 的 lib_AT91SAM7X256.h 库文件中的寄存器操作函数,实现对 USART、AIC、PDC 等相关寄存器的操作,最终开启 USART0 的串行通信功能。由于 USART0 从传统压力仪表所采集到的数据长度不定,所以不能使用接收缓冲区满则中断的方法。因此这里所使用的 USART0 的中断类型为超时中断,代码中定义超时 32 个比特周期未接到数据,则触发 USART0 中断,USART0 接口的初始化函数如下所示。

```c
void AT91F_US0_Init(void)
{
    /* 调用库函数配置 I/O */
    AT91F_US0_CfgPIO (); //
    /* 开 USART0 时钟 */
```

```c
        AT91F_PMC_EnablePeriphClock ( AT91C_BASE_PMC, 1<<AT91C_ID_US0 );
        /*调用库函数复位发送功能*/
        AT91F_US_ResetTx (AT91C_BASE_US0);
        /*调用库函数复位接收功能*/
        AT91F_US_ResetRx (AT91C_BASE_US0);
        /*调用库函数配置 USART0,设置 USART0 基地址、波特率等*/
        AT91F_US_Configure (AT91C_BASE_US0,
                            AT91B_MCK,
                            AT91C_US_ASYNC_MODE ,
                            AT91C_US0_BAUD,
                            0);
        /*允许串口 USART0 发送数据*/
        AT91F_US_EnableTx (AT91C_BASE_US0);
        /*允许串口 USART 接收数据*/
        AT91F_US_EnableRx (AT91C_BASE_US0);
        /*注册 USART0 中断,设置 USART0 中断处理函数为 US0_irq_handler */
        AT91F_AIC_ConfigureIt ( AT91C_BASE_AIC,
                            AT91C_ID_US0,
                            US0_SYS_LEVEL,
                            AT91C_AIC_SRCTYPE_INT_HIGH_LEVEL,
                            US0_irq_handler);
        /*PDC 外设数据控制器*/
        /*开启 PDC_US0*/
        AT91F_PDC_Open(AT91C_BASE_PDC_US0);
        /*开启 PDC_US0 接收数据,设置接收数组和长度,即 PDC 的 RPR 和 RCR*/
        AT91F_USRT_FrameReceive(AT91C_BASE_US0,ReceiveBuffer,BufferLength);
        /*允许 PDC_US0 发送*/
        AT91F_PDC_EnableTx(AT91C_BASE_PDC_US0);
        /*允许 PDC_US0 接收*/
        AT91F_PDC_EnableRx(AT91C_BASE_PDC_US0);
        /*定义 USART0 的中断类型为超时中断*/
        AT91F_US_EnableIt(AT91C_BASE_US0,AT91C_US_TIMEOUT);
        /*超时 32 个比特周期未接到数据,触发中断*/
        AT91C_BASE_US0 ->US_RTOR = 32;
        /*允许总中断*/
        AT91F_AIC_EnableIt (AT91C_BASE_AIC, AT91C_ID_US0);
    }
```

USART0 的中断处理函数的中断方式为超时中断。为了提高代码的处理速度,接收 USART0 传输数据的工作并不在 USART0 的中断处理函数进行,而是在采集到数据后立即调用 OSSemPend()函数发送一个信号量,让等待该信号量的 μC/OS-II 任务来接收采集数据。USART0 的中断处理函数 US0_irq_handler 的代码如下所示：

```
void US0_irq_handler(void)
{
    u32_t status;
    /*禁止中断*/
    AT91F_AIC_DisableIt(AT91C_BASE_AIC, AT91C_ID_US0);
    /*查看中断类型*/
    status = (AT91F_USART_GetStatus_zzf(AT91C_BASE_US0)&
                        AT91F_USRT_GetInterruptMaskStatus_zzf(AT91C_BASE_US0));
    /*如果是 TIMEOUT 超时中断使能且中断标志置位*/
    if (( status &AT91C_US_TIMEOUT))
    {
        /*设置下一次接收缓冲区位置(指针)和长度*/
        USART_rec_data_len = BufferLength - AT91C_BASE_PDC_US0 - >PDC_RCR;
        AT91C_BASE_PDC_US0 - >PDC_RCR = BufferLength;
        AT91C_BASE_PDC_US0 - >PDC_RPR = ReceiveBuffer;
        /*启动超时,计数值 32*/
        AT91C_BASE_US0 - >US_CR = AT91C_US_STTTO;
        /*采集到 USART0 有数据时,发送一个信号量*/
        OSSemPost(USART_Input_Sem);
    }
    else
    /*如果非超时中断,则表明出错,为纠正错误,屏蔽产生此中断位*/
    {
        AT91F_US_DisableIt (AT91C_BASE_US0,status );
    }
    /*重新开启中断*/
    AT91F_AIC_EnableIt (AT91C_BASE_AIC, AT91C_ID_US0);
}
```

硬件初始化设置完毕后，μC/OS-II 操作系统进行初始化，然后创建 USART_Input_Sem 信号量，并建立任务 T_LwIPEntry_send_data。该任务与远程嵌入式 Web 服务器建立 UDP 连接，读取 USART0 接口发送过来的实时数据并以 UDP 协议方式发送到嵌入式 Web 服务器端。该任务的代码如下所示：

```
void T_LwIPEntry_send_data(void * pvArg)
{
    struct netconn * conn;
    struct netbuf * buf;
    char * USART_data;
    int i;
```

```c
struct ip_addr addr;
extern OS_EVENT * USART_Input_Sem;
/*初始化 LwIP*/
__ilvInitLwIP();
/*设置 LwIP,包括添加配置网络接口、建立接收任务等工作*/
__ilvSetLwIP();
float_data_old = 0;
sendnum = 0;
while(OS_TRUE)
{
    /*建立 UDP 连接*/
    conn = netconn_new(NETCONN_UDP);
    /*设置远程嵌入式 Web 服务器端的 IP 地址为 0xc0a80001,即 192.168.0.1*/
    addr.addr = htonl(0xc0a80001);
    /*设置远程嵌入式 Web 服务器端的端口号为 5000*/
    netconn_connect(conn,&addr,5000);
    /*等待信号量*/
    OSSemPend(USART_Input_Sem,0,&__u8Err);
    /*创建缓冲区,并指定空间大小*/
    buf = netbuf_new();
    USART_data = netbuf_alloc(buf, USART_rec_data_len);
    /*读取接收缓冲区的数据*/
    for(i = 0; i < USART_rec_data_len; i++)
        USART_data[i] = ReceiveBuffer[i];
    /*将 USART0 发送过来的字符串格式数据转变为浮点型数据*/
    float_data_new = StoF(USART_data);
    /*去除采集误差,当前后两次采集的值之间差距在 0.1 个单位的时候才处理*/
    if(((float_data_new - float_data_old) >= 0.1)
                    || ((float_data_new - float_data_old) <= -0.1)
                    ||(sendnum = = 0))
    {
        /*利用 UDP 协议发送采集的数据到嵌入式 Web 服务器平台端*/
        netconn_send(conn, buf);
        sendnum = 1;
    }
    float_data_old = float_data_new;
    /*删除连接和数据缓冲区*/
    netconn_delete(conn);
    netbuf_delete(buf);
}
}
```

上述代码中使用了 LwIP 的 API 编程函数,netbuf_＊＊＊和 netconn_＊＊＊。这里不对这些函数的具体用法做过多地讲解,函数较易理解,读者可以参考 LwIP 的编程手册。这里需要读者具备一定的 LwIP 相关知识和编程能力。在 T_LwIPEntry_send_data 任务中,网络协议转换模块与远程嵌入式 Web 服务器之间建立 UDP 通信,并设置服务器端的 IP 地址和通信端口号,之后便开始等待 USART 数据到来时所触发的 USART_Input_Sem 信号量。当得到信号量后读取 USART0 端口接收缓存中的实时数据,并将其与上次的值进行比较。只有前后两次采集的值之间差距在 0.1 个单位时,才将实时采集到的压力数据发送到嵌入式 Web 服务器平台上。当数据发送完毕后,还要删除网络协议转换模块与远程嵌入式 Web 服务器之间的连接和数据缓冲区。然后任务再次循环建立 UDP 连接,并等待 USART0 中断处理函数发送过来的信号量。

10.5.2　模拟量电流采集节点应用程序设计

将工业中经常使用的 4～20 mA 模拟量信号直接接入采集模拟量电流值的网络节点中。该节点会将采集到的电流值通过 UDP 协议传输至嵌入式 Web 服务器,最终在 Web 浏览器上实现电流值变化的动态实时曲线。这里需要说明的一点是,该节点采集电流的过程中,接入的是 4～20 mA 的电流值,但是通过该网络节点 I/V(电流－电压)硬件变换电路,实际接入到 AT91SAM7x256 芯片的不是电流值而是电压值。节点将输入电流对应的电压值发送到嵌入式 Web 服务器后,再发送到 Web 浏览器中的 Java 程序中,并最终在 Java 代码中将电压值再次转换为电流值,并显示在 Web 浏览器中的动态界面中。模拟量采集网络节点的应用程序流程框图如图 10.26 所示。

该节点应用程序的流程与之前的网络协议转换模块基本相同,也是通过调用函数__SetupHardware()和__SystemInitialization()实现对系统硬件和操作系统内核的初始设置。

因为模拟量采集节点采集电流是通过 AT91SAM7x256 芯片内置的 ADC 模/数转换器进行的,因此还需要对 AT91SAM7x256 的 ADC 接口硬件设置进行初始化。这里调用 ADC_init()函数,该函数的实现过程也是通过调用 AT91SAM7x256 的官方库文件 lib_AT91SAM7X256.h 中的 ADC 控制寄存器配置函数实现的。

接下来网络应用程序调用 OSInit()函数使 μC/OS-II 操作系统实现初始化;并调用 OSTaskCreate()函数创建 T_LwIPEntry_AI 任务,该任务的工作就是与远程嵌入式 Web 服务区建立 UDP 连接;并周期性地采集模拟量电流值,采集后经 UDP 协议发送到嵌入式 Web 服务器端。任务 T_LwIPEntry_AI 的工作流程如图 10.27 所示。

第 10 章 嵌入式网络节点设计

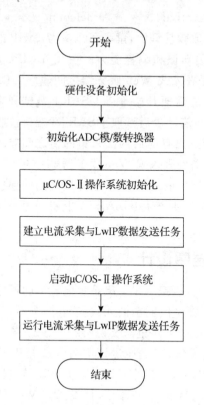

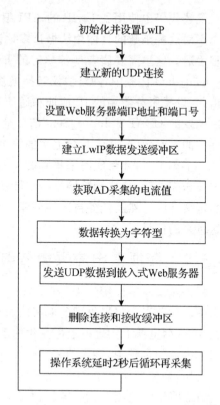

图 10.26 模拟量采集节点应用程序流程图　　图 10.27 任务 T_LwIPEntry_AI 的工作流程图

模拟量电流采集节点的网络应用程序入口函数如下所示：

```
int CMain(void)
{
    /*声明外部函数及变量*/
    extern void T_LwIPEntry_AI(void*);
    extern void ADC_init(void);
    /*硬件设备初始化和操作系统内核*/
    __SetupHardware();
    __SystemInitialization();
    /*初始化 AD 转换控制器*/
    ADC_init();
    /*μC/OS-II 操作系统初始化*/
    OSInit();
    /*创建工作任务*/
    OSTaskCreate(T_LwIPEntry_AI,(void*)NULL,
                &T_LWIPENTRY_STK[T_LWIPENTRY_STKSIZE-1],
                T_LWIPENTRY_PRIOR);
    /*启动 μC/OS-II 操作系统*/
```

```
    OSStart();
    return(0);
}
```

函数__SetupHardware()和__SystemInitialization()的代码如上一节所示,完成的功能没有变化。接下来就要初始化 A/D 转换控制器,此处编写了一个 ADC_init()函数,该函数的实现是通过调用 lib_AT91SAM7X256.h 中的 ADC 控制寄存器配置函数实现的。在函数内通过设置 ADC 寄存器,最终使能 AD 转换通道 4 用于采集模拟量电流值。ADC_init()函数的实现代码如下所示:

```
void ADC_init(void)
{
    /*软件复位 ADC 控制寄存器*/
    AT91F_ADC_SoftReset(AT91C_BASE_ADC);
    /*设置 ADC 控制寄存器的基地址、主时钟频率、AD 采集时钟频率、起始时间和
                                                    采样保持时间*/
    AT91F_ADC_CfgTimings(AT91C_BASE_ADC,MCK_CLK,ADC_CLK,
                        START_TIME,
                        TRACK_AND_HOLD_TIME);
    /*ADC 通道使能寄存器,AD 转换通道 4 使能*/
    AT91F_ADC_EnableChannel(AT91C_BASE_ADC,AT91C_ADC_CH4);
}
```

硬件初始化设置完毕后,初始化 μC/OS-II 操作系统,然后创建任务 T_LwIPEntry_AI。该任务与远程嵌入式 Web 服务器建立 UDP 连接,每隔 2 秒钟 1 个周期获取 AD 采集的实时电流值,并以 UDP 协议方式发送到嵌入式 Web 服务器端。该任务的代码如下所示:

```
void T_LwIPEntry_AI(void * pvArg)
{
    extern unsigned int ADC_Collection(void);
    struct netconn * conn;
    struct netbuf * buf;
    unsigned char * data;
    struct ip_addr addr;
    unsigned long AD_data;

    /*初始化 LwIP*/
    __ilvInitLwIP();
    /* 设置 LwIP,包括添加配置网络接口、建立接收任务等工作*/
    __ilvSetLwIP();
```

```c
while(OS_TRUE)
{
    /* 建立 UDP 连接 */
    conn = netconn_new(NETCONN_UDP);
    /* 设置远程嵌入式 Web 服务器端的 IP 地址为 0xc0a80001,即 192.168.0.1 */
    addr.addr = htonl(0xc0a80001);
    /* 设置远程嵌入式 Web 服务器端的端口号为 6000 */
    netconn_connect(conn,&addr,6000);
    /* 创建缓冲区,并指定空间大小 */
    buf = netbuf_new();
    data = netbuf_alloc(buf, 4);
    /* 开始 AD 采集 */
    AD_data = ADC_Collection();
    /* 将采集的长整型数据转换为字符串型数据 */
    LtoC(AD_data,data);
    /* 发送数据到嵌入式 Web 服务器端 */
    netconn_send(conn, buf);
    /* 删除连接和数据缓冲区 */
    netconn_delete(conn);
    netbuf_delete(buf);
    /* 延时 2 秒钟进入下一次采集周期 */
    OSTimeDlyHMSM(0, 0, 2, 0);
}
}
```

T_LwIPEntry_AI 任务最开始初始化 LwIP 协议栈,并利用 netconn_＊＊＊() 与 netbuf_＊＊＊() 函数与远程嵌入式 Web 服务器建立连接和创建数据交换缓冲区。接着调用 ADC_Collection() 函数进行模拟量电流值的采集,并将采集后的数据转换为字符串型后通过 UDP 协议发送到嵌入式 Web 服务器端,然后删除网络连接和数据缓冲区。最后调用 OSTimeDlyHMSM() 函数,延时 2 秒钟后再次循环采集电流值。同样可以看出,节点采集电流值并上传至服务器端的周期也为 2 秒钟。调用 AD 采集函数 ADC_Collection() 的代码如下所示:

```c
unsigned long ADC_Collection(void)
{
    unsigned int    value_adc;
    unsigned long value;
    /* 软件触发模式,开始 AD 转换 */
    AT91F_ADC_StartConversion(AT91C_BASE_ADC);
    /* 当 AD 采集通道 4 的数据采集转换结束时 */
    while(! (AT91F_ADC_GetStatus(AT91C_BASE_ADC)&AT91C_ADC_EOC4));
```

```
/*获得 AD 采集通道 4 中采集到并返回的数字量电压值*/
value_adc = AT91F_ADC_GetConvertedDataCH4(AT91C_BASE_ADC);
/*将数字量电压值转变为模拟量电压值*/
value = value_adc * ADVREF/TEN_BIT;
return value;
}
```

在 AD 采集模拟量电流的过程中，AT91SAM7x256 芯片 AD 采集控制器实际上采集到的是经过网络节点硬件 I/V 变换后得到的电压值。该电压值是与输入的电流值成一定对应关系的。上述 ADC_Collection() 函数通过调用 lib_AT91SAM7X256.h 中的 ADC 控制器函数实现对电压值的采集，并通过"value = value_adc * ADVREF/TEN_BIT"语句将采集到的数字量电压值转换为模拟量电压值并返回给 T_LwIPEntry_AI 任务。该任务在将该电压值发送给嵌入式 Web 服务器后再传至 Web 浏览器上的 Java Applet 程序。最终由 Java Applet 代码实现电压到电流的转换，并最终显示在 Web 浏览器的动态曲线中。

10.5.3 数字量输出远程控制节点应用程序设计

数字量远程控制节点用于接收来自嵌入式 Web 服务器的控制指令，该控制指令的内容是由 Web 浏览器中设定的。节点与服务器之间也是采用 UDP 协议进行通信的，网络节点接收控制指令后，根据控制指令的内容来控制 4 个 LED 灯的亮灭。驱动 LED 灯的 I/O 口是采用 AT91SAM7x256 的 PIOB 接口。数字量输出远程控制节点的应用程序流程框图如图 10.28 所示。

该节点应用程序的流程与之前的网络协议转换模块基本相同，也是通过调用函数 __SetupHardware() 和 __SystemInitialization() 实现对系统硬件和操作系统内核的初始化设置。但是由于将 AT91SAM7x256 芯片的 PIOB 用于数字量 I/O 输出接口，因此还需要在硬件初始化中开启 PIOB 对应引脚的 I/O 输出功能，将这部分代码添加到 __SetupHardware() 函数中。修改后该函数代码如下所示：

```
static void __SetupHardware(void)
{
    AT91F_PMC_EnablePeriphClock(AT91C_BASE_PMC,
                                1 << AT91C_ID_PIOB |
                                1 << AT91C_ID_EMAC);
    AT91F_PIO_CfgOutput(AT91C_BASE_PIOB,
                                AT91C_PIO_PB27 |
                                AT91C_PIO_PB28 |
                                AT91C_PIO_PB29 |
                                AT91C_PIO_PB30);
}
```

第10章 嵌入式网络节点设计

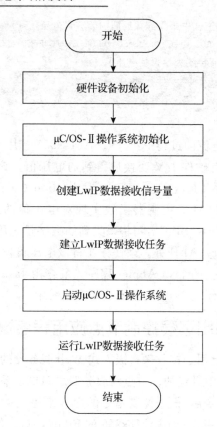

图 10.28 数字量输出远程控制节点应用程序流程图

在上述代码中通过 AT91F_PIO_CfgOutput() 函数将 AT91SAM7x256 的 PB27、PB28、PB29、PB30 定义为输出引脚,用于驱动 4 个 LED 灯。

接下来应用程序调用 OSInit() 函数使 μC/OS-II 操作系统实现初始化,之后使用 OSSemCreate() 创建一个名为 hReceiveSem 的信号量。当嵌入式 Web 服务器有控制指令发送到网络节点的网络接口时,网络接口驱动程序就会调用 OSSemPost() 函数释放一个信号量。此后,调用 OSTaskCreate() 函数创建 ReceiveResponse 任务。该任务主要是阻塞等待网络接口收到的嵌入式 Web 服务器控制指令,当有控制指令发送过来时该任务的 OSSemPend() 函数捕获到释放的信号量,任务得以运行,读取控制指令后根据指令的内容来对不同 LED 灯的亮灭进行控制操作。任务 ReceiveResponse 的工作流程如图 10.29 所示。

数字量远程控制节点的网络应用程序入口函数如下所示:

```
int CMain(void)
{
    /*声明外部函数及变量*/
    extern void ReceiveResponse(void);
```

```
    extern OS_EVENT * hReceiveSem;
    /*硬件设备初始化、设置 PIOB 的 I/O 输出功能以及操作系统内核*/
    __SetupHardware();
    __SystemInitialization();
    /* μC/OS-II 操作系统初始化 */
    OSInit();
    /*创建信号量*/
    hReceiveSem = OSSemCreate(0);
    /*建立任务*/
    OSTaskCreate (ReceiveResponse,
                  (void *)NULL,
                  &ReceiveResponse_STK[ReceiveResponse_STKSIZE - 1],
                  ReceiveResponse_PRIOR);
    /*启动 μC/OS-II 操作系统*/
    OSStart();
    return(0);
}
```

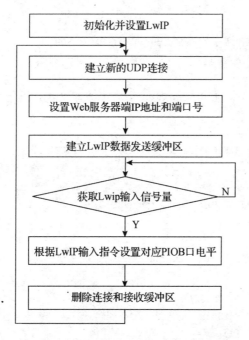

图 10.29 任务 ReceiveResponse 的工作流程

Cmain()函数中绝大部分的代码与之前节点相同。下面详细介绍任务 ReceiveResponse 的实现过程,代码如下所示:

```
void ReceiveResponse(void * pvArg)
{
```

```
            extern OS_EVENT * hReceiveSem;

            /* 初始化 LwIP */
            __ilvInitLwIP();
            /* 设置 LwIP,包括添加配置网络接口、建立接收任务等工作 */
            __ilvSetLwIP();

            while(OS_TRUE)
            {
                OSSemPend(hReceiveSem,0,&__u8Err);
                switch(*receive_command)
                {
                    case 'A':
                        AT91F_PIO_SetOutput(AT91C_BASE_PIOB, 1 << 27);
                        break;
                    case 'a':
                        AT91F_PIO_ClearOutput(AT91C_BASE_PIOB, 1 << 27);
                        break;
                    case 'B':
                        AT91F_PIO_SetOutput(AT91C_BASE_PIOB, 1 << 28);
                        break;
                    case 'b':
                        AT91F_PIO_ClearOutput(AT91C_BASE_PIOB, 1 << 28);
                        break;
                    case 'C':
                        AT91F_PIO_SetOutput(AT91C_BASE_PIOB, 1 << 29);
                        break;
                    case 'c':
                        AT91F_PIO_ClearOutput(AT91C_BASE_PIOB, 1 << 29);
                        break;
                    case 'D':
                        AT91F_PIO_SetOutput(AT91C_BASE_PIOB, 1 << 30);
                        break;
                    case 'd':
                        AT91F_PIO_ClearOutput(AT91C_BASE_PIOB, 1 << 30);
                        break;
                }
            }
        }
```

从上面的代码可以看出,ReceiveResponse 任务在初始化 LwIP 协议栈后便进入了阻塞等待信号量 hReceiveSem 的过程。释放这个信号量的函数 OSSemPost()出现在 ethernetif.c 文件的 low_level_init() 函数中，代码如下所示：

```c
static struct pbuf * low_level_input(struct netif * netif)
{
    struct pbuf * __pstPbuf = NULL, * __pstCurPbuf;
    INT16U __u16Len;
    /* 获取收到的信息包的长度 */
    __u16Len = GetInputPacketLen();
    if(__u16Len)
    {
        /* 从 pbuf pool 中获取一个 pbuf 链 */
        __pstPbuf = pbuf_alloc(PBUF_RAW, __u16Len, PBUF_POOL);
        if(__pstPbuf != NULL)
        {
            receive_data_len = __pstPbuf->len - 42;
            receive_data = __pstPbuf->payload;
            receive_command = receive_data + 42;
            OSSemPost(hReceiveSem);
            /* 复制数据 */
            for(__pstCurPbuf = __pstPbuf;
                    __pstCurPbuf != NULL;
                    __pstCurPbuf = __pstCurPbuf->next)
                EMACReadPacket(__pstCurPbuf->payload,
                        __pstCurPbuf->len,
                        (__pstCurPbuf->next == NULL));
        }
        else;
    }
    return __pstPbuf;
}
```

在 low_level_init() 函数中，网络节点收到的全部数据放置在 receive_data 变量中，调整指针的位置，去除掉以太网各个协议的报文报头，获得具体的控制指令并放置在 receive_command 变量里，此后立即调用 OSSemPost() 函数释放一个 hReceiveSem 信号量。ReceiveResponse 任务通过 OSSemPend() 函数捕获这个信号量后就开始判断 receive_command 变量的内容，并根据指令的不同控制不同的 LED 灯，其中 "A" 表示 LED1 亮、"a" 表示 LED1 灭、"B" 表示 LED2 亮、"b" 表示 LED2 灭、"C" 表示 LED3 亮、"c" 表示 LED3 灭、"D" 表示 LED4 亮、"d" 表示 LED14 灭。任务执行完一次控制指令响应后便循环等待下次控制指令。

第 10 章　嵌入式网络节点设计

10.6　本章小结

　　本章根据网络节点的功能将其大致分为两类,一种是网络采集节点,一种是远程网络控制节点。之后对各种网络节点进行了详细地硬件设计,并简要介绍了 μC/OS-II 操作系统和 LwIP 网络协议移植等方面的知识。最后详细介绍了网络节点应用程序的开发过程和代码,这里面涉及了很多 μC/OS-II 操作系统和 LwIP 协议的编程知识,建议读者查阅相关书籍和文档。

　　由于全书的重点是嵌入式 Web 服务器设计,网络节点开发过程中涉及的 μC/OS-II 操作系统和 LwIP 协议等方面的内容较为复杂,如果展开讲解会占用大量的篇幅,且这些知识在很多论文和书籍中都可以查找得到,故本章不对这两方面的内容做过多赘述。这里需要读者具备一定 μC/OS-II 操作系统和 LwIP 协议的基本知识和编程技能。对于本章中讲解的内容如果读者有不理解的地方可以参考相关书籍或在网络中搜索,大部分问题都可以找到对应的答案和代码。

第 11 章

嵌入式 Linux 系统 Web 服务器的软件实现

在之前几章的内容里详细介绍了嵌入式 Web 服务器开发中所涉及的基础知识，包括嵌入式 Linux 系统、多任务编程、BOA 服务器、Java 技术、SQlite 数据库等，并对嵌入式网络控制系统中的网络节点开发做了必要地分析和讲解。本章将利用之前所学的知识，并根据嵌入式 Web 服务器的功能需求，向大家详细阐述该服务器平台的软件实现过程。

11.1 嵌入式 Web 服务器软件结构分析

设计嵌入式 Web 服务器的软件代码，首先就要明确目标产品要实现哪些功能需求；然后对功能需求进行分析，确定实现的方式以及其中涉及的关键技术；之后将功能进行模块化区分，可以采用多进程或多线程的方法来对应处理功能模块，并在此基础上分析软件工作流程；此后编写代码，最后将编写好的代码进行编译和调试，看是否存在错误以及能否满足功能需求，并进一步修改代码直到代码无误且满足需求。嵌入式 Web 服务器最起码要具备以下几种基本功能：

- 实时采集网络节点数据；
- 控制远程网络节点；
- Web 浏览器用户配置及动态采集与显示；
- 数据库存储。

下面将根据这几点功能进行初步分析，确定代码的实现方法和基本步骤。

11.1.1 实时数据采集网络节点

在系统运行的过程中，Web 服务器需要采集网络节点发送过来的实时数据，因此网络节点和服务器之间就要建立某种形式的通信。对于以太网连接来说，可以考虑的通信形式有 TCP 协议和 UDP 协议，那么首先要确定是采用 TCP 通信还是 UDP 通信。

TCP 协议和 UDP 协议的主要区别在于两者在实现信息可靠传递方面的不同。TCP 协议中包含了专门的传递保证机制，当数据接收方收到发送方传来的信息时，会自动向发送方发出确认消息；发送方只有在接收到该确认消息之后才继续传送其他信息，否则将一直等待直到收到确认信息为止。与 TCP 不同，UDP 协议并不提供数据传送的保证机制。如果在从发送方到接收方的传递过程中出现数据报的丢失，协议本身并不能做出任何检测或提示。因此，通常人们把 UDP 协议称为不可靠的传输协议。单从可靠性上来看，TCP 协议较 UDP 协议有着很大的优势，那是否 UDP 协议就没有应用的场合呢？其实不然，虽然 TCP 协议中植入了各种安全保障功能，但是在实际执行的过程中会占用大量的系统开销，无疑使速度受到严重的影响。反观 UDP 由于排除了信息可靠传递机制，将安全和排序等功能移交给上层应用来完成，极大降低了执行时间，使速度得到了保证。因此，在网络数据传输上，UDP 协议具有 TCP 协议无法企及的速度优势。UDP 协议相对简单，容易管理，适宜应用在一些局域网系统应用程序中，而 TCP 协议则被广泛应用在文件传输、远程连接等需要数据被可靠传输的领域中。根据以上分析，在网络节点与嵌入式 Web 服务器之间进行数据通信较适合使用 UDP 协议进行。

本书中对于网络数据采集节点的选用采取了以下两种方式。一种方式是将网络节点制作成模块的形式，模块内置轻型的网络 TCP/IP 协议，将模块连接到传统仪表中。传统仪表将采集到的数据通过 USART、SPI、I²C 等接口发送到网络节点模块中。然后网络节点模块利用 UDP 协议发送到服务器端。另外一种方式是将网络节点制作成模拟量采集模块的形式，采集工业常用的 4~20 mA 电流值，并通过网络节点模块，利用 UDP 协议传送到服务器端。然后将两个网络节点设置成不同的 IP 地址，服务器端通过 IP 地址来区分采集到的数据是属于哪一个节点，并以此做出不同的处理方式。

嵌入式 Web 服务器端为了和网络节点进行 UDP 通信，首先就要建立 UDP 套接字并初始化 UDP 连接，之后便接收来自网络节点的实时数据，对于不同网络节点的数据依据 IP 地址的不同进行分类处理。此外 Web 服务器还需要开辟一段共享内存，并将采集到的数据放置在共享内存中。Web 浏览器中内置的 Java 程序与 Web 服务器进行通信，从这段共享内存中读取采集到的实时数据并以动态曲线或图形的方式显示出来。Web 服务器与 Java 程序之间的通信可以采用服务器主动上传数据或 Java 服务器主动读取共享内存两种方式之一进行。当网络节点没有数据上传至服务器端时，还需要将共享内存清空，并打印提示信息表示无数据发送到服务器上来。

11.1.2 远程控制网络节点

Web 服务器对于网络节点的控制指令是来自于 Web 浏览器中的控制信息，这个控制指令实际上是由 Java 程序发送给 Web 服务器的。Web 服务器需要和 Java 之间建立有效可靠的 TCP 连接。Web 服务器通过 TCP 协议采集到 Web 浏览器端发送过来的控制指令，并根据指令的不同，判断该指令是发送给哪一个被控网络节点的。

嵌入式 Web 服务器与被控的网络节点之间的通信仍然采用 UDP 协议进行，以保证较高的传输速度。被控的网络节点可以设置成数个简单的 LED 灯，通过 Web 浏览器发送的指令来实现对这几个 LED 灯亮灭的控制操作。Web 服务器和被控网络节点之间建立 UDP 通信连接，并初始化被控 LED 灯的状态（可以考虑全亮或全灭）。然后 Web 服务器便等待 Web 浏览器发送的控制指令，当 Web 浏览器有指令发送时则立刻触发 Web 浏览器对节点的操作，根据指令的不同实现对不同 LED 灯的控制。

11.1.3 Web 浏览器用户配置、动态采集与显示

关于利用 Java 制作界面的设计已经在之前的章节中有过详细的介绍，这里只是初步地分析下 Web 浏览器显示与采集、以及和 Web 服务器之间的通信思路。

Web 服务器与 Java Applet 程序之间采用 TCP 连接，两者在代码中都要建立起 TCP 套接字并初始化相应的配置。在 Web 浏览器上点击控制操作后，由 Java Applet 代码通过 TCP 协议发送控制指令到 Web 服务器，Web 服务器接收控制指令并分析是什么指令以及发送给哪个被控网络节点，之后利用 UDP 协议发送命令到目的网络地址，实现 Web 浏览器对远程网络节点的控制过程。

网络节点将采集的数据通过 UDP 协议上传至 Web 服务器后，由 Web 服务器根据节点 IP 地址不同进行初步处理，之后再通过 TCP 协议发送至 Web 浏览器端的 Java Applet 程序中实现动态数据采集。网络节点周期性地向 Web 服务器发送更新的实时数据，并将所有节点的采集数据放置在 Web 服务器端的一个共享内存中。Web 浏览器端的 Java Applet 程序按照一定时间向 Web 服务器发送读网络节点数据的请求指令，Web 服务器收到指令后将共享内存中的数据发送过去作为响应。共享内存中存放不同网络节点的实时数据，数据写入共享内存中可以采用一定的互斥方式，以防止写入数据出错。

11.1.4 数据库存储

SQLite 不是一个用于连接到大型数据库服务器的客户端软件，而是非常适合桌面程序和小型网站的数据库服务器。在嵌入式 Web 服务器的设计中，使用数据库 SQLite 来保存采集到的历史数据。将保存历史数据的代码放置到数据采集进程或线程中，采集后立即保存到数据库中，不需要为数据库单独创建一个独立的子进程或线程。

嵌入式 Web 服务器代码运行之前可以先创建一个数据库 ∗.db 文件以及数据库对应的表单，Web 服务器代码运行后便打开之前创建的数据库文件，当服务器采集到网络节点的数据后就将采集到的数据插入数据的表单中，如此循环往复。对应不同的网络节点可以创建数个数据库和表单。数据库在保存网络数据的同时还需要添加当时的系统时间以记录数据采集的具体时刻。

11.2 嵌入式 Web 服务器功能模块分析

实现嵌入式 Web 服务器需要对服务器的结构和功能进行仔细分析，对上述提到的 4 点服务器基本功能——实时采集网络节点数据、远程控制网络节点、Web 浏览器用户配置及动态采集与显示、数据库存储，进行模块化设计。可以采用多进程或子线程的方法来对应功能模块的设计，以达到任务的并发执行和处理。

11.2.1 主函数的分析与设计

线程与进程相比，使用线程来编写多任务及模块化设计程序比使用进程对系统的性能要求要低，占用的系统资源和负荷要小。更为重要的是，线程中公用变量和资源要比进程的方法简单很多。因此对于功能模块的设计可以采用线程的方式来实现，一个线程对应一个功能模块。采用线程池的方法可以进一步提高代码的扩展能力，也便于将来添加功能模块时代码的升级，方便后续维护和开发。

采用模块化的设计思想，可以大大简化嵌入式 Web 服务器的主函数设计。主函数仅仅调用必要的功能函数和初始化一些简单变量即可，具体功能的实现细节由各个线程完成。嵌入式 Web 服务器的主函数框架结构如图 11.1 所示。

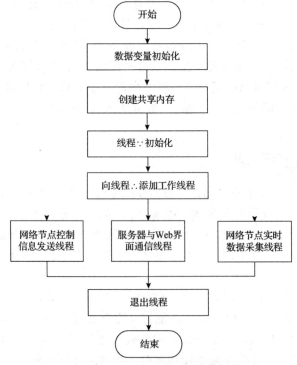

图 11.1　嵌入式 Web 服务器主函数结构

第 11 章　嵌入式 Linux 系统 Web 服务器的软件实现

在主函数中主要实现了变量初始化、创建共享内存、线程池初始化、创建功能模块线程以及退出线程等几个环节。

> 数据变量初始化：在代码主函数一开始执行的时候，需要初始化一些重要的数据变量，如服务器端与网络节点端的套接字描述符、网络地址结构等变量，以及收发数据所用的缓冲区、指向 IP 地址的指针、代码运行状态标志位等。

> 创建共享内存：共享内存是嵌入式 Web 服务器代码中一个非常重要的全局变量。该共享内存用于存放网络节点实时采集的数据。嵌入式 Web 服务器从这个共享内存中读取采集到的数据并与 Web 浏览器端的 Java Applet 程序进行通信，以达到 Web 浏览器动态显示网络节点实时数据的目的。不同网络节点在向共享内存中写入实时数据的过程中可能会遇到冲突，即数个节点的数据在同一时刻都要写入共享内存，这时就需要依靠多任务间的互斥技术来处理。

> 线程池初始化：之前分析决定采用线程池的方法来实现功能模块的代码编写，因此在主函数中需要对线程池进行初始化。函数 tpool_init()完成了线程池的初始化操作，包括对内存的设置、对线程属性的设置以及对线程池中的线程进行预创建等基本操作。

> 添加工作线程：在创建完线程池后就需要向里面添加用于实现功能模块的任务线程，这是因为在线程池初始化函数中预创建的线程是不能做任何工作的，只有当分配适当的工作线程后才会使创建的线程真正工作起来。使用 tpool_add_work()函数来向线程池中添加一个工作线程。根据任务功能的需求，创建 3 个线程就可以满足功能模块的要求，这 3 个线程分别是：Web 服务器端向网络节点发送控制信息线程 Java_Command_to_Node、Web 服务器端采集网络节点的实时数据线程 Data_Collection、Web 服务器端与 Web 浏览器的 Java Applet 程序进行 TCP 协议通信实现监控界面线程 Server_TCP_Web。对于数据库的信息存储可以放到网络节点实时数据采集线程中进行，不必单独设置一个处理线程。这 3 个线程之间的任务关系如图 11.2 所示。

从图 11.2 可以看出 3 个线程之间的联系，该结构与 11.1 一节中分析的内容相同。其中线程 Data_Collection 采集网络节点数据后放置到共享内存中，线程 Server_TCP_Web 从共享内存中读取数据后与 Web 浏览器中的 Java Applet 程序进行 TCP 通信，实现网络节点数据的动态显示。同时线程 Server_TCP_Web 又从 Web 浏览器获得对节点的控制指令，如果该指令并非为读共享内存指令，则为 Web 浏览器发送的控制网络节点指令，此时触发信号量并激活 Java_Command_to_Node 线程，该线程用于接收和执行 Web 浏览器发送的控制指令。

下面就针对这 3 个重要线程，介绍具体功能模块的实现方法。

第 11 章 嵌入式 Linux 系统 Web 服务器的软件实现

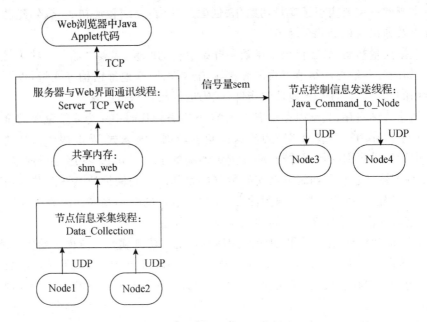

图 11.2　线程间通信框图

11.2.2　网络数据采集模块的分析与设计

在本书中设计了两个数据采集的网络节点,并将两者的 IP 地址分别设置为 192.168.0.135 和 192.168.0.136。用于接收网络节点数据的线程为 Data_Collection,该线程的结构流程如图 11.3 所示。

在接收网络节点信息之前,定义一些缓冲区用于临时保存接收到的节点数据,在采集前首先清空这些临时缓冲区。此外,该线程在运行的过程中还有可能涉及一些运行状态标志信息等多种变量,在此一并进行清零初始化操作。

因为嵌入式 Web 服务器与网络节点之间的通信是采用 UDP 协议进行的,所以在该线程内还要建立 UDP 网络连接以和网络节点进行数据交换。此过程包括创建 UDP 套接字描述符、初始化网络地址结构、绑定等相关操作。

之后将主函数中创建的共享内存在该线程中进行映射后获取共享内存的地址,这样就可以像使用通用内存一样对共享内存空间进行读写操作。网络节点采集到数据后就放置在这个共享内存中,等待 Java Applet 程序读取并在 Web 浏览器中动态显示采集到的数据。

在接收网络节点数据的服务器模型选型中,采用了之前在第 9 章最终推荐使用的 I/O 多路复用并发服务器模型。该模型通过使用 select() 函数对多个网络节点进行监视,当任一网络节点有数据发送到服务器端时,select() 函数立即监视到有数据传递到 Web 服务器端,然后进行网络数据的读取操作。如果没有数据则一直监听网络。

第 11 章　嵌入式 Linux 系统 Web 服务器的软件实现

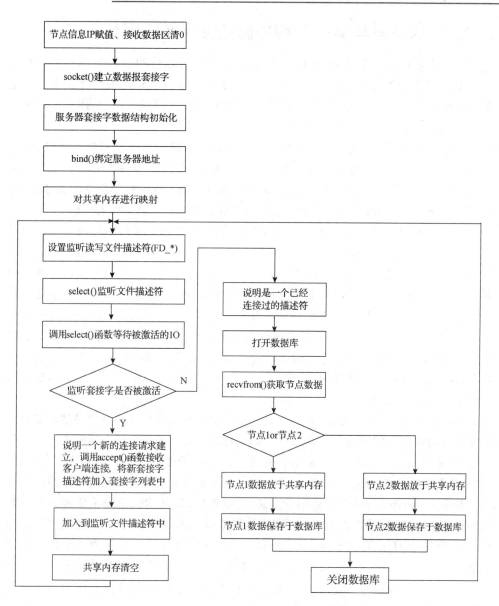

图 11.3　节点信息采集线程流程图

在检测到有数据来到服务器后,马上打开之前已经创建好的数据库文件。然后在此处 UDP 协议中使用 recvfrom() 函数来接收网络节点数据,将接收的数据进行信息判断以确定传输过来的数据来自于哪一个网络节点,其 IP 地址是多少。将数据保存到共享内存后根据 IP 地址的不同将采集数据放置到不同的数据库列表中保存历史数据。最后关闭数据库,再次循环等待下一组数据的到来。

11.2.3　服务器与 Web 界面通信模块分析与设计

服务器与 Web 浏览器中的 Java Applet 程序进行通信的线程为 Server_TCP_Web，该线程使用的通信协议为 TCP 协议，这样就和 Java Applet 程序建立起了稳定可靠的网络连接。使用 socket() 函数建立 TCP 流式套接字描述符、使用 bind() 函数进行网络地址结构的绑定、使用 listen() 函数监听网络。

Server_TCP_Web 线程为了从共享内存中读取网络节点采集到的实时数据，也需要在线程运行的开始进行共享内存地址的映射，获取共享内存的地址。此外还需要初始化一个信号量用于当 Web 浏览器中发出对网络节点的控制指令时去触发 Java_Command_to_Node 线程，以此来实现网络节点对远程控制操作的响应。

服务器与 Web 界面中 Java Applet 程序进行 TCP 协议通信的代码中也采用了 I/O 多路复用并发服务器模型。通过使用 select() 函数可以实现 Web 服务器同时对多个远程 Web 浏览器的访问请求进行监视。当任一 Web 浏览器有连接请求传递到 Web 服务器端时，select() 函数立即监视到该请求信息，然后检测该套接字描述符是否被激活。如果已经激活则说明该请求是一个新的连接，调用 accept() 函数接收请求，并将该套接字描述符加入到监听文件描述符队列中，之后就进行网络数据的读取操作。如果没有数据则一直监听网络。若套接字并没有被激活，说明该套接字描述符之前已经和服务器连接过的，此时可以调用 recv()、read() 等 I/O 读操作函数读取 Web 服务器的数据请求。

为了让 Web 服务器区分 Java Applet 发送过来的数据是读共享内存请求信息还是发送到网络节点的控制信息，可以将 Java Applet 发送的指令分为两种类型。一种发送"x"字符用于表示此时 Java Applet 需要读取共享内存中的实时网络节点数据，用于 Web 浏览器的动态显示；除此之外发送的数据都被认为是对网络节点的控制指令。其中 Java Applet 程序是周期性发送"x"字符的，以此达到连续采集网络节点数据的目的，而发送其他控制指令是当 Web 浏览器点击控制指令时才会发送的。当 Server_TCP_Web 线程采集到 Java Applet 的控制指令时会立即触发一个信号量来启动 Java_Command_to_Node 线程，用于响应 Web 浏览器的远程控制操作。而当 Server_TCP_Web 线程采集到的是"x"令时，该线程会读取共享内存中的节点信息然后发送回 Java Applet 程序。

Server_TCP_Web 线程的结构流程如图 11.4 所示。

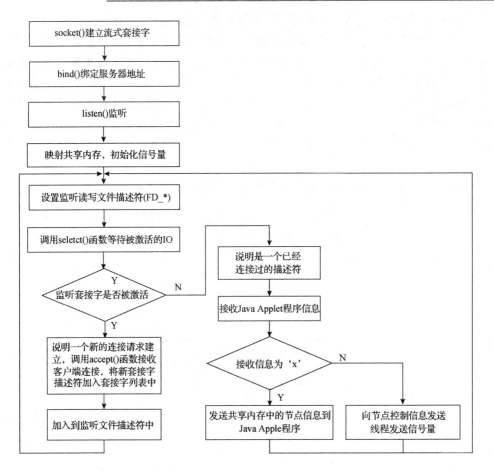

图 11.4　服务器与 Web 界面通信线程流程图

11.2.4　控制远程网络节点模块分析与设计

嵌入式 Web 服务器向远程网络节点发送控制指令的线程为 Java_Command_to_Node，Web 服务器与被控的远程网络节点之间的通信也是采用 UDP 协议进行，目的同样是为了提高服务器与节点之间的数据通信传输速度。因此，Java_Command_to_Node 线程一开始就要使用 socket()函数与网络节点建立套接字描述符，并初始化网络地址结构。由于该线程仅向网络节点发送数据，且网络节点的 UDP 代码中是循环监听网络并等待 Web 服务器发送节点控制指令的，因此网络节点中的 UDP 代码的作用相当于一个循环检测监听的 UDP 服务器端程序，Java_Command_to_Node 线程的 UDP 代码相当于一个 UDP 客户端程序，这样 Java_Command_to_Node 线程中 UDP 代码没有 bind()函数的绑定操作。

在线程代码起始运行阶段，可以向网络节点发送一些简单的初始化控制指令，比如让节点 LED 灯交替闪烁几次、全灭或全亮，或让蜂鸣器响一声等操作来初始化网络节点状态。之后就进入等待状态,等待 Web 浏览器的控制信息。

当节点状态初始化完毕后,该线程便进入了阻塞状态,等待信号量的到来。只有当 Web 服务器上有控制指令发出,且由 Server_TCP_Web 线程采集并判断为控制远程网络节点的指令时,Server_TCP_Web 线程将触发信号量 sem。等待 sem 信号量的 Java_Command_to_Node 线程获得这个信号量后随即跳出阻塞状态,并利用 switch()语句根据控制指令信息来判断是发送给哪一个网络节点的,之后将该控制指令发送给对应的网络节点。如果信号量 sem 一直没有到来,该线程将一直处于阻塞状态。

Java_Command_to_Node 线程的结构流程如图 11.5 所示。

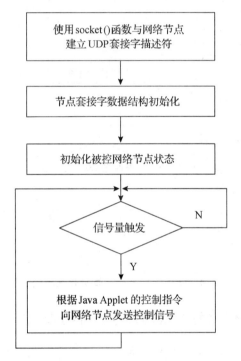

图 11.5　控制远程网络节点线程流程图

11.3　嵌入式 Web 服务器功能模块代码实现

完成了对嵌入式 Web 服务器各个功能模块的设计和分析,接下来需要做的就是根据功能要求和设计线程的流程图去编写具体的代码。代码的实现主要从以下几个方面入手,分别是:主函数代码设计、网络数据采集及数据库存储线程 Data_Collection 代码设计、服务器与 Web 界面通信线程 Server_TCP_Web 代码设计、控制远程网络节点线程 Java_Command_to_Node 代码设计。至于 Web 浏览器界面设计,以及

Java Applet 编程在之前的第 5 章已经做过详细地讲解。下面就以主函数和几个主要线程为重点讲述代码的具体实现。

11.3.1 主函数的实现

嵌入式 Web 服务器的主函数代码主要实现共享内存的创建、线程池初始化、创建任务线程等方面的工作。

1. 包含头文件

因为在主函数中涉及了共享内存、线程等方面的应用,所以在主函数中应该包括以下方面的头文件:

```c
#include <sys/types.h>
#include <sys/ipc.h>
#include <sys/shm.h>
#include <pthread.h>
```

此外,在代码中使用了线程池的概念,定义编写了线程池初始化、向线程池添加工作线程、销毁线程池等函数,因此还需要定义线程池的头文件 thread_pool.h。

```c
#include <pthread_pool.h>
```

线程池头文件 thread_pool.h 其代码如下所示:

```c
/*--------------------------------------------------
 * tpool.h- 线程池定义
  *--------------------------------------------------
*/
#ifndef _TPOOL_H_
#define _TPOOL_H_
#include <stdio.h>
#include <pthread.h>
/*工作线程链表*/
typedef struct tpool_work{
    void (*handler_routine)();        /*任务函数指针*/
    void *arg;                         /*任务函数参数*/
    struct tpool_work *next;           /*下一个任务链表*/
} tpool_work_t;
/*线程池结构体*/
typedef struct tpool{
    int num_threads;                   /*最大线程数*/
    int max_queue_size;                /*最大任务链表数*/
    int do_not_block_when_full;        /*当链表满时是否阻塞*/
    pthread_t *threads;                /*线程指针*/
    int cur_queue_size;
```

第11章 嵌入式 Linux 系统 Web 服务器的软件实现

```
    tpool_work_t *queue_head;           /* 链表头 */
    tpool_work_t *queue_tail;           /* 链表尾 */
    pthread_mutex_t queue_lock;         /* 链表互斥量 */
    pthread_cond_t queue_not_full;      /* 链表条件量—未满 */
    pthread_cond_t queue_not_empty;     /* 链表条件量—非空 */
    pthread_cond_t queue_empty;         /* 链表条件量—空 */
    int queue_closed;
    int shutdown;
} tpool_t;
/* 初始化连接池 */
extern tpool_t *tpool_init(int num_worker_threads,\
    int max_queue_size, int do_not_block_when_full);
/* 添加一个工作线程 */
extern int tpool_add_work(tpool_t *pool, void (*routine)(), void *arg);
/* 清除线程池 */
extern int tpool_destroy(tpool_t *pool, int finish);
#endif /* _TPOOL_H_ */
```

2. 关键变量定义

➢ 使用共享内存,则需定义一个 int 类型的共享内存区域,该变量由 shmget()函数调用后返回得到:

```
int shm_sn;
```

➢ 使用线程池,则需定义一个指向线程池的指针:

```
tpool_t *pool;
```

➢ 在使用 shmget()函数创建共享内存时,这个函数的参数中会用到 IPC 结构的键值。共享内存、消息队列、信号量等都是由内核维护的进程间的通信方式。它们都是以 IPC 结构的形式存在于内核中,并在内部以标示符的方式加以应用,而在外部则通过键值引用。键的数据结构为 key_t 类型,由内核负责将它转换为标示符。键值的变量定义为:

```
key_t key;
```

3. 实现代码

嵌入式 Web 服务器的主函数代码如下所示:

```
int main(int argc, char *argv[])
{
    tpool_t *pool;
    key = ftok("/ipc/sem",'a');
    shm_sn = shmget(key,4096,IPC_CREAT);
```

```
    pool = tpool_init(10,20,1);
    tpool_add_work(pool,Java_Command_to_Node,"NULL");
    tpool_add_work(pool,Server_TCP_Web,"NULL");
    tpool_add_work(pool,Data_Collection,"NULL");

    pthread_exit(NULL);
}
```

在上述主函数代码中定义了指向线程池的指针 pool,然后通过 ftok() 函数将参数"/ipc/sem"指定的文件转换为 System V IPC 函数所需使用的键值 key。ftok()函数的使用方法读者可以自行查阅。

使用 shmget() 函数创建一段共享内存,并指定共享内存的空间大小。在 shmget() 函数中使用 IPC_CREATE 参数表示创建共享内存的时候如果内核中不存在该内存段则创建它。调用该函数后将返回一段新创建内存段的段标识符,并将其返回给变量 shm_sn。

然后主函数使用 tpool_init() 函数完成了线程池的初始化工作,包括内存的设置、线程属性设置以及线程池中线程的预创建等工作。这段代码中创建了 1 个有 10 个工作线程,最大 20 个任务队列的线程池。其中 tpool_init() 函数的代码如下所示:

```
pool_t * tpool_init(int num_worker_threads,int max_queue_size,int do_not_block_when_full)
{
    int i, rtn;
    tpool_t * pool;
    lprintf(log, INFO, "init pool begin ...\n");
    /* 创建线程池结构体 */
    if((pool = (struct tpool * )malloc(sizeof(struct tpool))) = = NULL) {
        lprintf(log, FATAL, "Unable to malloc() thread pool! \n");
        return NULL;
    }
    /* 设置线程池架构体成员 */
    pool->num_threads = num_worker_threads;          /* 工作线程个数 */
    pool->max_queue_size = max_queue_size;           /* 任务链表最大长度 */
    /* 任务链表满时是否等待 */
    pool->do_not_block_when_full = do_not_block_when_full;
    /* 生成线程池缓存 */
    if((pool->threads = (pthread_t * )malloc(sizeof(pthread_t) * num_worker_threads)) = =
                                                                                    NULL)
    {
        lprintf(log, FATAL,"Unable to malloc() thread info array\n");
        return NULL;
    }
```

```c
/* 初始化任务链表 */
pool->cur_queue_size = 0;
pool->queue_head = NULL;
pool->queue_tail = NULL;
pool->queue_closed = 0;
pool->shutdown = 0;
/* 初始化互斥变量,条件变量 用于线程之间的同步 */
if((rtn = pthread_mutex_init(&(pool->queue_lock),NULL)) != 0){
    lprintf(log,FATAL,"pthread_mutex_init %s",strerror(rtn));
    return NULL;
}
if((rtn = pthread_cond_init(&(pool->queue_not_empty),NULL)) != 0){
    lprintf(log,FATAL,"pthread_cond_init %s",strerror(rtn));
    return NULL;
}
if((rtn = pthread_cond_init(&(pool->queue_not_full),NULL)) != 0){
    lprintf(log,FATAL,"pthread_cond_init %s",strerror(rtn));
    return NULL;
}
if((rtn = pthread_cond_init(&(pool->queue_empty),NULL)) != 0){
    lprintf(log,FATAL,"pthread_cond_init %s",strerror(rtn));
    return NULL;
}
/* 创建所有的线程 */
for(i = 0; i != num_worker_threads; i++){
    if( (rtn=pthread_create(&(pool->threads[i]),NULL,tpool_thread,(void *)pool)) != 0){
        lprintf(log,FATAL,"pthread_create %s\n",strerror(rtn));
        return NULL;
    }
    lprintf(log, INFO, "init pthread %d! \n",i);
}
lprintf(log, INFO, "init pool end! \n");
return pool;
}
```

在 tpool_init()函数中预创建的线程是不能做任何工作的,只有当分配工作线程后才能使预创建的线程真正工作起来。调用 tpool_add_work()向线程池内连续添加了 3 个工作线程,分别为我们之前分析的 3 个功能模块处理线程:网络数据采集及数据库存储线程 Data_Collection、服务器与 Web 界面通信线程 Server_TCP_Web、控制远程网络节点线程 Java_Command_to_Node。这 3 个线程的具体工作代码将在下面的内容中做详细介绍。tpool_add_work()函数的代码如下所示：

```c
int tpool_add_work(tpool_t *pool,void (*routine)(void *),void *arg)
{
    int rtn;
    tpool_work_t *workp; /* 当前工作线程 */
    if((rtn = pthread_mutex_lock(&pool->queue_lock)) != 0){
        lprintf(log,FATAL,"pthread mutex lock failure\n");
        return -1;
    }
    /* 采取独占的形式访问任务链表 */
    if((pool->cur_queue_size == pool->max_queue_size) && \
        (pool->do_not_block_when_full)) {
        if((rtn = pthread_mutex_unlock(&pool->queue_lock)) != 0){
            lprintf(log,FATAL,"pthread mutex lock failure\n");
            return -1;
        }
        return -1;
    }
    /* 等待任务链表为新线程释放空间 */
    while((pool->cur_queue_size == pool->max_queue_size) &&
        (!(pool->shutdown || pool->queue_closed))) {
        if((rtn = pthread_cond_wait(&(pool->queue_not_full),
                &(pool->queue_lock))) != 0) {
            lprintf(log,FATAL,"pthread cond wait failure\n");
            return -1;
        }
    }
    if(pool->shutdown || pool->queue_closed) {
        if((rtn = pthread_mutex_unlock(&pool->queue_lock)) != 0) {
            lprintf(log,FATAL,"pthread mutex lock failure\n");
            return -1;
        }
        return -1;
    }
    /* 分配工作线程结构体 */
    if((workp = (tpool_work_t *)malloc(sizeof(tpool_work_t))) == NULL) {
        lprintf(log,FATAL,"unable to create work struct\n");
        return -1;
    }
    workp->handler_routine = routine;
    workp->arg = arg;
```

```
        workp->next = NULL;
        if(pool->cur_queue_size == 0){
            pool->queue_tail = pool->queue_head = workp;
            if((rtn = pthread_cond_broadcast(&(pool->queue_not_empty))) != 0){
                lprintf(log,FATAL,"pthread broadcast error\n");
                return -1;
            }
        }
        else {
            pool->queue_tail->next = workp;
            pool->queue_tail = workp;
        }
        pool->cur_queue_size++;
        /* 释放对任务链表的独占 */
        if((rtn = pthread_mutex_unlock(&pool->queue_lock)) != 0){
            lprintf(log,FATAL,"pthread mutex lock failure\n");
            return -1;
        }
        return 0;
}
```

11.3.2 网络数据采集代码的实现

网络数据采集部分的代码除了需要采集不同网络节点实时数据外,还要将采集的数据保存到数据库列表中。

1. 包含头文件

因为在该线程中涉及了网络套接字编程、共享内存、I/O 多路复用、系统时间、数据库、IP 地址转换等方面的内容,所以网络数据采集代码中应该包括以下方面的头文件。

```
#include <sys/socket.h>
#include <sys/shm.h>
#include <sys/time.h>
#include <sys/types.h>
#include <sqlite3.h>
#include <netinet/in.h>
#include <unistd.h>
```

sqlite3.h 头文件是在对 sqlite3.3.6 编译完成后生成的,具体内容参见第 7 章。

2. 关键变量定义

➢ 定义常量：

```
define    BUFFLEN      100        /*接收缓冲区的长度大小*/
#define   WAIT_TIMES   300        /*延时等待网络节点数据再次到来时间*/
```

➢ 定义有网络节点实时数据传递到嵌入式 Web 服务器段的标志位：

```
int node1_flag;
int node2_flag;
```

➢ 创建用于与网络节点进行 UDP 通信的相关套接字描述符和变量：

```
int server_socket;                                /*服务器套接字文件描述符*/
struct sockaddr_in addr_local;                    /*定义服务器地址结构*/
struct sockaddr_in addr_remote;                   /*定义网络节点地址结构*/
int sin_size = sizeof(struct sockaddr);
```

➢ 指向共享内存的字符型指针：

```
char * shms_sn;
```

➢ 定义和非阻塞模型有关的变量，tv 用于表示等待的阻塞时间，readfds 用于 select()函数使用时监听的文件描述符集合：

```
struct timeval tv;
fd_set readfds;
```

➢ 接收网络节点数据的字符串型接收缓冲区：

```
char revbuf[BUFFLEN];
```

➢ 定义用于表示节点 IP 地址的字符串变量：

```
char * node1_ipaddr;
char * node2_ipaddr;
char * temp_ipaddr;           /*临时存储发送端 IP 地址的字符串指针*/
```

➢ 定义一个整形变量，用于表示进行 IP 地址字符串比较后的返回值：

```
int compare;
```

➢ 定义和网络节点实时数据有关的变量：

```
float pressure_float;
int pressure_int;
float current_float;
int current_int;
int len;
char string[BUFFLEN];
```

```
char node_string[BUFFLEN];
char node1_string[BUFFLEN];
char node2_string[BUFFLEN];
```

3. 实现代码

网络数据采集与数据库保存线程 Data_Collection 的实现代码如下所示:

```
/*线程 Data_Collection 建立 UDP 连接,用于采集节点 Node1 - 差压变送器的值和
  Node2 - AI 电流采集的值并保存到共享内存 shm_web 里,然后由线程 Server_TCP_Web 读取共
  享内存并在 Web 浏览器中显示,读取节点数据的同时并保持到数据库中*/
void Data_Collection(void * arg)
{
    /*节点共享资源字符串数据区清零*/
    node1_buffer_clean();
    node2_buffer_clean();
    /*将节点信号标志清零*/
    node1_flag = 0;
    node2_flag = 0;

    /* 获得套接字文件描述符 */
    if( (server_socket = socket(AF_INET, SOCK_DGRAM, 0)) = = -1 )
    {
        printf("ERROR: Failed to obtain Socket Despcritor.\n");
        return (0);
    }
    else
    {
        printf("OK: Obtain Socket Despcritor sucessfully.\n");
    }
    /*初始化地址结构*/
    memset(&addr_local, 0, sizeof(addr_local));/*清零*/
    addr_local.sin_family = AF_INET;/*AF_INET 协议族*/
    addr_local.sin_addr.s_addr = htonl(INADDR_ANY);/*任意本地地址*/
    addr_local.sin_port = htons(PORT_NODE);/*服务器端口*/
    /*端口绑定*/
    if( bind(server_socket, (struct sockaddr * )&addr_local, sizeof(struct sockaddr))
= = -1 )
    {
        printf("ERROR: Failed to bind Port %d.\n",PORT);
        return (0);
    }
    else
```

```c
        {
            printf("OK: Bind the Port %d sucessfully.\n",PORT);
        }

/*用函数 shmat()来获取共享内存的地址*/
shms_sn = (char *)shmat(shm_sn,0,0);
while(running)
{
    /*设置通信阻塞等待时间为5秒钟*/
    tv.tv_sec = 5;
    tv.tv_usec = 0;
    /*每次循环都要清空文件描述符集合,否则就不能检测描述符的变化*/
    FD_ZERO(&readfds);
    /*将套接字描述符 sockfd_server 添加到文件描述符集合中*/
    D_SET(server_socket, &readfds);
    if (select(server_socket + 1,&readfds,NULL, NULL, &tv) > 0)
    {
        /*当有数据到来的时候打开数据库文件,这里使用数据库的绝对路径*/
        if( (sqlite3_open("/mnt/nfs/Data.db", &db)) ! = 0 )
        {
            fprintf(stderr, "Can't open database: %s\n", sqlite3_errmsg(db));
            exit(1);
        }
        /*接收缓冲区清零,revbuf 里面用于存储从网络节点通过 udp 传来的数据*/
        memset(revbuf,0,BUFFLEN);
        recvfrom(server_socket, revbuf, BUFFLEN, 0, (struct sockaddr
                                        *)&addr_remote, &sin_size);
        /*获得 UDP 节点发送端的 IP 地址,并换为点分四段式 IP 地址*/
        temp_ipaddr = inet_ntoa(addr_remote.sin_addr);
        /*比较 UDP 发送端节点的 IP 地址是否和指定的 IP 地址相同*/
        compare = strcmp(temp_ipaddr,node1_ipaddr);
        switch(compare)
        {
            /*当 IP 地址为 192.168.0.135 的节点传来信息时*/
            case 0:
                /*当节点有据到来时,设置标志信号,赋值的大小对应延时等待的时间*/
                node1_flag = WAIT_TIMES;
                /*将采集的网络节点差压变送器的压力值放到 pressure_float 变量里*/
                pressure_float = StoF(revbuf);
                /*将浮点数变量扩大 100 倍,然后取小数点后两位作为精度*/
                pressure_int = pressure_float * 100;
                /*表示把整数 pressure_int 打印成一个字符串保存在 string 中*/
```

```c
            sprintf(string," % + d",pressure_int);
            /*提取string字符串的长度,也就是提取压力值中有效数据的长度*/
            len = strlen(string);
            /*node1_string的前三位保存IP地址最后一段,后几位保存节点信息*/
            for(i = 0;i<len;i + +)
            {
                node1_string[3 + i] = string[i];
            }
            node1_string[3 + len] = 0;
            /*将服务器采集的节点值发送到共享内存中*/
            memcpy(shms_sn,node1_string,strlen(node1_string) + 1);
            /*将采集时间、压力值保存到数据库Data.db的pressure表单中*/
            sprintf(sql0,"insert into pressure values(datetime(now),
                                                    % f)",pressure_float);
            sqlite3_exec(db, sql0, NULL, NULL, &zErrMsg);
            break;
        /*当IP地址是192.168.0.136的节点传来信息时*/
        case 1:
            /*当节点有据到来时,设置标志信号,赋值的大小对应延时等待的时间*/
            node2_flag = WAIT_TIMES;
            /*将采集的网络节点AI的电流值放到current_int变量里*/
            current_int = CtoL(revbuf);
            /*表示把整数current_int打印成一个字符串保存在string中*/
            sprintf(string," % d",current_int);
            /*提取string字符串的长度,也就是提取压力值中有效数据的长度*/
            len = strlen(string);
            /*node2_string的前三位保存IP地址最后一段,后几位保存节点信息*/
            for(i = 0;i<len;i + +)
            {
                node2_string[3 + i] = string[i];
            }
            node2_string[3 + len] = 0;
            /*将服务器采集到的网路节点的值发送到共享内存中,完成数据传递*/
            memcpy(shms_sn,node2_string,strlen(node2_string) + 1);
            Current_flout = voltage-int/100.0;
            /*将采集时间、电流值保存到数据库Data.db的current表单中*/
            sprintf(sql0,"insert into current values(datetime(now),
                                                    % d)",current_int);
            sqlite3_exec(db, sql0, NULL, NULL, &zErrMsg);
            break;
        }
}//end of {if (select(server_socket + 1,&readfds,NULL, NULL, &tv)>0)}
```

第 11 章 嵌入式 Linux 系统 Web 服务器的软件实现

```
    /*当网络节点无数据到来是时,将 string 字符串清零,以保证共享内存中的值也
      为 0,使得发送到 Web 浏览器上的显示采集值也是 0 */
    else
    {
        printf("Timeout! There is no data arrived! \n");
        node_buffer_clean();
        memcpy(shms_sn,node_string,strlen(node_string) + 1);
    } //end of else
    /*关闭数据库*/
    sqlite3_close(db);
} //end of while
return 0;
}
```

Data_Collection 线程一开始就调用两个函数 node1_buffer_clean()和 node2_buffer_clean()对节点 1 和节点 2 的专用数据传输字符串数据进行清零,两个函数的代码如下所示:

```
void node1_buffer_clean()
{
    /* ASCII 数值,对应 10 进制的 1,表示 IP 地址 192.168.135 中 135 的"1" */
    node1_string[0] = 31;
    /* ASCII 数值,对应 10 进制的 3,表示 IP 地址 192.168.135 中 135 的"3" */
    node1_string[1] = 33;
    /* ASCII 数值,对应 10 进制的 5,表示 IP 地址 192.168.135 中 135 的"5" */
    node1_string[2] = 35;
    node1_string[3] = 30;
    node1_string[4] = 30;
    node1_string[5] = 30;
    node1_string[6] = 30;
    node1_string[7] = 30;
    node1_string[8] = 30;
    /*数据结束标志位"/0"*/
    node1_string[9] = 0;
}
void node2_buffer_clean()
{
    /* ASCII 数值,对应 10 进制的 1,表示 IP 地址 192.168.136 中 136 的"1" */
    node2_string[0] = 31;
    /* ASCII 数值,对应 10 进制的 3,表示 IP 地址 192.168.136 中 136 的"3" */
    node2_string[1] = 33;
```

第 11 章　嵌入式 Linux 系统 Web 服务器的软件实现

```
        /*ASCII 数值,对应 10 进制的 5,表示 IP 地址 192.168.136 中 136 的"6"*/
        node2_string[2] = 36;
        node2_string[3] = 30;
        node2_string[4] = 30;
        node2_string[5] = 30;
        node2_string[6] = 30;
        node2_string[7] = 30;
        node2_string[8] = 30;
        /*数据结束标志位"/0"*/
        node2_string[9] = 0;
}
```

　　node1_string[]和 node2_string[]两个数组的前 3 个元素为用于表示对应节点 IP 地址的最后一段,之后的 6 个元素用于表示存储的节点采集数据,最后 1 个元素用于代表结束标识位。

　　Web 服务器与节点之间是采用 UDP 通信,Data_Collection 线程在此处是作为 UDP 服务器使用与网络节点进行数据交换的,因此需要建立 UDP 套接字描述符、设置地址结构、绑定套接字描述符等操作,这些过程使用了 socket()函数、bind()函数。此后,该线程使用 shmat()函数对主函数中创建的共享内存进行挂载,获得共享内存的地址,之后就可以像使用通用内存一样对其进行读写操作了。

　　Data_Collection 线程对网络节点的监听采用 I/O 多路复用的方式,并将其设置为非阻塞方式,阻塞等待的时间由 tv 变量设置,在此处设置为等待 5 秒钟。当网络节点没有数据发送到服务器端时,代码直接跳转到该线程最后的 else 处,并打印 "Timeout! There is no data arrived!"然后将调用 memcpy()函数将共享内存清空,保证在无网络节点数据到来时发送到 Web 浏览器端的数据也是 0,保证动态曲线显示正确。当网络节点中有数据发送至服务器端时,首先调用 sqlite3_open()函数打开数据库文件,稍后用来向里面写入保存的节点数据。这里使用数据库存放的绝对路径,寻找已建立到数据库。然后清空 Web 服务器的接收缓冲区、获得提取 UDP 节点发送过来的数据,并提取节点的 IP 地址临时放置在 temp_ipaddr 变量中。对获得的 IP 地址进行判定,确定发送过来的节点数据其是属于节点 1 还是节点 2。

　　如果接收的数据是由节点 1 发送过来的,说明传递过来的是压力值。由于网络节点 1 发送的数据是用 IEEE 型字符串表示的浮点值,需要对数据进行强制类型转换,将其转换为压力值所用的浮点型数据,使用函数为 StoF(),该函数的代码如下所示:

```
float StoF(unsigned char y[4])
{
    float a;
    unsigned char i, *px;
```

```
    void * pf;
    px = y;
    pf = &a;
    for(i = 0;i<4;i + +)
    {
        *((unsigned char *)pf + 3 - i) = *(px + i);
    }
    return a;
}
```

为了便于和 Web 浏览器端的 Java Applet 程序进行通信,将转换后的浮点数变量扩大 100 倍转换成整型变量 pressure_int。然后把整数 pressure_int 打印成一个字符串保存在 string 变量中,将采集的压力值放到 string 字符串内。因为压力值可能为正值也可能为负值,因此 sprintf() 函数中"%+d"的作用就是无论数据是正值还是负值,都强制在数值前添加正负号。之后将转换好的压力值保存在 node1_string[] 数组中,并将其写入到共享内存中,等待 Web 浏览器端 Java Applet 代码通过 TCP 协议通信读取该共享内存中的压力值。最后调用 sqlite3_exec() 函数将数据的采集时间和采集到的压力值一并保存到数据库中。

如果接收的数据是由节点 2 发送过来的,说明传递过来的是电流值。由于网络节点 2 发送的数据是用 IEEE 型字符串表示的浮点值,需要对数据进行强制类型转换,将其转换为电流表示所用的长整型数据,因此使用函数为 CtoL(),该函数的代码如下所示:

```
unsigned long CtoL(unsigned char a[4])
{
    unsigned long L1;
    unsigned char * px;
    void * pf;
    px = a;
    pf = &L1;
    *(unsigned char *)pf = * px;
    *((unsigned char *)pf + 1) = *(px + 1);
    *((unsigned char *)pf + 2) = *(px + 2);
    *((unsigned char *)pf + 3) = *(px + 3);
    return(L1);
}
```

将电流值转换为长整型 current_int 后保存在变量 string 中,因为采集到的电流值不会出现负值,所以在格式转换的时候不需要"%+d"。之后将转换好的电流值保存在 node2_string[] 数组中,并将其写入到共享内存中,等待 Web 浏览器端 Java Applet 代码通过 TCP 协议通信读取该共享内存中的电流值。最后调用 sqlite3_exec

( )函数将数据的采集时间和采集到的电流值一并保存到数据库中。

11.3.3 服务器与 Web 界面通信代码的实现

服务器与 Web 界面通信线程 Server_TCP_Web 与 Web 界面内的 Java Applet 代码建立 TCP 连接；然后读取共享内存里面的数据，并将其以 TCP 通信的方式传递给 Java Applet 代码，用于 Web 浏览器显示；同时采集 Web 浏览器传递过来的对网络节点的控制指令，并以信号量的方式触发线程 Java_Command_to_Node，实现对远程网络节点中 4 个 LED 灯亮灭和蜂鸣器响停的控制操作。

1. 包含头文件

因为在该线程中涉及了网络套接字编程、共享内存、I/O 多路复用、信号量，所以服务器与 Web 界面通信的代码中应该包括以下方面的头文件：

```c
#include <sys/socket.h>
#include <sys/shm.h>
#include <sys/time.h>
#include <sys/types.h>
#include <unistd.h>
#include <semaphore.h>
```

2. 关键变量定义

➤ 定义常量用于表示可同时支持 Web 浏览器的最大连接数：

```c
#define MAXSOCKFD    10
```

➤ 创建用于与 Java Applet 程序进行 TCP 通信的相关套接字描述符和变量：

```c
int socketfd_server;                        /*服务器套接字描述符*/
int newfd_client;                           /*Web 浏览器端套接字描述符*/
struct sockaddr_in server_addr;             /*定义服务器地址结构*/
struct sockaddr_in client_addr;             /*定义 Web 浏览器端地址结构*/
int addrlen = sizeof(struct sockaddr);
int length;                                 /*从 Web 浏览器端接收数据的长度*/
```

➤ 指向共享内存的字符型指针：

```c
char * shmc_sn;
```

➤ 定义和非阻塞 I/O 复用模型有关的变量，readfds 用于 select( )函数使用时监听的文件描述符集合，fd 为一个需要监视的文件描述符：

```c
fd_set readfds;
int fd;
```

➤ 定义接收 Web 服务器指令的字符串型接收缓冲区：

```
char buffer[8];
```

➤ 定义一个表示 Java Applet 控制指令的全局变量：

```
char command;
```

➤ 定义一个数组，里面的元素用于标识是否与 TCP 服务器建立过连接：

```
int is_connected[MAXSOCKFD];
```

➤ 定义 Server_TCP_Web 与 Java_Command_to_Node 线程之间通信的信号量：

```
sem_t sem;
```

3. 实现代码

服务器与 Web 界面通信线程 Server_TCP_Web 的实现代码如下所示：

```
int Server_TCP_Web(void * arg)
{
    /*建立套接字描述符,用于和浏览器上 java applet 程序进行 tcp 通信*/
    sockfd_server = socket(AF_INET,SOCK_STREAM,0);
    if (sockfd_server<0)
    {
        printf("ERROR:Failed to obtain Socket Despcritor! \n");
        return(0);
    }
    else
    {
        printf("OK:Obtain Socket Despcritor sucessfully! \n");
    }
    /*设置服务器地址*/
    server_addr.sin_family = AF_INET;
    server_addr.sin_addr.s_addr = htonl(INADDR_ANY);
    server_addr.sin_port = htons(PORT);
    bzero(&(server_addr.sin_zero),8);
    /*绑定地址到套接字描述符*/
    if(bind(sockfd_server,(struct sockaddr * )(&server_addr),sizeof(server_addr)) = = -1)
    {
        printf("ERROR:Failed to bind PORT % d.\n",PORT);
        return(0);
    }
    else
    {
        printf("OK:Bind the PORT % d sucessfully.\n",PORT);
    }
```

```c
/*监听远程链接*/
if(listen(sockfd_server,BACKLOG)==-1)
{
    printf("ERROR:Failed to listen Port %d.\n",PORT);
    return(0);
}
else
{
    printf("OK:Listening the Port %d sucessfully.\n",PORT);
}

/*在这个线程内挂接共享内存,用于读共享内存*/
shmc_sn = (char *)shmat(shm_sn,0,0);
sem_init(&sem,0,0);

/*以下为父进程代码,用于读取父子进程之间的共享内存 shm_web,并与java applet 程序通信,将共享内存 shm_web 里面的数据发送到 java applet 代码中,实现 Web 显示与控制*/
while(1)
{
    FD_ZERO(&readfds);
    FD_SET(sockfd_server,&readfds);
    for(fd = 0; fd<MAXSOCKFD; fd++)
    if(is_connected[fd])
       FD_SET(fd,&readfds);
    if(!select(MAXSOCKFD,&readfds,NULL,NULL,NULL))
       continue;
    /*当有客户端连接时,循环查找该套接字描述符*/
    for(fd = 0; fd<MAXSOCKFD; fd++)
       /*检查指定的文件描述符是否可读*/
       if(FD_ISSET(fd,&readfds))
       {
           /*之前没有激活该套接字描述符在此处建立连接并置标识位*/
           if(sockfd_server == fd)
           {
               /*接收新连线*/
               int addrlen = sizeof(struct sockaddr);
               if((newfd_client = accept(sockfd_server,(struct
                                   sockaddr *)&client_addr,&addrlen))<0)
                  perror("accept");
               /*标识位置位*/
               is_connected[newfd_client] = 1;
               printf("Connect from %s\n",inet_ntoa(client_addr.sin_addr));
```

```
            }
            /*已经标识过的标识位直接进行数据接收处理*/
            else
            {
                /*接收新信息*/
                bzero(buffer,sizeof(buffer));
                if( ( length = read(fd,buffer,sizeof(buffer)) ) <= 0)
                {
                    /*连线已中断,清除对应的连接状态*/
                    printf("Connection closed.\n");
                    is_connected[fd] = 0;
                    close(fd);
                }
                else
                {
                    printf("共享内存的值为:%s\n",shmc_sn);
                    printf("Receive message:%s\n",buffer);
                    /*获得java的控制指令并保存在全局变量command里*/
                    command = buffer[0];
                    /*当采集到的java为非'x'时表示java发送的是控制指令而
                      非常规通信的'x',这时触发信号量,让子线程
                      Java_Command_to_Node得以进行以处理java指令*/
                    if(command != 'x')
                    {
                        sem_post(&sem);
                    }
                    write(newfd_client,buffer,length);
                    bzero(buffer,sizeof(buffer));
                    /*将共享内存中数据发送到java applet程序内生成曲线*/
                    length = write(newfd_client,shmc_sn,strlen(shmc_sn));
                    printf("Send message: %s length = %d\n",shmc_sn,length);
                }
            }
        }
    } //end of while
} //end of main
```

因为Server_TCP_Web线程与Web浏览器端的Java Applet代码需要建立TCP连接,所以Server_TCP_Web线程一开始就建立基于TCP的流式套接字并初始化TCP连接,包括创建套接字描述符、设置服务器地址结构、绑定地址结构、监听网络连接等操作,涉及的函数包括socket()、bind()、listen()。

然后该线程使用 shmat()函数对主函数中创建的共享内存进行挂载,获得共享内存的地址,并调用 sem_init()函数初始化线程 Server_TCP_Web 与线程 Java_Command_to_Node 之间通信的信号量。

Server_TCP_Web 线程接收 Web 浏览器的连接访问请求也是使用 I/O 多路复用模型实现的。代码建立完 TCP 套接字描述符后即将该套接字描述符加入到可读描述符集合中,之后调用 select()函数阻塞等待 Web 浏览器端发送的连接请求。当有 Web 浏览器连接请求到来时,将循环检查是哪一个套接字描述符可读。当检测到后便调用 accept()函数建立服务器端与客户端的连接,并重新置 is_connected[]数组中对应位的标识位。然后再次执行 while 循环将新建立的套接字描述符加入到可读描述符集合中。当经过 if(sockfd_server == fd)语句处便发生跳转,开始调用 read()函数接收 Web 服务器端发送的远程控制指令。如果 Web 浏览器发送的是"x"指令,则表示 Web 浏览器向服务器请求共享内存中的节点数据用于动态曲线显示。此时服务器端读取共享内存中的数据并调用 write()函数将数据发送给 Web 浏览器端的 Java Applet 代码,用于实时数据的动态曲线显示。如果服务器端接收到的 Web 指令为非"x",则表明此时 Web 浏览器发送的是对远程节点的控制指令。此时代码将调用 sem_post()函数产生一个信号量,触发 Java_Command_to_Node 线程来接收 Web 浏览器的控制指令。若 Web 浏览器访问服务器的连接已经断开,服务器将打印连接断开的提示信息。

11.3.4 控制远程网络节点代码的实现

控制远程网络节点线程 Java_Command_to_Node 用于接收来自 Web 浏览器端的控制指令,根据指令的不同实现对网络节点的区别控制。其中网络节点 3 控制 4 个 LED 灯的亮灭,网络节点 4 控制蜂鸣器的响停。

1. 包含头文件

在该线程中涉及的操作和编程并不复杂,仅包含了 UDP 网络连接和信号量这两个较为重要的概念,所以控制远程网络节点代码中应该包括以下方面的头文件:

```
#include <sys/types.h>
#include <sys/socket.h>
#include <semaphore.h>
```

2. 关键变量定义

➢ 定义两个常量,用于标识节点 3 和节点 4 的 UDP 通信端口号:

```
#define PORT_NODE3 33333
#define PORT_NODE4_ZIGBEE 44444
```

➢ 定义和网络节点 3 有关的 UDP 套接字描述和变量:

第 11 章　嵌入式 Linux 系统 Web 服务器的软件实现

```c
int node3_socket;                      /*节点4的UDP套接字文件描述符*/
struct sockaddr_in addr_node3;         /*节点3的地址结构*/
```

➢ 定义和网络节点 4 有关的 UDP 套接字描述和变量：

```c
int node4_socket;                      /*节点4的UDP套接字文件描述符*/
struct sockaddr_in addr_node4;         /*节点4的地址结构*/
```

➢ 定义和节点 3 的 4 个 LED 有关的变量：

```c
char LED_init[4] = "ABCD";
char LED1_ON = "A";
char LED1_OFF = "a";
char LED2_ON = "B";
char LED2_OFF = "b";
char LED3_ON = "C";
char LED3_OFF = "c";
char LED4_ON = "D";
char LED4_OFF = "d";
```

➢ 定义和节点 4 的蜂鸣器有关的变量：

```c
char BEEP_ON = "R";
char BEEP_OFF = "r";
```

3. 实现代码

控制远程网络节点的线程 Java_Command_to_Node 代码如下所示：

```c
/*线程 Java_Command_to_Node 首先建立和 Node3 及 Node4 的 UDP 连接并初始化 Node3
中 LED 灯的状态,然后等待 Server_TCP_Web 线程中的信号量。当 Web 浏览器中有控
制指令的时候触发信号量,该线程继续执行,然后判断控制指令是什么以确定控制
Node3 或 Node4 中的哪个部分*/
void Java_Command_to_Node(void * arg)
{
    /*建立服务器端与 node3-DO 通信的套接字描述符*/
    node3_udp_setup();
    /*建立服务器端与 node4 通信的套接字描述符*/
    node4_udp_setup();
    /*初始化 Node3 节点的 4 个 LED 灯的状*/
    node3_led_init();
    while(1)
    {
        /*阻塞等待 Server_TCP_Web 线程发送过来的信号量*/
        sem_wait(&sem);
        /*判断 Web 中 Java 程序发过来的指令*/
        switch(command)
```

```c
{
    /* java 发送 R,表示让 Node4 中蜂鸣器响 */
    case 'R':
        sendto(node4_zigbee_socket,BEEP_ON,1,0,(struct sockaddr
                        *)&addr_node4_zigbee,sizeof(struct sockaddr_in));
        break;
    /* java 发送 r,表示让 Node4 中蜂鸣器停 */
    case 'r':
        sendto(node4_zigbee_socket,BEEP_OFF,1,0,(struct sockaddr
                        *)&addr_node4_zigbee,sizeof(struct sockaddr_in));
        break;
    /* java 发送 A,表示让 Node3 中 LED1 亮 */
    case 'A':
        sendto(node3_socket,LED1_ON,1,0,(struct sockaddr
                        *)&addr_node3,sizeof(struct sockaddr_in));
        break;
    /* java 发送 a,表示让 Node3 中 LED1 灭 */
    case 'a':
        sendto(node3_socket,LED1_OFF,1,0,(struct sockaddr
                        *)&addr_node3,sizeof(struct sockaddr_in));
        break;
    /* java 发送 B,表示让 Node3 中 LED2 亮 */
    case 'B':
        sendto(node3_socket,LED2_ON,1,0,(struct sockaddr
                        *)&addr_node3,sizeof(struct sockaddr_in));
        break;
    /* java 发送 b,表示让 Node3 中 LED2 灭 */
    case 'b':
        sendto(node3_socket,LED2_OFF,1,0,(struct sockaddr
                        *)&addr_node3,sizeof(struct sockaddr_in));
        break;
    /* java 发送 C,表示让 Node3 中 LED3 亮 */
    case 'C':
        sendto(node3_socket,LED3_ON,1,0,(struct sockaddr
                        *)&addr_node3,sizeof(struct sockaddr_in));
        break;
    /* java 发送 c,表示让 Node3 中 LED3 灭 */
    case 'c':
        sendto(node3_socket,LED3_OFF,1,0,(struct sockaddr
                        *)&addr_node3,sizeof(struct sockaddr_in));
        break;
```

```c
        /* java 发送 D,表示让 Node3 中 LED4 亮 */
        case 'D':
            sendto(node3_socket,LED4_ON,1,0,(struct sockaddr
                                    *)&addr_node3,sizeof(struct sockaddr_in));
            break;
        /* java 发送 d,表示让 Node3 中 LED4 灭 */
        case 'd':
            sendto(node3_socket,LED4_OFF,1,0,(struct sockaddr
                                    *)&addr_node3,sizeof(struct sockaddr_in));
            break;
        }
    }
}
```

Java_Command_to_Node 线程与被控网络节点之间是通过 UDP 进行数据交换的,因此该线程一开始就建立了与节点 3 和节点 4 之间的 UDP 连接,调用函数 node3_udp_setup() 和 node4_udp_setup()。两个函数的代码如下所示:

```c
/* 建立 Web 服务器端与节点 3 之间通信的 UDP 链接 */
void node3_udp_setup()
{
    /* 建立 Web 服务器端与节点 3 通信的套接字描述符 */
    node3_socket = socket(AF_INET, SOCK_DGRAM, 0);
    /* 填充节点 3 的地址结构 */
    memset(&addr_node3, 0, sizeof(addr_node3));
    addr_node3.sin_family = AF_INET;
    addr_node3.sin_addr.s_addr = inet_addr("192.168.0.137");
    addr_node3.sin_port = htons(PORT_NODE3);
}
/* 建立 Web 服务器端与节点 4 通信的 UDP 链接 */
void node4_udp_setup()
{
    /* 建立 Web 服务器端与节点 4 通信的套接字描述符 */
    node4_zigbee_socket = socket(AF_INET, SOCK_DGRAM, 0);
    /* 填充节点 4 端的地址结构 */
    memset(&addr_node4_zigbee, 0, sizeof(addr_node4_zigbee));
    addr_node4_zigbee.sin_family = AF_INET;
    addr_node4_zigbee.sin_addr.s_addr = inet_addr("192.168.0.138");
    addr_node4_zigbee.sin_port = htons(PORT_NODE4);
}
```

然后初始化节点 3 的 LED 灯状态,4 个 LED 灯交替亮灭循环两次后结束,函数 node3_led_init() 的代码如下所示:

```c
void node3_led_init()
{
    int i;
    for(i = 0;i<2;i++)
    {
        sendto(node3_socket,LED1_ON,1,0,(struct sockaddr *)&addr_node3,sizeof
                                        (struct sockaddr_in));
        usleep(10000);
        sendto(node3_socket,LED2_ON,1,0,(struct sockaddr *)&addr_node3,sizeof
                                        (struct sockaddr_in));
        usleep(10000);
        sendto(node3_socket,LED3_ON,1,0,(struct sockaddr *)&addr_node3,sizeof
                                        (struct sockaddr_in));
        usleep(10000);
        sendto(node3_socket,LED4_ON,1,0,(struct sockaddr *)&addr_node3,sizeof
                                        (struct sockaddr_in));
        usleep(10000);
        sendto(node3_socket,LED1_OFF,1,0,(struct sockaddr *)&addr_node3,sizeof
                                        (struct sockaddr_in));
        usleep(10000);
        sendto(node3_socket,LED2_OFF,1,0,(struct sockaddr *)&addr_node3,sizeof
                                        (struct sockaddr_in));
        usleep(10000);
        sendto(node3_socket,LED3_OFF,1,0,(struct sockaddr *)&addr_node3,sizeof
                                        (struct sockaddr_in));
        usleep(10000);
        sendto(node3_socket,LED4_OFF,1,0,(struct sockaddr *)&addr_node3,sizeof
                                        (struct sockaddr_in));
        usleep(10000);
    }
}
```

Java_Command_to_Node 线程调用函数 sem_wait()阻塞等待信号量的到来。当 Web 浏览器端有控制指令发送到网络节点时，Java_TCP_Web 线程产生一个信号量 sem 触发 Java_Command_to_Node 线程继续运行。然后判断 Web 服务器发送过来的指令是什么，根据不同的指令控制不同的网络节点。

11.4　CGI 代码的实现

在本书的第 5.5 节中曾经指出，嵌入式 Web 服务器监控界面中调用 CGI 程序实现对嵌入式数据库 SQLite 的访问操作。由于在第 5 章里面没有说明 CGI 代码的

第 11 章 嵌入式 Linux 系统 Web 服务器的软件实现

实现过程,故将这部分内容放在了本节中加以介绍。在书中 5.5.3 小节中有如下代码:

```
<a href="/cgi-bin/cgi_select">历史数据</a>
```

这段语句为调用 CGI 程序的超链接语句,超链接的触发对象为文字"历史数据"。由于 HTML 网页不需要向 CGI 程序传递数据,因此没有使用数据交互所需的 FORM 表单。当点击 Web 监控界面中的"历史数据"图标后,运行于嵌入式 Web 服务器上的 BOA 程序会调用名为 cgi_select 的 CGI 程序,用于查询数据库中的历史数据,并指定 cgi_select 存放在 BOA 服务器的 cgi-bin 目录下。cgi_select.c 的代码如下所示:

```c
#include <stdio.h>
#include <stdlib.h>
#include <sqlite3.h>
int main(void)
{
    sqlite3 * db;              /*数据库类型指针*/
    char  ** resultp1;         /*表格 pressure 结果存放的一维数组*/
    int  nrow1;                /*表格 pressure 的行数*/
    int  ncolumn1;             /*表格 pressure 的列数*/
    char  * errmsg1;           /*表格 pressure 查询的错误信息指针*/
    char  ** resultp2;         /*表格 current 结果存放的一维数组*/
    int  nrow2;                /*表格 current 的行数*/
    int  ncolumn2;             /*表格 current 的列数*/
    char  * errmsg2;           /*表格 current 查询的错误信息指针*/
    int  i,j;

    /*打开数据库文件*/
    if( (sqlite3_open("/mnt/nfs/Data.db", &db)) != 0 )
    {
        fprintf(stderr, "Can't open database: %s\n", sqlite3_errmsg(db));
        exit(1);
    }
    /*查询数据库表格 pressure*/
    sqlite3_get_table(db,"select * from pressure",&resultp1,&nrow1,&ncolumn1,&errmsg1);
    /*查询数据库表格 current*/
    sqlite3_get_table(db,"select * from current",&resultp2,&nrow2,&ncolumn2,&errmsg2);

    /*用 printf 函数输出 HTML 网页文件的内容*/
```

```c
        printf("……");
        ……
        /*根据查询结果,在网页中输出数据库表格 pressure 的内容*/
        if(nrow1>=1)
          {
            /*数据库查询结果于 table 中加滚动条显示,将 table 放在 div 区域标记中,div
              设置属性溢出:自动,设置宽和高*/
            printf("<div style=overflow:auto;width:400;height:300>\n");//滚动条
            printf("<table border=8 align=center>\n");
            for(i=0;i<=nrow1;i++)
            {
                printf("<tr>");
                for(j=0;j<ncolumn1;j++){
                /*查询结果显示于单元格 td 当中*/
                printf("<td>%s</td>",resultp1[i*ncolumn1+j]);
                }
                printf("</tr>");
            }
            printf("</table>");
            printf("</div>\n");
            printf("</center>\n");
        }
        /*同理,在网页中输出数据库表格 current 的内容*/
        if(nrow2>=1)
        ……

        /*关闭数据库*/
        sqlite3_close(db);
        return 0;
}
```

CGI 程序触发后,首先打开数据库,然后对数据库表格的内容进行查询,查询结果保存于定义的变量当中。查询结果获取后,利用 printf 函数将查询结果输出于网页当中。printf 函数中打印的内容即为 HTML 源文件,可逐行进行打印。cgi_select.c 代码只给出了数据库表格 pressure 查询结果的显示代码,表格 current 与表格 pressure 的显示代码相同。数据库的显示效果可以在下面介绍的代码测试部分看到,本书定义的 CGI 网页与监控界面网页的风格相同,读者可以根据自己喜欢的风格定义网页的显示形式,代码中略去了定义网页显示的部分。

11.5 嵌入式 Web 服务器代码的编译、调试和运行

前几节对嵌入式 Web 服务器功能代码进行了详细地分析和实现。在这一节中将在之前已经编写的代码基础上建立头文件和源代码文件,以及利用 Eclipse 开发环境创建一个工程,并进行编译和调试,最终对嵌入式 Web 服务器的功能进行运行测试。

11.5.1 创建代码源文件

根据之前对嵌入式 Web 服务器功能模块的分析,创建以下几个主要源文件:嵌入式数据库 SQlite 应用所需的 sqlite3.h 头文件、线程池应用所需的 thread_pool.h 头文件、放置数据结构和主要变量的 net_node.h 头文件、放置 StoF()和 CtoL()等数据类型转换函数的 data_convert.c 源文件、放置 tpool_init()和 tpool_add_work()等线程池函数的 thread_pool.c 源文件、放置和网络节点操作有关的 net_node.c 源文件、放置主函数和任务线程的 server_web.c 源文件。

```
sqlite3.h          /*数据库 SQlite 头文件*/
thread_pool.h      /*线程池头文件*/
net_node.h         /*数据结构和变量头文件*/
data_convert.c     /*数据类型转换函数源文件*/
thread_pool.c      /*线程池操作源文件*/
net_node.c         /*网络节点操作源文件*/
server_web.c       /*主函数和任务线程源文件*/
```

这些代码的具体内容请参见本书附带光盘中的源代码。

11.5.2 用 Eclipse 创建一个工程

前几章学习 Linux 和网络编程所使用的编译及调试环境都不是交叉编译工具,而是运行在 PC 机的 x86 环境。在本节中将利用 Eclipse 这个集成开发平台,使用交叉编译工具去编译和调试嵌入式 Web 服务器代码,并使其最终运行在 AT91SAM9G20 的 ARM9 硬件平台上。

1. 创建 server_web 工程

打开 Eclipse 软件,点击"文件→新→项目"选项,在弹出的新建项目对话框中选择"C/C++→C Project"选项,如图 11.6 所示。然后点击下一步,在 C Project 对话窗口中选择 Executable→Empty Project,并把工程命名为:server_web。然后点击下一步并完成。如图 11.7 和 11.8 所示。

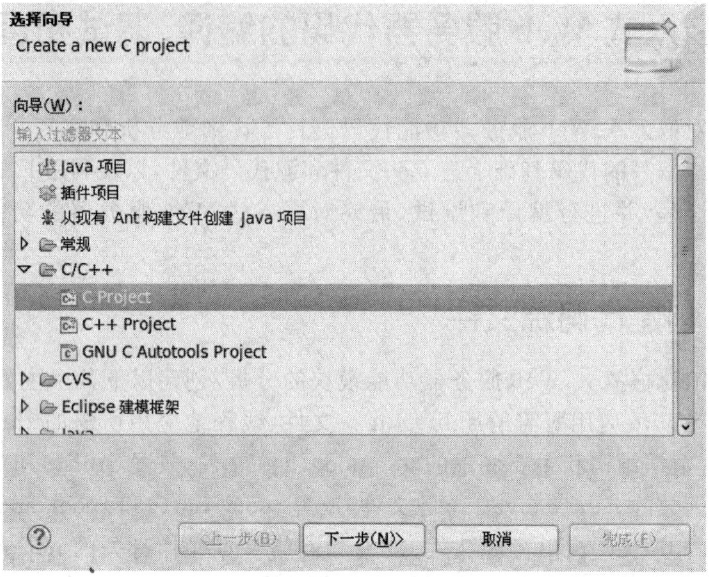

第 11 章 嵌入式 Linux 系统 Web 服务器的软件实现

图 11.6 选择 C Project

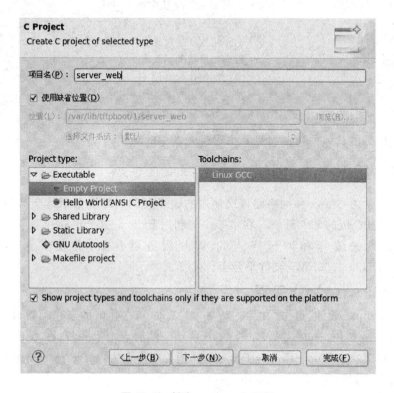

图 11.7 创建 server_web 工程

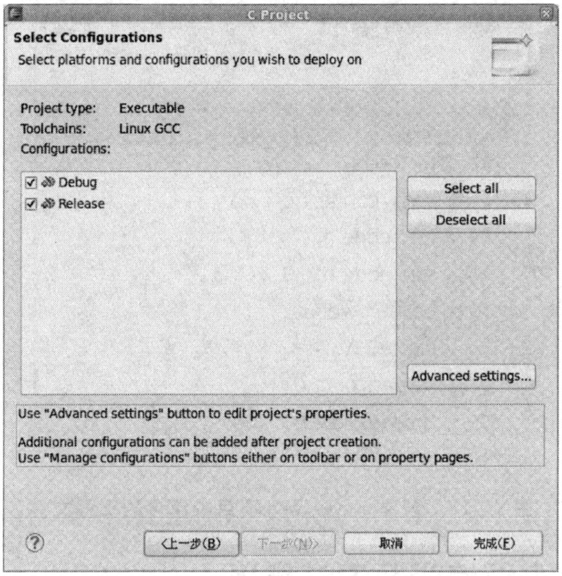

第 11 章 嵌入式 Linux 系统 Web 服务器的软件实现

图 11.8 创建 server_web 工程结束

2. 创建工程头文件和源文件

在 Eclipse 软件下点击"文件→新→Source File",弹出如图 11.9 所示的对话框,并依次添加 sqlite3.h、thread_pool.h、net_node.h、data_convert.c、net_node.c、thread_pool.c、server_web.c 这几个头文件和源代码,并将之前编写好的代码填入对应文件中。添加好的工程目录如图 11.10 所示。

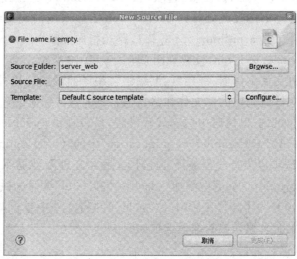

图 11.9 添加工程文件和源文件对话框

第 11 章 嵌入式 Linux 系统 Web 服务器的软件实现

图 11.10 创建 server_web 项目中包含的工程文件

11.5.3 设置工程编译及调试环境

创建工程并添加工程的头文件和源文件后,就需要在 Eclipse 软件中设置交叉编译环境来交叉编译和调试 server_web 工程了。

1. 设置交叉编译环境

在 Eclipse 软件的项目资源管理器中点击 server_web 项目→属性,在弹出对话框中选择"C/C++ Build→Settings"选项,分别设置 GCC C Compiler(C 语言编译器选项)、GCC C Linker(C 语言链接器选项)、GCC Assembler(汇编语言编译器选项)这几个主要选项。本书中在此处编译 server_web 工程采用的交叉编译器为本章之前建立的交叉编译工具 arm-linux-gcc-3.4.1,路径指向 arm-linux-gcc-3.4.1 所在的目录/usr/local/arm/3.4.1/bin,设置如图 11.11~11.13 所示。

除了上述设置交叉编译器、链接器、汇编语言编译器的路径以外,交叉编译器的编译选项以及链接器所调用的库文件和路径也需要进行特别地设置。

因为 server_web 工程代码中包含线程编程,所以在编译 server_web 工程的时候要在编译选项"GCC C Compiler→Optimization"中的"Other optimization flags"中添加"-lpthread"选项以支持线程编译。此外,工程中还涉及数据库 SQLite 编程,还要在"Other optimization flags"中添加"-lsqlite3"和"-ldl"编译选项来支持数据库编程。添加"-g"选项是为了编译工程时让生成的可执行文件中包含调试信息,方便仿真调试代码。设置交叉编译器的编译选项如图 11.14 所示。

第 11 章　嵌入式 Linux 系统 Web 服务器的软件实现

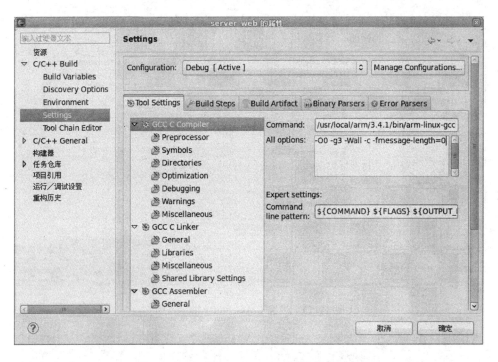

图 11.11　设置 C Compiler 交叉编译器路径

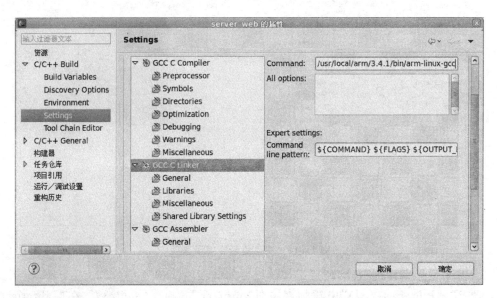

图 11.12　设置 C Linker 工具路径

第 11 章　嵌入式 Linux 系统 Web 服务器的软件实现

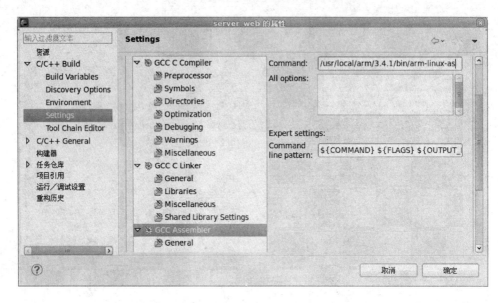

图 11.13　设置 C Assembler 工具路径

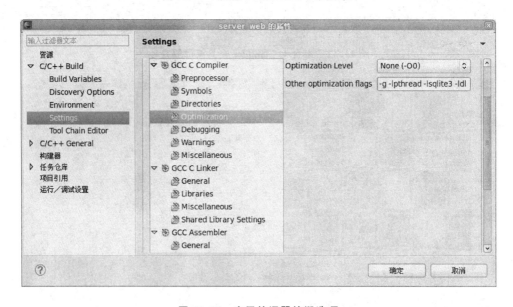

图 11.14　交叉编译器编译选项

除了设置编译选项外，还要添加链接器的链接库。在"GCC C Linker→Libraries"选项"Libraries(－l)"中添加库文件"pthread"、"dl"、"sqlite3"。在"Libraries search path(－L)"选项中还要添加编译 SQLite 数据库的静态库文件，包括 libsqlite3.a、libsqlite3.so.0 和 sqlite3.so.0.8.6。其中 libsqlite3.a 是编译 SQLite 数据库时生成的，libsqlite3.so.0 和 sqlite3.so.0.8.6 存放在 PC 主机/usr/lib 目录下，直接拷贝过来使用即可。新建一个 sqlite3_lib 文件夹并将这 3 个文件放置在其中，然

后将 sqlite3_lib 文件夹放置在 server_web 工程中的 Debug 文件夹内,并设置"Libraries search path(-L)"选项指向这个文件夹。如图 11.15 所示。

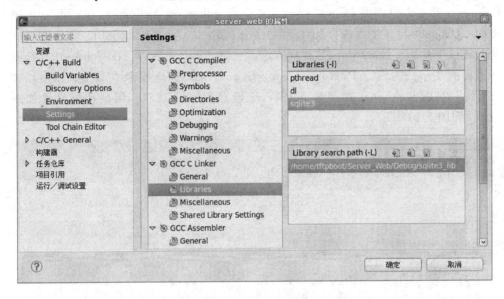

图 11.15 交叉编译器所需链接库及路径

在 Eclipse 软件中点击"项目→全部构建",就会在 server_web 工程中的 Debug 目录里面得到嵌入式 Web 服务器的可执行程序 server_web。Eclipse 软件编译成功后,控制台的打印信息如图 11.16 所示:

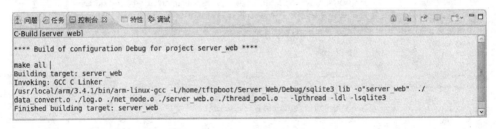

图 11.16 成功编译嵌入式 Web 服务器可执行文件 server_web

2. NFS 挂载主机调试代码

如果需要对 server_web 工程代码进行调试,可以用 Eclipse 和 GDB 配合使用来调试 arm-linux 程序。此时将要调试的工程建立在 PC 主机的 NFS 共享目录下,且主机端和嵌入式 Web 服务器端的 NFS 服务器都已开启(此部分参考本书第 3 章中相关内存),这样保证开发板运行后挂载主机上的程序,同时在 PC 宿主机上启动 Eclipse,也调试这个程序。

调试代码前要对 Eclipse 软件中有关调试部分的设置做简单说明。

在 Eclipse 软件里面打开工程 server_web,在项目资源管理器窗口中右键点击

第 11 章 嵌入式 Linux 系统 Web 服务器的软件实现

server_web 工程,在弹出菜单中选择"调试方式→调试配置",在弹出的调试配置窗口中选择"C/C++ Application→server_web Debug(工程名)→Debugger",其中在 Debugger 选项卡里面的 Debugger 选项中选择 gdbserver Debugger。在 Main 选项中的 GDB debugger 里面选择/usr/local/arm/gdb/bin/arm-linux-gdb。此处使用的交叉调试工具 arm-linux-gdb,其建立方法参见第 3 章有关内容。在 Connection 选项卡里面的 Type 选择:TCP、Hostname or IP address。选择板卡的 IP 地址为:192.168.0.134,Port number 选择和 gdbserver 设置相同的 1234。调试环境设置如图 11.17 和图 11.18 所示。

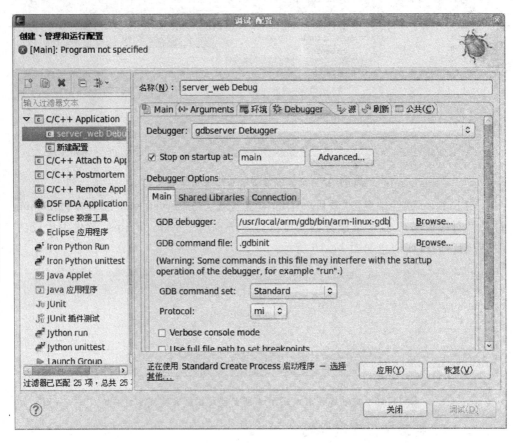

图 11.17 设置 Eclipse 调试选项-1

第 11 章 嵌入式 Linux 系统 Web 服务器的软件实现

图 11.18 设置 Eclipse 调试选项－2

11.5.4 server_web 代码测试运行

前面在讲解网络数据采集代码和 CGI 代码时都对数据库 Data.db 中的表格 pressure 和表格 current 进行了操作。其中表格 pressure 用于保存压力检测设备采集的压力值，表格 current 用于保存模拟量电流采集节点的电流值。在对 server_web 代码进行测试前，需要首先对所需操作的数据库和其中的表格进行创建。数据库的创建代码 creat_table.c 如下所示：

```
#include <stdio.h>
#include <stdlib.h>
#include "sqlite3.h"
int main(void)
{
/*创建和数据库有关的变量*/
    sqlite3 *db;
    char *zErrMsg = 0;
```

```c
    /*使用绝对路径,创建数据库Data.db*/
    if( (sqlite3_open("/mnt/nfs/Data.db", &db))! = 0 ){
        fprintf(stderr, "Can't open database: %s\n", sqlite3_errmsg(db));
        exit(1);
    }
    /*创建一个表格pressure,用于保存采集到的压力变送器的压力值*/
    if( (sqlite3_exec(db, "create table pressure( sys_time int PRIMARY KEY, value float);"
                     , NULL, NULL, &zErrMsg))! = SQLITE_OK)
    {
        fprintf(stderr, "SQL error: %s\n", zErrMsg);
        exit(1);
    }
    else
      printf("SQL table pressure creates OK !!! \n");
    /*创建一个表格current,用于保存采集到的电流值*/
    if( (sqlite3_exec(db, "create table current( sys_time int PRIMARY KEY, value float);",
                      NULL, NULL, &zErrMsg))! = SQLITE_OK)
    {
        fprintf(stderr, "SQL error: %s\n", zErrMsg);
        exit(1);
    }
    else
      printf("SQL table current creates OK !!! \n");
    return(0);
}
```

代码中首先创建数据库 Data.db,再于数据库中创建表格 pressure 和表格 current,并打印相应信息。

代码编写好之后,对 creat_table.c 的代码进行交叉编译,生成可执行文件,烧写于开发板的文件系统当中。在整个系统首次运行前执行 creat_table 程序,程序便会在/mnt/nfs/文件夹下创建数据库和其中的表格,系统执行时才可以对数据库表格进行操作。由于数据库创建后已经保存于开发板的 flash 中,数据库始终存在,整个系统再次上电运行便不需要再运行 creat_table 程序了。

creat_table.c 代码的运行结果如下:

```
./creat_table
SQL table pressure creates OK !!!
SQL table current creates OK !!!
```

然后将调试无误的 server_web 可执行文件以及 BOA 服务器可执行文件放入制

第 11 章 嵌入式 Linux 系统 Web 服务器的软件实现

作好的根文件系统中 usr 目录下。为了让可执行文件 server_web 和 boa 能够在嵌入式 Web 服务器平台内核启动后立即执行,需要编写一个 shell 脚本。在该文件中先后运行 server_web 和 boa,shell 脚本文件代码如下所示:

```
#!/bin/sh
cd /usr
./boa
./server_web
```

上述 shell 脚本指令标识打开嵌入式根文件系统的 usr 根目录,并运行下面的 boa 和 server_web 两个可执行文件。将 shell 脚本文件也放置在 usr 根目录下即可。

有了启动脚本,那么如何让嵌入式 Web 服务器里面的 Linux 内核启动并挂载根文件系统后,能够自动运行这个 shell 脚本呢? 嵌入式 Linux 内核启动后挂载根文件系统 Yaffs2 后,首先运行根文件系统中 /etc/init.d/ 目录下的 rcS 文件,只需要在 rcS 文件中添加执行 shell 脚本的指令即可。

使用 mkyaffs2image 工具重新制作 Yaffs2 根文件系统映像文件 rfs.img,并将其烧写到嵌入式 Web 服务器的 NandFlash 中。然后将服务器的一个网口与 PC 机相连,另外一个网口连接交换机,交换机再连接其他网络节点,同时嵌入式 Web 服务器的串口与 PC 机串口连接,用于打印运行过程中的信息。在 PC 机上打开串口终端,给全部设备上电,可以看到嵌入式 Web 服务器 Linux 内核启动、挂载根文件系统、然后可执行文件 boa 和 server_web 先后运行,如图 11.19 所示。

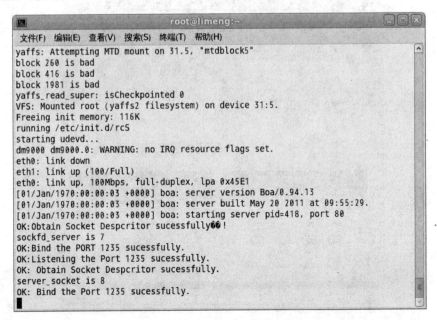

图 11.19 boa 和 server_web 在嵌入式 Web 服务器平台上运行

第11章　嵌入式 Linux 系统 Web 服务器的软件实现

此时嵌入式 Web 服务器上的 server_web 程序已经运行,并和网络节点建立了 UDP 协议进行通信。网络节点 1 采集的压力值和网络节点 2 采集的电流值实时传输给服务器端并保存在数据库之中。如果网络中没有节点向服务器端传递数据,server_web 启动后因无数据可以采集将会打印"Timeout! There is no data arrived!"的提示信息。

此时 BOA 服务器代码在后台运行着,等待远程 PC 机端传递过来的 Web 浏览器的访问请求。如果此时打开 PC 机上的 Web 浏览器,并在网页中输入嵌入式 Web 服务器平台的 IP 地址 192.192.192.200,就可以立即动态显示网络节点 1 采集的压力值和网络节点 2 采集的电流值,并可以随时控制网络节点 3 的 LED 灯和网络节点 4 的蜂鸣器。Web 浏览器访问嵌入式 Web 服务器的实时界面如图 11.20 所示。从图中可以看出,当前采集到的网络节点 1 其压力值为 1.05 kPa、采集到的网络节点 2 其电流值为 7.25 mA。并在 Web 浏览器中对网络节点 3 中的 LED 灯进行远程控制,让 LED1 和 LED2 点亮、让 LED3 和 LED4 熄灭,控制网络节点 4 使其蜂鸣器发声。

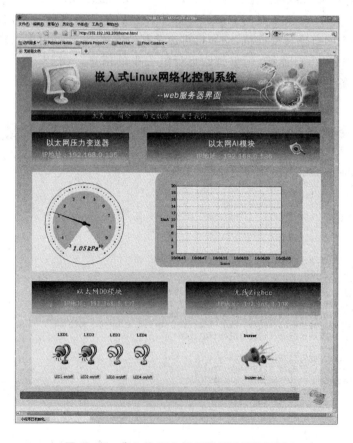

图 10.20　嵌入式 Web 服务器实时监控界面

第 11 章　嵌入式 Linux 系统 Web 服务器的软件实现

如果希望查看网络节点的历史数据,可以点击浏览器中的"历史数据"选项,在新弹出的窗口中就能够查看到采集节点 1 压力值和采集节点 2 电流值的历史数据以及保存的时间,如图 11.21 所示。

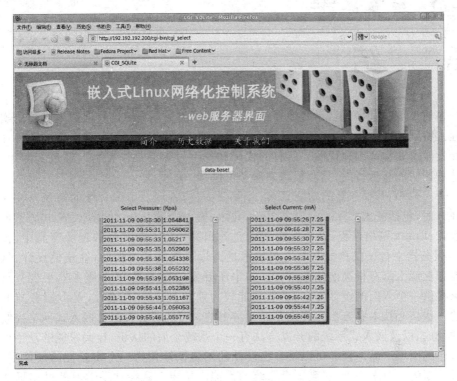

图 11.21　查看嵌入式数据库历史数据

11.6　本章小结

本章介绍了嵌入式 Web 服务器平台代码的实现过程。从服务器的功能入手,先后分析了代码的主要功能模块,分别涉及网络节点实时数据采集、网络节点远程监控、Web 服务器内置 Java Applet 代码与服务器通信、历史数据存储这几个主要方面,并采用线程池的方法实现了嵌入式 Web 服务器对网络节点的并发处理;然后列出实际代码,详细讲述了程序的编写过程;最后搭建测试系统,设置 Eclipse 软件中编译和调试环境,让系统运行起来,打开 Web 浏览器可以看到对网络节点的监控和历史数据的保存。至此,本书所设计的嵌入式网络控制系统构建完成。

第 12 章

总　结

在前 11 章的内容里，系统地介绍了嵌入式网络控制系统的构成以及具体的实现过程。特别是嵌入式 Web 服务器平台是本书的重点，书中对服务器平台的硬件和软件开发做了非常详细地说明。所有的代码和开发过程都是作者本人经过实际编译、调试后证明能够运行的，具有很强的参考价值。

嵌入式 Web 服务器的功能繁多、开发较为复杂，涉及了综合性的知识。特别是软件方面，包括嵌入式 Linux 开发、Java 技术、嵌入式 SQLite 数据库、Web 浏览器界面设计、Linux 网络编程、服务器模型建立等相关知识。在实际的工业产品中，作为 Web 服务器平台仅仅具备上面这些技术是远远不能满足要求的，在硬件设计、软件功能和性能上都有很高的技术指标。本书所开发的嵌入式 Web 服务器平台只是为大家提供一个入门的设计方案，虽然功能较为简单，但基本涵盖了 Web 服务器开发中的一些核心技术和方法。特别是通过本书的学习能够让大家对嵌入式网络控制系统的组成、以及嵌入式系统的开发方法有一个系统全面的认识，让大家能够动手设计出自己的网络产品。读者可以将自己设计的网络系统作为一个实验性的硬件平台，通过不断的学习来完善、提高这套系统的性能。希望大家在动手学习的过程里找到快乐，找到成功的喜悦感。

完成嵌入式网络控制系统的雏形后，接下来要做的就是进一步完善这套系统。下面将网络控制系统中需要改进和增加的方面提出来，也为大家将来的学习提供一些参考建议。

12.1　嵌入式 Web 服务器平台的改进

本书设计的 Web 服务器平台还没有经过性能测试，对于负载能力、通信速度、通信距离、可靠性等方面还没有做进一步地研究，因此在硬件和软件方面都有很大的改进潜力。读者可以从以下几个方面进行研究来提高完善我们现在的嵌入式 Web 服务器平台。

1. 网络控制系统软件

网络控制系统的软件可以采用分布式结构，从软件的功能及数据处理角度上来看，可以分为数据服务软件、配置管理软件和监控软件。

➢ 数据服务软件

所谓数据服务,即网络控制系统需要有实时数据库功能,由多个分布式的 I/O 服务器软件组成,I/O 服务器提供标准的 OPC DA 接口,实时数据库配置程序管理现场数据的通信。当现场 I/O 连接数量较多时,提供 I/O 读写平衡分配功能,并提供 I/O 服务器的冗余配置。

此外还需要配有历史数据管理程序,该程序完成定制历史数据库中的各种参数、存储方式、归档间隔、备份等功能。

> 配置管理软件

配置管理软件负责建立组态控制策略以及将组态控制策略下载到嵌入式 Web 服务器中。组态功能需提供功能块图、梯形图两种编程语言。该软件还需具备下载、诊断、校准等功能。此外配置管理软件还需要提供现场网络节点的设备监测、设备位号、设备校准、设备参数设定等功能。

> 监控软件

监控软件在 Web 浏览器的基础上进一步完善控制界面和人机交互界面,提供更多可视化的方式供用户开发系统的监控画面,并提供报表、历史数据查询、状态维护等多方面功能。

2. 广域网的访问功能

目前所设计的嵌入式 Web 服务器平台,其上位机只能是在同一网段局域网内的 PC 主机。未来的发展方向是系统的管理人员不在网络控制系统现场的情况下,能通过电脑和手机,以广域网接入的方式随时、随地地访问当前控制系统,对系统的运行状况进行掌握并加以控制。

3. 性能测试

进一步提高服务器平台能够连接的节点数量、传输速度和传输距离,并做相关的测试。此外还需要对服务器平台的通信可靠性、安全性等方面做深入研究。

12.2 网络节点的改进

网络控制系统的一个网段可以由以太网、无线局域网、Wifi 3 种类型网络中的一种构成,也可以由其中的 2 种或 3 种类型的网络组合而成。因此,还有必要进一步开发无线网络节点,可以考虑采用无线 Hart 技术、Zigbee 技术、Wifi、蓝牙等技术来实现,以满足在无线工业现场中的应用。

进一步开发网络节点的 I/O 通信模块,包括模拟量采集模块 AI、模拟量输出模块 AO、数字量采集模块 DI、数字量输出模块 DO 等,并提高每种通信模块的 I/O 口数量。

以上提出的一些改进建议只是一套成熟的网络控制系统中最基本的几项内容。有兴趣的读者可以查看国内外成熟的网络控制系统产品,归纳总结这些产品的突出特点,并在自己设计的平台上进行尝试改进,逐渐提高自己的开发能力。

参考文献

1. 杜春雷. ARM 体系结构与编程[M]. 北京:清华大学出版社,2003
2. 杨水清,张剑,施云飞. ARM 嵌入式 Linux 系统开发技术详解[M]. 北京:电子工业出版社,2008
3. 李亚峰,欧文盛. ARM 嵌入式 Linux 系统开发从入门到精通[M]. 北京:清华大学出版社,2007
4. ATMEL. AT 91 ARM Thumb Microcontrollers AT91SAM9G20 Preliminary
5. 周晓聪,李文军,李师贤. 面向对象程序设计与 Java 语言[M]. 北京:机械工业出版社,2003
6. [美]Jean J. Labrosse. 嵌入式实时操作系统 μC/OS-II[M](第 2 版). 邵贝贝译. 北京:北京航空航天大学出版社,2003
7. 焦海波. 嵌入式网络系统设计——基于 Atmel ARM7 系列[M]. 北京:北京航空航天大学出版社,2008
8. ATMEL. AT91SAM7x Series Preliminary Complete
9. LwIP. Design and Implementation of the lwIP TCP/IP Stack

除了上面列出的文献资料外,其他均来自于互联网,无法得知这些资料的确切出处,在此一并表示感谢!